高职高专立体化教材　计算机系列

3ds Max 8 案例教程

郝　梅　主　编

刘闻慧　副主编

清华大学出版社

北　京

内 容 简 介

本书是作者根据多年的 3ds Max 教学经验，并参考了大量的 3ds Max 资料编写而成的。全书共分 15 章，主要介绍了 3ds Max 8 基础知识、创建几何体和系统建筑模型、3ds Max 8 的基本操作、创建和修改二维图形、3ds Max 8 修改器的使用方法、复合模型的创建方法、曲面建模、材质与贴图的使用和编辑方法、灯光与摄像机的应用、渲染与效果的应用、动画制作、粒子动画、使用 Poser 造型创建动画以及 3ds Max 8 与 After Effects 7.0 的完美结合，完成影视后期制作等内容，最后通过 3 个综合实例重点介绍了 3ds Max 8 在影视特技、广告动画和动画短片等方面的应用。

本书适合作为高职高专院校学习 3ds Max 8 的教材，也可以作为各类电脑培训学校三维设计专业的参考书，更是 3ds Max 爱好者自学的首选书籍。

图书在版编目(CIP)数据

3ds Max 8 案例教程/郝梅主编，刘闻慧副主编. —北京：清华大学出版，2009.6

(高职高专立体化教材 计算机系列)

ISBN 978-7-302-20047-5

Ⅰ.3… Ⅱ.①郝… ②刘… Ⅲ.三维—动画—图形软件，3DS MAX 8—高等学校：技术学校—教材 Ⅳ.TP391.41

中国版本图书馆 CIP 数据核字(2009)第 064685 号

责 任 编 辑：刘天飞 张丽娜
封 面 设 计：山鹰工作室
版 式 设 计：杨玉兰
责 任 校 对：周剑云
责 任 印 制：王秀菊
出版发行：清华大学出版社 　　　　　地 址：北京清华大学学研大厦 A 座
　　　　　http://www.tup.com.cn　　　邮 编：100084
　　　　　社 总 机：010-62770175　　　邮 购：010-62786544
　　　　　投稿与读者服务：010-62776969，c-service@tup.tsinghua.edu.cn
　　　　　质 量 反 馈：010-62772015，zhiliang@tup.tsinghua.edu.cn
印 刷 者：北京密云胶印厂
装 订 者：三河市李旗庄少明装订厂
经 销：全国新华书店
开 本：185×260 印 张：26.5 字 数：640 千字
　　　　附光盘 1 张
版 次：2009 年 6 月第 1 版 印 次：2009 年 6 月第 1 次印刷
印 数：1~4000
定 价：39.80 元

《高职高专立体化教材计算机系列》丛书序

一、编写目的

关于立体化教材，国内外有多种说法，有的叫"立体化教材"，有的叫"一体化教材"，有的叫"多元化教材"，其目的是一样的，就是要为学校提供一种教学资源的整体解决方案，最大限度地满足教学需要，满足教育市场需求，促进教学改革。我们这里所讲的立体化教材，其内容、形式、服务都是建立在当前技术水平和条件基础上的。

立体化教材是一个"一揽子"式的，包括主教材、教师参考书、学习指导书、试题库在内的完整体系。主教材讲究的是"精品"意识，既要具备指导性和示范性，也要具有一定的适用性，喜新不厌旧。那种内容越编越多，本子越编越厚的低水平重复建设在"立体化"的世界中将被扫地出门。和以往不同，"立体化教材"中的教师参考书可不是千人一面的，教师参考书不只是提供答案和注释，而是含有与主教材配套的大量参考资料，使得老师在教学中能做到"个性化教学"。学习指导书更像一本明晰的地图册，难点、重点、学习方法一目了然。试题库或习题集则要完成对教学效果进行测试与评价的任务。这些组成部分采用不同的编写方式，把教材的精华从各个角度呈现给师生，既有重复、强调，又有交叉和补充，相互配合，形成一个教学资源有机的整体。

除了内容上的扩充，立体化教材的最大突破还在于在表现形式上走出了"书本"这一平面媒介的局限，如果说音像制品让平面书本实现了第一次"突围"，那么电子和网络技术的大量运用就让躺在书桌上的教材真正"活"了起来。用 PowerPoint 开发的电子教案不仅大大减少了教师案头备课的时间，而且也让学生的课后复习更加有的放矢。电子图书通过数字化使得教材的内容得以无限扩张，使平面教材更能发挥其提纲挈领的作用。

CAI 课件把动画、仿真等技术引入了课堂，让课程的难点和重点一目了然，通过生动的表达方式达到深入浅出的目的。在科学指标体系控制之下的试题库既可以轻而易举地制作标准化试卷，也能让学生进行模拟实战的在线测试，提高了教学质量评价的客观性和及时性。网络课程更厉害，它使教学突破了空间和时间的限制，彻底发挥了立体化教材本身的潜力，轻轻敲击几下键盘，你就能在任何时候得到有关课程的全部信息。

最后还有资料库，它把教学资料以知识点为单位，通过文字、图形、图像、音频、视频、动画等各种形式，按科学的存储策略组织起来，大大方便了教师在备课、开发电子教案和网络课程时的教学工作。如此一来，教材就"活"了。学生和书本之间的关系不再像领导与被领导那样呆板，而是真正有了互动。教材不再只为老师们规定什么重要什么不重要，而是成为教师实现其教学理念的最佳拍档。在建设观念上，从提供和出版单一纸质教材转向提供和出版较完整的教学解决方案；在建设目标上，以最大限度满足教学要求为根本出发点；在建设方式上，不单纯以现有教材为核心，简单地配套电子音像出版物，而是以课程为核心，整合已有资源并聚拢新资源。

网络化、立体化教材的出版是我社下一阶段教材建设的重中之重，作为以计算机教材出版为龙头的清华大学出版社确立了"改变思想观念，调整工作模式，构建立体化教材体系，大幅度提高教材服务"的发展目标。并提出了首先以建设"高职高专计算机立体化教材"为重点的教材出版规划，希望通过邀请全国范围内的高职高专院校的优秀教师，在 2008 年共同策划、编写这一套高职高专立体化教材，利用网络等现代技术手段实现课程立体化教材的资源共享，解决国内教材建设工作中存在教材内容的更新滞后于学科发展的状况。把各种相互作用、相互联系的媒体和资源有机地整合起来，形成立体化教材，把教学资料以知识点为单位，通过文字、图形、图像、音频、视频、动画等各种形式，按科学的存储策略组织起来，为高职高专教学提供一整套解决方案。

二、教材特点

在编写思想上，以适应高职高专教学改革的需要为目标，以企业需求为导向，充分吸收国外经典教材及国内优秀教材的优点，结合中国高校计算机教育的教学现状，打造立体化精品教材。

在内容安排上，充分体现先进性、科学性和实用性，尽可能选取最新、最实用的技术，并依照学生接受知识的一般规律，通过设计详细的可实施的项目化案例(而不仅仅是功能性的小例子)，帮助学生掌握要求的知识点。

在教材形式上，利用网络等现代技术手段实现立体化的资源共享，为教材创建专门的网站，并提供题库、素材、录像、CAI 课件、案例分析，实现教师和学生在更大范围内的教与学互动，及时解决教学过程中遇到的问题。

本系列教材采用案例式的教学方法，以实际应用为主，理论够用为度。教程中每一个知识点的结构模式为"案例(任务)提出→案例关键点分析→具体操作步骤→相关知识(技术)介绍(理论总结、功能介绍、方法和技巧等)"。

该系列教材将提供全方位、立体化的服务。网上提供电子教案、文字或图片素材、源代码、在线题库、模拟试卷、习题答案、案例动画演示、专题拓展、教学指导方案等。

在为教学服务方面，主要是通过教学服务专用网站在网络上为教师和学生提供交流的场所，每个学科、每门课程，甚至每本教材都建立网络上的交流环境。可以为广大教师信息交流、学术讨论、专家咨询提供服务，也可以让教师发表对教材建设的意见，甚至通过网络授课。对学生来说，则可以在教学支撑平台上所提供的自主学习空间上来实现学习、答疑、作业、讨论和测试，当然也可以对教材建设提出意见。这样，在编辑、作者、专家、教师、学生之间建立起一个以课本为依据、以网络为纽带、以数据库为基础、以网站为门户的立体化教材建设与实践的体系，用快捷的信息反馈机制和优质的教学服务促进教学改革。

本系列教材专题网站：http://lth.wenyuan.com.cn。

前　言

3ds Max 8 是 Autodesk 公司的 Discreet 分公司开发的一款制作三维动画的软件,是目前市场上最流行的三维造型和动画制作软件之一。3ds Max 8 强大的建模功能,可以制作复杂的动物、人物和梦幻般的场景;丰富多彩的材质和贴图、各种各样的灯光可使模型的渲染和显示栩栩如生;多种动画控制器和丰富多彩的动画技巧可以为物体制作复杂的动画,reactor(反应器)系统可模拟物体受到各种自然力时的物理行为;再加上它的各种令人眼花缭乱的插件,使用户可以更容易地创造出专业级的色彩鲜艳的模型和形象逼真的动画。在当今的数字化时代,3ds Max 8 以其强大的功能,在广告、建筑、工业造型、动漫、游戏、影视特效制作等多方面都得到了广泛的应用。

本书的特点主要有以下几个方面:

第一,自始至终采用以实例讲解概念的方法,对每个知识点、术语、特别是生僻的概念都通过简单的实例进行讲解,使读者很容易掌握使用 3ds Max 8 软件制作三维动画的一般方法和技巧。

第二,由浅入深,循序渐进,以通俗易懂的语言讲解大量英文术语,不懂英语的学习者,看图就可以完成实例,是一本初学者非常容易阅读理解的书。

第三,内容全面、翔实,书中的实例详细讲解了制作的全过程。每个实例都具有较强的针对性,读者按照书中的步骤可完成每一个实例。当完成并领会书中每一个实例后,读者制作三维动画的能力将会得到提高,同时读者也将从菜鸟变为使用 3ds Max 8 软件的高手。

第四,本书介绍了 3ds Max 8 与 After Effects 7.0 等软件的结合,使读者了解三维动画后期制作的工作流程。

本书由武汉商业服务学院郝梅主编并编写了第 1～8 章和第 12～15 章,刘闻慧任副主编编写了第 9～11 章,周文斌制作了部分效果图。在本书编写过程中,清华大学出版社给予了大力的支持和帮助,武汉商业服务学院信息工程系 06 级多媒体技术专业和图形图像处理专业的同学为本书的教学提供了第一手资料,在此表示衷心的感谢!

本书限于作者水平,难免在编写中有不当之处。竭诚欢迎广大读者对本书提出批评和建议。

编　者

目　录

第 1 章　3ds Max 8 基础知识

【本章要点】

　　本章主要介绍 3ds Max 8 的操作界面组成，与界面有关的设置和基本操作，以及 3ds Max 8 的文件管理系统。由于 3ds Max 8 的操作界面比较复杂，因此对界面进行整体认识，掌握调整用户界面的方法，是学习 3ds Max 8 的第一步。

1.1　3ds Max 8 的操作界面

1.1.1　用户界面介绍

　　启动 3ds Max 8 软件后，将打开如图 1.1 所示的 3ds Max 8 英文版的操作界面。界面由标题栏、菜单栏、主工具栏、命令面板、视图控制区、动画控制区、时间轴、状态栏、信息提示栏、命令行、反应堆工具栏和视图区组成。

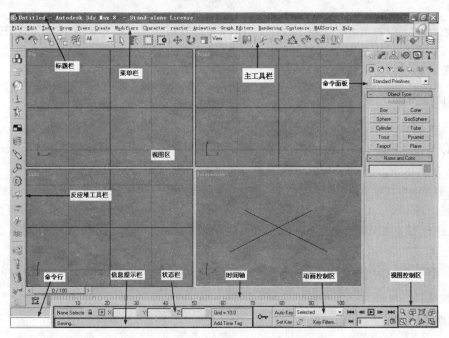

图 1.1　英文版 3ds Max 8 的操作界面

3ds Max 8 操作界面主要部分的功能如下。

1. 菜单栏

3ds Max 8 菜单栏完全采用 Windows 风格，包括：File(文件)、Edit(编辑)、Tools(工具)、Group(组)、Views(视图)、Create(创建)、Modifiers(修改器)、Character(角色)、reactor(反应堆)、Animation(动画)、Graph Editors(图形编辑)、Rendering(渲染)、Customize(自定义)、

MAXScript(脚本语言)和 Help(帮助)共 15 个菜单，每个菜单对应着一项功能，大多数菜单命令都能从操作界面中找到相应的图标。

2. 工具栏

3ds Max 8 工具栏包括：Main Toolbar(主工具栏)、reactor(反应堆)工具栏、Layers(层)工具栏、Extras(附加)工具栏、Render Shortcuts(渲染快捷方式)工具栏、Brush Presets(笔刷预设)工具栏、Axis Constraints(轴约束)工具栏和 Snaps(捕捉)工具栏。

在默认界面中已显示了主工具栏和反应堆工具栏。若要显示另外 6 个工具栏，可执行菜单命令 Customize(自定义) | Show UI (显示 UI)| Show Floating Toolbars(显示浮动工具栏)，这时将弹出如图 1.2 所示的 6 个浮动工具栏。

图 1.2　浮动工具栏

主工具栏主要包含一些常用操作的按钮。因为按钮较多，有一部分按钮未能在界面中显示出来。将鼠标放在主工具栏的空白处，当鼠标变成小手形状后，可以左右拖动工具栏查看显示的按钮。

3. 命令面板

在 3ds Max 8 中，命令面板扮演着非常重要的角色，在这里可以调用很多命令。命令面板上有 6 个选项卡：Create(创建)、Modify(修改)、Hierarchy(层次)、Motion(运动)、Display(显示)与 Utilities(工具)。

在 Create(创建)选项卡中包括了 7 个图标按钮，其中每个图标按钮对应一个面板，它们分别是：Geometry(几何体)、Shapes(图形)、Lights(灯光)、Cameras(摄像机)、Helpers(辅助对象)、Space Warps(空间扭曲)和 System(系统)。单击其中任何一个按钮，就会显示相应的命令面板。

命令面板有时会分成多个子面板。子面板按照功能分类，有时包含多个卷展栏。单击卷展栏标题框左端的 - 或 + 按钮，可以展开或卷起卷展栏。

4. 视图区

默认情况下的视图区是标准 4 视图显示模式，包括 Top(顶视图)、Left (左视图)、Front(前视图)和 Perspective(透视图)。通过这些视图可以将三维模型的正面、侧面、顶面及透视效果同时显示出来。

5. 时间轴

时间轴用来显示当前场景中时间的总长度，默认为 100 帧。在时间轴上方有时间滑块，拖动时间滑块可改变当前场景所处的时间位置，通过时间轴可以设置、编辑、修改和观察三维动画在不同时刻显示的画面，它是制作动画时控制时间的重要工具。

6. 信息提示栏

信息提示栏显示当前所选择工具或命令的状态与提示。

7. 动画控制区

动画控制区提供了各种动画控制按钮，主要用于动画的记录、动画帧的选择、动画时间配置和动画的播放，这些按钮是制作三维动画时最常用的工具。

8. 视图控制区

利用此区域中的按钮可以完成推拉、旋转、放大、缩小视图等操作，以达到从不同角度观察物体的目的。

9. 状态栏

状态栏显示当前视图和鼠标的状态。在未选定视图中的对象时，坐标显示区显示视图中鼠标所在位置的坐标值；选定了对象但未作对象变换时，显示选定对象当前的坐标值；在进行对象变换的过程中，显示当前的变换值；在选择一种变换后，若输入新的坐标值，按 Enter 键，能得到给定值的变换。

10. 命令行

命令行文本框用于输入脚本语言，进行程序化控制。

1.1.2　调整视图布局

在 3ds Max 8 中进行的大部分操作都是在视图中单击或拖动，默认的视图布局可以满足用户大部分的需要，但有时也需要改变视图的布局、视图的大小或者视图的显示方式，合理有效地调整视图布局可以提高工作效率。

1. 改变视图的大小

在 3ds Max 8 中，可以有多种方法改变视图的大小和显示方式。在默认状态下，4 个视图的大小是相等的。用户可以用下面的方法改变视图的大小。

- 在视图控制区反复单击 按钮，可以最大化显示和还原当前视图。
- 按 Alt+W 组合键，与单击 按钮的作用相同。
- 把鼠标移动到两个视图之间的边界处，鼠标指针将变成双向箭头的形状，这时拖动鼠标指针可以任意改变视图的大小。把鼠标移动到 4 个视图的交接中心时，鼠标指针将变成四向箭头的形状，这时拖动鼠标指针可以同时调整 4 个视图的大小，如图 1.3 所示。

2. 改变视图的布局

3ds Max 8 软件默认的 4 个视图分别是 Top(顶视图)、Front(前视图)、Left(左视图)和 Perspective(透视图)。根据用户的观察习惯或工作需要，可以改变这种布局方式。

在 Viewport Configuration(视口配置)对话框中可以重新布局视图区，打开视口配置对话框的方法如下。

- 在菜单栏中选择 Customize (自定义)| Viewport Configuration(视口配置)命令，打开 Viewport Configuration(视口配置)对话框。
- 在任一视图的左上角视图名称处右击，在弹出的快捷菜单中选择 Configure(配置) 命令，打开 Viewport Configuration(视口配置)对话框。
- 右击视图控制区中的任一按钮，打开 Viewport Configuration(视口配置)对话框。

在 Viewport Configuration(视口配置)对话框中选择 Layout(布局)选项卡，可看到如图 1.4 所示的若干预定义的布局方案，单击任一预定义的布局方案，就能改变视口的个数和排列位置，将视图设置为所需的布局。

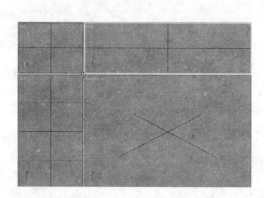

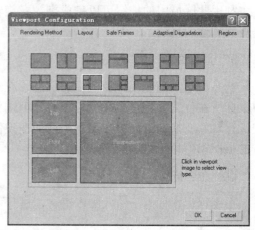

图 1.3　拖动鼠标指针调整视图的大小　　　图 1.4　Viewport Configuration(视口配置)对话框

3. 重置界面

当编辑制作工作告一段落，需要恢复到打开软件时的界面，可执行菜单命令 File (文件)| Reset(重置)，恢复到新建文件时的界面。

1.1.3　3ds Max 8 的度量单位设置

单位设置包括绘图单位设置和系统单位设置。绘图单位是制作三维模型的依据，系统单位则是进行模型转换的依据。单位设置的方法如下。

- 在菜单栏中选择 Customize(自定义)| Units Setup(单位设置)命令，打开 Units Setup(单位设置)对话框中设置所需的绘图单位。改变绘图单位后，系统将按照新的计量单位测量模型，并显示尺寸数据。Units Setup(单位设置)对话框如图 1.5 所示，其中 Display Unit Scale(显示单位范围)选项组中的 4 个选项分别为：Metric(米制)、US Standard(美国标准)、Custom(用户)、Generic Units(通用单位)。
- 单击 Units Setup(单位设置)对话框中的 System Unit Setup(系统单位设置)按钮，将打开如图 1.6 所示的 System Unit Setup(系统单位设置)对话框，在该对话框中可以设置所需的系统单位。系统单位与绘图单位不同，它会直接影响模型的导入、导出、合并和替换效果。

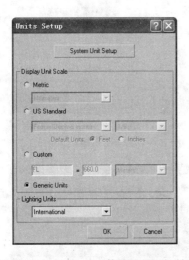

图 1.5 Units Setup(单位设置)对话框　　　图 1.6 System Unit Setup(系统单位设置)对话框

1.1.4 视图的选择

在创建三维模型时，可以根据需要切换视图，切换视图的方法主要有以下几种。

- 单击需要使用的视图，使其成为当前活动视图。
- 按快捷键，可将当前活动视图切换到相应的视图。系统快捷键设置为：T(顶视图)、F(前视图)、L(左视图)、P(透视图)。
- 右击视图左上角的视图名称，将鼠标指向弹出的快捷菜单中的 Views(视图)命令，在其级联菜单中选择所需的视图即可。

1.1.5 视图中对象的选择

在 3ds Max 8 中，选择操作是一个非常重要的环节，要对对象进行变换、修改、删除等操作之前，都必须先选择对象，然后才能对其进行相应的操作。因此，选择操作是 3ds Max 8 中最基本、最常用的操作。3ds Max 8 提供了多种选择操作物体的方法。

1. 使用 Select Object(选择对象)工具选择对象

主工具栏中的 Select Object(选择对象)按钮 是一个单一的选择工具，它只具备选择功能，可用于选择一个或多个操作物体。

实例1：选择对象的基本操作

(1) 单击命令面板中的 按钮，在创建命令面板中单击 按钮，在 Object Type 卷展栏中单击 Teapot(茶壶)按钮，在顶视图中按下鼠标左键进行拖动，创建一个茶壶。单击 Sphere(球体)按钮，在顶视图中按下鼠标左键进行拖动，创建一个球体。用同样的方法在顶视图中再创建一个 Cone(圆锥)和 Torus(圆环)，透视图如图 1.7 所示。

(2) 在主工具栏中单击 (选择物体)按钮，这时在选择按钮组中，选择按钮以黄色高亮显示，如图 1.8 所示。

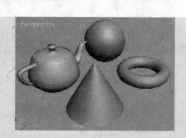

图 1.7 创建多个对象

图 1.8 选择按钮组

(3) 在任意视图中单击球体，从 4 个视图中可观察到，如果被选中的物体以线框方式显示，它将以白色线框显示，如果该物体是实体显示状态，被选中的物体将被白色线框包围，如图 1.9 所示。

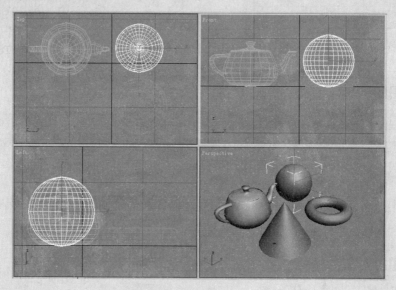

图 1.9 选定球体

(4) 继续单击茶壶，此时取消了对球体的选择，茶壶被选中，如图 1.10 所示。

(5) 按住 Ctrl 键的同时，单击圆锥和圆环，同时选中多个物体，如图 1.11 所示。

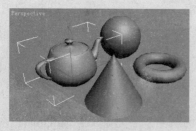

图 1.10 选定茶壶

图 1.11 同时选定多个物体

(6) 在同时选择了多个物体的情况下，按住 Ctrl 键再次单击选中的茶壶，就取消了对茶壶的选择如图 1.12 所示。

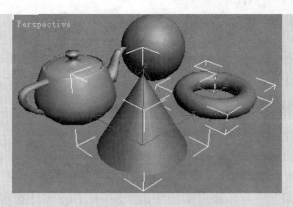

图 1.12   取消对茶壶的选择

(7) 在任意视图的空白处单击，将取消全部选择。

(8) 按住鼠标左键，在顶视图中拖出一个包围所有物体的虚线框，这样就选中了全部
物体，这种方法叫框选。

2. 使用 Select By Name(按名称选择)工具选择对象

当场景中有很多物体，且物体之间重叠在一起时，使用鼠标在视图中单击的方法来选
择物体比较困难。这时可以通过名称来选择物体。因此，在创建物体时，为物体起一个有
意义的名称，可为以后的操作提供很多方便。

使用按名称选择对象的操作步骤如下。

(1) 使用实例 1 中的场景，在主工具栏中单击 按钮，打开 Select
Objects(选择物体)对话框，如图 1.13 所示。

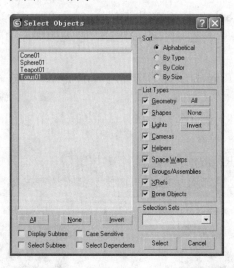

图 1.13   Select Objects(选择物体)对话框

(2) 在对话框中选择 Torus01(圆环 01)的名称，选中的名称将以蓝色长条显示，单击对
话框右下角的 Select(选择)按钮，就选中了圆环。

(3) 若要选择多个物体，按住 Ctrl 键单击对象名称，能选定不连续的多个对象；按住
Shift 键单击一个对象和另一个对象的名称，可选定两个对象之间的所有对象。单击 Select

按钮，即可将列表中选择的物体选中。

提示： 在英文输入法状态下，按键盘上的 H 键，可快速打开 Select Objects(选择物体)
对话框。

3. 使用 Select Region(选择区域)工具选择对象

在需要选择多个对象的场合下，使用 Select Region(选择区域)工具选择对象更加方便快
捷。Select Region(选择区域)按钮实际上是一个按钮组，单击此按钮右下角的黑三角，将
弹出一组区域选择按钮。使用各个按钮选择对象的操作方法如下。

(1) 在实例 1 的场景中，单击主工具栏中的 Select Object(选择对象)按钮，再单击
Select Region(选择区域)按钮组中的 Rectangular Select Region(矩形选择区域)按钮，在顶
视图中拖动鼠标创建一个矩形虚线框，当窗口模式按钮处于 Crossing(交叉窗口)模式时，
虚线框接触到的对象全部被选中，如图 1.14 所示。如果只想选定虚线框内的对象，可将窗
口模式按钮改为 Window(窗口)模式。

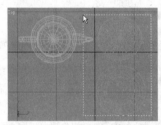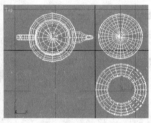

图 1.14 交叉窗口选择模式

(2) 按住 Rectangular Select Region(矩形选择区域)按钮不放，从弹出的下拉列表中
单击 Circular Select Region(圆形选择区域)按钮，在视图中拖动鼠标，可选择一个圆形区
域。

(3) 单击 Fence Select Region(多边形选择区域)按钮，可在视图中绘制一个闭合的多
边形，从而确定选择区域。

(4) 单击 Lasso Select Region(套索选择区域)按钮，在视图中拖动鼠标，可选择任意
形状的封闭区域，如图 1.15 所示。

(5) 单击 Paint Select Region(绘图选择区域)按钮，按住鼠标左键在视图中移动时，
鼠标指针位置多了一个白色圆，圆接触到的物体都会被选中，如图 1.16 所示，松开鼠标，
结束选择操作。

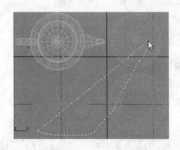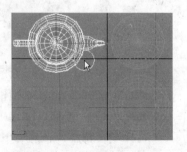

图 1.15 选择任意形状的封闭区域　　　　图 1.16 绘图选择区域方式

提示： 在使用 ▭(绘图选择区域)方式选择对象时，按住 Ctrl 键可加选对象，即圆形图标接触的对象将被添加到当前选择集中。如果按住 Alt 键，用圆形图标接触对象时，对象将从当前选择集中移除。

4. 使用 Selection Filter(过滤器)选择对象

Selection Filter (过滤器)能筛选允许选择的对象类型，从而避免其他类型对象的干扰，快速地选择同一类型的对象。例如：需要选择场景中的灯光，在工具栏中单击过滤器右侧的三角形按钮，打开过滤器下拉列表，从中选择 Lights(灯光)选定，然后在视图中拖动鼠标，框选一个区域，无论框选了多少物体，只有此区域中的灯光被选中。过滤器各选项的含义如下。

- All(全部)：这是默认设置，可以选择任何物体，即没有选择过滤功能。
- Geometry(几何体)：只能选择场景中的三维对象。
- Shapes(二维图形)：只能选择二维图形。
- Lights(灯光)：只能选择灯光对象。
- Cameras(摄像机)：只能选择摄像机对象。
- Helpers(辅助物体)：只能选择辅助物体对象。
- Warps(空间扭曲物体)：只能选择空间扭曲物体。
- Combos...(组合)：单击此选项，将打开 Filter Combination(过滤器组合)对话框。
- Bone(骨骼)：只能选择骨骼物体。
- IK Chain Object(IK 链接对象)：只能选择 IK 链接物体。
- Point(点)：只能选择点物体。

5. 锁定选择对象

如果要确保选择和未选择的对象在后续的操作过程中不发生变化，可选取状态栏中的 Selection Lock Toggle(选择锁定切换)按钮 ▣。此按钮是一个开关按钮，呈黄色时，起锁定作用。锁定后，已选定的对象不能被取消选定，未选定的对象不能被选定。

1.1.6 显示栅格

在 3ds Max 8 中，栅格由纵横交错的网格线组成。栅格可以在创建模型时起到标尺的参考作用，为创建规则的模型提供了方便。有时为了便于观察模型，也会需要隐藏栅格。在视口中显示栅格的方法有以下两种。

- 右击任一视图左上角的视图名称，在弹出的快捷菜单中选中 Show Grid(显示栅格)命令，视口中将会显示栅格。取消选中该命令将会隐藏栅格。
- 按 G 键，将会隐藏当前视图中的栅格，再次按下 G 键，将会显示当前视图中的栅格。

1.1.7 3ds Max 8 的物体显示级别控制

在 3ds Max 8 中，所创建的物体有多种显示级别，如 Smooth+Highlight(光滑+高光)、Wireframe(线框)、Edge Faces(边面)、Smooth(光滑)、Facets+Highlight(面片+高光)、Facets(面

片)、Flat(平面)、Lit+Wireframe(光亮+线框)、Bounding Box(边界盒)等。

设置三维模型的显示级别的方法有以下两种。

● 右击视图左上角的视图名，将弹出一个快捷菜单，通过该快捷菜单可以选择对象的显示方式。

● 打开 Viewport Configuration(视口配置)对话框，在 Rendering Method(渲染方法)选项卡的 Rendering Level(渲染级别)选项组中，也可以设置对象显示的级别。

实例 2：模型的显示级别

(1) 单击命令面板中的 按钮，在创建命令面板中单击 按钮，在 Object Type 卷展栏中单击 Teapot(茶壶)按钮，在顶视图中按下鼠标左键进行拖动，创建一个茶壶。

(2) 在透视图左上角的视图名称处右击鼠标，在弹出的快捷菜单中选择 Smooth(平滑)命令，茶壶的显示效果如图 1.17(a)所示。

(3) 在透视图左上角的视图名称处右击鼠标，在弹出的快捷菜单中选择 Wireframe(线框)命令，茶壶的显示效果如图 1.17(b)所示。

(4) 在透视图左上角的视图名称处右击鼠标，在弹出的快捷菜单中选择 Edge Faces(边面)命令，茶壶的显示效果如图 1.17(c)所示。

(5) 在透视图左上角的视图名称处右击鼠标，在弹出的快捷菜单中选择 Facets(面片)命令，茶壶的显示效果如图 1.17(d)所示。

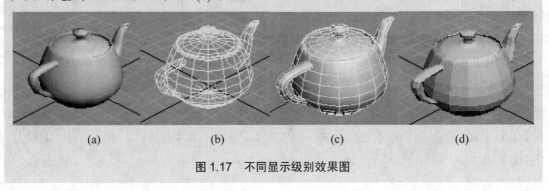

(a)　　　　　　(b)　　　　　　(c)　　　　　　(d)

图 1.17　不同显示级别效果图

1.2　三维视图的观察方法

在工程设计中，工程师通过绘制多个平面图来反映对象的结构形状。在计算机建模过程中，也使用了相同的分析方法。3ds Max 8 常用的观察物体的方法为正交视图、轴侧视图和透视图。

1.2.1　正交视图

绝大多数图纸都采用正交投影的方法即观察方向与观察对象垂直。正交视图能够准确地表明高度和宽度之间的关系，主体所有部分都与观察者的视线平行，正交视图中各部分的比例都相同。

3ds Max 8 中的正交视图通常采用 Top(顶视图)、Front(前视图)和 Left(左视图)，还提供了 Perspective(透视图)，并能以动态旋转的方式来观察三维模型。三维模型在 3ds Max 8 各视图中的显示效果如图 1.18 所示。

3ds Max 8 在界面右下角设置了视图控制区，其中提供了正交视图与透视图的控制按钮组，如图 1.19 所示。

图 1.18　正交视图　　　　　　　　图 1.19　正交视图与透视图的控制按钮组

这些按钮主要是对视图进行缩放、移动和旋转等操作。用鼠标按住右下角带有黑三角的按钮，还会弹出相应的按钮组。各按钮的功能如下。

Zoom(缩放)按钮：在任一视图中按住鼠标左键上下拖动，可以缩放该视图。

Zoom All(缩放全部)：在任一视图中按住鼠标左键上下拖动，可同时缩放 4 个视图。

Zoom Extents(单视图缩放)：此按钮和下一按钮 Zoom Extents Selected 构成按钮组。单击此按钮可将场景中的所有对象以最大化的方式，全部显示在当前视图中。

Zoom Extents Selected(单视图放大选定对象)：若未选定对象，则此按钮作用与上一按钮 Zoom Extents 相同。若先选定了对象，单击此按钮后，可将选定的对象在当前视图中最大化显示。

Zoom Extents All(放大全部视图)：此按钮和下一按钮 Zoom Extents All Selected 构成按钮组。单击此按钮可显示场景中的全部对象，并将所有视图最大化显示。

Zoom Extents All Selected(全视图放大选定对象)：若不选定任何对象，此按钮与上一按钮 Zoom Extents All 作用相同。若先选定了对象，单击此按钮后，可将选定的对象在全部视图中最大化显示。

Field -of -View(视野)：此按钮和下一按钮 Region Zoom 为一个按钮组。此按钮只对透视图起作用。单击此按钮，在透视图中按住鼠标左键上下拖动或转动滚轮，可将对象拉近或推远。

Region Zoom(局部缩放)：此按钮只对正视图起作用。单击此按钮，在当前视图中用鼠标拖出一个矩形框，框内的对象被最大化显示，充满整个视图。在调整模型细节时，此按钮的作用非常大。

Pan View(平移视图)：此按钮和下一按钮 Walk Through 构成一个按钮组。单击此按钮，在任一视图中拖动鼠标，可平移当前视图。按住 Ctrl 键拖动鼠标，能快速平移当前视图。

Walk Through(行走视图导航)：此按钮只有在激活了透视图或摄像机视图时才会出现。通过上下左右拖动鼠标，可平移或旋转摄像机视图。此按钮也可以用键盘控制，利用键盘上的按钮或字母键也可调整摄像机视图。↑(W)、↓(S)、←(A)、→(D)分别为近看、远看、左移和右移，还可以用 q 键使移动加速，用 z 键使移动减速。

Arc Rotate(弧形旋转)：此按钮和下面两个按钮 Arc Rotate SubObject 和 Arc Rotate Selected 为一个按钮组。单击此按钮，拖动鼠标时，透视图和用户视图会发生旋转，旋转轴心点和旋转方向视鼠标指针的形状不同而不同，鼠标指针形状与鼠标在视图中的位置有关，$\oplus$(圈内)、$\circlearrowright$(圈外)、$\frown$(圈上(上下))、$($(圈上(左右))对应四种不同位置的鼠标指针。

Arc Rotate SubObject(基于次级对象的弧形旋转)：单击此按钮，拖动鼠标，以选定对象的次级对象为中心旋转当前视图。当选定对象没有次级对象时，以选定对象为中心旋转当前视图，当选定对象包含次级对象，如 Vertex(顶点)、Edge(边)、Face(面)、Polygon(多边形)、Element(元素)等，以选定的次级对象为中心旋转当前视图。

Arc Rotate Selected(基于选定对象的弧形旋转)：单击此按钮，拖动鼠标，以选定对象为中心旋转当前视图。

Maximize Viewport Toggle(最大化当前视图)：这是一个开关按钮，单击一次，当前视图最大化，视图区仅显示当前视图。再单击 次，视图还原为 4 视图显示方式。

提示： ①要取消当前视图控制按钮的激活状态，右击视图空白处即可。②在编辑模型的过程中，需要移动视图时，可不使用 按钮，按住鼠标中键直接在视图中拖动即可。③同样，在编辑模型的过程中，需要缩放视图时，可直接旋转鼠标滚动轮来实现。

1.2.2 透视视图

透视是指观察对象的外形在深度方向上的投影，在 3ds Max 8 中，如果添加了摄像机就可以从摄像机的视角观察场景，激活透视图，按 C 字母键，就可切换到摄像机视图。在摄像机视图和透视图中显示了三维模型高精度的透视图，如图 1.20 右下图所示。

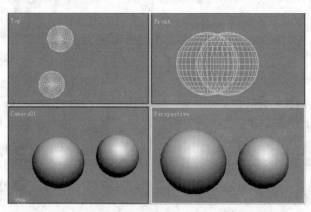

图 1.20　摄像机视图和透视图中的透视效果

两个球体的半径是相同的，从图中可以看出，模型产生了近大远小的透视关系。在 3ds Max 中的摄像机相当于人的眼睛，从一定的距离观察模型，模型相当于视觉中心。

1.2.3 轴侧视图

3ds Max 8 中的 User(用户视图)是一种很有用的轴侧视图。在用户视图中，可以从任意方向观察对象。将任一正交视图改变为用户视图，观察方向不再与对象垂直；将透视图改变为用户视图，物体不显示近大远小的透视效果。用户轴侧视图和透视图中的显示效果如图 1.21 所示。

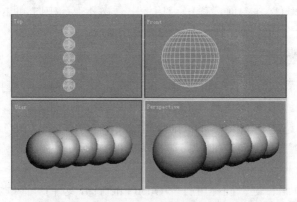

图 1.21 用户轴侧视图和透视图中的显示效果

1.3 3ds Max 8 的文件操作

1.3.1 新建、保存、打开文件

1. 新建三维场景文件

在 3ds Max 8 中，使用下面的任意一种方法都可以新建一个三维场景文件。

● 启动 3ds Max 8 软件，即可新建一个三维场景文件。
● 在菜单栏中选择 File(文件)| New(新建)命令，可新建一个三维场景文件。
● 按下 Ctrl+N 组合键，可新建一个三维场景文件。

执行 New(新建)命令时，可以清除当前视图中的全部内容，但会保留当前设置，如视图的划分捕捉、材质编辑器、背景图像等。

2. 保存三维场景文件

新建文件后，在创建、制作和编辑场景过程中，为了防止信息丢失，及时保存文件是非常重要的。保存文件的方法和步骤如下。

(1) 在菜单栏中选择 File(文件)| Save(保存)命令，或者按下 Ctrl+S 组合键，打开 Save File As(保存文件为)对话框。

(2) 在 Save In(保存在)下拉列表框中，设置保存的路径，并输入文件名，设置保存类型为 3ds Max(*.max)，单击 Save(保存)按钮，就可将当前的三维场景文件保存到指定位置。

在 File(文件)的下拉菜单中还有以下几个保存命令。

● Save As(另存为)：选择该命令后，将弹出 Save File As(保存文件为)对话框，这时可为当前文件设置新的文件名进行保存，得到原文件的备份文件，可以在备份文件的基础上修改场景，从而简化新的场景的创建工作。原文件被另存为新文件后，就被关闭了，这时视图打开的是新的场景文件。

- Save Copy As(另存副本为)：此命令与 Save As(另存为)相反，将当前场景用新文件名进行保存后，场景中打开的仍然是原场景文件，而不是新文件，可以继续对原文件进行操作。
- Save Selected (保存当前选择)：当场景中有物体被选中时，此命令的作用是将场景中选中的全部物体保存到一个新的文件中。

3. 打开三维场景文件

要继续创建、查看、修改、编辑已建立的三维场景文件时，需要打开已建立的文件。打开文件的方法如下。

- 在菜单栏中选择 File(文件)|Open(打开)命令，打开 Open File(打开文件)对话框。在"查找范围"下拉列表框中，选择正确的路径和文件名，双击该文件名即可打开它。
- 按下 Ctrl+O 组合键，同样可打开 Open File(打开文件)对话框。
- 在菜单栏中选择 File(文件)| Open Recent(打开最近的)命令，此命令的右侧会出现最近打开过的文件历史记录，选择其中一个文件，即可将该文件重新打开。

1.3.2   导入其他格式文件

在 3ds Max 8 软件中可以 Import(导入)或 Merge(合并)不属于 3ds Max 标准格式(*.max)的场景文件。3ds Max 8 兼容的文件格式有 DXF、3DS、PRJ、AIDWG 等。导入文件的步骤如下。

(1) 在菜单栏中选择 File(文件)| Import(导入)命令，打开 Import File(导入文件)对话框。

(2) 在 File Type(文件类型)下拉列表框中，选择导入文件的格式，选择需要导入的文件的名称，单击 Open(打开)按钮，即可将其他文件格式的文件导入到当前场景中。

1.3.3   恢复 3ds Max 8 系统默认的界面设置

当界面发生了改变，如不小心关闭了主工具栏或命令面板，对于初学者来说，没有主工具栏和命令面板，就无法进行正常的工作。要想恢复系统默认的界面设置，有以下几种方法。

- 在菜单栏中选择 Customize(自定义) | Load Custom UI Scheme(加载自定义 UI 方案)命令，在打开的 Load Custom UI Scheme(加载自定义 UI 方案)对话框中，选择 DefaultUI.ui 文件，如图 1.22 所示。单击"打开"按钮即可恢复系统默认的界面设置。

图 1.22 Load Custom UI Scheme(加载自定义 UI 方案)对话框

- 如果界面变化后，界面中仍然存在工具栏，那么可在工具栏上右击，在弹出的快捷菜单中选择 Customize(自定义)命令，这时打开 Customize User Interface(自定义用户界面)对话框，如图 1.23 所示。单击 Reset(重置)按钮，即可恢复系统默认的界面设置。

图 1.23 Customize User Interface(自定义用户界面)对话框

1.4 小 结

本章介绍了 3ds Max 8 用户界面的组成以及它的一些基本功能，讲解了用户界面环境设置的基础知识、三维视图的观察方法、对象的显示级别和单位设置等内容。这些都是学习 3ds Max 8 软件的基础，掌握了这些功能和操作方法，才能更自由、更方便地应用 3ds Max 8 软件。

1.5 习 题

1. 先将主工具栏关闭，然后再恢复默认的用户界面。

2. 在场景中创建 Box(长方体)、Sphere(球体)、Cylinder(圆柱)、Torus(圆环)、Cone(圆锥)，然后学习用视图控制区的各种工具观察对象。

第 2 章　创建几何体和系统建筑模型

【本章要点】

本章主要介绍如何在 3ds Max 8 中创建基础模型。通过介绍标准几何体、扩展几何体、AEC 扩展对象、门、窗和楼梯的创建方法，帮助初学者快速掌握基础建模的方法，为学习 3ds Max 8 打下良好的基础。

2.1　标准几何体和扩展几何体的参数设置

在 3ds Max 8 中，首先要做的工作就是建模，即建立模型。3ds Max 8 的模型是具有三维尺度的几何实体和表面。3ds Max 8 具有非常强大的建模功能，可以创建的模型类别十分丰富，用户可以很方便地制作出各种逼真的模型。

3ds Max 8 提供了很多快捷的建模方式，特别是创建几何体，用户只要单击所要创建的几何体的按钮，在相应的视图中拖动鼠标就可以完成创建工作。在学习建模之前，本节先来介绍 3ds Max 8 建模的通用常识。

2.1.1　Create(创建)命令面板

单击命令面板中的 (创建)按钮，进入到创建命令面板，这是系统默认显示的命令面板，是创建各种物体的核心区域。在 Create(创建)命令面板中，可以创建七大类型的对象： Geometry(几何体)、 Shapes(图形)、 Lights(灯光)、 Cameras(摄像机)、 Helpers(辅助对象)、 SpaceWarps(空间扭曲)和 Systems(系统)。Create(创建)命令面板如图 2.1 所示。

图 2.1　Create(创建)命令面板

如果不需要准确控制对象的参数，只要单击创建命令面板 Object Type(对象类型)卷展栏内的一个按钮，在视图中按住鼠标左键进行拖动然后释放鼠标，就能创建一个对象。有的对象只需拖动鼠标并释放一次就能完成创建，如创建球体。有的对象则需要多次拖动鼠标，先建立模型的面，再完成立体模型的创建，如长方体、圆柱体等。

2.1.2 Object Type(对象类型)卷展栏

图 2.1 中包含了创建七大类型对象的按钮，单击每个按钮，就会出现相应的 Object Type(对象类型)卷展栏，其中包含若干按钮，每个按钮对应一种对象类型。

单击 Geometry(几何体)按钮，命令面板中就出现了图 2.1 所示的 Object Type(对象类型)卷展栏，在中间下拉列表框中的 Standard Primitives(标准几何体)表示这个面板中可创建标准几何体，单击一个对象按钮，在视图中进行拖动，就可以创建标准的几何体了。在此面板中可以创建如图 2.2 所示的物体。

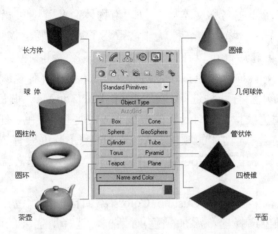

图 2.2　标准几何体的对象类型面板

建模时，除了使用 Standard Primitives(标准几何体)面板外，很多情况下，用户也常常使用 Extended Primitives(扩展几何体)面板进行建模，其建模的方法与创建标准几何体相同。单击打开图 2.2 中的下拉列表，选择 Extended Primitives(扩展几何体)选项，就打开了扩展几何体面板的 Object Type(对象类型)卷展栏，在该面板中可创建的物体如图 2.3 所示。

图 2.3　扩展几何体的对象类型面板

在该下拉列表中还有很多项目，分别选择它们，就会出现各项目相应的 Object Type(对象类型)卷展栏。另外，分别单击 ⚫Shapes(图形)、 ⚫Lights(灯光)、 ⚫Cameras(摄像机)、 ⚫Helpers(辅助对象)、 ⚫SpaceWarps(空间扭曲)、 ⚫Systems(系统)对象的按钮，就可以打开它们的 Object Type(对象类型)卷展栏，在其中单击不同的按钮，就可以创建出各种各样的对象。

2.1.3　Name and Color(名称和颜色)卷展栏

在 Object Type(对象类型)卷展栏下方，是 Name and Color(名称和颜色)卷展栏，当用户创建一个物体后，系统就会在名称文本框中自动为物体命名并随机指定一种颜色，便于识别物体。在场景比较复杂时，物体的名称就非常重要了，用户要给物体起易于识别的名称，便于组织对象。物体被创建后，可以在任何时候改变其名称和颜色。

单击名称文本框右侧的对象颜色按钮，打开 Object Color(对象颜色)对话框。如图 2.4 所示。Basic Colors(基本颜色)有两种选择：3ds Max palette(3ds Max 调色板)和 AutoCAD ACI palette(AutoCAD ACI 调色板)。3ds Max 8 调色板有 64 种基本颜色，任意选择一种颜色，单击 OK 按钮，就可以改变被选物体的颜色。AutoCAD ACI 调色板有 AutoCAD 的 256 种颜色，如果要将创建的对象输出到 AutoCAD，并使用颜色组织对象，就要选择这种模式的调色板。

如果需要添加颜色，单击 Add Custom Colors(添加自定义颜色)按钮，就会打开 Color Selector：Add Color(颜色选择器：添加颜色)对话框，选择所需要的颜色，然后单击 Add Color(添加颜色)按钮，就可以添加更多的颜色。Color Selector：Add Color(颜色选择器：添加颜色)对话框如图 2.5 所示。

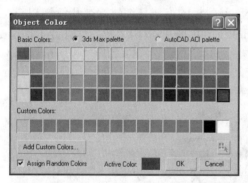

图 2.4　Object Color(对象颜色)对话框

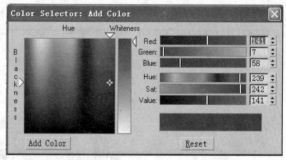

图 2.5　Color Selector：Add Color
(颜色选择器：添加颜色)对话框

2.1.4　Creation Method(创建方法)卷展栏

Creation Method(创建方法)卷展栏由单选按钮构成，其单选按钮的内容视所创建的对象不同而有所变化，例如，创建 Box(长方体)时，该卷展栏的选项为 Cube (立方体)和 Box(长方体)，若选中 Cube 单选按钮，创建长方体时，系统会自动使三条边保持一致。大多数几何体的 Creation Method(创建方法)卷展栏主要包括下面几种选项。

Edge(边)：当在视图中拖动鼠标创建对象时，鼠标的起始点对齐对象的一条边。

Center(中心)：当在视图中拖动鼠标创建对象时，鼠标的起始点对齐对象的中心。

Corners(角)：当在视图中拖动鼠标创建对象时，鼠标的起始点对齐对象的一个拐角点。

2.1.5 Keyboard Entry(键盘输入)卷展栏

在 Keyboard Entry(键盘输入)卷展栏中可以通过键盘直接创建具有精确尺寸的模型。所创建的模型以卷展栏中的 X、Y、Z 三个坐标值为中心位置。Length(长度)、Width(宽度)、Height(高度)、Radius(半径)等是物体的尺寸。在 3ds Max 8 创作中，有时为了快捷，不用鼠标直接用键盘创建模型，常用到的快捷键 Tab 键用来切换输入项目，Shift + Tab 组合键可返回上一个输入框，Enter 键则用于确认输入的数值。输入参数后，单击 Create(创建)按钮，就能按照设置的坐标位置和尺寸在视图中创建一个对象。

2.1.6 Parameters(参数)卷展栏

Parameters(参数)卷展栏的参数根据创建的对象不同而有很大差异。下面介绍一些对象创建时常会用到的参数。

● Segments(分段数)：指对象的一个方向上由多少段构成。该值决定了对象在相应方向上可编辑的自由度。分段数对于三维对象来说是至关重要的参数，它决定了三维对象的细腻程度。分段数越多，模型表面越光滑，越细腻；分段数少，则模型粗糙。但分段数直接与文件的数据量相关。细腻的模型数据量大，耗费的计算机资源多，渲染所耗的时间长，所以在建模时要综合考虑模型的细腻与高效之间的平衡。

实例 1：创建和弯曲对象时分段数对对象的影响

1) 创建球体

创建两个球体，设置第一个球体的 Segments(分段数)为 16；第二个球体的 Segments(分段数)保持默认值 32。渲染视图，可观察到，球体表面由多个小曲面组成，只有分段数足够多时，球体表面才能光滑，模型如图 2.6 所示。

图 2.6 不同的分段数创建的球体效果比较

2) 弯曲长方体

(1) 创建两个长方体，设置第一个长方体的高度分段数为 5；第二个长方体的高度分段数为 20。

(2) 选中第一个长方体，单击 (修改)按钮，打开修改面板，打开 Modifier(修改器)下拉列表框，选择 Bend(弯曲)修改器，在 Parameters(参数)卷展栏中，输入 Angle(角度)为 180，如图 2.7 所示。

(3) 选中第二个长方体，同样添加弯曲修改器，渲染视图，可以看到，第一个拱形只能由五段直线折成，第二个长方体就弯曲成光滑的圆弧形，效果如图 2.8 所示。

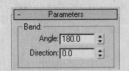
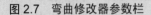

图 2.7　弯曲修改器参数栏　　　　　图 2.8　高度分段数不同的两个长方体

对于不同形状的物体，需要设置分段数的参数可能不同，一般常用的有 Length Segments(长度分段数)、Width Segments(宽度分段数)、Height Segments(高度分段数)、Cap Segments(端面分段数)和 Fillet Segments(倒角分段数)等。

- Generate Mapping Coords(生成贴图坐标)：选中该复选框，则为对象贴图指定默认贴图坐标。关于贴图坐标在第 8 章材质与贴图中将进行详细介绍。
- Base To Pivot(轴心在底部)：若选中该复选框，则创建的对象轴心点会沿该对象局部坐标系的 Z 轴移到对象底部。如创建球体，取消选中该复选框，创建的球体轴心点与球体的球心重合。若选中该复选框，则创建的球体轴心点在球体底部球面上。
- Real-World Map Size(真实贴图尺寸)：若选中该复选框，则为对象指定贴图时，会对渲染效果产生影响。

2.2　修改对象参数

在创建对象时，用户使用鼠标在视图中进行拖动，就可以方便地完成，但这样创建出来的对象的比例、尺寸、分段数等参数，不一定满足要求，这时用户可以重新修改对象的参数。

单击 (修改)按钮，打开 Modify(修改)命令面板，在 Parameters(参数)卷展栏中重新输入参数，单击命令面板的任意空白处或按 Enter 键，对象就会按照指定的参数尺寸和比例修改。

2.3　实例——创建标准几何体

下面使用 Standard Primitives(标准几何体)命令面板，创建如图 2.9 所示的各种物体，从而帮助读者进一步掌握标准几何体的创建方法及其参数的设置。

图 2.9　标准几何体

实例 2：创建 Sphere 球形物体

(1) 在视图中创建五个半径相同的 Sphere(球体)，第一个球体保持默认参数不变。

(2) 选择第二个球体，单击 ⌀(修改)按钮，打开 Modify(修改)命令面板，在 Parameters(参数)卷展栏中，设置 Hemisphere(半球)为 0.7，观察球体变化为球冠。

(3) 选择第三个球体，打开 Modify(修改)命令面板，在 Parameters(参数)卷展栏中，选中 Slice On(纵向切割)选项，输入 Slice from(起始角度)为 60， Slice To(终止角度)为 180，观察球体切割了一部分。

(4) 选择第四个球体，打开 Modify(修改)命令面板，在 Parameters(参数)卷展栏中，修改 Hemisphere(半球)为 0.5，选中 Slice On(纵向切割)选项，输入 Slice from(起始角度)为 0，Slice To(终止角度)为 90，观察球体发生的变化。

(5) 选择第五个球体，打开 Modify(修改)命令面板，在 Parameters(参数)卷展栏中，设置 Segments(分段数)为 4，观察球体发生的变化。

(6) 渲染视图，由五个球体变化而创建出的模型如图 2.10 所示。

图 2.10　创建球形物体

实例 3：创建 GeoSphere 几何球体物体

(1) 在视图中创建四个 GeoSphere(几何球体)，第一个球体保持默认参数不变。

(2) 选择第二个球体，单击 ⌀(修改)按钮，打开 Modify(修改)命令面板，在 Parameters(参数)卷展栏中，设置 Segments(分段数)为 1，选中 Tetra(四面体)选项，观察球体变化为四面体。

(3) 选择第三个球体，打开 Modify(修改)命令面板，在 Parameters(参数)卷展栏中，设置 Segments(分段数)为 1，选中 Octa(八面体)选项，观察球体变化为两个对称的四棱锥的组合。

(4) 选择第四个球体，打开 Modify(修改)命令面板，在 Parameters(参数)卷展栏中，设置 Segments(分段数)为 1，选中 Icosa(二十面体)选项，观察球体的每个面由三角形组成。

(5) 渲染视图，由四个几何球体变化而创建出的模型如图 2.11 所示。

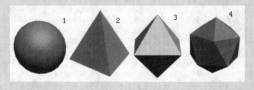

图 2.11　通过几何球体创建的模型

实例 4：创建 Torus(环形)物体

(1) 在视图中创建七个相同的圆环，第一个圆环保持默认参数不变。

(2) 选择第二个圆环，单击 (修改)按钮，打开 Modify(修改)命令面板，在 Parameters(参数)卷展栏中，修改 Twist(扭曲)为 1440，观察圆环发生了扭曲。

(3) 选择第三个圆环，打开 Modify(修改)命令面板，在 Parameters(参数)卷展栏中，设置 Segments(分段数)为 3，观察圆环变化为三角形环。

(4) 选择第四个圆环，打开 Modify(修改)命令面板，在 Parameters(参数)卷展栏中，修改 Sides 为 4，观察圆环发生的变化。

(5) 选择第五个圆环，打开 Modify(修改)命令面板，在 Parameters(参数)卷展栏中，修改 Sides 为 6；选中 Slice On(纵向切割)选项，输入 Slice from(起始角度)为 120，Slice To(终止角度)为 270；选中 Sides(边)选项，观察圆环的边面变化为六边。如选中 Sides(边)选项，则只以相邻面的边界进行光滑处理。

(6) 选择第六个圆环，打开 Modify(修改)命令面板，在 Parameters(参数)卷展栏中，修改 Sides 为 6；选中 Slice On(纵向切割)选项，输入 Slice from(起始角度)为 120，Slice To(终止角度)为 270；选中 None(无)选项，输入 Rotation(旋转)为 90，观察圆环的边面的变化，同时与第五个圆环比较，此圆环的横截面旋转了 90 度。如选中 None(无)选项，则不进行光滑处理。

(7) 选择第七个圆环，打开 Modify(修改)命令面板，在 Parameters(参数)卷展栏中，修改 Sides 为 6；选中 Slice On(纵向切割)选项，输入 Slice from(起始角度)为 120，Slice To(终止角度)为 270；选中 Segments(片段)选项，观察圆环的边面发生的变化。如选中 Segments(分段)选项，则光滑处理每个独立的分段组成的面。

(8) 渲染视图，由七个圆环变化而创建出的模型如图 2.12 所示。

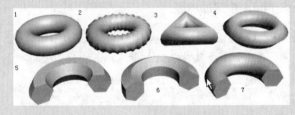

图 2.12 创建环形物体

实例 5：创建 Cone(圆锥)形物体

(1) 在视图中创建两个圆锥，第一个圆锥保持默认参数不变。

(2) 选择第二个圆锥，单击 (修改)按钮，打开 Modify(修改)命令面板，在 Parameters(参数)卷展栏中，修改 Radius 2(半径 2)不为 0，圆锥就变化为圆台。

(3) 复制出一个圆台，打开 Modify(修改)命令面板，在 Parameters(参数)卷展栏中，设置 Sides(边)为 6，取消选中 Smooth(光滑)选项，观察圆台变化为六棱台。

(4) 渲染视图，由圆锥变化而创建出的圆台和棱台的模型如图 2.13 所示。

图 2.13　创建圆锥和棱台

实例 6：创建 Teapot(茶壶)

(1)　在视图中创建三个茶壶，第一个茶壶保持默认的参数不变。

(2)　选择第二个茶壶，单击 (修改)按钮，打开 Modify(修改)命令面板，在 Parameters(参数)卷展栏中，设置 Segments(分段数)为 1，取消选中 Smooth(光滑)、Handle(把手)和 Spout(壶嘴)选项，圆茶壶变化为方茶壶。

(3)　选择第三个茶壶，打开 Modify(修改)命令面板，在 Parameters(参数)卷展栏中，设置 Segments(分段数)为 2，取消选中 Handle(把手)和 Spout(壶嘴)选项，圆茶壶变化为六边形茶壶，由于选中了 Smooth(光滑)选项，所以茶壶的各面光滑地过渡。

(4)　渲染视图，由默认的茶壶变化而创建出各种茶壶如图 2.14 所示。

图 2.14　创建茶壶

2.4　实例——创建扩展几何体

扩展几何体是一些相对比较复杂的几何体的集合。扩展几何体的创建和变形方法与标准几何体的方法有很多相同之处，下面使用 Extended Primitives(扩展几何体)命令面板，创建几种扩展几何体，从而帮助读者掌握扩展几何体特有的参数的设置。

实例 7：创建 ChamferBox(倒角长方体)

(1)　在视图中创建三个相同的 ChamferBox(倒角长方体)。

(2)　选择第一个倒角长方体，单击 (修改)按钮，打开 Modify(修改)命令面板，在 Parameters(参数)卷展栏中，设置 Fillet Segs(倒角分段数)为 1，取消选中 Smooth(光滑)选项，观察倒角长方体的棱由平面组成。

(3)　选择第二个倒角长方体，打开 Modify(修改)命令面板，在 Parameters(参数)卷展栏中，设置 Fillet Segs(倒角分段数)为 5，取消选中 Smooth(光滑)选项，观察倒角长方体的倒角由 5 个平面过渡得到。

(4)　选择第三个倒角长方体，打开 Modify(修改)命令面板，在 Parameters(参数)卷展栏中，设置 Fillet Segs(倒角分段数)为 10，选中 Smooth(光滑)选项，观察倒角长方体的倒角平滑地过渡。

(5) 渲染视图，Fillet Segs(倒角分段数)对倒角物体的影响如图2.15所示。

图2.15　倒角分段数对倒角物体的影响

实例8：创建 Torus Knot(圆环结)

(1) 在视图中创建六个相同的 Torus Knot(圆环结)，第一个圆环结保持默认的参数不变。

(2) 选择第二个圆环结，单击　(修改)按钮，打开 Modify(修改)命令面板，在 Parameters(参数)卷展栏中的 Base Curve(基本曲线)选项组中选中 Circle(圆环)选项，观察到圆环结转化为圆环。选中 Knot(结)选项时，生成圆环结。

(3) 选择第三个圆环结，打开 Modify(修改)命令面板，在 Parameters(参数)卷展栏中的 Base Curve(基本曲线)选项组中选中 Circle(圆环)选项，设置 Warp Count(扭曲数)为3，Warp Height(扭曲高度)为1，观察圆环的变化。Warp Count(扭曲数)和 Warp Height(扭曲高度)只有选中 Circle(圆环)选项时，才有效。

(4) 选择第四个圆环结，打开 Modify(修改)命令面板，在 Parameters(参数)卷展栏中，选中 Circle(圆环)选项，在 Cross Section(横截面)选项组中设置 Eccentricity(离心率)为0.8，圆环的横截面变为椭圆形。

(5) 选择第五个圆环结，打开 Modify(修改)命令面板，在 Parameters(参数)卷展栏中，选中 Circle(圆环)选项，在 Cross Section(横截面)选项组中设置 Twist(扭曲)为100，圆环的扭曲不太明显，设置 Eccentricity(离心率)为0.8，观察到圆环发生了扭曲，这是因为圆环的横截面不为圆环时，扭曲的效果才容易表现出来。

(6) 选择第六个圆环结，打开 Modify(修改)命令面板，在 Parameters(参数)卷展栏中，选中 Circle(圆环)选项，在 Cross Section(横截面)选项组中设置 Lumps(膨胀数量)为12，Lump Height(膨胀高度)为-1，观察圆环的变化。

用第六个圆环复制出第七个圆环，修改 Lump Height(膨胀高度)为-4，观察圆环的变化。

(7) 渲染视图，由圆环结变形生成的各种物体如图2.16所示。

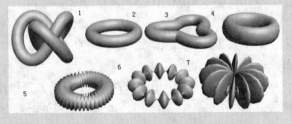

图2.16　圆环结变形生成的物体

提示：Base Curve(基本曲线)选项组中的 Radius(半径)是圆环结或圆环的半径，Cross Section(横截面)选项组中的 Radius(半径)是圆环结或圆环横截面的半径。

实例9：创建 RingWave(环形波)

(1) 在顶视图中创建三个相同的 Ring Wave(环形波)，RingWave Size(环形波尺寸)选项组的参数如图 2.17 所示。

(2) 选择第二个环形波，单击 (修改)按钮，打开 Modify(修改)命令面板，在 Parameters(参数)卷展栏中，设置 Outer Edge Breakup(外波形动画)和 Inner Edge Breakup(内波形动画)选项组的参数如图 2.18 所示。Major Cycles(主周期)用于设置主要波动的次数，如外波形的主周期为 6，所以环形波外侧有 6 个波峰；内波形的主周期为 1，所以环形波内侧没有波峰和波谷。Width Flux(宽度波动)设置波峰和波谷的宽度，其修改外波形的宽度波动为 0，可发现外侧变成了圆形，凸起的部分消失了。Crawl Time(运动时间)在播放动画时控制波形运动的时间，如果为 0，波形就静止不动。Minor Cycles(次周期)是在主要波动上建立的扰动所具有的周期，在第二个环形波上设置了内、外主波都没有干扰，所以次周期都为 0，这时次周期下面的两个参数都无效。

图 2.17 环形波参数

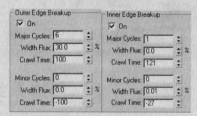

图 2.18 外侧波形和内侧波形参数

(3) 选择第三个环形波，根据第二个环形波进行设置，要使这个环形波外侧、内侧都有主波和次波，参数如图 2.19 所示。

图 2.19 修改后的外侧波形和内侧波形参数

(4) 渲染视图，三种环形波如图 2.20 所示。

环形波是一种动态的波形。选中一种环形波，在如图 2.21 所示的 RingWave Timing(环形波计时)选项组中选中 Grow and Stay(生长和停顿)或 Cyclic Growth(循环生长)单选按钮，并设置 Start Time(开始生长时间)、Grow Time(生长时间)和 End Time(结束时间)，然后单击动画控制区中的动画播放按钮 ，可观察环形波的生长情况。

图 2.20 三种环形波波形比较

图 2.21 环形波计时设置选项组

实例10：创建两端连接在圆管上的 Hose(软管)

(1) 创建两根圆管和一根软管，要用软管将两根圆管连接起来，三根管子的相对位置如图 2.22 所示。

(2) 选定软管，单击 ✍(修改)按钮，打开 Modify(修改)命令面板，在 Hose Parameters(软管参数)卷展栏中，选中 Bound to Object Pivots(绑定到对象轴心点)复选框。

(3) 单击 Pick Top Object(拾取顶部对象)按钮，单击左边的圆管。

(4) 单击 Pick Bottom Object(拾取底部对象)按钮，单击右边的圆管，软管的两端就连接在两个圆管的轴心点上了。效果如图 2.23 所示。

图 2.22　创建圆管和软管

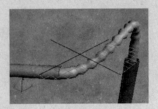

图 2.23　软管绑定到对象轴心点

2.5　创建系统建筑模型

2.5.1　创建 AEC 扩展对象

在 3ds Max 8 中引入了建筑设计的建模功能，应用创建命令面板中的 AEC Extended Objects(AEC 扩展对象)，可以直接在场景中生成很多常用的建筑模型，其中植物、门、窗等物体都可以通过改变参数来改变它们的造型，可以帮助用户快速地完成室内、外建筑设计。

单击 (创建)按钮，选择创建几何体面板，单击下拉列表框中的下拉按钮，在打开的下拉列表中选择 AEC Extended(AEC 扩展对象)选项，就打开了创建 AEC 扩展对象面板，单击相应的按钮，用户就可以创建 Foliage(植物)、Railing(围栏)和 Wall(墙)等物体。

1. Foliage(植物)

系统提供的 Foliage(植物)按钮，用来创建植物模型(例如树)。一般先选择一种模型，再修改其各个属性参数，调节植物的高度、密度、修剪、种子、树冠等显示细节和级别，即可获得所需要的不同形状的植物。

在创建时，先在 Favorite Plants(所需的植物)卷展栏中单击选择一种模型，然后在视图中单击鼠标，在鼠标单击处即可创建默认形状的植物。Favorite Plants(所需的植物)卷展栏如图 2.24 所示。

3ds Max 8 提供了 12 种植物模型，如图 2.25 所示。打开创建命令面板，选择几何体子面板，单击几何体下拉列表框中的下拉按钮，在打开的下拉列表中选择 AEC Extended(AEC 扩展对象)选项，单击 Foliage(植物)按钮，选定一种植物，在视图中使用鼠标进行拖动，就能创建一种植物。

在创建完成之后，可以直接在 Parameters(参数)卷展栏中或打开 Modify(修改)面板进行属性设置。所有模型的 Parameters(参数)卷展栏都是一致的，如图 2.26 所示。其中的参数说明如下。

● Height(高度)：用于控制植物的高度。

● Density(密度)：用于控制植物的树叶或花朵的数量。数值 1 表示显示植物的全部花叶，0 表示不显示花叶。图 2.27 所示为两种植物不同的 Density(密度)值时的效果，Density 的值分别为 1、0.2 和 0。

图 2.24　Favorite Plants(所需的植物)卷展栏　　　　图 2.25　12 种植物模型

图 2.26　Parameters(参数)卷展栏　　　　图 2.27　两种植物不同的 Density(密度)值时的效果

- Pruning(修剪)：此项仅可用于有枝杈的植物。用于控制植物枝杈的多少。值为 0 时，没有任何修剪；值为 0.5 时，从下向上修剪树 50%高度的枝叶；值为 1 表示修剪掉所有枝杈。如图 2.28 所示，这是不同 Pruning(修剪)值时的植物的效果，Pruning 的值分别为 0、0.5 和 1。

- Seed(种子数)：设置枝杈和树叶的位置、形状以及角度的随机数，以表现各种不同的效果，单击 New 按钮，植物就会随机变化成不同的形态，这样就可以方便地创建出同一类型的不同形态的植物。

- Show(显示)选项组：用于在视图中显示和隐藏植物的部分对象。包括 Leaves(树叶)、Trunk(树干)、Fruit(果实)、Branches(枝杈)、Flowers(花朵)和 Roots(树根)，选中对应选项前的复选框表示显示。Banyan Tree(Banyan 树)有四种元素：Leaves(树叶)、Trunk(树干)、Branches(枝杈)和 Roots(树根)，取消其中的一个元素，产生的树模型如图 2.29 所示。

图 2.28　植物不同修剪值时的效果

(a)完整树　(b)无树根树　(c)无枝杈树　(d)无树干树　(e)无树叶树

图 2.29　Banyan 树的五种效果

- Viewport Canopy Mode(视图遮盖模式)选项组：是一种轮廓显示模式，决定植物是以冠状显示，还是直接显示植物的原型。不论哪种显示方式，都不影响渲染效果。When Not Selected (未选定时)选项的含义是未被选中时，物体以冠状显示。Always(总是)选项的含义是不论是否被选中，物体总是以冠状模式显示。Never(从不)选项的含义是不论是否被选中，物体都不以冠状模式显示。冠状显示的物体和原型显示的物体如图 2.30 所示。

- Level-of-Detail (细节层次)选项组：设置渲染效果级别。当 Low(低)选项被选中时，以冠状方式渲染植物，速度最快，但渲染质量最低。当 Medium(中等)选项被选中时，减少植物面片进行渲染。当 High(高)选项被选中时，渲染植物全部的面片，显示出植物的所有细节，提供最高的渲染质量。当然高质量是以时间为代价的，所以渲染速度最慢。高、中、低三种质量品质的渲染效果如图 2.31 所示。

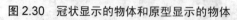

图 2.30　冠状显示的物体和原型显示的物体

图 2.31　高、中、低三种质量品质的渲染效果

2. Railing(栏杆)

Railing (栏杆)用于快捷地在场景中创建阳台、楼梯扶手、围墙、栅栏等物体，通过调

整参数可以制作出各种各样的栏杆。创建栏杆对象有两种方法：一是直接在视图中拖动鼠标，指定栏杆的位置和高度；另一种是通过拾取一个曲线路径，沿此路径来创建一个栏杆，这种方法的优越性在于修改路径时，栏杆也会自动产生变化。

1) Railing(栏杆)卷展栏

Railing (栏杆)卷展栏如图 2.32 所示。其中的参数说明如下。

- Pick Railing Path(拾取栏杆路径)：在视图中单击一条已经创建的路径，则栏杆自动沿该路径创建。如果栏杆已存在，此项操作可使栏杆随路径变化进行自动调整。

- Segments(片段数)：栏杆的分段数，当路径曲线的曲率较大时，提高分段数可使栏杆横向更光滑。在最初创建时，默认片段数是 1，所以栏杆通常无法正常显示。增加片段数，栏杆就会沿路径创建，并且随着片段数的增加，栏杆会逐渐平滑。

- Respect Corners (考虑拐角)：选中此复选框，将使创建的栏杆产生拐角，并与路径的拐角相匹配。

- Length(长度)：设置栏杆的长度。如果使用了栏杆路径来创建栏杆，则此项不可用，长度由栏杆路径来确定。

- Top Rail(顶部栏杆)选项组：其中 Profile(外形)用于选择顶部栏杆的形状，包括 None(无)、Square(方形)和 Round(圆形)三种。Depth(深度)用于设置顶部栏杆的上下长度。Width(宽度)用于设置顶部栏杆的左右长度。Height(高度)用于设置顶部栏杆距地面的高度。

- Lower Rail(s)(底部栏杆)选项组：确定底部栏杆的参数。其中，Profile(外形)用于选择底部栏杆的形状，包括 None(无)、Square(方形)和 Round(圆形)三种。Depth(深度)用于设置底部栏杆的上下长度。Width(宽度)用于设置底部栏杆的左右长度。

单击 ··· 按钮，打开 Lower Rail Spacing(下端栏杆间距)对话框，如图 2.33 所示。该对话框用来设置底部栏杆的 Count(数量)、Spacing(间距)、Start Offset(始端偏移)、End Offset(末端偏移)、Context(前后关系)和 Type of Object(对象类型)等属性。单击 Close(关闭)按钮，就应用了相应的设置；单击 Cancel(取消)按钮就取消相应的设置。

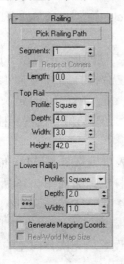

图 2.32　Railing (栏杆)卷展栏

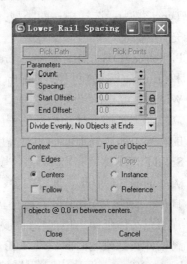

图 2.33　Lower Rail Spacing(下端栏杆间距)对话框

2) Posts(立柱)卷展栏

Posts(立柱)卷展栏主要设置栏杆两侧柱子的剖面、深度、宽度等参数。Posts(立柱)卷展栏如图 2.34 所示。其中的参数说明如下。

- Profile(外形)：选择立柱的形状。包括 None(无)、Square(方形)和 Round(圆形)三种。
- Depth(深度)：设置立柱沿栏杆路径方向上的长度。
- Width(宽度)：设置立柱垂直栏杆路径方向上的长度。
- Extension(延长)：设置立柱向上延伸出顶部栏杆的程度。单击卷展栏中的 ┈ Post Spacing(立柱间距)按钮，打开 Post Spacing(立柱间距)对话框，与 Lower Rail Spacing(下端栏杆间距)对话框一样，可以在其中设置立柱的数量、间距以及其他属性。

3) Fencing(栅栏)卷展栏

Fencing(栅栏)卷展栏主要设置栅栏类型及尺寸。Fencing(栅栏)卷展栏如图 2.35 所示。其中的参数说明如下。

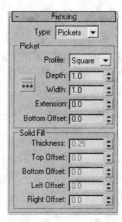

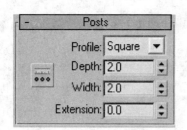

图 2.34　Posts(立柱)卷展栏　　　　　　　图 2.35　Fencing(栅栏)卷展栏

- Type(类型)：选择栅栏的类型。包括 None(无)、Pickets(支柱)和 Solid Fill(实体填充)三种。
- Picket(支柱)选项组：其中，Profile(外形)用于选择支柱的形状，包括 Square(方形)和 Round(圆形)两种。Depth(深度)用于设置支柱沿栏杆路径方向上的长度。Width(宽度)用于设置支柱垂直栏杆路径方向上的长度。Extension(延长)用于设置立柱向上延伸出顶部栏杆的程度。Bottom Offset(底部偏移)用于设置立柱底部偏移的程度，即离开地面的相对高度。
- Solid Fill(实体填充)选项组：当 Type(类型)下拉列表框中选择 Solid Fill(实体填充)类型的栅栏时，此卷展栏的参数可用。实体填充栏杆的效果如图 2.36 所示。其中，Thickness(厚度)用于设置填充立柱之间实体的厚度。Top Offset(顶部偏移)用于设置填充实体延伸出顶部栏杆的程度。Bottom Offset(底部偏移)用于设置填充实体距离栏杆底部或地面的程度。Left Offset(左偏移)用于设置填充实体向左的偏离程度。Right Offset(右偏移)用于设置填充实体向右的偏离程度。

图2.36 实体填充栏杆的效果

实例11: 创建阳台栏杆

(1) 创建一条路径曲线，如图2.37所示。

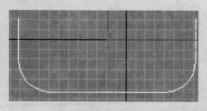

图2.37 路径曲线

(2) 打开创建命令面板，选择几何体面板，在几何体下拉列表框中，选择 AEC Extended(AEC 扩展对象)选项，单击 Railing(栏杆)按钮，在打开的 Railing(栏杆)卷展栏中单击 Pick Railing Path(拾取栏杆路径)按钮，单击选择栏杆路径，就会创建出一个栏杆，如图2.38所示。

(3) 从图 2.38 可以看到，栏杆不能沿曲线路径弯曲。打开修改命令面板，设置 Segments(分段数)为30，选中 Respect Corners(考虑拐角)复选框，栏杆的形状变化如图2.39所示。

图2.38 创建栏杆   图2.39 选中考虑拐角复选框后栏杆变化

(4) 修改上、下端栏杆的参数，如图 2.40 所示，并单击 按钮，打开 Lower Rail Spacing(下端栏杆间距)对话框，设置下端栏杆数量为3，栏杆的形状变化如图2.41所示。

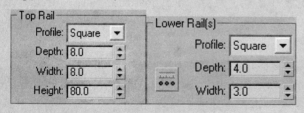

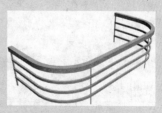

图2.40 上、下端栏杆的参数   图2.41 栏杆形状变化

(5) 设置栏杆两侧主要支柱的剖面为 Square(方形)，Depth(深度)和 Width(宽度)均为 4，栏杆主要支柱的变化如图 2.42 所示。

(6) 设置栏杆 Picket(支柱)的剖面为 Round(圆形)，Depth(深度)和 Width(宽度)均为 2，并单击 ··· 按钮，打开 Picket Spacing(支柱间距)对话框，设置支柱数量为 5，栏杆的形状变化如图 2.43 所示。

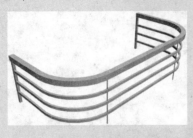 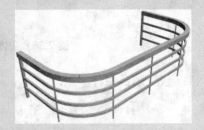

图 2.42　栏杆主要支柱的变化　　　图 2.43　设置栏杆 Picket(支柱)的剖面

通过这个实例，可以很容易地了解栏杆各个元素的位置，并掌握它们的设置方法。

3. Wall(墙)

在 3ds Max 8 中，Wall(墙)对象由顶点、分段和剖面三个对象构成。在修改命令面板中单击 Wall(墙)左侧的"＋"，展开 Wall 的次物体层级，可对顶点、分段、剖面各个子层级进行修改。单击 Wall(墙)按钮能够快捷地创建参数化墙壁物体，对墙壁可进行断开、插入、删除、创建山墙、连接两个墙体等操作，可以进入墙壁次物体，修改墙壁的各墙段，还可以自动在墙上开门和开窗，并将门窗作为对象链接到墙壁上。移动门窗、墙壁上洞口的位置也会自动更新，如果复制门窗，墙面上会产生新的洞口，删除门窗后，墙面上的洞口会自动消失。这使得在墙面上增加门窗变得非常省时、省力，也省去了用其他方法创建门窗挖洞而造成的曲面问题。下面通过实例学习如何创建 Wall(墙)。

实例 12：创建墙

(1) 单击 ▨(创建)按钮，在创建命令面板中单击创建二维图形按钮 ◎，单击 Rectangle(矩形)按钮，在顶视图中单击并移动鼠标，绘制一条封闭的矩形曲线作为墙壁的轮廓，右击鼠标，结束创建曲线操作。

(2) 单击命令面板中的 ▨(创建)按钮，在创建命令面板中单击 ◉ 按钮，在当前面板上打开下拉列表，选择 AEC Extended(AEC 扩展对象)选项。

(3) 在 AEC Extended(AEC 扩展对象)的创建命令面板中，单击 Wall(墙壁)按钮，在 Parameter(参数)卷展栏中设置墙壁的宽度和高度，然后在 Keyboard Entry(键盘输入)卷展栏中单击 Pick Spline(拾取样条曲线)按钮，在 Top(顶)视图中单击墙壁轮廓曲线，就创建了墙壁物体，创建的墙体如图 2.44 所示。

(4) 单击 ▨(修改)按钮，打开修改命令面板，在修改堆栈中单击 Wall(墙)左侧的"＋"，展开 Wall(墙)的次物体层级，选择 Profile(剖面)次物体层级，在 Edit Profile(编辑剖面)卷展栏中设置山墙的 Height(高度)值，在透视图中单击墙壁的一个面，然后到命令面板中单击 Create Gable(山墙)按钮，再单击 Delete(删除)按钮，就创建出了一个山墙，效果如图 2.45 所示。

(5) 选择一个墙壁时，会出现一个平面栅格物体，它与选择的墙壁处于同一平面。在 Grid Properties(栅格属性)选项组中，可以设置栅格的宽度和长度，其中 Spacing(间距)是指栅格物体内每个栅格的尺寸。修改栅格的尺寸时，视图中的栅格也会同时缩小或放大。平面栅格物体如图 2.46 所示。

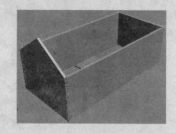
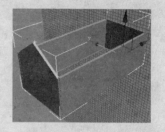

图 2.44　创建墙体　　　　　图 2.45　创建山墙　　　　　图 2.46　平面栅格物体

(6) 继续在 Profile(剖面)次物体层级对墙体进行编辑。在工具栏中单击移动工具按钮，选择山墙顶点，在栅格平面中进行上下左右移动，可进一步调节山墙的高度。

(7) 在任意视图中单击与山墙对称的墙面，在修改命令面板的 Edit Profile(编辑剖面)卷展栏中单击 Insert(插入)按钮，在选择的墙面上单击，即可插入一个顶点，单击 Create Gable(山墙) 按钮，再单击 Delete(删除)按钮，就创建出了另一个山墙，不过这样创建的只是山墙的一半，如图 2.47 所示。使用移动工具，可以移动新添加的顶点，手动使山墙改变形状，如图 2.48 所示，继续移动新添加的顶点可创建出完整的、对称的山墙。

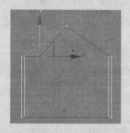
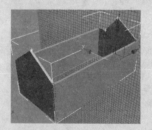

图 2.47　利用插入按钮创建山墙　　　　　图 2.48　手动修改山墙形状

(8) 若在视图中单击新添加的点，再单击 Delete(删除)按钮，可将顶点删除，也就同时删除了手动创建的山墙。

(9) 在修改命令面板中，单击 Segment(段)，进入段的次物体层级，在面板下显示出墙体中 Edit Segment(编辑段)的卷展栏，如图 2.49 所示。

(10) 单击 Break(断开)按钮，可将选择的段分成两部分。在墙壁的轮廓线上单击两点，在轮廓线上新增两个顶点，就将中间一段墙壁断开了，右击鼠标结束操作。选择断开的一段墙壁，使用移动工具将其移动一段距离。效果如图 2.50 所示。

(11) 在顶视图中，单击移动工具，选择并移动右侧墙壁，在透视图中可观察到与其相连的右侧山墙的墙壁也跟随着延长了，系统自动保持两面墙的连接，如图 2.51 所示。

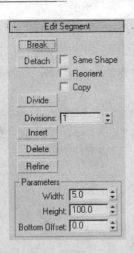

图 2.49 编辑段卷展栏

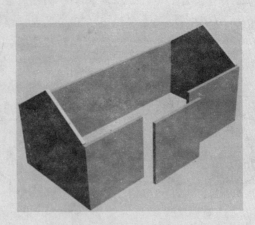

图 2.50 Break(断开)操作

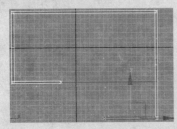

(a) 顶视图效果

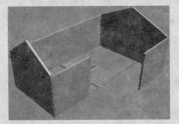

(b) 透视图效果

图 2.51 墙壁断开后移动墙段

(12) Detach(分离)按钮可将选中的一段墙壁和与其连接的其他墙壁断开。选择右前方的一面墙，选中 Same Shape(相同形状)复选框，然后单击 Detach(分离)按钮，这段墙壁就从整个墙体中分离出去，使用移动工具移动这段墙，可看到它已成为一段新的独立墙物体。分离的结果如图 2.52 所示。

(13) 撤销上一步所做的"相同形状"分离墙体的效果。继续选择右前方的一面墙，选中 Reorient(重新定位)选项，然后单击 Detach(分离)按钮，打开如图 2.53 所示的 Detach(分离)对话框，系统提示，是否将本段墙壁分离成为 Wall02，单击 OK 按钮，原来选择的一段墙壁与其他墙壁分离了，同时生成了一段新的、独立的墙壁，形状与所选的右前方的一面墙相同。效果如图 2.54 所示。

(14) 撤销上一步所做的"重新定位"分离墙体的效果。继续选择右前方的一面墙，选中 Copy(复制)选项，然后单击 Detach(分离)按钮，复制这个墙段为一个独立的新墙壁物体，并且原来选择的墙壁段仍然保持与整个墙体的连接，没有被分离。效果如图 2.55 所示。

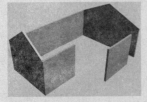

图 2.52 "相同形状"分离墙体

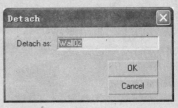

图 2.53 Detach(分离)对话框

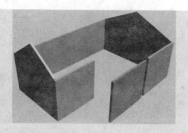

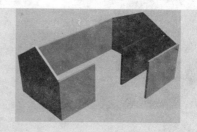

图2.54 "重新定位"分离墙体　　　　　图2.55 "复制"分离墙体

(15) 选择左侧前面的墙壁，使用缩放工具将其沿水平方向延长一些，在修改命令面板中输入 Divisions(分隔数量)为3，按下 Divide(分隔)按钮，所选择的墙段添加了三个顶点。用移动工具移动各分段，可看到 Divide(分隔)与 Detach(分离)不同，分隔后的墙段仍然是相连接的。效果如图2.56所示。

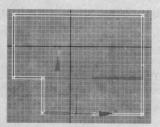

(a) 顶视图效果　　　　　　　　　(b) 透视图效果

图2.56 分隔墙体

(16) 选择 Wall02 墙体，进入其段的次物体层级，使用移动工具将其移动到后面墙壁重合位置，如图2.57所示。单击 Insert(插入)按钮，在轮廓线上单击，可添加新的顶点，移动鼠标确定这个顶点新的位置后单击，再移动鼠标可继续添加新顶点，并单击确定新顶点的位置，右击鼠标，结束插入顶点操作。使用 Insert(插入)按钮可通过一段已创建的墙体，添加出多段墙体，效果如图2.58所示。

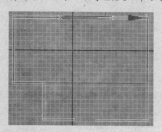

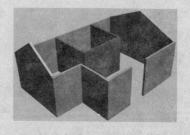

图2.57 进入段次物体层级　　　　　图2.58 使用插入按钮添加墙体

(17) 在插入顶点新建的墙体中，选择一段墙壁，单击 Delete(删除)按钮，移动相邻的墙体，可观察到刚才选择的墙体被删除了。Delete(删除)按钮的作用是删除选择的墙段。一段墙壁被删除后的效果如图2.59所示。

(18) 单击 Refine(加点)按钮，在轮廓线上单击，可添加新的顶点，此时墙段在新顶点处被分成两部分，用移动工具移动一段墙壁，另一段墙壁保持与两端墙壁的连接，效果如图2.60所示。

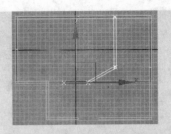

图 2.59 删除墙体　　　　　　图 2.60 使用 Refine 按钮添加顶点

在 Parameters(参数)卷展栏中，Width(宽度)参数调节选择的墙段的厚度，Height(高度)参数调节选择的墙段的高度，Bottom Offset(底部偏移)参数升高或降低墙段与地面的垂直距离。负值代表墙段向下移动，正值代表墙段向上移动。

(19) 在 Wall01 墙体中选择前面右侧的一段墙壁，设置分隔数量 Divisions 为 2，单击 Divide(分隔)按钮，这段墙壁被分隔为三段。选择中间的一段墙壁，在 Paramenter(参数)卷展栏中降低它的高度为 20，并提高它的底部偏移量为 80，就可以在这面墙壁上制作一个门洞，如图 2.61 所示。这就是在墙壁上制作门洞和窗洞的方法。

(20) 选择 Wall01 墙体，在修改命令面板中，单击 Wall 左侧的"+"号打开修改堆栈，单击 Vertex(顶点)按钮，进入顶点次物体层级，在面板下显示出 Edit Vertex(编辑顶点)卷展栏，如图 2.62 所示。

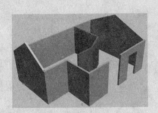

图 2.61 制作门洞　　　　　　图 2.62 编辑顶点卷展栏

(21) 选择右侧前面墙壁的顶点，单击 Connect(连接)按钮，然后将所选择的顶点拖动到左侧前面墙壁的顶点上单击，即可创建一段新的墙壁，将两段墙体连接成一个整体，效果如图 2.63 所示。

(22) 选择 Wall02 墙体，单击要断开的顶点，然后单击 Break(断开)按钮，使用移动工具移动该顶点，观察到墙壁在该顶点处断开，不再与相邻的墙体连接在一起。如图 2.64 所示。

(23) 单击 Refine(加点)按钮，在选择的墙体轮廓线上添加新的顶点。单击 Delete(删除)按钮，删除选择的顶点。单击 Insert(插入)按钮，插入新顶点并确定其位置。这几个按钮的使用方法与 Edit Segment(编辑段)卷展栏中的按钮相类似。

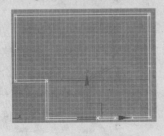
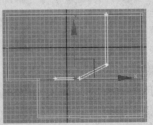

图 2.63 连接墙体顶点　　　　　图 2.64 断开顶点

(24) 在创建命令面板中单击 Wall(墙)按钮，在 Top(顶)视图中拖出一段墙体，如图 2.65 所示。选择新建的墙体，在修改命令面板中单击主物体 Wall(墙)，在下面的 Edit Object(编辑墙物体)卷展栏中，单击 Attach(结合)按钮，在视图中单击 Wall02 墙体，可将选择的其他墙物体结合在当前墙物体中，成为一个墙物体，如图 2.66 所示。

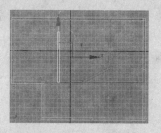

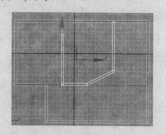

图 2.65　新建一段墙体　　　　　　　　　　图 2.66　结合墙体

如果单击下面的 Attach Multiple(多重结合)按钮，会打开一个对话框，显示出视图中所有的墙体名称，从中选择想要结合的墙体名称，然后单击对话框中的 Attach 按钮，进行结合即可。

2.5.2　创建 Stairs(楼梯)

在 3ds Max 8 中可以创建 4 种楼梯：Straight Stair(直线楼梯)、L Type Stair(L 型楼梯)、U Type Stair(U 型楼梯)和 Spiral Stair(螺旋楼梯)。

实例 13：创建 L Type Stair(L 型楼梯)

(1) 单击 (创建)按钮，在打开的创建命令面板中单击 (几何体)按钮，单击下拉列表右侧按钮，在打开的下拉列表中选择 Stair(楼梯)选项。单击 L Type Stair (L 型楼梯)按钮，在顶视图中按下鼠标左键并进行拖动，确定楼梯第一踏板平面的位置和大小；放开左键，继续移动鼠标，确定楼梯第二踏板平面的位置和大小后单击，继续向上移动鼠标，将楼梯拉伸到一定的高度后单击鼠标，就完成了 Open(开放式)楼梯的初步造型，楼梯只有踏板。这是系统默认的楼梯造型，开放式楼梯如图 2.67 所示。

(2) 在 Type(类型)选项组中选择 Box(落地式)选项，楼梯下面的空间被填满，如图 2.68 所示。

(3) 在 Generate Geometry(生成几何体)选项组中，选中 Stringers(侧弦)复选框，即生成楼梯两侧的长条支撑木架。这时在 Stringers(侧弦)卷展栏中，可设置侧弦的 Depth(深度)、Width(宽度)和 Offset(偏移)。偏移用来设置侧弦与楼梯之间的距离。比较楼梯侧弦效果如图 2.69 所示。

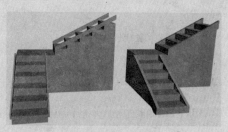

图 2.67　L 型开放式楼梯　　　图 2.68　L 型落地式楼梯　　　图 2.69　比较楼梯侧弦效果

在图 2.69 中，左边楼梯深度和宽度的值小于右边的楼梯，偏移大于右边的楼梯，比较两楼梯侧弦的形状。

(4) 选中 Handrail(扶手)右侧的 Left(左)、Right(右)选项，就生成了楼梯两边的扶手。这时可打开 Railing 栏对扶手进行设置，Offset(偏移)量用于设置左右扶手之间的距离。图 2.70 中左边楼梯扶手的半径为 1，右边楼梯扶手的半径为 3，比较两楼梯扶手的形状。

(5) 在 Layout(布局)选项组中调节楼梯布局的各项参数：Length 1(长度 1)用于设置第一段楼梯的长度；Length 2(长度 2)用于设置第二段楼梯的长度；Width(宽度)用于设置楼梯的宽度，包括踏步和平台的宽度；Angle(角度)用于控制第一段楼梯与第二段楼梯之间的夹角。

(6) 在 Overall(楼梯总体高度)选项组中设置楼梯高度的相关参数：Riser Ht(台阶高度)用于每一步台阶的高度；Riser Ct(台阶数量)用于设置楼梯台阶的总步数。

(7) 在 Steps(台阶)选项组中调节台阶的各项参数：Thickness(厚度)用于设置台阶板的厚度；Depth(深度)用于设置每一踏步的深度。

(8) 在 Generate Geometry(生成几何体)选项组中，选中 Rail Path(栏杆路径)选项，系统将生成一条用于创建自定义栏杆的样条曲线。楼梯创建面板中不能直接创建出扶手下面的栏杆，利用栏杆路径，用户可以通过 AEC 扩展对象来制作栏杆。

(9) 打开 AEC 扩展对象命令面板，单击 Railing(栏杆)按钮，制作楼梯扶手下面的栏杆部分。效果如图 2.71 所示。

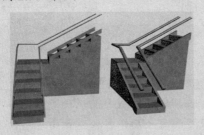 

图 2.70　比较楼梯扶手形状　　　　图 2.71　制作楼梯扶手下面的栏杆部分

其他类型楼梯的参数与 L Type Stair(L 型楼梯)大体相同，创建方法不再详细讲解，其造型分别如图 2.72～图 2.74 所示。

图 2.72　直线楼梯　　　　图 2.73　U 型楼梯　　　　图 2.74　螺旋楼梯

2.5.3　创建 Doors(门)

3ds Max 8 提供了各种门模型的创建按钮，可以控制门的外观细节。还设置了门的各种状态，如打开、部分打开或关闭等，以及设置门打开的动画。

单击 (创建)按钮，在打开的创建命令面板中单击 (几何体)按钮，在当前的命令面板上单击下拉列表框中的下拉按钮，在打开的下拉列表中，选择 Doors(门)选项，此时命令面板显示出 Doors(门)的创建按钮，共有 3 种样式的门，包括 Pivot(枢轴门)、Sliding(推拉门)、BiFold(折叠门)。虽然门的类型不同，但它们大部分的参数基本相同，公共参数的卷展栏有：Creation Method(创建方法)、Parameters(参数)和 Leaf Parameters(页扇参数)。

1. Creation Method(创建方法)卷展栏

Creation Method(创建方法)卷展栏各选项的含义如下。

- Width(宽度)/Depth(深度)/Height(高度)：按宽度、深度、高度的顺序创建门。
- Width(宽度)/Height(高度)/Depth(深度)：按宽度、高度、深度的顺序创建门。
- Allow Non-Vertical Jambs(允许非垂直门柱)：选中此复选框，可以创建倾斜的门。

2. Parameters(参数)卷展栏

Parameters(参数)卷展栏如图 2.75 所示，各参数的功能如下。

- Height(高度)、Width(宽度)和 Depth(深度)：设置门的总体高度、宽度和深度。
- Double Doors(双门)：选中此复选框，创建对开的双门；取消选中，恢复单向门样式。如图 2.76 所示。

图 2.75 参数卷展栏 　　　　　　　　　　图 2.76 单门和双门

- Flip Swing(反向转动)：选中此复选框，门向外开，否则门向内开，如图 2.77 所示。
- Flip Hinge(翻转合页)：选中此复选框，将门框轴旋转反向，门沿另一侧开启，如图 2.78 所示。

图 2.77 内开门和外开门 　　　　　　　　图 2.78 左开门和右开门

- Open(打开)：调节门打开的角度。创建 Pivot(枢轴门)时，此处输入的角度可指定门的打开程度；创建 Sliding(推拉门)和 BiFold(折叠门)时，指定门打开的百分比。

图 2.79 所示为当打开参数为 50 时，三种门的开启状态。

- Create Frame(创建门框)：选中此复选框，在创建门时，自动创建门框。
- Width(宽度)和 Depth(深度)：此处输入的参数控制门框的厚度和深度。
- Door Offset(门偏移)：在门的 Depth(深度)范围内，使门产生偏移，如图 2.80 所示，门的深度为 30，左边门的门偏移为 0，右边门的门偏移为 20。

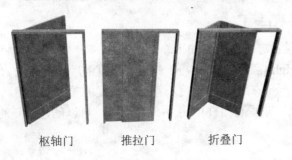

枢轴门　　　　　推拉门　　　　　折叠门

图 2.79　三种门开启的状态

图 2.80　门的深度和偏移

3. Leaf Parameters(页扇参数)卷展栏

在 Leaf Parameters(页扇参数)卷展栏中，可以进一步设置门板的厚度、增加装饰窗格等操作，Leaf Parameters(页扇参数)卷展栏如图 2.81 所示，各参数的功能如下。

- Thickness(厚度)：设置门板的厚度。不同厚度的门板如图 2.82 所示。

图 2.81　Leaf Parameters(页扇参数)卷展栏

图 2.82　门板的厚度

- Stiles/Top Rail(门挺/顶梁)：设置门板上的装饰条与门顶部之间的边宽。不同门挺/顶梁的门如图 2.83 所示，其中右侧门的门挺/顶梁参数大于左侧门的对应参数值。
- Bottom Rail(底梁)：设置门板上的装饰条与门底边之间的长度。不同底梁的门如图 2.84 所示，其中右侧门的底梁参数大于左侧门的对应参数值。

图 2.83 门挺/顶梁

图 2.84 底梁

- #Panels Horiz(水平窗格数)：设置水平方向窗格的数目。
- #Panels Vert(垂直窗格数)：设置垂直方向上窗格的数目。如图 2.85 所示，其中左侧门的水平窗格数和垂直窗格数分别为 4 和 3；右侧门的水平窗格数和垂直窗格数都为 2。
- Muntin(窗格尺寸)：门板上隔开或固定玻璃的木条的尺寸。如图 2.86 所示，左侧门的窗格尺寸大，木条宽；右侧门的窗格尺寸小，木条窄。
- Panel(镶板)选项组：主要对镶板进行相关参数的设置。参数说明如下。
  - None(无)：选中此复选框时，门不产生窗格，如图 2.87 所示。
  - Glass(玻璃)：选中此复选框时，门板根据前面的水平和垂直窗格数产生玻璃窗格。
  - Thickness(厚度)：可以设置玻璃的厚度，如图 2.88 所示，左侧门的玻璃厚度大于门板厚度；右侧门的玻璃厚度小于门板厚度。

图 2.85 垂直窗格数

图 2.86 窗格尺寸

图 2.87 无窗格

图 2.88 厚度

- Beveled(倒角)：玻璃的镶板产生带倒角的内框。
- Bevel Angle(倒角角度)：设置倒角的倾斜角度。
- Thickness 1(厚度 1)：设置倒角外框镶板的厚度。
- Thickness 2(厚度 2)：设置倒角内框镶板的厚度。

◆ Middle Thick(中间厚度)：设置倒角中间镶板的厚度。

◆ Width 1(宽度 1)：设置倒角外框的宽度。

◆ Width 2(宽度 2)：设置倒角内框的宽度。

按照图 2.89 所示的参数设置，创建的枢轴门如图 2.90 所示。

创建 Doors(门)命令面板中，单击 Sliding(推拉门)按钮，可以制作左右滑动的门；单击 BiFold(折叠门)按钮，可以制作可折叠的双面门或四扇门。它们的参数设置和创建方法与 Pivot(枢轴门)相同，也包含门框、门板、窗格等参数的设置。

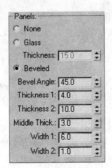

图 2.89　枢轴门参数　　　　　　　　　　　图 2.90　枢轴门

2.5.4　创建 Windows(窗)

3ds Max 8 提供了多种窗户的造型，包括 Awning(遮篷式窗)、Casement(竖轴式窗)、Fixed(固定式窗)、Pivoted(轴心式窗)、Projected(伸出式窗)、Sliding(滑动式窗)，并可以控制窗户外观的细节。

1. Awning(遮篷式窗)

实例 14：创建 Awning(遮篷式窗)

(1) 单击 (创建)按钮，在打开的创建命令面板中单击 (几何体)按钮，在打开的命令面板上单击下拉列表框右侧的下拉按钮，在打开的下拉列表中，选择 Windows(窗户)选项，单击 Awning(遮篷式窗)按钮，在下面的 Creation Method(创建方式)卷展栏中选择 Width/Depth/Height(宽度/深度/高度)创建方式，按宽度、深度、高度的顺序创建窗户，如图 2.91 所示。

(2) 在 Top(顶)视图中单击并移动鼠标，在适当位置松开鼠标后，即可确定窗户的宽度，再次移动鼠标，在适当位置单击鼠标，确定窗户的深度，再次移动鼠标，在适当位置单击鼠标，确定窗户的高度。这样就初步创建了一个 Awning(遮篷式窗)模型。

(3) 打开修改命令面板，在 Parameters(参数)卷展栏中设置参数，如图 2.92(a)所示，创建的窗户如图 2.92(b)所示。

Awning(遮篷式窗)的主要参数说明如下。

● Frame(框架)选项组：设置窗框的水平宽度、垂直宽度和厚度。

● Glazing(玻璃)选项组：设置玻璃的厚度。

● Rails and Panels(窗格)选项组：设置窗格宽度，即玻璃框架的宽度；以及窗格数量。

如图 2.93 所示分别为窗格数量是 2、3、10 时窗户的效果。

- Open Window(开启窗口)选项组：设置窗户开启的程度。

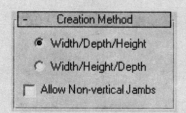

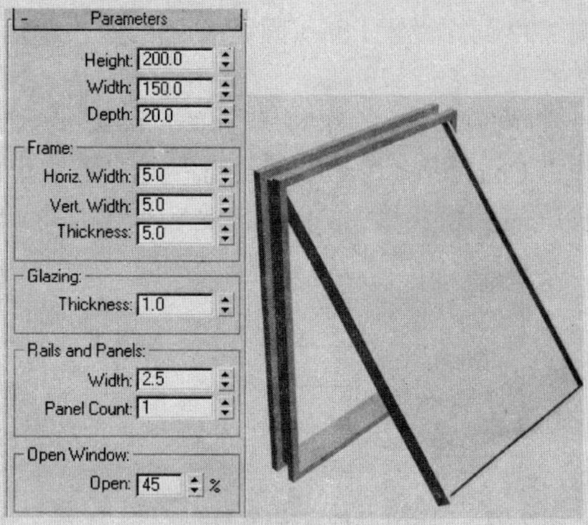

图 2.91　创建方法卷展栏

图 2.92　遮篷式窗户的参数和效果

用户现在创建的窗户和门渲染出来的材质都是一些实体，只有在指定了玻璃材质后，才能得到透明的玻璃窗，如图 2.94 所示。

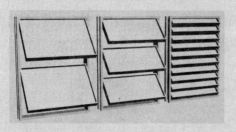

图 2.93　不同窗格数量时的窗户效果

图 2.94　赋予材质后的窗户

2. Casement(竖轴式窗)

Casement(竖轴式窗)的创建方法及参数与 Awning(遮篷式窗)的创建方法及参数基本相同。按照图 2.92 同样设置 Casement(竖轴式窗)的参数，只是 Rails and Panels(窗格)参数被 Casements(窗扉)所代替，如图 2.95 所示。

Panel Width 为窗格板宽度，选择下面的 One 或 Two，可设定窗户为一扇或两扇，如图 2.96 所示。

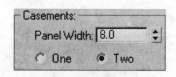

图 2.95　窗扉

图 2.96　窗扉的数量

3. Fixed(固定式窗)

Fixed(固定式窗)的创建方法及参数与 Awning(遮篷式窗)的创建方法及参数基本相同。按照图 2.92 同样设置 Fixed(固定式窗)的参数,其中 Rails and Panels(窗格)参数略有变化,如图 2.97 所示。

设置横向窗格数目为 3,纵向的窗格数目为 5,固定式窗户如图 2.98 所示。

选中 Chamfered Profile(倒角槽)复选框产生带倒角的窗格,如图 2.99 所示。Fixed(固定式窗户)与其他窗户最大的区别就是它永远是关闭的,不能开启。

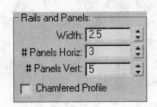

图 2.97　固定式窗的窗格选项组　　　　图 2.98　固定式窗　　　　图 2.99　带倒角窗格

4. Pivoted(轴心式窗)

Pivoted(轴心式窗)的创建方法及参数与 Awning(遮篷式窗)的创建方法及参数基本相同。按照图 2.92 同样设置 Pivoted(轴心式窗)的参数,其中增加了 Pivots(轴心)选项组,如图 2.100 所示。

在 Pivots(轴心)选项组中取消选中 Vertical Rotation 复选框时,窗扇水平翻转,选中 Vertical Rotation 复选框时,窗扇垂直翻转,如图 2.101 所示。

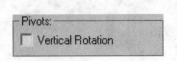

图 2.100　轴心选项组　　　　　　　　图 2.101　垂直窗扇和水平窗扇

5. Projected(伸出式窗)

Projected(伸出式窗)的创建方法及参数与 Awning(遮篷式窗)的创建方法及参数基本相同。按照图 2.92 同样设置 Projected(伸出式窗)的参数,其中 Rails and Panels(窗格)参数略有变化,如图 2.102 所示。

在 Rails and Panels(窗格)选项组中,Middle Height 为中扇窗户高度,Bottom Height 为底扇窗户高度,系统默认的中扇和底扇窗户高度是相等的,Projected(伸出式窗)如图 2.103 所示。

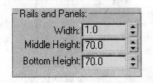

图 2.102　伸出式窗的窗格选项组　　　　图 2.103　伸出式窗

6. Sliding(滑动式窗)

Sliding(滑动式窗)的创建方法及参数与Awning(遮篷式窗)的创建方法及参数基本相同。按照图2.92同样设置Sliding(滑动式窗)的参数,其中Rails and Panels(窗格)参数略有变化,如图2.104所示。

其中,#Panels Horiz 为横向窗格数量,#Panels Vert 为纵向窗格数量。设置参数后Sliding(滑动式窗)如图2.105所示。

取消选中Open Window选项组中的Hung(悬挂)复选框,窗户被设置为左右滑动的样式,如图2.106所示。

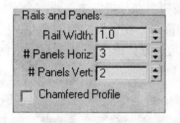  

图2.104　滑动式窗的窗格选项组　　　　图2.105　上下滑动窗　　　图2.106　左右滑动窗

2.6　实　　例

本实例利用本章所学的知识创建积木火车。

(1) 在创建命令面板上单击 ⊙ (几何体)按钮,在命令面板中的下拉列表框中,选择Extended Primitives(扩展几何体)选项,单击ChamferBox(倒角长方体)按钮,在视图中拖动,创建一个倒角长方体。选中倒角长方体,单击 ✐ 按钮,打开修改命令面板,按图2.107所示修改物体的参数。

(2) 在顶视图中选中倒角长方体,单击移动工具按钮 ✛,按住 Shift 键沿 X 轴拖动,复制出一个倒角长方体,将两个倒角长方体按如图2.108所示的位置摆放。

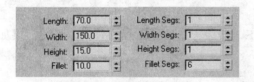 

图2.107　倒角长方体参数　　　　　　　　图2.108　两个长方体的位置

(3) 在命令面板中,单击 ChamferCyl(倒角圆柱体)按钮,在视图中拖动,创建一个倒角圆柱体作为车轮。选中倒角圆柱体,打开修改命令面板,如图2.109所示修改物体的参数。

(4) 选中倒角圆柱体,单击移动工具按钮,按住 Shift 键沿 X 轴拖动,复制出三个车轮,将四个车轮按图2.110所示的位置放置。同时选中所有物体,选择 Group(组)| Group(组)命令,将火车底座和车轮组合成一个组。

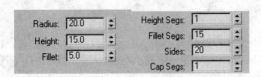

图 2.109　倒角圆柱体参数　　　　　　　　图 2.110　制作车轮

(5)　在命令面板中的下拉列表框，选择 Extended Primitives(扩展几何体)选项，单击 Oil Tank(油罐)按钮，在视图中拖动，创建一个油罐作为火车的头部，再创建一个 Box(长方体)作为火车的驾驶室。适当调整各物体的大小，效果如图 2.111 所示。

(6)　制作火车头的其他部分。单击 Cylinder(圆柱)按钮，在顶视图中创建一个小圆柱；单击 Cone(圆锥)按钮，在顶视图中创建两个相反方向的圆台，将它们按如图 2.112 所示的位置放置，制作成火车头的烟囱；单击 ChamferBox(倒角长方体)按钮，在顶视图中创建一个倒角长方体制作驾驶室的房顶。火车头的效果如图 2.113 所示。

图 2.111　火车头部　　　　图 2.112　制作烟囱　　　　图 2.113　小火车头

(7)　制作火车车尾。选中火车底座组，单击移动工具按钮，按住 Shift 键沿 X 轴拖动，复制出一个火车底座组；单击 Box(长方体)按钮，在顶视图中创建一个长方体制作最后一节车厢的主体；单击 Cylinder(圆柱)按钮，在前视图中创建一个圆柱，选中 Slice On(切片)选项，设置 Start From(起始角度)为 180，Slice To(终止角度)为 0，使圆柱变为半圆形柱体；单击 ChamferBox(倒角长方体)按钮，在顶视图中创建一个倒角长方体制作火车尾的车顶，单击 ChamferCyl(倒角圆柱体)按钮，制作一个小的倒角圆柱体，并复制多个制作固定栓。把创建的各物体按如图 2.114 所示调整大小和位置，就制成了火车的车尾。

(8)　使用同样的方法，可创建火车中间的各节车厢。选中一节车厢的全部元素，在工具栏中单击旋转工具，将各车厢的位置旋转一下，造成火车蜿蜒而行的效果，最终效果如图 2.115 所示。

图 2.114　一节车厢　　　　　　　　图 2.115　小火车

2.7　小　　结

本章主要讲述了 3ds Max 8 中创建基本三维模型的方法、过程和技巧，以及各种基本参数的含义。使用这些建模方法，可以创建在实际应用中频繁使用的规则的三维模型，同时，这些方法和技巧是今后创建复杂三维模型的基础。

2.8　习　　题

1. 创建一个如图 2.116 所示的小车。
2. 创建一座如图 2.117 所示的小房子。

图 2.116　小车

图 2.117　小房子

第 3 章 3ds Max 8 的基本操作

【本章要点】

通过本章的学习，读者可以掌握 3ds Max 8 的一些常用操作，学会使用这些操作变换对象，例如设置捕捉功能、设置快捷键、移动、旋转、缩放、镜像和复制对象等操作。熟练掌握和灵活运用这些操作才能更好地使用 3ds Max 8。

3.1 捕捉功能设置

捕捉是大多数计算机绘图软件都具有的一项辅助功能，它能使鼠标定位在某一个像素点上，从而帮助用户方便地捕捉到对象的顶点、中点、中心点或栅格点等，3ds Max 8 支持精确的对象捕捉，具有强大的目标捕捉功能，给图形的绘制和编辑带来了极大便利。3ds Max 8 在主工具栏上设置了捕捉按钮区，便于用户准确、快捷地使用各种工具。

1. Snaps Toggle(对象捕捉)工具组

此工具组中有 3 个捕捉功能选项：3D Snap Toggle(三维捕捉)、2D Snap Toggle(二维捕捉)和 2.5 Snap Toggle (2.5 维捕捉)。

- 3D Snap Toggle(三维捕捉)按钮：绘制二维图形或者创建三维对象的时候，鼠标光标可以在三维空间的任何地方捕捉对象各个方向上的顶点和边界，是系统默认的捕捉方式。

- 2D Snap Toggle (二维捕捉)按钮：按住 3D Snap Toggle 按钮右下角的小三角，将会弹出此工具组中的其他按钮，找到二维捕捉按钮后释放鼠标左键，即可选择该按钮。二维捕捉只能捕捉激活视口中构建平面上的元素，忽略其高度方向的捕捉。例如，使用 2D Snap Toggle 捕捉，在顶视图中绘图，鼠标光标将只能捕捉位于 XY 平面上的元素。

- 2.5 Snap Toggle (2.5 维捕捉)按钮：此按钮是 2D Snap Toggle 和 3D Snap Toggle 的混合。用于捕捉三维空间中，捕捉对象的各顶点和边界在某一平面上的投影。

2. 增量捕捉

3ds Max 8 还支持增量捕捉功能，在捕捉时，可以使两点之间的间隔为固定的增量。

- Angle Snaps Toggle(角度捕捉)按钮：用于使对象或者视图按一定的角度旋转。在默认状态下，每次旋转的角度是 5° 的整数倍。

- Percent Snap Toggle(百分比捕捉)按钮：用于以一定的百分比缩放比例捕捉对象。在默认状态下，每次缩放的比例是 10%。

- Spinner Snap Toggle(微调捕捉)按钮：用于设置调整区域的数值增量。单击该按钮后，当单击微调器按钮时，参数的数值按固定的增量增加或减少。

微调捕捉的增量设置可在 Preference Settings(首选项设置)对话框中调整。在 Spinner

Snap Toggle(微调捕捉)按钮上右击，会打开 Preference Settings(首选项设置)对话框。在 Spinners(微调器)选项组中可以设置 Snap(捕捉)的数值，如图 3.1 所示。

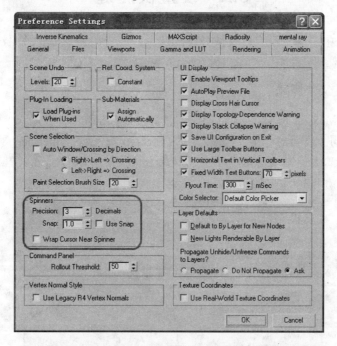

图 3.1　Preference Settings(首选项设置)对话框

　　以上各种捕捉选项都可以设置捕捉到对象的 Grid Points(栅格点)、Vertex(节点)、Edge(边)或 Face(面)等，或者捕捉到其他的点。要选取捕捉的元素，可以在捕捉按钮上右击，在打开的 Grid and Snap Settings(栅格和捕捉设置)对话框中的 Snaps(捕捉)选项卡下进行捕捉元素的设置，栅格和捕捉设置对话框的 Snaps(捕捉)选项卡如图 3.2 所示。

　　在默认的情况下，Grid Points(栅格点)复选框是选中的，即在绘图时光标将捕捉到栅格线的交点。在设置时一次可以选中多个复选框。如果一次选中的复选框多于一个，那么在绘图的时候将捕捉到最近的元素。

　　增量捕捉的增量是可以改变的，在 Grid and Snap Settings(栅格和捕捉设置)对话框中，切换到 Options(选项)选项卡，可以设置 Size(光标的大小)、Angle(角度增量)和 Percent(百分比增量)等参数。Options(选项)选项卡如图 3.3 所示。

图 3.2　Snaps(捕捉)选项卡

图 3.3　Options(选项)选项卡

3.2　设置快捷键

在 3ds Max 8 中，对于没有定义快捷键的选项，或者用户需要更改系统默认的选项时，可以自定义快捷键。

实例 1：自定义快捷键

(1)　在 3ds Max 8 用户界面的菜单栏中选择 Customize(自定义)| Customize User Interface(自定义用户界面)命令，在打开的 Customize User Interface 对话框中切换到 Keyboard(键盘)选项卡，在这个选项卡中可以设置快捷键。Keyboard(键盘)选项卡如图 3.4 所示。

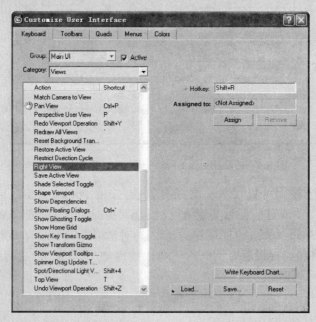

图 3.4　Keyboard(键盘)选项卡

(2)　在 Group(组)下拉列表框中确定命令属于的模块类别为 Main UI(主界面)。

(3)　在 Category(分类)下拉列表框及其下面的列表框中确定将要定义的具体命令。这里选择 Views(视图)中的 Right View(右视图)命令。

(4)　在 Hotkey(热键)文本框中输入新的快捷键名称，这里设定为 Shift+R 组合键。

(5)　单击 Assign(赋给)按钮，对快捷键进行指定。

(6)　激活任一视图，按下 Shift+R 组合键，观察到该视图跳转到右视图。这就是快捷键的设置方法。

(7)　如果想取消快捷键设置，可以在选中该命令后单击 Remove(移除)按钮，即可取消快捷键。

(8)　单击 Reset(重设)按钮，可以将所有快捷键还原为默认设置。

3.3　变　换　对　象

模型创建完成后，为了使多个模型组成一个和谐的场景，需要将各模型进行选择、移动、旋转和缩放，这些基本操作方法在制作三维场景时，是经常使用的。

在第 1 章中已经学习了选择物体的基本方法，此外，3ds Max 还提供了复合选择功能。复合选择不仅包括选择功能，还有其他功能，如移动、旋转、缩放等。复合选择功能主要包括以下几个。

✥(选择并移动)工具按钮：可以将物体选中后直接移动到任何地方。快捷键为 W。按下键盘上的 F5 功能键可选定 X 轴，使 X 轴处于可移动状态；按下 F6 功能键可选定 Y 轴；按下 F7 功能键可选定 Z 轴；反复按下 F8 功能键，可以在 XY 面、YZ 面和 XZ 面之间切换。

如果要精确移动物体，可用鼠标右击工具栏上的 ✥工具按钮，打开如图 3.5 所示的 Move Transform Type-In(移动变换输入)对话框。其中，Absolute(绝对值)World 选项组总是显示被选择物体在世界坐标中的绝对坐标值；Offset(相对值):Screen 选项组的默认值总是 0，可以在这里输入相对于世界坐标系的偏移量。

↻(选择并旋转)工具按钮：可以将对象选中后直接进行旋转操作。快捷键为 E。使用选择并旋转工具选择物体，物体的周围会出现旋转变换线框 Gizmo，红色圆圈代表 X 轴，绿色圆圈代表 Y 轴，蓝色圆圈代表 Z 轴。移动鼠标到某个圆圈上，按住鼠标左键进行拖动即可沿该轴方向旋转物体。同样，如果要精确旋转物体，可在 ↻ 按钮上右击，在打开的 Rotate Transform Type-In(旋转变换输入)对话框中相应的文本框中输入旋转角度即可。绕 Z 轴旋转 90°时，Rotate Transform Type-In(旋转变换输入)对话框如图 3.6 所示。

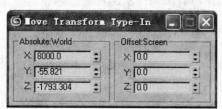
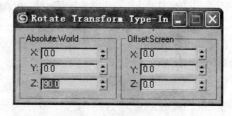

图 3.5　Move Transform Type-In　　　　图 3.6　Rotate Transform Type-In
　　　(移动变换输入)对话框　　　　　　　　　(旋转变换输入)对话框

▪(选择并缩放)工具组：可以将对象选中后直接进行缩放操作。在工具栏上用鼠标按住 Select and Uniform Scale(选择并等比缩放)工具按钮，将弹出相应的工具菜单。

▫(选择并等比缩放)工具：等比例缩放物体，不会改变物体的形状。

▫(选择并非等比缩放)工具：按照特定的轴向缩放物体，可以使物体产生变形。

▫(选择并拉伸缩放)工具：在缩放物体的同时，对物体造成压缩变形的效果。

☞ 提示：　分别选中选择并移动工具、选择并旋转工具和选择并缩放工具后，按下键盘上的 F12 键，可快速打开相应的精确变换对话框。

3.4　复 制 物 体

在建模的时候，有的物体由多个相同的元素组成，例如电扇的叶片；有的场景由多个相同的物体组成，例如同一间餐厅里的桌椅、建筑物的门窗等。这些相同的物体都具有相同的形状和属性，这时通过复制物体就能够提高制作模型和场景的速度，而且也便于将同类型的物体通过修改和变形得到，这样就不用从头开始来制作每一个物体了。在 3ds Max 8 中，复制是经常使用的操作。复制对象也称为克隆。

在菜单栏中选择 Edit(编辑)|Clone(克隆)命令，打开 Clone Options(克隆选项)对话框，并选中 Copy(复制)单选按钮，单击 OK 按钮，就可以得到一个复制的物体。使用菜单命令复制物体的特点是：复制的物体将与原物体完全重合在一起，需要将它们移开才能看到复制的物体。Clone Options(克隆选项)对话框如图 3.7 所示。

图 3.7　Clone Options(克隆选项)对话框

在 Clone Options 对话框中选中 Copy(复制)单选按钮进行复制时，复制出的物体与原物体是完全独立的，它们之间没有任何联系。对原物体或复制物体中的任意一个进行修改，都不会影响到另一个物体。

在 Clone Options 对话框中选中 Instance(关联)单选按钮进行复制时，复制出的物体与原物体相互之间存在内部链接，如果对原物体或复制物体进行修改，另一个物体将同时被修改。

在 Clone Options 对话框中选中 Reference(参考)单选按钮进行复制时，复制出的物体与原物体之间存在单向链接。对原物体进行修改时，复制出的物体将同时被改动；但修改复制出的物体时，原物体不会受到任何影响，这就是 Reference(参考)复制方式与其他两种复制方式的区别。

3.4.1　变换复制物体

通常变换物体的时候也可以复制物体，常用的方法有以下几种。

1. 移动并复制

在移动物体的同时，可以复制物体，下面通过实例来说明。

实例 2：移动并复制对象

(1)　创建如图 3.8 所示的房子场景。

(2) 在主工具栏中单击"选择并移动"工具 ✛，在顶视图中选中房子和房前的植物，按住 Shift 键向左移动。

(3) 在打开的 Clone Options 对话框中，任意选择一种复制方式，并在 Number Of Copies(复制数量)文本框中输入 3，单击 OK 按钮，就复制出了 3 座房子，效果如图 3.9 所示。

(4) 使用 ✛ 工具移动房子和植物，将房子进行重新布局，用同样的方法再复制几棵树，就可得到图 3.10 所示的效果。

图 3.8　房子的场景　　　　　　图 3.9　复制 3 座房子

图 3.10　最终效果

使用 Shift+✛ 工具复制物体，一次可以复制多个物体，复制出的物体等间距排列，用户可以复制出一定数量的物体，然后将它们重新排列或修改得到新的物体。

2. 旋转并复制

当模型是由一种元素，围绕一个中心旋转排列而成的情况下，可以通过旋转复制来创建该模型，如创建一个折扇。

实例3：旋转并复制对象

(1) 在前视图中创建一个 ChamferBox(倒角长方体)，所创建的倒角长方体 ChamferBox01 的参数如图 3.11 所示。

(2) 在顶视图中，紧靠 ChamferBox01 再创建一个 ChamferBox(倒角长方体)，所创建的 ChamferBox02 的参数如图 3.12 所示。

(3) 选中 ChamferBox02，在修改命令面板上单击 Hierarchy(层级)按钮 🔲，在 Adjust Pivot 卷展栏中的 Move/Rotate/Scale 选项组中，单击  Affect Pivot Only (只影响轴)按钮，使用移动工具 ✛，将 ChamferBox02 的旋转轴从物体的中点移动到物体的左端，效果如图 3.13 所示。

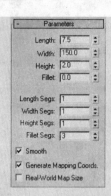

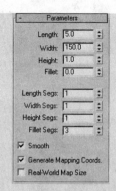

图 3.11　倒角长方体 01 的参数　　　　图 3.12　倒角长方体 02 的参数

图 3.13　移动旋转轴的效果

（4）再次单击 **Affect Pivot Only** (只影响轴)按钮，取消对旋转轴的选择。单击旋转工具按钮，按住 Shift 键，在顶视图中将 ChamferBox02 旋转 10°，在打开的如图 3.14 所示的 Clone Options(克隆选项)对话框中输入 Number of Copies(复制数量)为 14，即复制 14 根同样的扇骨，得到扇子的扇骨效果如图 3.15 所示。

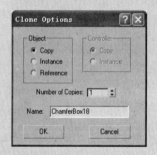

图 3.14　Clone Options(克隆选项)对话框　　　图 3.15　旋转复制扇子的扇骨效果

（5）在创建标准几何体命令面板中，单击 Plane(平面)按钮，创建一个 400×80 的平面，Length seg(长度分段数)为 30。单击 Modify(修改)按钮，进入修改命令面板，在修改器列表中选择 Bend(弯曲)修改器，如图 3.16 所示设置弯曲 Angle(角度)和 Bend Axis(弯曲轴)，得到如图 3.17 所示的扇面。

（6）修改并复制扇子两侧的扇骨，并通过赋材质和贴图工具，为扇子添加一个美丽的图画，最终得到的扇子效果如图 3.18 所示。

在旋转并复制的过程中，需要注意旋转轴的位置，可通过本例第(3)步骤中的方法，在 Hierarchy(层级)面板中将旋转轴移动到适当的位置，然后再进行旋转复制，就可得到满意的效果。

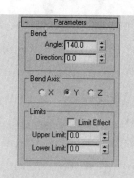

图3.16　弯曲修改器的参数　　图3.17　平面弯曲后形成扇面　　　图3.18　扇子的最终效果

3. 缩放并复制

在需要复制出形状相同，大小不同的物体时，可采用缩放并复制来完成，缩放并复制操作同移动并复制和旋转并复制的操作是类似的，同样是结合 Shift 键来实现，在此不再赘述。

3.4.2　阵列复制物体

Array(阵列)是 3ds Max 复制的一种形式，专门用于克隆、精确变换和定位复制多组对象，在进行有规律的多重复制时，阵列往往比单纯的复制更有优势。

Array(阵列)可以同时复制多个相同的对象，并且在复制的过程中还可以进行移动、旋转、缩放。阵列复制包括 3 种方式，下面分别予以介绍。

实例 4：一维阵列

(1) 在场景中创建一个半径为 10 的茶壶，选中茶壶，在菜单栏中选择 Tools(工具)|Array(阵列)命令，打开 Array(阵列)对话框，如图 3.19 所示。

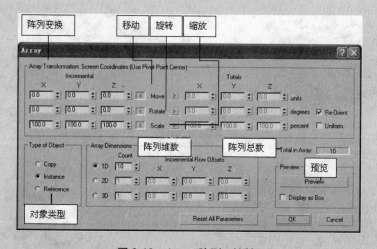

图3.19　Array(阵列)对话框

(2) 在阵列变换选项组中 Move(移动)左侧的 X 文本框内输入 20，即沿 X 轴方向，每间隔 20 个单位复制一个物体；在阵列维数选项组中，设置 Count 参数 1D 为 5，单击 OK

按钮，沿 X 轴方向复制出 4 个茶壶，总数为 5 个茶壶，效果如图 3.20 所示。

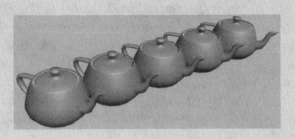

图 3.20　一维阵列复制的效果

(3) 撤销移动复制，在菜单栏中选择 Tools(工具)|Array(阵列)命令，打开 Array(阵列)对话框，在阵列变换选项组中 Rotate(旋转)左侧的 Z 文本框内输入 60，即绕 Z 轴方向，每间隔 60°复制一个物体，设置 Count 参数 1D 为 6，单击 OK 按钮，绕 Z 轴旋转复制出 5 个茶壶，效果如图 3.21 所示。

在图 3.21 中可以看到，复制的茶壶都与原来的茶壶重合在一起，必须逐个将它们移开重新排列。为了解决这个问题，可先将旋转轴移动到适当的位置后，再进行旋转阵列。选中茶壶，在修改命令面板上单击 Hierarchy(层级)按钮 ，在 Adjust Pivot 卷展栏中的 Move/Rotate/Scale 选项组中，单击 Affect Pivot Only (只影响轴)按钮，使用移动工具 ，将茶壶的旋转轴从物体的中点移动到物体的左端，如图 3.22 所示。在菜单栏中选择 Tools(工具)|Array(阵列)命令，打开 Array(阵列)对话框，在阵列变换选项组中 Rotate(旋转)左侧的 Z 文本框内输入 60，单击 OK 按钮，移动旋转轴后的旋转阵列效果如图 3.23 所示。

(4) 撤销旋转复制，选中茶壶，在菜单栏中选择 Tools(工具)|Array(阵列)命令，打开 Array(阵列)对话框，在阵列变换选项组中 Move(移动)左侧的 X 文本框内输入 20，在 Scale(缩放)左侧的 Z 文本框内输入 150，即在 Z 轴方向上缩放 150%，在阵列维数选项组中，设置 Count 参数 1D 为 4，单击 OK 按钮，一维阵列缩放复制效果如图 3.24 所示。

图 3.21　旋转阵列

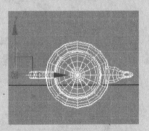

图 3.22　移动旋转轴

图 3.23　移动旋转轴后的旋转阵列

图 3.24　一维阵列的缩放复制

在 Array(阵列)对话框中，有多个选项组，如下所示。

- Array Transformation(阵列变换)选项组：控制利用移动、旋转和缩放中某一种或某几种变换方式来进行阵列。
- Type of Object(对象类型)选项组：控制以 Copy(复制)、Instance(关联)和 Reference(参考)中的某一种方式复制物体。
- Array Dimensions(阵列维数)选项组：控制阵列的维数是 1D(一维)、2D(二维)或 3D(三维)。
- Total in Array(阵列总数)：用于显示复制对象的总数量，默认数量为 10。
- Preview(预览)：单击此按钮，可预览阵列效果。

实例 5：二维阵列和三维阵列

二维阵列操作如下。

(1)　在场景中创建一个 Torus(圆环)，半径 1 为 40，半径 2 为 10。

(2)　在菜单栏中选择 Tools(工具)|Array(阵列)命令，打开 Array(阵列)对话框，在阵列变换选项组中 Move(移动)左侧的 X 文本框内输入 30，在阵列维数选项组中，设置 Count 参数 1D 保持默认值，2D 为 10，在 2D 右侧的 Y 文本框内输入 30，单击 OK 按钮，圆环二维阵列的效果如图 3.25 所示。

(3)　如果设置 X 和 Y 方向的位移均为 40 的二维阵列效果如图 3.26 所示。

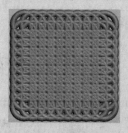

图 3.25　X=30，Y=30 时的二维阵列效果　　　　图 3.26　X=40，Y=40 时的二维阵列效果

(4)　如果设置 X 和 Y 方向的位移分别为 50 和 60，则可得到不同图案的花纹，效果如图 3.27 所示。

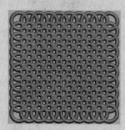 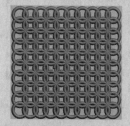

(a) X=50，Y=50　　　　　　　　　　(b) X=60，Y=60

图 3.27　　X 和 Y 分别取不同的值时，阵列得到的各种花纹

下面进行三维阵列操作。

(1)　在场景中创建一个球体，半径为 20。

(2)　在菜单栏中选择 Tools(工具)|Array(阵列)命令，打开 Array(阵列)对话框，在阵列变

换选项组中 Move(移动)左侧的 X 文本框内输入 15，在阵列维数选项组中，设置 Count 参数 1D 保持默认值；2D 为 10，在 2D 左侧的 Y 文本框内输入 15；3D 为 4，在 3D 左侧的 Y 文本框内输入 15，单击 OK 按钮，球体三维阵列的效果如图 3.28 所示。

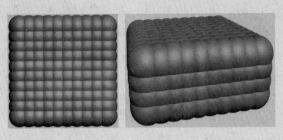

图 3.28   球体三维阵列在顶视图和透视图中的效果

球体的总数量为 1D×2D×3D。

3.4.3   镜像复制物体

在制作模型的时候，每当遇到对称的物体，就可以使用镜像功能来进行制作。比如要做一双手，用户只需制作一只手，然后使用镜像命令复制出另一只手即可。在某种情况下，镜像是一种不可替代的复制方法。在确定镜像复制操作之前，可以在视图中预览镜像复制的效果。

实例 6：镜像复制对象

(1)   在创建命令面板中单击 Cone(圆锥)按钮，设置半径 1 为 40，半径 2 为 10，高度为 60，在场景中创建一个圆台。

(2)   选中圆台，在菜单栏中选择 Tools(工具)| Mirror(镜像)命令，或单击工具栏上的 (镜像)按钮，打开 Mirror(镜像)对话框，按照图 3.29 所示进行设置，使圆台在 Y 轴方向镜像复制一个副本，效果如图 3.30 所示。

图 3.29   Mirror(镜像)对话框

图 3.30   镜像复制

Mirror(镜像)对话框中主要参数的功能如下。

- Clone Selection(克隆选择)选项组：镜像时如果在此选项组中，选中 No Clone(不克隆)单选按钮，就不会在镜像物体的同时复制物体，该选项组中其他的三个选项都是在镜像时，使用不同的方法复制物体。

- Mirror Axis(镜像轴)选项组：用来控制镜像的方向，可以选择对 X、Y、Z 轴进行镜像，或者对 XY、YZ、ZX 平面进行镜像，默认的镜像方向为 X 轴。
- Offset(偏移量)：用来控制镜像的物体偏移原物体的距离，如果偏移量为 0，复制出来的物体与原物体重合在一起。

3.5　对 齐 物 体

当场景中有多个物体时，有时需要将一个物体与其他的物体在某个方向上对齐。3ds Max 8 对任何可变换的对象都可以使用对齐操作，例如几何体、灯光、摄像机和空间扭曲等。常用的对齐工具为 按钮，也可以在菜单栏中选择 Tools(工具)|Align(对齐)命令，或者按 Alt+A 组合键。

具体操作方法是：选中需要对齐的物体，单击工具栏上的 (对齐)按钮，此时鼠标指针变成对齐按钮图标样式，再单击对齐目标对象，在打开的 Align Selection(对齐选择)对话框中设置对齐的方式，设置完成后单击 OK 按钮即可。Align Selection(对齐选择)对话框如图 3.31 所示。

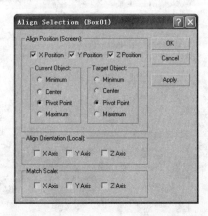

图 3.31　Align Selection(对齐选择)对话框

在对齐选择对话框中，可以设置原物体与目标物体的几种对齐方式。

- Minimum(最小对齐)：在正交视图物体的最左端和最下端分别定义 X、Y 轴的最小值。
- Center(中心对齐)：以物体的重心位置进行对齐。
- Pivot Point(轴心点对齐)：以物体的坐标轴位置进行对齐。
- Maximum(最大值对齐)：在正交视图物体的最右端和最上端分别定义 X、Y 轴的最大值。
- X Position、Y Position、Z Position(X、Y、Z 位置)：确定对齐时沿坐标轴的方向。

实例 7：　旋转对齐物体和缩放对齐物体

要将两个不知道角度的物体旋转到同一方向的操作方法如下。

(1)　创建两个长度和宽度不同、高度相等的长方体，设左边的长方体为 A 物体，右边的长方体为 B 物体，在顶视图中将它们任意旋转一定的角度，顶视图和透视图中的场景如图 3.32 所示。

(2) 选中 B 物体，单击 （对齐）按钮，此时鼠标指针变成对齐按钮图标样式，再单击 A 物体，在打开的 Align Selection(对齐选择)对话框中设置对齐的方式为 Pivot Point(轴心点对齐)，在 Align Position(对齐位置)选项组中选中 X、Y、Z 各坐标轴，发现都不能使 B 物体旋转到 A 物体的方向。

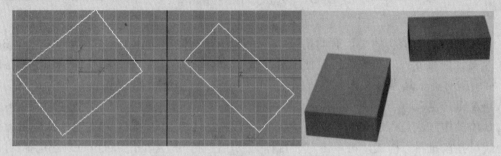

图 3.32　顶视图和透视图中的场景

(3) 取消选中 Align Position(对齐位置)选项组中 X、Y、Z 各轴，在 Align Orientation(对齐方向)选项组中将 X Axis(X 轴)、Y Axis(Y 轴)或 X Axis 和 Y Axis 复选框同时选中，可观察到，B 物体的方向旋转到与 A 物体平行了，单击 OK 按钮即可完成旋转对齐，对齐后顶视图和透视图中的效果如图 3.33 所示。

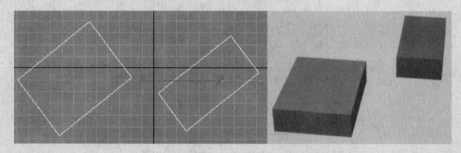

图 3.33　对齐后顶视图和透视图中的效果

(4) 在上面的旋转对齐操作时，B 物体的大小保持了原来的状态，对于由 A 物体复制而得到的物体，可在对齐的过程中对其进行缩放。将 A 物体复制得到 C 物体，修改 C 物体的颜色，将 C 物体任意地缩放，并旋转一定的角度，其位置如图 3.34 所示。

(5) 选中 C 物体，单击 （对齐）按钮，此时鼠标指针变成对齐按钮图标样式，再单击 A 物体，在打开的 Align Selection(对齐选择)对话框中设置对齐的方式为 Pivot Point(轴心点对齐)，在 Align Orientation(对齐方向)选项组中将 X Axis 和 Y Axis 复选框同时选中，在 Match Scale(匹配缩放)选项组中，选中 X Axis 复选框，可观察到 C 物体在 X 方向上与 A 物体的尺寸匹配了，再选中 Y Axis 和 Z Axis 复选框，C 物体的尺寸就和 A 物体完全相同了，效果如图 3.35 所示。

图 3.34　复制并变换 C 物体位置　　　　图 3.35　缩放并对齐

3.6　实　　例

如图 3.36 所示就是本节要完成实例的最终效果,场景左侧的那把椅子是作为源物体的,桌子周围的六把椅子就是被其复制出来并对齐位置的,下面详细介绍如何制作这个场景。

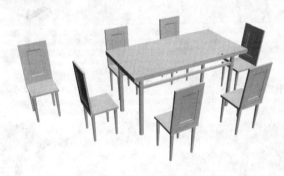

图 3.36　实例的最终效果

1. 创建桌子

(1)　在顶视图中创建一个长、宽、高分别为 150、300、10 的 Box(长方体)作为桌面和一个半径为 5 的 Cylinder(圆柱体)作为桌腿,场景如图 3.37 所示。

(2)　选中圆柱体,单击移动工具按钮✛,按住 Shift 键,移动并复制出一条桌腿,效果如图 3.38 所示。

图 3.37　创建桌面和桌腿　　　　　　图 3.38　复制桌腿

(3)　同时选中两条桌腿,单击移动工具按钮✛,按住 Shift 键,移动并复制出另外两条桌腿,效果如图 3.39 所示。

(4)　在左视图中创建一个 Box(长方体)作为桌子的一根横衬,设置其长和高均为 6,宽度适当。使用与前面同样的移动并复制的方法,复制出另外一条对称的横衬。

（5）选中横衬，单击旋转工具按钮 ，按住 Shift 键，将其旋转 90°，旋转复制出一条横衬。

（6）使用缩放工具 ，调整横衬的长度，使之嵌入两条桌腿中。再将调整好的横衬复制到对称的一边，最终效果如图 3.40 所示。

2. 创建一把椅子

（1）在顶视图中创建一个长、宽、高分别为 80、80、6 的 Box(长方体)作为椅子面和一个半径 1 为 5，半径 2 为 3 的 Cone(圆台)作为椅子腿，如图 3.41 所示。

（2）使用与前面操作相同的移动并复制的方法，复制出另外三条椅子腿，如图 3.42 所示。

图 3.39　制作四条桌腿

图 3.40　制作横衬

图 3.41　椅子面和椅子腿

图 3.42　制作椅子座

（3）制作一扇门作为椅子靠背。进入创建命令面板，在 Standard Primitives 下拉列表框中选择 Door 其中(门)选项，单击 Pivot (枢轴门)按钮，在顶视图中创建一个枢轴门。取消选中创建门框复选框，如图 3.43 所示设置枢轴门的参数。

图 3.43　枢轴门参数

得到由门制作而成的椅背的效果如图 3.44 所示。

(4) 将椅背移动到椅子适当的位置，在左视图中将其旋转一个小角度，得到椅背倾斜的效果。

(5) 选中椅子的所有元素，在菜单栏中选择 Group(组)|Group(组)命令，将椅子的所有元素组成一个组，这样对椅子就可以进行整体操作。椅子的最终效果如图 3.45 所示。

图 3.44　椅背

图 3.45　椅子最终效果

3. 克隆并对齐椅子

接下来要将椅子复制 6 个围绕在桌子周围，使用克隆并对齐工具，用户可以很容易地完成这项工作。操作步骤如下。

(1) 考虑到位置和朝向的问题，用户可选择 Helper(辅助对象) 命令面板中的 point(点)物体作为目标物体。在顶视图中创建 6 个"点"辅助物体，分布如图 3.46 所示，注意在创建点物体时，选中图 3.47 中的 Axis Tripod 复选框，这样可以在视图中看到点物体的坐标。

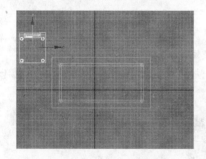
图 3.46　点物体的分布

图 3.47　点物体的参数栏

(2) 从点物体的分布可以看出，现在点物体的 X、Y 轴都朝着一个方向，需要将它们调整到合适的方向。使用旋转工具，将 6 个点物体的朝向调整到如图 3.48 所示。

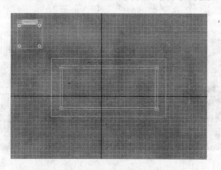
图 3.48　调整点物体的朝向

(3) 现在将源物体与目标物体进行克隆并对齐，就可以解决椅子的朝向问题了。用鼠标右击主工具栏，在弹出的快捷菜单中选择 Extras(附加)命令，打开浮动的附加工具栏。选中椅子，单击克隆并对齐工具按钮 ，打开 Clone and Align(克隆并对齐)对话框，然后单击 Pick 按钮，在视图中分别单击 6 个点物体，就得到了如图 3.49 所示的克隆并对齐制作的效果。

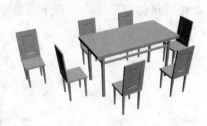

图 3.49　克隆并对齐制作的效果

(4) 对桌椅赋予木纹材质，就得到如图 3.36 所示的效果。

3.7　小　　结

本章主要讲述了 3ds Max 8 的一些基本操作，包括常用的捕捉功能的设置、对模型的各种复制方法、自定义快捷键的方法，以及多个模型的对齐方法。熟练掌握这些基本操作可以使用户在今后的建模工作中大大地提高工作效率。

3.8　习　　题

1. 创建一个茶壶，然后利用本章所学的复制方法，复制出如图 3.50 所示的茶具套装。

图 3.50　茶具

2. 利用本章所学的基本操作，制作如图 3.51 所示的多个对象按规律排列的场景。

(a)　钉子　　　　　　　　　　　　　(b)　椅子

图 3.51　规律排列对象

第 4 章　创建和修改二维图形

【本章要点】

通过本章的学习，读者能够掌握创建二维图形，在次物体层级编辑和处理二维图形，调整二维图形的渲染和插值参数，使用二维图形编辑修改器创建三维模型的操作方法。

二维图形的创建是一切高级建模的基础，在建模和动画制作中是非常重要的。复杂的三维物体有时是在二维造型的基础上加工转换而成的。3ds Max 8 提供了许多二维造型的绘制工具，利用这些工具可以随意绘制造型，并通过调节图形的各端点改变二维造型的形状。

4.1　创建二维图形

二维图形是由一条或多条曲线组成的平面图形，每一条曲线是由顶点(Vertex)和线段(Segment)的连接组合而成的。调整曲线中顶点的数值就可以使曲线由直线变为曲线，或由曲线变为直线。

1. 编辑二维图形时常用的基本概念

1)　顶点(Vertex)

顶点是指定义曲线的一系列点和曲线任何一端的一个点。每个顶点包含它的位置信息以及它的类型(即曲线通过顶点的方式)。顶点的类型有 4 种，如图 4.1 所示。

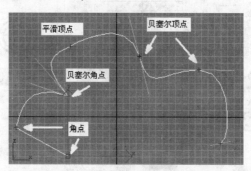

图 4.1　顶点的 4 种类型

- Corner(角点)：使顶点两端的线段相互独立，因此线段可以有不同的方向。
- Smooth(平滑)：使顶点两端的线段的切线在同一直线上，从而使曲线的外观平滑。
- Bezier(贝塞尔)：贝塞尔顶点的切线类似于平滑顶点，但贝塞尔顶点提供了可以调整切线矢量大小的手柄，通过调整手柄的长短和方向可以调整曲线的曲率和弯曲方向。
- Bezier Corner(贝塞尔角点)：　与贝塞尔顶点相同的是贝塞尔角点也提供了可以调整切线矢量大小的手柄，但是顶点两边的手柄是相互独立的，两个切线的方向可以单独调整。

2)　线段(Segment)

线段是连接曲线中两个相邻顶点的部分。

3)　步数(Steps)

步数是指为了表达曲线而将曲线分割成小段的数目，较高的步数值可以生成光滑曲线，从而生成光滑的曲面。

2. 二维图形创建面板

基本二维图形是 3ds Max 8 内置的标准平面图形，在 3ds Max 8 中绘制二维图形的目的有多种：①可以生成面片和薄的 3D 曲面；②作为放样的组件，如放样的路径、放样截面图形或拟合曲线；③生成旋转曲面；④生成挤出对象；⑤将二维曲线定义为某个物体运动的路径。在学会了绘制简单的标准二维图形后，还可以将其组合起来，形成一个更复杂的二维图形。

单击 (创建)按钮，在打开的创建命令面板中单击 (图形)按钮，打开图形创建面板，在 Splines(样条曲线)面板中提供了多种二维图形创建按钮。3ds Max 8 也可以使用由其他绘图软件产生的二维图形，如 Illustrator、AutoCAD、CorelDRAW 等，将这些软件所创建的矢量图形以"*.ai"或"*.dwg"扩展名格式存储后，在 3ds Max 8 软件中选择 File(文件)|Import(导入)菜单命令，即可将矢量图形导入到当前 3ds Max 8 文件场景中使用。

二维图形创建面板如图 4.2 所示，在这个面板中有 11 个常用的二维图形创建按钮。

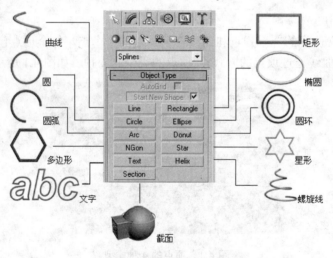

图 4.2　二维图形创建面板

1)　创建 Line(线)

3ds Max 提供的 Line 工具，能够绘制任何形状的封闭或开放曲线(包括直线)，既可以绘制直线，也可以绘制曲线，并可以设置多种弯曲方式，包括 Corner(角点)、Smooth(光滑)、Bezier(贝塞尔)等。曲线绘制完成后，还可以打开修改命令面板，进入线的点、线段、曲线次物体层级，在次物体编辑命令面板中，对曲线进行进一步的修改。创建步骤如下。

(1)　单击命令面板中的 (创建)按钮，在打开的创建命令面板中单击 (图形)按钮，打开创建图形面板。

(2) 在创建图形面板的 Object Type(对象类型)卷展栏中，单击 Line 按钮。在创建命令面板中的 Creation Method(创建方法)卷展栏如图 4.3 所示，该卷展栏中的选项用于设置创建曲线时，单击鼠标创建的顶点类型，也就是曲线的弯曲方式。在 Initial Type(初始类型)选项组中，包括 Corner(角点)和 Smooth(光滑)两种，用于设置在视图中单击鼠标后，创建的第一个顶点的类型。若设置为 Corner(角点)，表示用单击的方法创建顶点时，创建的是角点，会产生一个尖端，曲线表现为折线；若设置为 Smooth(平滑)，表示用单击的方法创建顶点时，创建的是平滑顶点，通过顶点产生一条平滑、不可调整的曲线，由顶点的间距来设置曲率的数量。在 Drag Type(拖动类型)选项组中有 3 种选择：Corner(角点)、Smooth(平滑)和 Bezier(贝塞尔)。在该选项组中可设置单击并拖动鼠标时引出的曲线类型为 Bezier(贝塞尔)，这种顶点有两个调节控制手柄，可以产生一条平滑、可调整的曲线。

(3) 在任意视图中单击后移动鼠标，将产生一条直线，绘制完成后在任意位置单击鼠标，此时创建了一条线段。

(4) 再重复单击，继续移动鼠标，创建其他直线。

(5) 单击直线起点处，弹出提示对话框，询问是否连接两端点，如图 4.4 所示。单击"是(Y)"按钮，封闭线段，结束当前线段的创建工作。单击"否(N)"按钮，绘制不封闭的图形，结束当前线段的创建工作。如果想创建不封闭的图形，可以直接右击鼠标，结束线段的创建工作。

Line 参数栏如图 4.5 所示。其中 Rendering(渲染)和 Interpolation(插值)卷展栏是二维图形的共有属性。下面具体介绍 Rendering(渲染)、Interpolation(插值)和 Keyboard Entry(键盘输入)卷展栏的参数含义。

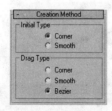

图 4.3　Creation Method(创建方法)卷展栏

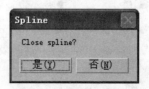

图 4.4　样条线提示对话框

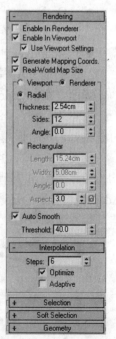

图 4.5　Line 参数栏

(1) Rendering(渲染)卷展栏。

- Enable In Renderer(在渲染器中启用)：只有选中此复选框，渲染输出样条线时，渲染卷展栏中的各选项设置才有效。

- Enable In Viewport(在视图中启用)：只有选中此复选框，在视图中显示样条线时，渲染卷展栏中的各选项设置才有效。

- Use Viewport Settings(使用视图设置)：只有选中此复选框，才会激活视图选项。

- Generate Mapping Coords(生成贴图坐标)：选中此复选框，系统自动为样条线指定默认的贴图坐标，来控制贴图位置。U 轴控制周长上的贴图，V 轴控制长度方向上的贴图。

- Viewport(视图)：只有选中该单选按钮，渲染卷展栏中的设置才能应用到视图显示中。
- Renderer(渲染)：只有选中该单选按钮，渲染卷展栏中的设置才能应用到渲染输出中。
- Radial(径向)：若选中该单选按钮，可以设置圆形截面径向的大小、边数和角度。
- Thickness(厚度)：可以控制渲染时线条的粗细程度。
- Sides(边)：设置可渲染样条曲线横截面的边数。
- Angle(角度)：调节样条曲线横截面沿路径轴向旋转的角度。
- Rectangular(矩形)：若选中该单选按钮，可以设置矩形截面径向的大小、边数和角度。

(2) Interpolation(插值)卷展栏。

- Interpolation(插值)卷展栏用来设置曲线的光滑程度。
- Steps(步数)：设置两顶点之间有多少个直线片段构成曲线，值越高，曲线越光滑，取值范围为 0～100。
- Optimize(优化)：若选中该复选框，系统自动检查并去除曲线上多余的步幅片段，以减小样条曲线的复杂度。默认此复选框被选中。
- Adaptive(自适应)：若选中该复选框，系统根据复杂程度自动设置步幅数，弯曲大的地方步幅多以产生光滑的曲线，直线的步幅将会设为 0。

下面介绍 Interpolation(插值)参数对曲线的影响。

创建两个圆，如图 4.6 所示，左边圆的 Steps(步数)为 3，右边圆的 Steps(步数)为 30，可观察到，步数值越高，曲线越光滑。

将图 4.6 中右边的圆删除，将左边的圆复制一个，放置在右边，两个圆的 Steps(步数)均为 3。如图 4.7 所示，左边圆为选中了 Optimize(优化)复选框的情况，右边圆为选中了 Adaptive(自适应)复选框的情况，此时看到右边圆自动地变光滑了，这是系统根据复杂程度自动设置步幅数的原因。

图 4.6　创建两个圆

图 4.7　自适应对曲面的影响

(3) Keyboard Entry(键盘输入)卷展栏。

Keyboard Entry(键盘输入)卷展栏，如图 4.8 所示。

图 4.8 Keyboard Entry(键盘输入)卷展栏

- X、Y、Z 微调框：在此输入线段端点的坐标值。
- Add point(添加端点)按钮：单击该按钮，在视图中按上面设置的坐标位置创建一个线段端点。
- Close(关闭)按钮：单击该按钮，结束线段的创建工作，并且封闭线段的开始点和结束点。
- Finish(结束)按钮：单击该按钮，结束线段的创建工作，线段的起始点与结束点不封闭。

2) 创建 Rectangle(矩形)

3ds Max 8 提供了 Rectangle 工具来创建矩形，并且矩形四角可以设置为圆弧状。创建步骤如下。

(1) 单击命令面板中的 (创建)按钮，在打开的创建命令面板中单击 (图形)按钮，打开创建图形面板。

(2) 单击创建图形面板中的 Rectangle(矩形)按钮，在任意视图中单击后，移动鼠标到适当位置，松开鼠标，此时创建了一个矩形。

在视图中创建两个同样的矩形。选中第 2 个矩形，单击 (修改)按钮，打开修改命令面板，在 Parameters(参数)卷展栏中，修改倒角半径 Corner Radius 的值，此时矩形的 4 个角转变成有弧度的倒角，得到一个圆矩形。矩形和圆角矩形如图 4.9 所示，矩形相应的参数如图 4.10 所示，参数卷展栏的参数含义如下。

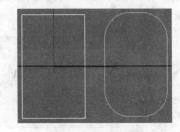

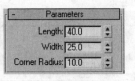

图 4.9 矩形和圆角矩形　　　图 4.10 矩形和圆角矩形的参数栏

- Length(长度)、Width(宽度)：设置矩形的长宽值。
- Corner Radius(倒角半径)：设置矩形的 4 个角是直角还是有弧度的圆角。值为 0 时，创建的是直角矩形。

3) 创建 Circle(圆)

3ds Max 8 提供了 Circle 工具来创建圆形。创建步骤如下。

(1) 单击命令面板中的 (创建)按钮，在打开的创建命令面板中单击 (图形)按钮，打开创建图形面板。单击 Circle(圆)按钮，在任意视图中单击鼠标后拖动到适当位置，松开鼠标，此时创建了一个圆形。

(2) 单击 (修改)按钮，打开修改命令面板，在 Parameters(参数)卷展栏中，修改 Radius(半径)的值，此时视图中的圆改变了尺寸，圆形如图 4.11 所示。

Circle(圆)的参数卷展栏如图 4.12 所示，Radius(半径)值用来设置圆形的半径大小。

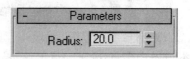

图 4.11　圆形　　　　　　　　图 4.12　Circle 的参数卷展栏

4)　创建 Ellipse(椭圆)

3ds Max 8 提供了 Ellipse 工具来创建椭圆，创建步骤如下。

(1) 单击命令面板中的 (创建)按钮，在打开的创建命令面板中单击 (图形)按钮，打开创建图形面板。单击 Ellipse(椭圆)按钮，显示出 Ellipse 的参数栏如图 4.13 所示。在任意视图中单击后移动鼠标到适当位置，松开鼠标，此时创建了一个椭圆形。

(2) 单击 (修改)按钮，进入修改命令面板，在 Parameters(参数)卷展栏中，修改参数卷展栏中的长度值为 30，宽度值为 50，此时视图中椭圆的长宽比例将改变，再绘制两个小椭圆，图形如图 4.14 所示。

Ellipse 的参数栏如图 4.13 所示，其中参数的含义如下。

● Length(长度)：设置椭圆的长度值。

● Width(宽度)：设置椭圆的宽度值。

5)　创建 Arc(圆弧)

3ds Max 8 提供了 Arc 工具，可以创建各种圆弧曲线，包括封闭式圆弧和开放式圆弧。创建步骤如下。

(1) 单击命令面板中的 (创建)按钮，在打开的创建命令面板中单击 (图形)按钮，打开创建图形面板。单击 Arc(圆弧)按钮，显示出 Arc 的参数卷展栏，如图 4.15 所示。

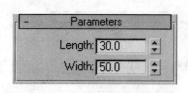
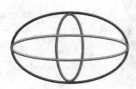
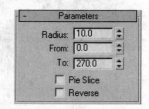

图 4.13　Ellipse 的参数卷展栏　　　　图 4.14　图形　　　　图 4.15　Arc 的参数栏

(2) 在任意视图中单击，横向拖曳鼠标到适当的位置，绘制出一条直线，这条直线代表圆弧的直径长度，向上移动鼠标到适当位置后单击，此时生成了一段圆弧，如图 4.16 所示。

(3) 单击 (修改)按钮，打开修改命令面板，在 Parameters(参数)卷展栏中，选中 Pie Slice(扇形切片)复选框，此时视图中的开放式圆弧图形会封闭。如图 4.17 所示，左边为开放式圆弧，右边为扇形圆弧。

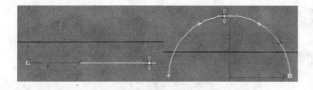

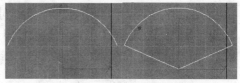

图 4.16 圆弧 图 4.17 开放式圆弧和扇形圆弧

Arc 参数栏如图 4.15 所示，其中各卷展栏的参数含义如下。

(1) Creation Method(创建方式)卷展栏。

- End-End-Mic(端点-端点-中央)：在创建圆弧之前，选择这种创建方式，创建圆弧的顺序是先单击圆弧的一个端点，再单击圆弧的另一个端点，最后单击圆弧中央的点，即可创建圆弧。

- Center-End-End(中心-端点-端点)：在创建圆弧之前，选择这种创建方式，创建圆弧的顺序是先单击圆弧中心点，再分别单击圆弧的两个端点，即可创建圆弧。

(2) Parameters(参数)卷展栏。

- Radius(半径)：设置圆弧的半径大小。
- From(从)：设置圆弧起点的角度值。
- To(到)：设置圆弧终点的角度值。
- Pie Slice(扇形切片)：选中此复选框，将创建封闭的扇形。
- Reverse(反转)：选中复选框，可以将弧形的方向反转。

6) 创建 Donut(圆环)

3ds Max 8 提供了 Donut 工具在场景中制作同心的圆环。创建步骤如下。

(1) 单击命令面板中的 (创建)按钮，在打开的创建命令面板中单击 (图形)按钮，打开创建图形面板。单击 Donut(圆环)按钮，显示出 Donut 的参数栏，如图 4.18 所示。

(2) 在任意视图中单击后移动鼠标到适当的位置，松开鼠标，此时创建了第一个圆形。再次拖动鼠标到适当位置，单击鼠标，创建出第二个圆形。此时同心圆环创建完成，如图 4.19 所示。

(3) 圆环和圆形并不是单圆与双圆的区别，对它们使用 Extrude(挤出)修改器后，就可以看出两者的区别了。如图 4.20 所示，左边是两个圆形挤出的效果，右边是圆环挤出的效果。圆环挤出后形成圆管，两个圆形挤出后，形成两个重叠在一起的圆柱。

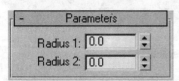

图 4.18 Donut 的参数栏 图 4.19 同心圆环 图 4.20 圆形和圆环挤出效果

Donut 的参数栏如图 4.18 所示，其中 Parameters(参数)卷展栏的参数含义如下。

- Radius 1(半径 1)：创建第一个圆形的半径尺寸。
- Radius 2(半径 2)：创建第二个圆形的半径尺寸。

7) 创建 NGon(多边形)

3ds Max 8 提供了 NGon 工具，用于制作任意边数的正多边形，还可以产生圆角多边形，创建的各种多边形如图 4.21 所示。创建步骤如下。

(1) 单击命令面板中的 （创建）按钮，在打开的创建命令面板中单击 （图形）按钮，打开创建图形面板。单击 NGon(多边形)按钮，显示出 NGon 参数栏，如图 4.22 所示。

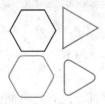

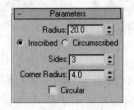

图 4.21　各种多边形　　　　　　图 4.22　NGon 的参数栏

(2) 在任意视图中单击并拖动鼠标，松开鼠标后，绘制出一个六边形。

(3) 单击 （修改）按钮，打开修改命令面板，在 Parameters(参数)卷展栏中，改变 Sides(边数)数值为 8，单击图形，多边形随之改变成八边形。

NGon 的参数栏如图 4.22 所示，其中 Parameters(参数)卷展栏的参数含义如下。

- Radius(半径)：设置多边形所参考的圆形的半径大小。
- Inscribed / Circumscribed(内接/外切)：确定以内接圆半径还是外切圆半径作为多边形的半径。通过与圆外切或与圆内接来创建的多边形如图 4.23 所示，其中的圆和多边形半径均为 30。
- Sides(边数)：设置多边形的边数。边数最小值是 3。
- Corner Radius(角半径)：制作带圆角的多边形，设置圆角的半径大小。
- Circular(圆形)：将多边形转化为圆形。

8) 创建 Star (星形)

3ds Max 8 提供了 Star(星形)工具来创建多角星形。星形的尖角可以钝化为倒角，制作齿轮图案；类角的方向可以扭曲，产生倒刺状锯齿；参数的变换可以产生许多奇特的图案，因为它是可渲染的，所以即使交叉，也可以用作一些特殊的图案花纹。

Star(星形)工具创建的各种星形如图 4.24 所示。创建步骤如下。

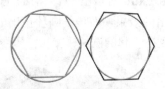

图 4.23　内接圆和外切圆　　　　　　图 4.24　各种星形

(1) 单击命令面板中的 （创建）按钮，在打开的创建命令面板中单击 （图形）按钮，打开创建图形面板。单击 Star(星形)按钮，此时显示出 Star 的参数栏，如图 4.25 所示。

(2) 在任意视图中单击并拖动鼠标，接着松开鼠标，拖动鼠标到适当位置，再单击鼠标，一个六角星形创建完毕，如图 4.26 所示。

(3) 单击 （修改）按钮，打开修改命令面板，在 Parameters(参数)卷展栏中，改变 Points(点)数值为 12，单击图中任意位置，六角星形随之改变为十二角星形，再次单击 Star(星形)按钮，设置 Distortion(扭曲)值为 30，得到扭曲的星形，重复步骤(2)，创建一个六角星形，提高 Fillet Radius1(圆角半径 1)的值为 10 ，产生六角星形。修改参数得到的各种星形如图 4.27 所示。

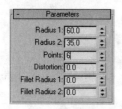

图 4.25 Star 的参数栏　　图 4.26 六角星形　　　　图 4.27 修改参数得到的各种星形

Star 参数栏如图 4.25 所示，其中 Parameters(参数)卷展栏的参数含义如下。

- Radius 1(半径 1)：设置星形的外径。
- Radius 2(半径 2)：设置星形的内径。
- Points(点)：设置星形的尖角个数。
- Distortion(扭曲)：设置尖角的扭曲度。
- Fillet Radius 1(圆角半径 1)：设置尖角内倒圆半径。
- Fillet Radius 2(圆角半径 2)：设置尖角外倒圆半径。

9) 创建 Text(文字)

3ds Max 8 提供了 Text 工具，可在视图中直接产生文字图形，在中文平台下，可直接产生各种文体的中文字型。文字的内容、大小、间距都可以调整，在完成制作后，仍可以修改文字的内容。创建步骤如下。

(1) 单击命令面板中的 (创建)按钮，在打开的创建命令面板中单击 (图形)按钮，打开创建图形面板。单击 Text(文字)按钮，此时显示出 Text 参数栏，如图 4.28 所示。

(2) 在 Text(文字)框中输入"ABC"，然后在 Front(前)视图中单击，就生成 ABC 字样，如图 4.29 所示。

图 4.28 Text 参数栏　　　　　　图 4.29 文字

Text 参数栏如图 4.28 所示，其中 Parameters(参数)卷展栏的参数含义如下。

- 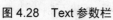：从该字体下拉列表中可以选择字体。
- ：这 6 个按钮提供了简单的排版功能，包括斜体字、加下划线、左对齐、居中、右对齐、两端对齐。

- Size(大小)：设置文字的大小。
- Kerning(字距)：设置文字的间距。
- Leading(行距)：设置文字行与行之间的距离。
- Text(文本输入框)：用来输入文本文字。

10)　创建 Helix(螺旋线)

3ds Max 8 提供的 Helix(螺旋线)工具可以制作平面或空间的螺旋线,常用于快速制作弹簧、盘香、卷须、线轴等造型，或制作运动路径。创建步骤如下。

(1)　单击命令面板中的 (创建)按钮，在打开的创建命令面板中单击 (图形)按钮，打开创建图形面板。单击 Helix(螺旋线)按钮，显示出 Helix 参数栏，如图 4.30 所示。

(2)　在任意视图中单击，并拖动鼠标到适当位置，放开鼠标，确定螺旋线的内径。继续移动鼠标到适当位置，单击鼠标后，确定螺旋线的高度。继续移动鼠标到适当位置后，单击鼠标，确定螺旋线的外径。单击 (修改)按钮，打开修改命令面板，在 Parameters(参数)卷展栏中，修改 Radius 1 为 60，Radius 2 为 8，设置 Turns(圈数)值为 10，此时螺旋线创建完成，效果如图 4.31(a)所示。

(3)　保持步骤(2)的参数不变，设置 Bias(偏向)值为 0.2，螺旋线效果变为如图 4.31(b)图所示。修改 Bias(偏向)值为-0.2，螺旋线效果变为如图 4.31(c)所示。

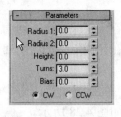
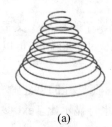
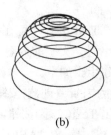
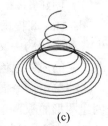

(a)　　　　　　　(b)　　　　　　　(c)

图 4.30　Helix 的参数栏　　　　　　　图 4.31　螺旋线

Helix 参数栏如图 4.30 所示，其中 Parameter(参数)卷展栏的参数含义如下。

- Radius 1(半径 1)：设置螺旋线的内径。
- Radius 2(半径 2)：设置螺旋线的外径。
- Height(高度)：设置螺旋线的高度，此值为 0 时，是一个平面螺旋线。
- Turns(圈数)：设置螺旋线旋转的圈数。
- Bias(偏向)：设置螺旋线顶部螺旋圈数的疏密程度。
- CW/CCW(顺时针/逆时针)：分别设置螺旋线两种不同的放置方向。

11)　创建 Section(截面)

3ds Max 8 提供的 Section(截面)工具可以通过截取三维造型的截面来获得二维图形，此工具会创建一个平面，用户可以移动、旋转它，并缩放它的尺寸，当它穿过一个三维造型时，会显示出截获物截面，单击 Create Shape 按钮，就可以将这个截面制作成一条新的样条曲线。创建步骤如下。

(1)　单击命令面板中的 (创建)按钮，在打开的创建命令面板中单击 (图形)按钮，打开创建图形面板。单击 Section(截面)按钮。此时面板上显示 Section 的参数栏。

(2)　在顶视图中创建一个茶壶和一个截面平面。单击工具栏中的移动工具按钮 ，将刚创建的截面平面物体移动到茶壶中间的位置，此时截取的截面部分，在视图中以黄色显示，如图 4.32 所示。

图 4.32 茶壶中间的截面

(3) 单击 (修改)按钮，打开修改命令面板。单击 Create Shape(创建图形)按钮，在打开的对话框中输入截面图的名称为"截面 01"，单击 OK 按钮，得到一个二维截面曲线。

(4) 创建的截面图形与三维物体重合，在实体着色模式中无法看到它的显示。选择"截面 01"图形，使用移动工具将其从三维物体中移出，就可以看到它了。

Section 参数栏中的 Section Parameters(截面参数)卷展栏的参数含义如下。

- Create Shape(创建图形)按钮：单击该按钮，会打开一个名称设置框，确定创建图形的名称，单击对话框中的 OK 按钮，会生成一个截面图形。如果当前没有截面，该按钮不可用。

- Update (更新方式)选项组：设置截面物体改变时是否将结果即时更新。其中，当选中 Manually(手动)单选按钮时，截面物体移动了位置，单击下面的更新截面按钮，视图的截面曲线才会同时更新，否则不会更新显示。

- Section Extents(截面范围)选项组：即截面影响的范围，其中有 3 选项。

    ◆ Infinite(无界限)：凡是经过截面的物体都被截取，与截面的尺寸无关。

    ◆ Section Boundary(截面边界)：以截面所在的边界为限，凡是接触到边界的物体都被截取。

    ◆ Off(关闭)：关闭截面的截取功能。

Section 参数栏中的 Section Size(截面大小)卷展栏主要用于设置截面大小。其中的 Height/Width(长度/宽度)用于设置截面物体尺寸。

4.2 修改二维图形

4.2.1 渲染二维图形

在绘制二维图形时，虽然在场景中可以看到二维的曲线图形，但是快速渲染后，可以看到二维图形并没有渲染输出，在渲染图中什么也看不到。为了能够在渲染场景中观察到二维图形，还必须进行一些参数设置，基本步骤如下。

(1) 绘制完成二维曲线后，在所创建图形参数栏的 Rendering(渲染)卷展栏中选中 Enable In Renderer(在渲染中启用)复选框。

(2) 使用 Rendering(渲染)参数栏中的 Thickness(厚度)微调器指定样条线的厚度。例如在前视图中绘制 3 个 Star (星形)，设置不同的厚度，如图 4.33 所示。其中，左侧星形厚度为 6，中间星形厚度为 4，右侧星形厚度为 2。

图 4.33 设置不同的厚度

如果计划向样条线分配贴图材质，就选中 Generate Mapping Coords(生成贴图坐标)复选框。

4.2.2 将直角折线修改为曲线

通过设置曲线次物体顶点的类型，可以修改曲线的弯曲形状。下面通过实例进行说明。

实例 1：修改顶点

(1) 单击命令面板中的 (创建)按钮，在打开的创建面板中单击 (图形)按钮，打开图形创建面板，单击 Line(线)按钮，在 Top(顶)视图中单击鼠标，创建曲线的一个顶点。向右移动鼠标再次单击，创建另一个顶点，使用同样方法创建多个顶点后右击鼠标，结束创建工作。此时视图中产生了一系列折线，效果如图 4.34 所示。

(2) 单击 (修改)按钮，打开修改命令面板，单击参数栏中的 (顶点)按钮，此时这个顶点按钮呈黄色显示，即进入了该条曲线的顶点编辑状态，视图中的曲线显示出顶点的标识符，如图 4.35 所示。其中左侧的田字形符号"□"，代表曲线的起始点，其他各顶点上的十字形符号"✛"代表曲线上的普通顶点。

图 4.34 绘制折线

图 4.35 顶点编辑状态

(3) 单击其中的一个顶点，这个顶点就会以红色显示，表示它已经被选中了，并在视图下方的状态栏中显示出这个顶点的坐标，如图 4.36 所示。

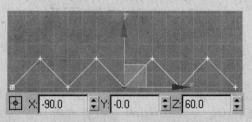

图 4.36 顶点的坐标

(4) 在这个选中的顶上右击鼠标，会弹出一个快捷菜单，如图 4.37 所示，其中 Vertex(顶点)被选中，表示当前的状态是顶点编辑状态，Corner(角点)也被选中，表明当前的顶点类型为角点。

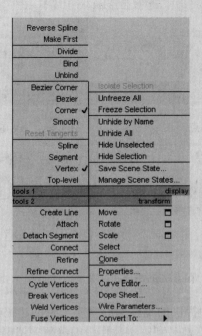

图 4.37 快捷菜单

(5) 在这个快捷菜单中选择 Bezier(贝塞尔)后，Corner(角点)顶点被改为 Bezier(贝塞尔)顶点类型，此时视图中的顶点显示出两个操作控制手柄，并且直角的曲线切换成弯曲的效果，如图 4.38 所示。

(6) 单击移动工具按钮 ✛，然后单击左侧操作控制手柄的绿色方框，并移动它，此时右侧的手柄也相应的移动，使顶点两侧的曲线保持平滑，如图 4.39 所示。

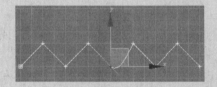

图 4.38 贝塞尔顶点

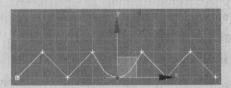

图 4.39 调整曲线的弯曲程度

选择另一个顶点，在这个顶点上右击鼠标，在弹出的快捷菜单中选择 Bezier Corner(贝塞尔角点)顶点类型，此时顶点两侧显示出控制手柄，如图 4.40 所示。

(7) 单击移动工具按钮 ✛，然后单击左侧操作控制手柄的绿色方框，并移动它，顶点左侧的曲线弧度产生变化，而顶点右侧的曲线没有变化。同样，单击右侧操作控制手柄的绿色方框，并移动它，顶点右侧的曲线弧度产生变化，而顶点左侧的曲线没有变化。两侧控制手柄分别调整后的效果如图 4.41 所示。这就是 Bezier Corner(贝塞尔角点)与 Bezier(贝塞尔)顶点不同之处。

(8) 在曲线的左上端单击，并拖动，拉出一个虚线方框，松开鼠标后，即可框选曲线内的所有顶点，如图 4.42 所示。

(9) 框选所有顶点后右击，在弹出的快捷菜单中选择 Smooth(平滑)命令，此时自动将这些顶点组成的线段切换成圆滑的曲线，效果如图 4.43 所示。单击参数栏中的 ··· (顶点)按

钮 ，此时该按钮呈灰色显示，即可退出曲线的顶点编辑状态。

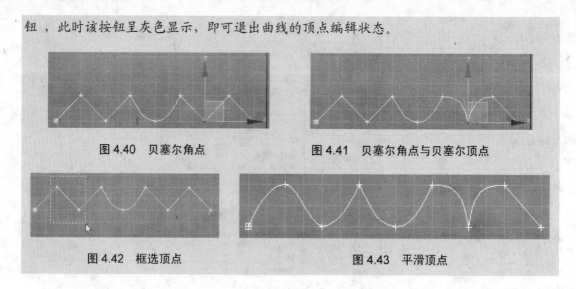

图 4.40　贝塞尔角点　　　　　　　图 4.41　贝塞尔角点与贝塞尔顶点

图 4.42　框选顶点　　　　　　　　图 4.43　平滑顶点

4.2.3　将二维图形转化为可编辑样条曲线

　　Splines(样条曲线)面板中提供的是标准的基本二维创建工具，这些图形除了 Line(线)可以自由编辑外，其他的图形都是利用参数栏中的参数来调整造型，可以对图形进行整体的缩放、旋转和移动等编辑，但不能随意将图形的形状变形为其他形状。为了将二维图形修改为更加复杂的图形，可以将它们转化为 Editable Spline(可编辑样条曲线)。

　　Editable Spline(可编辑样条曲线)包括主物体和次物体。分别介绍如下。

- 主物体：是指样条曲线本身。
- Vertex 次物体：曲线上的顶点。
- Segment 次物体：曲线上的线段。
- Spline 次物体：一个可编辑样条曲线可以包含多条独立的样条曲线。

　　将二维图形转化为可编辑样条曲线后，将无法再调整二维图形的原始创建参数，或对其设置动画。为了编辑出更复杂的二维图形，二维图形可以不转化为可编辑样条曲线，而是为二维图形添加使用 Edit Spline(编辑样条曲线)修改器，也是将二维图形分为主物体和次物体点、线段、样条曲线 4 个层级。它和 Line(线)参数、Editable Spline(可编辑样条曲线)参数基本相同。同样可以针对曲线顶点、线段及曲线进行调整，并保留了原始图形层级，还可以再调整二维图形的原始创建参数。

　　将二维图形转化为 Editable Spline(可编辑样条曲线)的几种常用方法如下。

- 绘制一个二维图形，右击这个图形，在弹出的快捷菜单中选择 Convert To(转化为)| Convert to Editable Spline(转化为可编辑样条曲线)命令。
- 选择二维图形，单击 (修改)按钮，在修改命令面板中单击下拉列表框右侧的下三角形按钮 ，从打开的下拉列表中选择 Edit Spline(编辑样条曲线)选项。
- 在菜单栏中选择 Modifiers(修改器) | Patch/Spline Editing(面片/样条线编辑)| Edit Spline(编辑样条线)命令。

4.2.4 编辑曲线主物体

二维图形添加 Edit Spline(编辑样条曲线)修改命令后，修改器堆栈中将出现带"+"号的 Edit Spline 项目，称为主物体。打开"+"号将出现次物体：Vertex(点)、Segment(线段)、Spline(样条曲线)，这 4 个层级的修改按钮都放在一个面板中，所以在单击不同的修改层级时，只有该层级可操作的按钮以黄色高亮显示。

下面通过实例介绍对主物体的操作方法。

实例 2：对主物体的基本操作

(1) 单击命令面板中的 (创建)按钮，在打开的创建命令面板中单击 (图形)按钮，打开图形创建面板，在面板中单击各创建按钮，在 Top(顶)视图中创建矩形、星形、圆，移动各图形，使它们在 Z 轴上有一定的距离，如图 4.44 所示。

(2) 选择视图中的星形(可选择视图中任意一个图形)，单击 (修改)按钮，在修改命令面板中单击下拉列表框右侧的下三角按钮 ，在打开的下拉列表中选择 Edit Spline 选项，将星形修改为可编辑样条曲线物体。

(3) 此时在命令面板中可以看到 Geometry 卷展栏中有多个按钮处于可操作状态，如图 4.45 所示。

(4) 单击 Attach(附加)按钮，在 Front(前)视图中单击另一个二维物体矩形，此时将它合并到了当前可编辑样条曲线中，成为可编辑样条曲线物体的组成部分，如图 4.46 所示。

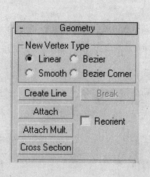

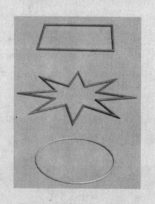

图 4.44 创建图形	图 4.45 Geometry 卷展栏	图 4.46 附加二维物体

(5) 单击 Attach Multiple(附加多个)按钮，打开 Attach Multiple(附加多个)对话框如图 4.47 所示。从中选择一个或多个二维物体的名字，单击 OK 按钮，此时被选择的二维物体都被合并到当前可编辑样条曲线物体中。

(6) 单击 Create Line(创建线)按钮，在 Front(前)视图中单击并拖动鼠标，绘制一条新的曲线，这条曲线并不是独立的二维图形，而是要编辑样条曲线物体的一部分，如图 4.48 所示。

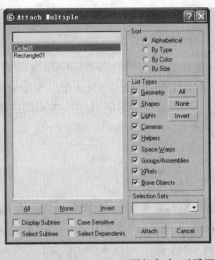

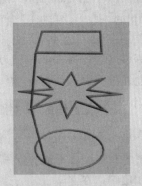

图 4.47　Attach Multiple(附加多个)对话框　　　　图 4.48　创建曲线

实例 3：使用 Cross Section(横截面)创建各形状间的连线

(1) 在 Top(顶)视图中绘制 3 个大小不同的矩形，移动矩形，使它们在 Z 轴上有一定的距离，如图 4.49 所示。

(2) 右击其中的一个矩形，在弹出的快捷菜单中选择 Convert To(转化为)| Convert to Editable Spline(转化为可编辑样条曲线)命令。

(3) 转化为可编辑样条曲线后，在修改命令面板 Geometry 卷展栏中单击 Attach(附加)按钮，单击各个矩形，将它们合并。

(4) 单击 Cross Section(横截面)按钮，可在横截面形状外面创建样条曲线框架。单击三维捕捉按钮，在打开的 Grid and Snap Setting(栅格和捕捉设置)对话框中选中 Vertex(顶点)选项。

(5) 单击 Cross Section(横截面)按钮，分别单击 3 个矩形相对应的顶点，此时将创建连接各顶点的样条曲线，再右击鼠标，结束横截面操作。创建效果如图 4.50 所示。

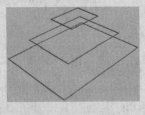

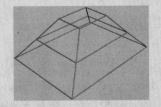

图 4.49　绘制矩形　　　　　　　　　图 4.50　横截面

4.2.5　编辑曲线次物体

1. 编辑 Vertex(顶点)

单击修改器堆栈中主物体 Edit Spline 左侧的"＋"号，展开它的次级物体列表，可以对 Vertex(顶点)次级物体进行许多编辑操作。

首先创建可编辑样条曲线物体。在前视图中绘制一个圆和一个矩形。选择圆，单击 (修改)按钮，打开修改命令面板，单击 Modifier List(修改器列表)下拉列表框右侧的下三角按钮 ，在打开的下拉列表中选择 Edit Spline(编辑样条曲线)选项，将圆转化为可编辑的样条曲线。用同样的方法将矩形也转化为可编辑的样条曲线。选择 Front(前)视图中的样条曲线物体——圆，在修改命令面板中的 Selection(选择)卷展栏下，单击下面的 (顶点)按钮，进入 Vertex(顶点)编辑状态。也可以打开修改器堆栈中 Edit Spline 左侧的“+”号，从中选择 Vertex(顶点)，同样可以进入 Vertex(顶点)编辑状态，如图 4.51 所示。

顶点的编辑操作主要有以下几种。

1)　Break(打断)顶点

在 Front(前)视图中选择曲线的一个顶点，在修改命令面板中的 Geometry(几何体)卷展栏中，单击 Break(打断)按钮，即可将该点打断。此时使用移动工具移开点的位置，可以观察到打断后的点分成了两个点，如图 4.52 所示。

图 4.51　顶点编辑状态

图 4.52　打断顶点

2)　Refine(优化)增加顶点

在 Geometry(几何体)卷展栏中单击 Refine(优化)按钮，在 Front(前)视图中的样条曲线的弧线处单击，观察到曲线被加入了一个新的顶点，但曲线的形状没有发生改变，如图 4.53 所示。

3)　Weld(焊接)顶点

在 Front(前)视图中选择曲线刚才打断的两个点，利用移动工具使这两个点靠近，Geometry(几何体)卷展栏中的 Weld(焊接)按钮右侧的微调框中输入焊接范围值，单击 Weld(焊接)按钮，此时两个点焊接在一起，如图 4.54 所示。

4)　Connect(连接)顶点

撤销上一步的焊接操作，保持曲线的两个顶点处于断开状态，在 Geometry(几何体)卷展栏中，单击 Connect(连接)按钮后再单击曲线上的一个断点，将其拖动到另一个断点上，松开鼠标，此时两个断开的点就连接在一起了，如图 4.55 右图所示。

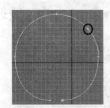 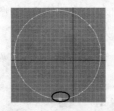 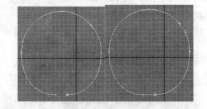

图 4.53　添加顶点　　　　图 4.54　焊接顶点　　　　图 4.55　连接顶点

5)　Fillet(圆角)对顶点进行倒圆角

选择视图中的矩形，打开修改器堆栈中 Edit Spline 左侧的“+”号，从中选择 Vertex(顶点)，进入 Vertex(顶点)编辑状态。在修改命令面板中的 Geometry(几何体)卷展栏中，单击

Fillet(圆角)按钮，然后单击矩形的一个顶点并拖动，即可创建如图 4.56 所示的圆角效果。右击鼠标结束此操作(再次单击 Fillet(圆角)按钮，也可以结束操作)。

　　Fillet(圆角)按钮右侧的微调框是调整圆角效果的，用户可以先选择一个顶点，然后单击 Fillet(圆角)按钮后，调节其数值来确定圆角效果。

　　6)　Chamfer(切角)对顶点进行倒角

　　在修改命令面板中的 Geometry(几何体)卷展栏中，单击 Chamfer(切角)按钮，拖动矩形的另一个顶点，此时矩形产生的倒角效果如图 4.57 所示。同样，Chamfer(切角)按钮右侧的微调框是调整圆角效果的，用户可以先选择一个顶点，然后单击 Chamfer(切角)按钮，调节数值来确定倒角效果。

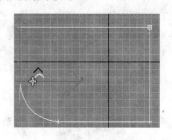
图 4.56　圆角

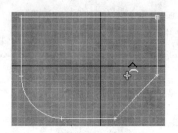
图 4.57　切角

2. 编辑 Segment(线段)

　　创建一条曲线，并将它转化为可编辑样条曲线，单击修改器堆栈中主物体 Editable Spline 左侧的"+"号，展开它的次级物体列表，可以对 Segment(线段)次级物体进行操作。

　　首先创建可编辑样条曲线物体。在前视图中绘制一个矩形，选择矩形，单击 (修改)按钮，打开修改命令面板，单击 Modifier List(修改器列表)下拉列表框右侧的下三角形按钮 ，在打开的下拉列表中选择 Edit Spline(编辑样条曲线)选项，将矩形转化为可编辑的样条曲线。选择 Front(前)视图中的样条曲线物体——矩形，在修改命令面板中的 Selection(选择)卷展栏中，单击 (线段)按钮，进入 Segment(线段)编辑状态。用户也可以打开修改器堆栈中 Editable Spline 左侧的"+"号，从中选择 Segment(线段)，同样可以进入 Segment(线段)编辑状态，如图 4.58 所示。

　　对线段的常用编辑操作主要有以下几种。

　　1)　Divide(拆分)线段

　　在视图中单击矩形的一条边，在修改命令面板的 Geometry(几何体)卷展栏中的 Divide(拆分)按钮右侧的微调框中输入想要加入点的数值 3，如图 4.59 所示。单击 Divide(拆分)按钮，此时 1 条线段被等分成 4 条线段，如图 4.60 所示。

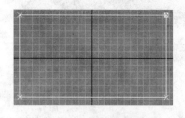
图 4.58　线段编辑状态

图 4.59　设置拆分线段数

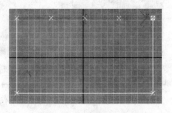
图 4.60　拆分线段

高职高专立体化教材　计算机系列

2) Delete(删除)线段

在矩形中选择一条线段，在修改命令面板中的 Geometry 卷展栏中，单击 Delete(删除)按钮后，该线段从物体中消失，如图 4.61 所示。

3) Detach(分离)线段

在前视图中选择矩形下方的线段后，在修改命令面板中的 Geometry 卷展栏中，单击 Detach(分离)按钮，此时打开一个对话框，从中设置分离出去的曲线名称，单击 OK 按钮，此时视图中被选择的线段分离出去成为独立的物体，但分离出的曲线位置不会发生改变，使用移动工具可以将其移开，如图 4.62 所示。

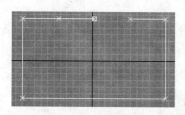　　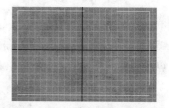

图 4.61　删除线段　　　　　　　　　　图 4.62　分离线段

3. 编辑 Spline(样条曲线)

创建一条曲线，将它转化为可编辑样条曲线后，单击修改器堆栈中 Editable Spline 左侧的 "+" 号，展开它的次级物体列表，可对其 Spline(样条曲线)次级物体进行编辑操作。

首先创建可编辑样条曲线物体。在前视图中绘制一个矩形和一个圆形。选择矩形，单击 (修改)按钮，打开修改命令面板，单击 Modifier List(修改器列表)下拉列表框右侧的下三角形按钮 ，在打开的下拉列表中选择 Edit Spline(编辑样条曲线)选项，将矩形转化为可编辑的样条曲线。

对样条曲线的常用编辑操作主要有以下几种。

1) 对曲线进行布尔运算

(1) 选择 Front(前)视图中的样条曲线物体——矩形，单击 (修改)按钮，在 Geometry 卷展栏中单击 Attach(附加)按钮后，在视图中单击圆，此时圆与矩形组成一个整体样条曲线。

(2) 在修改命令面板下的 Selection 卷展栏中，单击 (样条曲线)按钮，进入 Spline(样条曲线)次物体编辑状态，如图 4.63 所示。

(3) 选择 Front(前)视图中的矩形样条曲线，并在修改命令面板的 Geometry 卷展栏中单击 Boolean(布尔)按钮右侧的 "并运算" 按钮，可选定布尔的 "并运算" 类型，布尔 "并"、"差"、"交" 运算的三种按钮如图 4.64 所示。

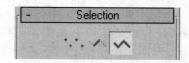　　　　　　　

图 4.63　编辑样条曲线　　　　　　　　图 4.64　布尔运算按钮

(4) 移动鼠标到圆上，鼠标指针变为 "并运算" 标志，此时单击圆，执行布尔并集运算，结果如图 4.65 右图所示。

(5) 单击工具栏中的 (撤销)按钮，撤销刚才布尔并集运算操作结果。选择 Front(前)

视图中的矩形样条曲线，并单击 Boolean(布尔)按钮右侧的"差运算"按钮，选定布尔差集运算类型。单击圆，执行布尔差集运算，结果如图 4.66 所示。

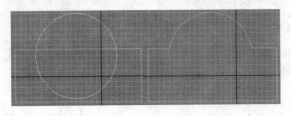

图 4.65 并运算　　　　　　　　　　　图 4.66 差运算

(6) 单击工具栏中的⟲(撤销)按钮，撤销刚才布尔差集运算操作结果。选择 Front(前)视图中的矩形样条曲线，并单击 Boolean(布尔)按钮右侧的"相交运算"按钮，即选定了布尔相交运算类型。单击圆，执行布尔相交运算，结果如图 4.67 所示。

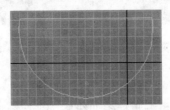

图 4.67 交运算

二维图形的 3 种布尔运算的含义如下。

● 并集：将两个重叠的样条曲线组合成一个样条曲线。其中，重叠的部分被删除，保留两个样条曲线不重叠的部分，构成一个样条曲线。
● 差集：将第一个样条曲线减去与第二个样条曲线重叠的部分，并删除第二个样条曲线。
● 相交：仅保留两个样条曲线的重叠部分，删除两者的不重叠部分。

2) 显示顶点编号和制作样条曲线的轮廓线

(1) 按上面的布尔"并运算"制作矩形和圆的并集。选择样条曲线，单击 ⦿(修改)按钮，在修改命令面板下的 Selection 卷展栏中，单击 ⌒(样条曲线)按钮，进入 Spline(样条曲线)编辑状态。

(2) 在 Selection(选择)卷展栏中，选中 Show Vertex Numbers(显示顶点编号)复选框，此时曲线的各顶点旁边会显示顶点编号，如图 4.68 所示。

(3) 选择样条曲线后，在 Geometry 卷展栏中，单击 Reverse(反转)按钮，此时观察视图中的顶点序号顺序被反转，如图 4.69 所示，也就是所选样条曲线的方向被反转了。

(4) 取消选中显示顶点编号复选框。单击 Outline(轮廓)按钮，在视图中单击样条曲线后，拖动鼠标到视图中的适当位置，松开鼠标，此时视图中的曲线加了一个轮廓勾边，如图 4.70 所示。

(5) 再次单击 Outline(轮廓)按钮，取消轮廓勾边命令。使用 Outline(轮廓)按钮，可以为样条曲线组成的图形创建相似图形。

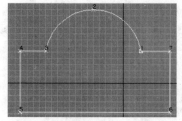

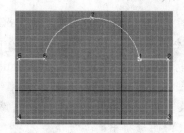

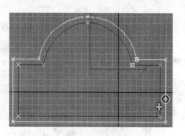

图 4.68　显示顶点编号　　　　图 4.69　反转顶点编号　　　　图 4.70　创建轮廓线

3)　对曲线进行镜像复制

(1)　将前面制作的轮廓线删除。选择全部样条曲线，选中 Geometry 卷展栏中的 Copy 复选框，在 Mirror(镜像)按钮右侧单击垂直镜像按钮 ，再单击 Mirror(镜像)按钮，此时产生一个镜像的复制品，如图 4.71 所示。

(2)　此时复制品的中心点与原曲线相重叠，使用移动工具按钮，改变复制品的位置，如图 4.72 所示。

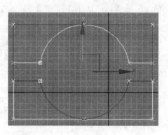

图 4.71　镜像复制　　　　　　　图 4.72　移动图形

如果同时选中以轴为中心复选框，镜像将以样条曲线对象的轴心点为中心镜像样条曲线。而不选中该复选框，将以几何体的中心作为中心点来镜像样条曲线。 按钮是进行水平镜像操作， 按钮是进行垂直镜像操作， 按钮是进行对角镜像操作。

4.3　从二维图形到三维模型的转变

4.3.1　Extrude(挤出)修改器

Extrude(挤出)修改器是将二维图形按某个坐标轴的方向进行拉伸挤压，使二维图形产生厚度，还可以沿着挤出方向给它指定段数，如果二维图形是封闭的，可以指定挤出对象的顶面和底面是否封口，快速地生成三维造型。下面通过实例学习 Extrude(挤出)修改器的使用方法。

实例 4：二维图形使用 Extrude(挤出)修改器生成三维模型

(1)　单击 (创建)按钮，在打开的创建命令面板中单击 (图标)按钮，打开图形创建面板，单击 Line(线)按钮，在顶视图中绘制一个机器零件的图形。单击 Circle(圆)按钮，在顶视图中创建一个圆，作为机器零件上的孔，机器零件截面图如图 4.73 所示。

(2)　选择机器零件图形，单击 (修改)按钮，打开修改命令面板，在修改命令面板中单击 Attach (附加)按钮, 再单击圆形, 将圆和机器零件图形合为一体。

(3) 在修改命令面板中单击 Modifier List(修改器列表)下拉列表框右侧的下三角按钮 ▼, 在打开的下拉列表中, 选择 Extrude(挤出)选项, 在 Parameters 卷展栏中, 将 Amount(拉伸值)设置为 80, 挤出后的效果如图 4.74 所示。

在命令面板中 Extrude 修改器的参数如图 4.75 所示, 各参数的含义如下。

- Amount(数量): 设置二维图形挤出的高度值。
- Segments(段数): 设置挤出的段数。提高段数, 有利于为该物体添加弯曲、扭曲、噪波等变形修改器, 从而进一步编辑物体形状。
- Capping(封口)选项组: 设置是否为三维物体两端加覆盖面。选中 Cap Start(顶盖)和 Cap End(底盖)两个复选框, 生成的三维物体两端加覆盖面。选项组下端 Morph(变形)和 Grid(网格)两个选项, 用来设置盖的类型。选择 Morph(变形)单选按钮, 不处理表面, 更适合进行变形操作, 制作变形动画。选中 Grid(网格)单选按钮, 进行表面网格处理, 产生的渲染效果要优于 Morph(变形)。
- Output(输出)选项组: 设置生成三维物体的类型。Patch(面片物体)、Mesh(网格物体)、NURBS(曲面物体)。
- Generate Mapping Coords(指定贴图坐标): 选中此复选框, 系统将为物体设置内部坐标。
- Generate Material IDs(指定材质 ID 号): 选中此复选框, 指定物体的材质通道 ID 号。
- Use Shape IDs(使用曲线 ID 号): 选中此复选框, 生成的三维物体使用曲线的 ID 值。
- Smooth(光滑): 选中此复选框, 将对生成的三维物体进行光滑处理。

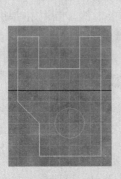

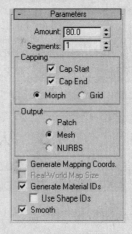

图 4.73　机器零件截面图　　　图 4.74　挤出三维模型　　　图 4.75　Extrude 修改器的参数

4.3.2　Lathe(车削)修改器

Lathe(车削)修改器适用于创建中心轴对称的物体, 例如花瓶、机器零件等。使用 Lathe(车削)修改器创建三维模型, 应先绘制一个半轴剖面, 再指定旋转轴的位置, 使它按正确的坐标轴旋转, 然后使用 Lathe(车削)修改器即可生成立体模型。用户也可以指定旋转的角度, 创建不完整的旋转物体。

下面利用 Lathe(车削)修改器, 使二维图形旋转产生三维模型。

实例 5：利用 Lathe(车削)修改器生成三维模型

(1)　单击 ▶(创建)按钮，在打开的创建命令面板中单击 ⚬(图形)按钮，打开图形创建面板，单击 Line(线)按钮，在顶视图中绘制一个机器零件的图形。单击 Circle(圆)按钮，在顶视图中创建一个圆，作为机器零件上的孔，机器零件截面图如图 4.76 所示。

(2)　选择机器零件图形，在修改命令面板中单击 Attach (附加)按钮，再到视图中单击圆形，将两个图形合并为一体。

(3)　单击 ⚘(层级)按钮，在层级面板中单击 Pivot(轴心)按钮，此时在 Adjust Pivot(调整轴心)卷展栏中单击 Affect Pivot Only(仅影响轴心点)按钮，如图 4.77 所示。

图 4.76　机器零件截面图

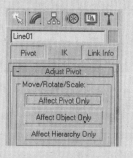

图 4.77　层级面板

(4)　此时视图中显示出轴心点，使用移动工具将轴心调整至如图 4.78 所示的位置。再次单击 Affect Pivot Only(仅影响轴心点)按钮，取消对轴心的操作。

(5)　单击 ⚙(修改)按钮，在修改命令面板中，单击 Modifier List(修改器列表)下拉列表框右侧的下三角按钮 ▼，在打开的下拉列表中，选择 Lathe(车削)选项，旋转二维图形得到如图 4.79 所示的效果。

(6)　在 Lathe 的参数卷展栏中将 Degrees(角度)值修改为 210，此时二维图形将旋转成机器零件的剖面图，效果如图 4.80 所示。

图 4.78　调整轴心

图 4.79　车削创建三维模型

图 4.80　机器零件剖面图

命令面板中 Lathe(车削)修改器的参数有一部分是通用参数，与 Extrude(挤出)修改器的参数作用相同，它所特有的几个参数如图 4.81 和图 4.82 所示。参数的含义如下。

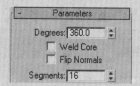

图 4.81　参数卷展栏

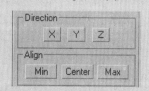

图 4.82　方向和对齐选项组

- Degrees(角度): 设置旋转成形的角度, 默认值是 360°的完整环形, 如果设置小于 360°, 创建的截面是扇形。
- Weld Core(焊接核心): 将轴心重合的顶点合并为一个顶点。
- Flip Normals (反转法线): 将模型表面的法线反向。当旋转后的模型看不到表面时, 就有可能是法线方向的错误, 可以使用这个功能纠正。
- Segments(分段数): 旋转圆周上的片段数。分段数的值越高, 模型越光滑。
- Direction(方向)选项组: 设置旋转中心轴的对齐方式。
- Align(对齐)选项组: 下面有 3 个按钮, 用来设置图形与中心轴的对齐方式。不同的对齐方式产生不同的旋转效果。
  - Min(最小): 将曲线内边界与中心轴对齐。
  - Center(中心):将曲线中心与中心轴对齐。
  - Max(最大): 将曲线外边界与中心轴对齐。

4.3.3　Bevel(倒角)修改器

Bevel(倒角)修改器是用来制作倒角的工具, 它与 Extrude(挤出)修改器相类似, 但它比 Extrude(挤出)修改器产生的边缘更富于变化, 功能更强大。它除了沿着对象的局部坐标系的 Z 轴拉伸对象生成三维模型外, 还使拉伸对象在拉伸过程中产生 3 段, 从而可以分 3 个层次调整截面的大小, 使边界产生直线或圆形倒角, 一般用来制作立体文字, 在文字的边缘产生倒角效果。

下面通过实例来了解 Bevel(倒角)修改器 3 个层次截面调整的方法。

实例 6: 利用 Bevel(倒角)修改器生成三维模型

(1) 单击 (创建)按钮, 在打开的创建命令面板中单击 (图标)按钮, 打开图形创建面板, 单击 Rectangle(矩形)按钮, 在顶视图中绘制一个矩形。单击 (修改)按钮, 在修改命令面板中, 按照如图 4.83(a)所示设置矩形的参数, 得到一个圆角矩形, 如图 4.83(b)所示。

(a)　　　　　　　　(b)

图 4.83　　圆角矩形

(2) 在修改命令面板中, 单击 Modifier List(修改器列表)下拉列表框右侧的下三角按钮, 在打开的下拉列表中, 选择 Bevel(倒角)选项, 在修改器命令面板中的 Bevel Values(倒角值)卷展栏中, 设置 Level 1(级别 1)的 Height(高度)为 20, Outline(轮廓)为 5, 倒角效果如图 4.84 所示。

(3) 设置 Level 2(级别 2)的 Height(高度)为 30, Outline(轮廓)为 0, 倒角效果如图 4.85 所示。

(4) 设置 Level 3(级别 3)的 Height(高度)为-45, Outline(轮廓)为-5, 倒角效果如图 4.86

所示。

(5) 在 Parameters(参数)卷展栏的 Surface(曲面)选项组中,设置 Segments(分段数)为 6,倒角物体的高度分段数增加了。选中 Smooth Across Levels(级间平滑)复选框,不同层级之间平滑地过渡,曲面更光滑了,效果如图 4.87 所示。

图 4.84　倒角级别 1　　图 4.85　倒角级别 2　　图 4.86　倒角级别 3　　图 4.87　级间平滑

在修改命令面板中 Bevel(倒角)修改器特有的参数如图 4.88 所示。

 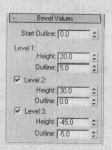

图 4.88　倒角修改器参数栏

各参数含义如下。

- Linear Sides(线性边): 设置倒角的分段以直线方式划分。
- Curved Sides(弧形边): 设置倒角的分段以弧形方式划分。
- Segments(分段数): 设置倒角的分段数。

  对圆角矩形进行倒角,Level 1(级别 1)的 Height(高度)为 20,Outline(轮廓)为 5;Level 2(级别 2)的 Height(高度)为 30,Outline(轮廓)为 0;Level 3(级别 3)的 Height(高度)为 20,Outline(轮廓)为 -5。如图 4.89 所示,左侧图形为选择线性边时前视图中的截面;右侧图形为选择弧形边时前视图中的截面。当选择倒角为弧形边时,提高 Segments(分段数),才会使弧形边更光滑。

- Smooth Across Levels(平滑交叉面): 对倒角进行光滑处理,但总保持 Capping(封口)不被处理。如图 4.90 所示两个三维物体都是选择了 Linear Sides(线性边)倒角,右面的文字物体没有选中 Smooth Across Levels(平滑交叉面)复选框,左面的文字物体选中了 Smooth Across Levels(平滑交叉面)复选框,可比较 Smooth Across Levels(平滑交叉面)选项对倒角表面处理的效果。

- Generate Mapping Coords(产生贴图坐标): 选中此复选框,系统将为物体设置内部坐标。

- Keep Lines From Crossing(保留交叉线): 选中此复选框,防止物体的折角超出边界产生错误的变形。

- Separation(间隔): 设置两个边界线之间的距离,能够防止物体的折角超出边界。

- Start Outline(开始轮廓): 设置原始二维图形的轮廓大小。值为 0 时,根据原始二维图形的大小进行倒角制作；值大于 0 时，倒角模型大于原始图形；值小于 0 时，倒角模型小于原始图形。

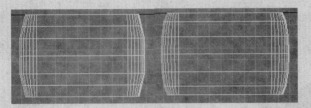

图 4.89　表面设置　　　　　图 4.90　平滑交叉面的影响

- Level 1(级别 1)、Level 2(级别 2)、Level 3(级别 3)：分 3 个层级进行 Height(高度)和 Outline(轮廓)的大小设置。Outline(轮廓)值大于 0 时，表面向外扩张，Outline(轮廓)值小于 0 时，表面向内收缩。只有选中 Level 2(级别 2)、Level 3(级别 3)复选框时，这两个级别的设置才有效。

实例 7：创建 Bevel(倒角)文字

(1)　单击 (创建)按钮，在打开的创建命令面板中单击 (图形)按钮，打开图形创建面板，单击 Text(文字)按钮，在创建面板的文字框中输入"Love"，在前视图中单击鼠标，创建一个文字物体，如图 4.91 所示。

(2)　单击 (修改)按钮，在修改命令面板中，单击下拉列表框右侧的下三角按钮 ，在打开的下拉列表中选择 Bevel(倒角)选项，为选择物体添加 Bevel(倒角)修改器。在修改命令面板参数栏中，如图 4.92 所示设置 Bevel Values(倒角值)，文字倒角的最终效果如图 4.93所示。

(3)　在修改命令面板参数栏中，选中 Curved Sides(曲线边)单选按钮，并修改下面Segments(分段)数值为 10，文字物体的厚度呈弧状造型，如图 4.94 所示。

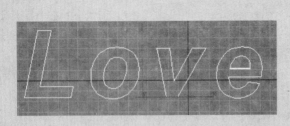

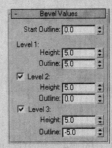

图 4.91　创建文字　　　　　　　　图 4.92　设置文字倒角参数

图 4.93　文字倒角效果　　　　图 4.94　曲线边

4.4 实　　例

1. 实例一

(1) 单击 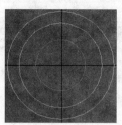(创建)按钮，在打开的创建命令面板中单击 (图形)按钮，打开图形创建面板，单击 Circle(圆)按钮，在顶视图中创建 3 个圆，半径分别为：15、25 和 32。使用对齐工具 ，将它们中心对齐，如图 4.95 所示。

(2) 单击 Line(线)按钮，在顶视图中绘制一条水平直线，使用对齐工具 ，与圆形的中心对齐使它通过圆心，如图 4.96 所示。

(3) 单击二维捕捉按钮 ，并右击鼠标，在打开的 Grid and Snap Settings(栅格和捕捉设置)对话框中选中 Pivot(轴心)复选框，如图 4.97 所示。

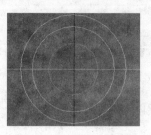

图 4.95　创建圆形　　　　　图 4.96　创建水平直线　　　　图 4.97　栅格和捕捉设置

(4) 单击 Line(线)按钮，从圆心位置开始，在顶视图中绘制一条竖直直线，如图 4.98 所示。

(5) 选中竖直直线，单击 (层次)按钮，在打开的层次命令面板中单击 Affect Pivot Only(仅影响轴)按钮，使用对齐工具 ，将竖直直线的轴心与小圆的圆心对齐，如图 4.99 所示。

(6) 继续对竖直直线进行编辑。再次单击 Affect Pivot Only(仅影响轴)按钮，取消对轴心的编辑，单击 (角度捕捉)按钮，再单击 (旋转)按钮，将竖直直线顺时针旋转 45°，如图 4.100 所示。

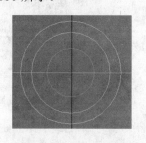

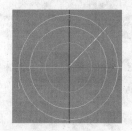

图 4.98　创建竖直直线　　　　图 4.99　对齐　　　　　图 4.100　旋转直线

(7) 单击 (图形)按钮，打开图形创建面板，单击 Rectangle(矩形)按钮，在顶视图中创建一个矩形，如图 4.101 所示。

(8) 单击 Circle(圆)按钮,在顶视图中绘制一个半径为 3 的圆,并将其中心与矩形的左边中心对齐,如图 4.102 所示。

(9) 右击矩形,在弹出的快捷菜单中选择 Convert to (转化为)| Convert to Editable Spline(转化为可编辑的样条曲线)命令。选择矩形,在修改命令面板中单击 Attach(附加)按钮,再单击小圆,将小圆和矩形合为一体。

(10) 单击修改器堆栈中的"+"号,进入次物体层级,选择 Spline(样条曲线)次物体,单击矩形,在修改命令面板中找到 Boolean(布尔运算)按钮,在保证 ⊘ (并运算)按钮处于选中状态的情况下,按下 Boolean(布尔运算)按钮,然后在视图中单击小圆,两个图形进行了布尔并运算,图形如图 4.103 所示。在修改命令面板中,将合并后的图形名称修改为"布尔 01"。

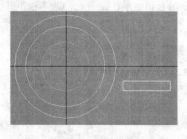  

图 4.101 创建矩形　　　　图 4.102 绘制图形　　　　图 4.103 布尔并运算

(11) 选中布尔 01 图形,使用对齐工具 ◈ ,将其与水平直线在 Y 方向上对齐,水平方向使小圆的圆心与圆和直线的交点对齐,如图 4.104 所示。

(12) 选中布尔 01 图形,单击 ♨ (层级)按钮,在打开的层级命令面板中单击 Affect Pivot Only(仅影响轴)按钮,使用对齐工具 ◈ ,将直线的轴心与三个大圆的圆心对齐,如图 4.105 所示。

(13) 再次单击 Affect Pivot Only(仅影响轴)按钮,取消对轴心的编辑,单击 △ (角度捕捉)按钮,单击 ✛ (旋转)按钮,按住 Shift 键,将布尔 01 图形顺时针旋转 60°,在打开的 Clone Option(克隆选项)对话框中输入数量为 5,将布尔 01 图形旋转复制 5 个,如图 4.106 所示。系统将自动为复制出的图形命名为"布尔 02"、"布尔 03"、……、"布尔 06"。

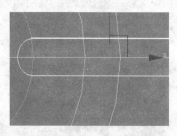 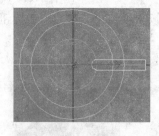 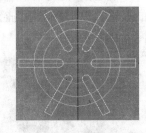

图 4.104 对齐图形　　　　图 4.105 移动轴心　　　　图 4.106 旋转复制

(14) 单击 Circle(圆)按钮,以最大的圆形和 45°处直线的交点为圆心,在顶视图中绘制一个半径为 10 的圆,如图 4.107 所示。

(15) 选中刚绘制的圆,单击 ♨ (层级)按钮,在打开的层级命令面板中单击 Affect Pivot Ohly(仅影响轴)按钮,使用对齐工具 ◈ ,将其轴心与三个大圆的圆心对齐,如图 4.108 所示。

高职高专立体化教材　计算机系列

(16) 再次单击 Affect Pivot Ohly(仅影响轴)按钮，取消对轴心的编辑，单击 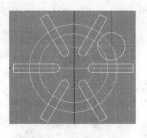(角度捕捉)按钮，再单击 (旋转)按钮，按住 Shift 键，将圆顺时针旋转 60°，在打开的 Clone Option(克隆选项)对话框中输入数量为 5，将圆旋转复制 5 个，如图 4.109 所示。

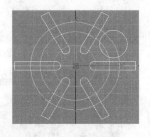
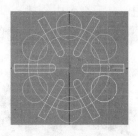

图 4.107　创建圆形　　　　　图 4.108　移动轴心　　　　　图 4.109　旋转复制

(17) 删除辅助线，如图 4.110 所示。

(18) 选中中间的大圆，单击鼠标右键，在弹出的快捷菜单中选择 Convert to (转化为)| Convert to Editable Spline(转化为可编辑的样条曲线)命令。选中大圆，在修改命令面板中单击 Attach(附加)按钮，再依次单击小圆和布尔图形，将它们合并为一个物体。

(19) 单击修改器堆栈中的 "+" 号，进入次物体层级，选择 Spline(样条曲线)次物体，单击布尔图形，在修改命令面板中找到 Boolean(布尔运算)按钮，在保证 (差运算)按钮处于选中状态的情况下，单击 Boolean(布尔运算)按钮，然后在视图中依次单击小圆和布尔 01～布尔 06 图形，进行布尔并运算，将小圆和布尔减去，布尔运算之后得到的图形如图 4.111 所示。

(20) 选中图形，单击 按钮，打开修改命令面板，在 Modifier List(修改器列表)下拉列表框中选择 Extrude(挤出)修改器，设置挤出数量为 20，得到的三维物体如图 4.112 所示。

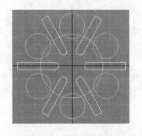
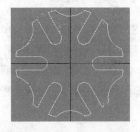

图 4.110　删除辅助线　　　　　图 4.111　布尔差运算　　　　　图 4.112　挤出三维模型

2. 实例二

(1) 单击 (创建)按钮，在打开的创建命令面板中单击 (图形)按钮，打开图形创建面板，单击 Rectangle(矩形)按钮，创建矩形。打开 Keyboard Entry(键盘输入)卷展栏，输入 Length(长度)为 42，Width(宽度)为 28，设置 X/Y/Z 坐标为(0，0，0)，单击 Create(创建)按钮，在顶视图中创建一个矩形，如图 4.113 所示。

(2) 在矩形上单击鼠标右键，在弹出的快捷菜单中选择 Convert to (转化为)| Convert to Editable Spline(转化为可编辑的样条曲线)命令。单击 按钮，打开修改命令面板，单击 (顶点)按钮，进入顶点次物体层级，选择矩形左侧两个顶点，在修改命令面板中 Fillet(倒圆角)按钮右边的微调框中输入 4.0，单击 Fillet(倒圆角)按钮，即以 4.0 为半径对所选择的两个顶

点进行倒角，效果如图 4.114 所示。

(3) 在图形创建面板中，单击 Circle(圆)按钮，创建圆形。打开 Keyboard Entry(键盘输入)卷展栏，输入 Radius(半径)为 6.5，设置 X/Y/Z 坐标为(-4, 11, 0)，单击 Create(创建)按钮，在顶视图中创建一个圆形，修改 X/Y/Z 坐标为(-4, -11, 0)，单击 Create(创建)按钮，在顶视图中再创建一个圆形，如图 4.115 所示。

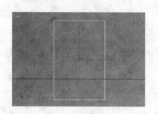
图 4.113　创建矩形

图 4.114　倒圆角

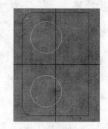
图 4.115　创建截面图

(4) 选中矩形，在修改命令面板中单击 Attach(附加)按钮，在视图中分别单击两个圆形，将三个图形合并为一体。单击 Modifier List(修改器列表)下拉列表框右侧的下三角按钮 ▼，在打开的下拉列表中选择 Extrude(挤出)选项，在 Parameters 卷展栏中，将 Amount(数量)设置为 7，生成的三维模型如图 4.116 所示。

(5) 单击 (创建)按钮，在打开的创建命令面板中单击 (图形)按钮，打开图形创建面板，单击 Line(线)按钮，创建图形。激活前视图，打开 Keyboard Entry(键盘输入)卷展栏，设置 X/Y/Z 坐标为(0, 0, 0)，单击 Add Point(增加顶点)按钮，在前视图中创建一个顶点，修改 X/Y/Z 坐标为(6, 0, 0)，单击 Add Point(增加点)按钮，创建一条直线。用同样的方法增加顶点，顶点坐标分别为(6, 23, 0)、(20, 23, 0)、(20, 29, 0)、(0, 29, 0)，单击 Close(闭合)按钮，使曲线闭合，如图 4.117 所示。

(6) 选择图形，单击 按钮，打开修改命令面板，单击 (顶点)按钮，进入顶点次物体层级，选择第二行左侧的顶点，在 Fillet(倒圆角)按钮右边的微调框中输入 4.0，单击 Fillet(倒圆角)按钮，即以 4.0 为半径对这个顶点进行倒角；选择第一行左侧的顶点，在 Fillet(倒圆角)按钮右边的微调框中输入 8.0，单击 Fill(倒圆角)按钮，对其进行倒角，效果如图 4.118 所示。

图 4.116　挤出三维模型一

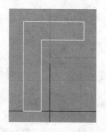
图 4.117　创建图形

图 4.118　倒角

(7) 单击 Modifier List(修改器列表)下拉列表框右侧的下三角按钮 ▼，在打开的下拉列表框中选择 Extrude(挤出)选项，在 Parameters 卷展栏中，将 Amount(数量)设置为 22，挤出后生成的三维模型如图 4.119 所示。

(8) 选择第二个三维模型，使用对齐工具 ，将其与第一个三维模型进行对齐，如图 4.120 所示。

(9) 选择第一个三维模型，单击 (创建)按钮，在打开的创建命令面板中单击 (图形)按钮，打开创建图形面板，单击下拉列表框右侧的下三角按钮 ，在打开的下拉列表中选择 Compound Object(复合物体)选项，单击 Boolean(布尔)按钮，在 Operation(操作)选项组中选择 Union(并运算)选项，单击 Pick Operand B(拾取操作对象 B)按钮，在视图中单击第二个三维模型，生成的模型如图 4.121 所示。

(10) 单击 (创建)按钮，在打开的创建命令面板中单击 (图形)按钮，打开图形创建面板，单击 Tube(圆管)按钮，在顶视图中创建一个圆管，内、外半径分别为 6.5 和 12。单击 Cylinder(圆柱)按钮，在顶视图中创建一个圆柱，半径为 6.5。将它们移动到如图 4.122 所示的位置。

图 4.119 挤出三维模型二　图 4.120 移动部件　　图 4.121 并运算　　图 4.122 创建部件

(11) 选择复合物体，单击 (创建)按钮，在打开的创建命令面板中单击 (图形)按钮，打开创建图形面板，单击下拉列表框中右侧的下三角按钮 ，在打开的下拉列表中选择 Compound Object(复合物体)选项，单击 Boolean(布尔)按钮，在 Operation(操作)选项组中选择 Subtraction(A-B)(差运算)选项，单击 Pick Operand B (拾取操作对象 B)按钮，在视图中单击圆柱。在视图中单击，结束此次布尔运算，再单击 Boolean(布尔)按钮，在 Operation(操作)选项组中选择 Union(并运算)选项，单击 Pick Operand B(拾取操作对象 B)按钮，在视图中单击圆管。生成的机器零件模型如图 4.123 所示。

图 4.123 生成机器零件

4.5 小　结

本章主要学习了 3ds Max 8 中基本二维图形的创建方法和创建过程，如何通过参数面板调节二维图形，二维图形的编辑方法，以及 3ds Max 8 中，将二维图形转化为三维模型的常用修改器的使用方法。其中 Extrude(挤出)修改器可以很容易地将一个平面图形立体化，

Lathe(车削)修改器经常用来创建对称性比较强的模型，而创建文字的立体效果则是通过倒角修改器来实现的。通过本章的学习，读者可以很方便地使用将二维图形转化为三维模型的方法，创建一些规则的或具有对称性的模型。

4.6 习　题

1. 利用 Extrude(挤出)修改器，将二维图形转化为三维模型，二维图形和三维模型如图 4.124 所示。

2. 利用 Lathe(车削)修改器，通过二维图形创建如图 4.125 所示的三维模型。

图 4.124　第 1 题中的模型　　　　　　　　图 4.125　第 2 题中的模型

第 5 章　3ds Max 8 修改器

【本章要点】

修改器是对基本对象进行进一步加工制作的重要工具，通过本章的学习，可以了解修改器的基本原理，学习修改器的重要相关概念，初步认识和使用 3ds Max 8 的修改器，了解修改器面板中的参数设置，学习典型修改器的使用实例。

5.1　修改器堆栈及其管理

3ds Max 8 提供了几十个修改器，单击修改命令面板中 Modifier List(修改器列表)下拉列表框右侧的下三角按钮 ▼，就会显示修改器列表，在列表中可以选择需要的修改器。

修改器堆栈是管理所有修改器的关键场所。使用修改器堆栈可以对修改器执行以下操作和管理：

(1) 修改次物体。3ds Max 8 针对不同的修改器，设计了多种次物体。单击修改器堆栈左侧的"+"号，可以展开修改器堆栈的列表，从中可以选择需要编辑的次物体进行修改、编辑，从而创建出表面复杂的模型。例如 Edit Mesh(编辑网格)修改器的次物体有 Vertex(顶点)、Edge(边)、Face(面)、Polygon(多边形)、Element(元素)等。其他修改器还有 Segment(线段)、Spline(样条曲线)、Gizom(线框物体)以及 Center(中心)等次物体。Edit Mesh(编辑网格)修改器堆栈如图 5.1 所示。

在修改器堆栈下方有一组按钮，用来对修改器堆栈进行控制。

- Pin Stack(锁定堆栈)按钮：未单击锁定堆栈按钮时，修改命令面板中的修改器堆栈是随选择的对象改变而变化的，与选定对象相对应。单击锁定堆栈按钮后，修改命令面板中的修改器堆栈被锁定，不再随选择对象而变化。
- Show end result on / off toggle(显示最终结果)按钮：单击此按钮后，可以在视图内显示出所有修改器的影响结果。
- Remove modifier from the stack(删除修改器)按钮：单击此按钮，可删除当前选定的修改器，同时，物体上与此修改器相关的操作也都被撤销。
- Configure modifier sets(配置修改器集)按钮：单击此按钮，会打开配置修改器集列表，如图 5.2 所示。在该列表中，可以重新配置要显示在修改命令面板上的修改器。

其中，选中 Show Buttons(显示按钮)选项后，这一修改器集的所有修改器将以快捷按钮的形式显示在面板上。

在默认情况下，修改器列表是按照字母顺序排列的，若选中 Show All Sets in List(在列表中显示所有修改器集)选项，修改器将按照类型进行排列。

(2) 对同一个物体可以应用多个修改器，包括对一个物体多次应用同一个修改器。应用的所有修改器和物体的创建命令都按应用的顺序，由下往上排列在修改器堆栈中，如图 5.3 所示。在这个堆栈中可以随时选择已应用过的任意修改器，并继续调节其参数对物体进行该层次的修改，达到满意的效果后，再继续进行后一个层次修改器的修改。

图 5.1　Edit Mesh 修改器堆栈　　　图 5.2　配置修改器集列表　　　图 5.3　修改器堆栈

实例 1：对一个物体多次使用同一个修改器

(1) 单击命令面板中的 (创建)按钮，在打开的创建命令面板中单击 (几何体)按钮，打开创建几何体面板。单击 Box(长方体)按钮，在顶视图中创建一个 20mm×20mm×400mm 的长方体。

(2) 单击 (修改)按钮，在修改命令面板中，单击修改器列表下拉列表框右侧的下三角按钮 ，在打开的下拉列表中选择 Bend(弯曲)选项，为长方体添加弯曲修改器。在修改命令面板的参数栏中，按图 5.4 所示设置 Parameters(参数)卷展栏，长方体弯曲的效果如图 5.5 所示。

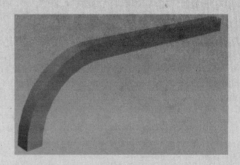

图 5.4　设置弯曲参数 1　　　　　　　图 5.5　长方体弯曲的效果 1

(3) 再次为选择物体添加弯曲修改器。在修改命令面板的参数栏中，按图 5.6 所示设置 Parameters(参数)卷展栏，长方体弯曲的效果如图 5.7 所示。

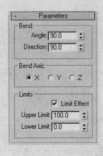

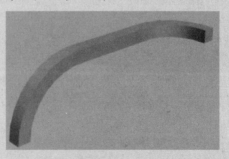

图 5.6　设置弯曲参数 2　　　　　　　图 5.7　长方体弯曲的效果 2

这就是两次使用弯曲修改器，对长方体的不同部分制作向不同的方向弯曲的效果。

(3) 修改命令在修改器堆栈中的排列可以改变。例如一个物体应用了多个修改命令，单击任意一个修改命令，可以上下拖动它的排列位置。修改命令的顺序改变后，也直接影响物体的编辑效果。需要注意的是，修改器不能拖至原始创建的物体的下面，因为修改器必须针对一个修改对象才能使用。

例如对一个球体添加 Taper(锥化)修改器和 Lattice(晶格)修改器。分别添加两个修改器时的效果如图 5.8 所示。

对球体同时使用两个修改器时，修改器作用的顺序会对修改效果产生影响。如图 5.9 所示左侧的球体，是先应用 Taper(锥化)修改器之后，再应用 Lattice(晶格)修改器；右侧的球体，是先应用 Lattice(晶格)修改器，后应用 Taper(锥化)修改器。堆栈中两个修改器的顺序颠倒后，效果产生的也不同。

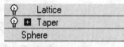

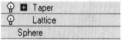

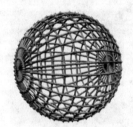

图 5.8　分别添加 Taper 修改器和 Lattice 修改器　　图 5.9　先后应用 Lattice 修改器和 Taper 修改器效果对比

(4) 在物体或物体集合之间可以对修改器进行复制、剪切和粘贴。

实例 2：复制修改器

单击命令面板中的 (创建)按钮，在打开的创建命令面板中单击 (几何体)按钮，打开创建几何体面板。在场景中创建一个圆柱体和一个长方体。

(1) 选中圆柱体，单击 (修改)按钮，在打开的修改命令面板中，单击修改器列表下拉列表框右侧的下三角按钮 ，在打开的下拉列表中选择 Taper(锥化)选项，为长方体添加锥化修改器。按图 5.10 所示设置锥化参数并得到相应的锥化效果。

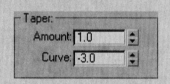

图 5.10　锥化参数和效果

(2) 选中锥化的圆柱体后，在修改器堆栈中单击 Taper(锥化)修改器，右击鼠标，在弹出的快捷菜单中，选择 Copy(复制)命令，如图 5.11 所示。

(3) 在场景中选中长方体，在它的修改器堆栈中单击物体类型名称，再右击鼠标，在弹出的快捷菜单中选择 Paste Instanced(粘贴实例)命令，此时长方体的修改器堆栈中添加了

Taper(锥化) 修改器，并且这个修改命令的参数与圆柱体的锥化参数相同，长方体锥化的效果如图 5.12 所示。长方体与圆柱体产生了同样的锥化效果。

图 5.11　快捷菜单

图 5.12　长方体锥化的效果

(5) 在修改器堆栈中也可以删除任意的修改器。在修改器堆栈中单击一个修改器名称之后，再单击下面的 (删除修改器)按钮，即可删除这个修改器。

(6) 关闭和启用修改器命令。在修改器堆栈中，单击修改命令左侧的 图标，图标会转换为 ，表示该修改命令被关闭。此时场景中的物体将不显示该修改命令的编辑效果。关闭修改器与删除修改器是有区别的，关闭是暂时性的，其中的修改参数被保留下来，当再单击图标 时，会转换为图标 ，此时该修改器又会被重新启用。

5.2　曲线修改器

本书第 4 章已经学习了几种常用的对二维图形进行编辑的修改器：Extrude(挤出)、Lathe(车削)、Bevel(倒角)等，下面再介绍两个非常有用的曲线修改器。

5.2.1　Bevel Profile(倒角剖面)修改器

使用 Bevel Profile 倒角剖面修改器需要一个二维曲线作为横截面的轮廓线，另一条曲线作为路径。横截面按照路径延伸从而生成三维模型。

倒角剖面修改器的作用与放样类似，但没有放样的功能强大。下面通过实例介绍如何使用倒角剖面修改器制作三维模型。

实例 3：Bevel Profile(倒角剖面)修改器

(1) 单击命令面板中的 (创建)按钮，在打开的创建命令面板中单击 (图形)按钮，打开创建图形面板。在场景中创建文字 "Happy" 和一条路径曲线。

(2) 选中文字，单击 (修改)按钮，在打开的修改命令面板中，单击修改器列表下拉列表框右侧的下三角按钮 ，在打开的下拉列表中选择 Bevel Profile(倒角剖面)选项，为文字添加倒角剖面修改器。

(3) 在参数栏中单击 Pick Profile(拾取剖面)按钮，再到视图中单击另一个作为挤压路径的曲线，得到如图 5.13 所示的三维文字效果。

图 5.13　倒角剖面产生的三维文字效果

5.2.2　PathDeform(路径变形)(WSM)修改器

使用 PathDeform(路径变形)(WSM)修改器时，需要选择一条曲线作为路径，使得曲面物体或几何体按照曲线的形状发生变形。

实例 4：利用 PathDeform(路径变形)(WSM)修改器制作项链

(1) 单击命令面板中的 (创建)按钮，在打开的创建命令面板中单击 (几何体)按钮，打开创建几何体面板。单击 Sphere(球体)按钮，在前视图中创建一颗珍珠。

(2) 使用移动工具 ，按住 Shift 键移动珍珠，将其复制若干颗，如图 5.14 所示。

(3) 选中第 1 颗珍珠，右击鼠标，在弹出的快捷菜单中选择 Convert to(转化为) | Convert to Editable Mesh(转化为可编辑网格)命令。单击 (修改)按钮，在打开的修改命令面板中，单击 Attach List(附加列表)按钮，在打开的附加列表框中，选择所有珍珠，单击 Attach(附加)按钮，将所有珍珠合并为一串。

(4) 单击命令面板中的 (创建)按钮，在打开的创建命令面板中单击 (图形)按钮，打开创建图形面板。单击 Line(线)按钮，在前视图中创建一个闭合曲线作为路径，如图 5.15 所示。

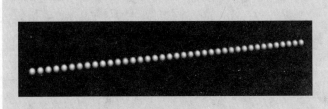

图 5.14　创建项链

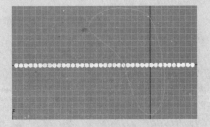

图 5.15　创建路径

(5) 选中珍珠串，在修改命令面板中，单击修改器列表下拉列表框右侧的下三角按钮 ，在打开的下拉列表中选择 PathDeform(路径变形)(WSM)选项，为珍珠串添加路径变形修改器。单击 Pick Path(拾取路径)按钮，在视图中单击路径曲线，珍珠串就围绕路径排列了，效果如图 5.16 所示。

(6) 单击 Move to Path(移动到路径)按钮，这时珍珠串就像用线穿起来一样穿到了路径曲线上，效果如图 5.17 所示。

(7) 在图 5.17 中可观察到珍珠的数量不足，不能将整条曲线闭合。在修改命令面板中增加 Stretch(拉伸)的值，将珍珠串逐渐闭合，如图 5.18 所示。

(8) 最终渲染效果如图 5.19 所示。

| 图 5.16 拾取路径 | 图 5.17 移动到路径 | 图 5.18 拉伸 | 图 5.19 项链效果 |

实例 5：利用 PathDeform(路径变形)(WSM)修改器制作路径文字

(1) 单击命令面板中的 (创建)按钮，在打开的创建命令面板中单击 (图形)按钮，打开创建图形面板。单击 Text(文字)按钮，在前视图中创建文字"路径变形文字"。

(2) 单击 (修改)按钮，在打开的修改命令面板中，单击修改器列表下拉列表框右侧的下三角按钮 ，在打开的下拉列表中选择 Bevel(倒角)选项，为文字添加倒角修改器。在修改命令面板的参数栏中，设置 Bevel Values(倒角值)卷展栏中的参数，文字倒角的效果如图 5.20 所示。

图 5.20　倒角文字

(3) 单击命令面板中的 (创建)按钮，在打开的创建命令面板中单击 (几何体)按钮，打开创建几何体面板。单击 Sphere(球体)按钮，在前视图中创建一个球体。再单击 (图形)按钮，打开创建图形面板，围绕球体绘制一个圆形，如图 5.21 所示。

(4) 选中文字，在修改命令面板中，单击修改器列表下拉列表框右侧的下三角按钮 ，在打开的下拉列表中选择 PathDeform(路径变形)(WSM)选项，为文字添加路径变形修改器。单击 Pick Path(拾取路径)按钮，在视图中单击路径曲线，这时文字沿路径排列的效果不是很理想。修改旋转轴为 X 轴，Rotation(旋转)参数为 90°，这时在顶视图中可观察到文字已经围绕路径排列了，效果如图 5.22 所示。

(5) 单击 Move to Path(移动到路径)按钮，这时文字与路径垂直排列，即围绕球体排列，效果如图 5.23 所示。

(6) 从图 5.23 中可看到，文字的方向是反的，修改 Rotation(旋转)参数为-90°，这时在透视图中可观察到文字就围绕路径正确排列了，效果如图 5.24 所示。

在不同的时间改变 Percent(百分比)，可以设置路径变形动画，这部分内容将在后面章节中介绍。

图 5.21　创建路径　　　图 5.22　拾取路径　　图 5.23　移动到路径　　图 5.24　修改旋转参数

路径变形修改器的主要参数如下。

- Percent(百分比)：指定物体沿路径方向移动的距离。
- Stretch(拉伸)：指定物体沿路径方向的缩放比例。
- Rotation(旋转)：指定物体与路径之间的角度，以调整物体与路径之间的方向，可输入正值和负值。
- Twist(扭曲)：指定物体沿路径方向扭曲变形的角度。

5.3　参数变形修改器

5.3.1　Bend(弯曲)修改器

弯曲是最常用的一种变形效果。Bend(弯曲)修改器可以对物体进行弯曲处理，并调节弯曲的角度和方向，可以使物体在一定的区域内弯曲。

在修改命令面板中 Bend(弯曲)修改器的参数含义如下。

- Angle(角度)：设置物体弯曲的角度。
- Direction(方向)：设置物体弯曲的水平方向。
- Bend Axis(弯曲轴向)：设置物体弯曲的坐标轴方向。
- Limit Effect(限制影响)：选中此复选框，指定物体弯曲的区域。

下面通过实例学习使用 Bend(弯曲)修改器。

实例 6：使用 Bend(弯曲)修改器

(1) 单击命令面板中的 （创建)按钮，在打开的创建命令面板中单击 （几何体)按钮，打开创建几何体面板。单击 Box(长方体)按钮，在顶视图中创建一个长方体，参数设置如图 5.25 所示。

(2) 单击 （修改)按钮，在修改命令面板中，单击修改器列表下拉列表框右侧的下三角按钮 ，在打开的下拉列表中选择 Bend(弯曲)选项，为长方体添加弯曲修改器。在修改命令面板的参数栏中，设置 Angle(角度)为 180，选中 Z 轴，其他参数保持默认值，长方体弯曲的效果如图 5.26 所示。

(3) 在修改命令面板的参数栏中，修改弯曲的轴向，分别选中 X 轴和 Y 轴，其他参数保持默认值，长方体弯曲的效果如图 5.27 所示。

(4) 恢复 Z 轴为弯曲轴，在修改命令面板中选中 Limit Effect 复选框，输入 Upper Limit(上限值)为 150。此时，圆柱体弯曲的效果如图 5.28 所示。

(5) 在修改命令面板中，单击 Bend(弯曲)修改器堆栈左侧的"+"号，可以展开修改器堆栈的列表，从中选择 Gizmo(线框物体)次物体，此时视图中显示出黄色的弯曲线框。单击主工具栏中的移动工具按钮✦，在视图框中沿 X 轴或 Y 轴方向移动黄色 Gizmo(线框物体)，可以改变物体的弯曲外形，如图 5.29 所示。

图 5.25　长方体的参数设置　　　　　　图 5.26　弯曲效果

图 5.27　沿 X 轴和 Y 轴弯曲的效果　　　图 5.28　上限的影响　　　图 5.29　移动 Gizmo

(6) 单击主工具栏中的旋转按钮，对 Gizmo 沿 X 轴旋转 45°，变形效果如图 5.30 所示。再单击缩放按钮，对 Gizmo 沿 X 轴缩小，进行缩放操作，此时物体的造型变换结果如图 5.31 所示。

(7) 在顶视图中沿 Y 轴方向放大 Gizmo，顶视图和透视图中的物体变形效果如图 5.32 所示。

图 5.30　X 轴旋转 Gizmo　　　图 5.31　缩放 Gizmo　　　图 5.32　沿 Y 轴方向放大 Gizmo

(8) 将长方体还原到沿 X 轴弯曲 180° 的状态，设置 Direction(方向)为 60，物体变形的效果如图 5.33 所示。

图 5.33　设置方向

5.3.2 Taper(锥化)修改器

Taper(锥化)修改器的功能通过缩放对象的两端而产生锥形轮廓来修改物体的造型，同时还可以加入平滑的曲线轮廓。

在修改命令面板中，Taper 修改器的参数含义如下。

- Amount(数量)：设置物体产生锥形的强弱程度。当值小于 0 时，物体的顶端缩小，值为-1 时，物体的顶端形成尖角锥形；当值大于 0 时，物体顶端变大；当值小于-1，物体会出现交叉效果，如图 5.34 所示。
- Curve(曲线)：设置物体四周表面向外弯曲的程度。值大于 0 时，物体向外凸出；值小于 0 时，物体向内凹陷，如图 5.35 所示。

Amount=1　　Amount=-0.8　Amount=-1.2　　　Amount=1，Curve=-4　　　Amount=-0.8，Curve=-5

图 5.34　Amount 参数不同值的效果　　　　　图 5.35　Curve 参数不同值的效果

- Taper axis(锥化轴向)选项组：提供 3 个坐标轴选项，确定锥化影响的坐标方向。选中其中的 Symmetry(对称)复选框，物体将产生一个对称的锥形效果。如图 5.36 所示为选中 Symmetry 复选框后的对称锥形效果。

X 轴　　　　　　　　　　　X 轴选中 Symmetry 复选框

图 5.36　对称坐标轴的影响

- Limit Effect(限制影响)：选中此复选框后，下面设置的 Upper Limit (上限)和 Lower Limit(下限)影响区域才会有效，才能限制锥化影响的范围，如图 5.37 所示。

图 5.37　上限和下限的影响

Taper(锥化)修改器在修改器堆栈中也包含 Gizmo(线框物体)和 Center(中心位置)两个次物体，改变它们的位置、大小和角度同样也可以改变锥化修改器对物体的影响效果。

实例 7：使用 Taper(锥化)修改器制作水管疏通效果

（1）单击命令面板中的 ⚲(创建)按钮，在打开的创建命令面板中单击 ◎(几何体)按钮，打开创建几何体面板。单击创建类型列表下拉列表框右侧的下三角按钮 ▼，在打开的下拉列表中选择 Extended Primitives(扩展基本体)选项，在创建命令面板中单击 Hose(软管)按钮，在顶视图中创建一个软管，如图 5.38 所示。

（2）单击 ⌁(修改)按钮，在打开的修改命令面板中，单击修改器列表下拉列表框右侧的下三角按钮 ▼，在打开的下拉列表中选择 Taper(锥化)选项，为软管添加锥化修改器。在修改命令面板的参数栏中，按图 5.39 所示设置参数，软管锥化的效果如图 5.40 所示。

图 5.38　创建软管

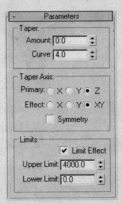
图 5.39　参数设置

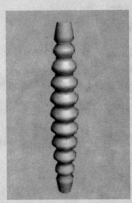
图 5.40　软管锥化效果

（3）在修改器面板中，单击 Taper(锥化)修改器堆栈左侧的 "+" 号，可以展开修改器堆栈列表，从中选择 Gizmo(线框物体)次物体，此时视图中显示出黄色的弯曲线框。单击主工具栏中的移动工具按钮 ✛，在前视图中沿 Y 轴向上移动黄色 Gizmo(线框物体)，直到将其移动到软管之外，如图 5.41 所示。

（4）使用缩放工具将 Gizmo 缩小，如图 5.42 所示。

（5）向下拖动 Gizmo 可以制作水管疏通的动画，不同时刻水管的状态如图 5.43 所示。

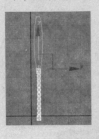
图 5.41　移动 Gizmo

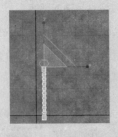
图 5.42　缩小 Gizmo

图 5.43　疏通水管

5.3.3　Twist(扭曲)修改器

Twist(扭曲)修改器能够使物体按指定的坐标轴产生扭曲效果，同时也可以使扭曲限制在一定的区域内，应用此修改器的物体的横截面最好是一个多边形，这样扭曲的效果才比较明显。

在修改命令面板中，Twist(扭曲)修改器的参数含义如下。

- Angle(角度)：设置扭曲的角度值。
- Bias(偏向)：设置扭曲是向下扭曲还是向上扭曲。
- Twist Axis(弯曲轴向)：设置物体在哪个坐标轴方向产生扭曲效果。
- Limit(限制影响)：选中此复选框后，设置下面的上限和下限值，将扭曲效果限制在某个区域内。

使用 Twist(扭曲)修改器，调整各参数变化时，可以得到相应的扭曲效果。

(1) 在顶视图中创建一个四棱锥体，设置高度分段为 30，四棱锥体如图 5.44 所示。

(2) 为四棱锥体添加 Twist(扭曲)修改器。选中 Z 轴单选按钮，确定对 Z 轴进行扭曲修改。将 Angle(角度)值设置为 500，此时四棱锥体扭曲效果如图 5.45 所示。

(3) 在原有参数的基本上，设置 Bias(偏向)值为 60，使用了偏向后的扭曲效果如图 5.46 所示。

(4) 选中 Limit(限制影响)复选框，设置上限值为 250，下限值为 150，可观察到四棱锥体只有中间的部分产生了扭曲效果，如图 5.47 所示。

图 5.44　四棱锥体　　图 5.45　Z 轴扭曲　　图 5.46　设置 Bias　　图 5.47　设置上限和下限

5.3.4　Noise(噪波)修改器

Noise(噪波)修改器使物体表面产生不规则的起伏，实现随机变化的效果。噪波修改器一般用来制作地形、山脉、起伏的沙漠、波浪等效果。它可以制作随机的涟漪图案、风中的旗帜等效果，是模拟物体形状的重要动画工具。一般来说，物体含有的面数越多，应用 Noise (噪波)修改器得到的效果就越明显。

在修改命令面板中的 Noise(噪波)修改器的参数含义如下。

- Seed(种子数量)：设置噪波随机产生的效果大小，不同的数值会有不同的效果。
- Scale(放缩比例)：设置噪波对物体的影响力。值越大，影响越平缓；值越小，效果越尖锐。
- Fractal(分形)：选中此选项，噪波的效果更复杂，更适合对地形的创造。
- Roughness(粗糙度)：值越大，起伏越剧烈。
- Iterations(迭代次数)：值越小，噪声波起伏越少，为了加大起伏，可以加大该值。
- Strength(强度)选项组：有 X、Y、Z 三个坐标轴，控制各自方向的起伏程度。

- Animate Noise(动画噪波)：调节"噪波"和"强度"参数的组合效果。并用下面的两个参数调整基本波形。
  - ◆ Frequency(频率)：设置噪波抖动的速度。
  - ◆ Phase(相位)：移动基本波形的开始和结束点。默认情况下，动画关键点设置在活动帧范围的任意一端。将该值的变化设置为动画，会产生运动起伏的效果。

实例 8：使用 Noise(噪波)修改器制作平面波动效果

(1) 单击命令面板中的 （创建）按钮，在打开的创建命令面板中单击 （几何体）按钮，打开创建几何体面板。单击 Plane(平面)按钮，在顶视图中创建一个长、宽均为 400 的平面，Length Segs (长度分段)和 Width Segs(宽度分段)都为 100。

(2) 单击 （修改）按钮，在修改命令面板中，单击修改器列表下拉列表框右侧的下三角按钮 ，在打开的下拉列表中选择 Noise(噪波)选项，为平面添加噪波修改器。在修改命令面板的参数栏中，按图 5.48 所示设置 parameters(参数)。

(3) 给模型赋予适当的材质后，平面波动的效果如图 5.49 所示。

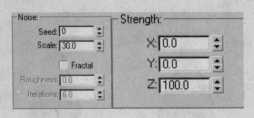

图 5.48　噪波修改器

图 5.49　平面波动效果

5.3.5　Lattice(晶格)修改器

Lattice(晶格)修改器能够将网格物体表现为线框造型，交叉点转化为节点造型。常用于制作建筑框架结构。

Lattice(晶格)修改器各参数的具体含义如下。

- Apply To Entire Object(应用于整个物体)：选中此复选框时整个物体会呈现线框结构。同时下端提供了 3 个选项：Joints Only from(选择仅应用节点)，物体只显示节点的造型；Struts from(选择应用支柱)，物体只显示支柱的造型；Both(两者)，节点与支柱造型都显示出来，效果如图 5.50 所示。

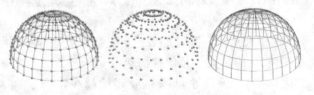

图 5.50　晶格

- Struts(支柱)选项组：在此区域设置支柱的参数。
  - ◆ Radius(半径)：设置支柱的半径尺寸。
  - ◆ Segments(片段数)：设置支柱长度上的片段划分数。
  - ◆ Sides(边数)：设置支柱截面的边数。
  - ◆ Material ID(材质号)：为支柱指定 ID 号。
  - ◆ Ignore Hidden Edges(忽略隐藏边)：选中此复选框，仅生成可视边的结构。禁用时，将生成所有边的结构，包括不可见边。默认设置为启用。
  - ◆ End Caps(末端封口)：将末端封口应用于结构。
  - ◆ Smooth(光滑)：选中此复选框，支柱产生光滑圆柱体效果。
- Joints(节点)选项组：在此选项组中可以设置支柱的参数。各参数与 Struts(支柱)相似。节点有 3 种类型：Tetra(四面体)、Octa(八面体)、Icosa(二十面体)。

5.4　几何体修改器

5.4.1　FFD(自由变形)修改器

FFD 是 Free-From-Deformation(自由变形)的缩写。FFD 修改器可以通过少量的控制点对物体表面进行整体的控制，来改变物体的形状。

FFD 修改器包括 FFD2×2×2、FFD3×3×3、FFD4×4×4、FFD(Box)、FFD(Cyl)共 5 种类型。前 4 种类型都是长方体形状的控制晶格，且前 3 种中的数字分别代表 X、Y、Z 轴上控制点的数量，在 FFD(Box)(长方体)中控制点的数量可以自行设置，FFD(Cyl)(圆柱)是以圆柱的形式排列控制点。这些修改器的使用方法基本相同。

FFD(Box)修改器包括以下 3 个次物体。

- Control Points(控制点)：通过对控制点的移动、缩放、旋转等变换，可以改变物体的形状。
- Lattice(晶格)：选择晶格次物体时，可以对整个框架进行操作。
- Set Volume(设置体积)：选择此次物体时，对控制点进行调节变换时，将不影响物体的形状，这样做的好处是可以调节 FFD(Box)的形状来尽可能地与模型的形状相适应。

实例 9：制作水果

(1) 制作梨子。单击命令面板中的 ▶(创建)按钮，在打开的创建命令面板中单击 ◉(几何体)按钮，打开创建几何体面板。单击 Sphere(球体)按钮，在顶视图中创建一个球体。

(2) 单击 ⬟(修改)按钮，在打开的修改命令面板中，单击修改器列表下拉列表框右侧的下三角按钮 ▼，在打开的下拉列表中选择 FFD(Cyl)(圆柱)选项，为球体添加 FFD 圆柱修改器。在 FFD Parameters(FFD 参数)卷展栏中单击 Set Number of Point(设置控制点数量)按钮，打开如图 5.51 所示的对话框设置控制点数量，球体周围建立了控制点晶格框架，如图 5.52 所示。

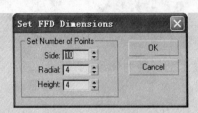

图 5.51　控制点数量　　　　　　　　　图 5.52　FFD 圆柱

(3)　在 Contrl Points (控制点)选项组中单击 Conform to Shape(与图形一致)按钮，可观察到晶格框架紧紧地裹住球体，形状与球体一致了，效果如图 5.53 所示。

(4)　在修改器命令面板中，单击 FFD 修改器堆栈左侧的"+"号，可以展开修改器堆栈的列表，从中选择 Control Points(控制点)次物体，选择上半部分的控制点，单击主工具栏中的移动工具按钮✛，在前视图框中沿 Y 轴向上移动，如图 5.54 所示。

(5)　在前视图中分别选择中下方的一些控制点，然后使用缩放工具▫在顶视图中缩放调整物体的粗细，得到如图 5.55 所示的效果。

(6)　分别选中最上面的顶点和最下面的顶点，使用移动工具✛拖动顶点，制作梨子两头凹陷的效果，如图 5.56 所示。

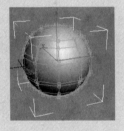
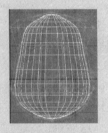
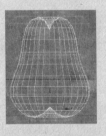

图 5.53　与图形一致　　图 5.54　拉伸控制点　图 5.55　调整控制点　图 5.56　梨子造型

(7)　在透视图中的效果如图 5.57 所示。

(8)　制作梨子的柄。单击命令面板中的▸(创建)按钮，在打开的创建命令面板中单击◦(几何体)按钮，打开创建几何体面板。单击 Cylinder(圆柱)按钮，在顶视图中创建一个圆柱。单击✐(修改)按钮，在打开的修改命令面板中，单击修改器列表下拉列表框右侧的下三角按钮▾，在打开的下拉列表中选择 FFD(Cyl)(圆柱)选项，为球体添加 FFD 圆柱修改器。单击 FFD 修改器堆栈左侧的"+"号，可以展开修改器堆栈的列表，从中选择 Control Points(控制点)次物体，使用移动工具✛拖动控制点，制作梨子柄弯曲的效果，前视图和透视图的效果如图 5.58 所示。

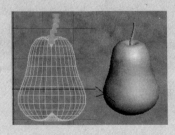

图 5.57　梨子　　　　　　图 5.58　制作梨子柄

(9) 将梨子复制几个，并按同样的方法制作苹果，得到如图 5.59 所示的水果。

图 5.59　水果

5.4.2　MeshSmooth(网格平滑)修改器

MeshSmooth(网格平滑)修改器，可以使网格对象的表面平滑。

MeshSmooth(网格平滑)修改器的主要参数在 Subdivision Amount(细分量)卷展栏中设置。其中的主要参数含义如下。

Iterations(迭代次数)：在 0～10 之间取值，值越大，物体表面越平滑，但计算时间越长。

Smoothness(光滑度)：指定要进行光滑处理的拐角光滑度。值为 0 时，不进行光滑处理；值为 1 时，所有节点进行光滑处理。

实例 10：制作枕头

(1) 单击命令面板中的 ![创建] (创建)按钮，在打开的创建命令面板中单击 ![几何体] (几何体)按钮，打开创建几何体面板。在顶视图中创建一个长方体，设置长、宽、高度的分段数均为 2。在透视图左上角右击鼠标，在弹出的快捷菜单中选择 Edge Face(边面)选项，在视图中就可以观察到物体表面的分段情况，如图 5.60 所示。

(2) 单击 ![修改] (修改)按钮，在打开的修改命令面板中，单击修改器列表下拉列表框右侧的下三角按钮 ![▼]，在打开的下拉列表中选择 MeshSmooth(网格平滑)选项，为长方体添加网格平滑修改器，设置 Iterations(迭代次数)为 2，长方体的边缘变得平滑了，效果如图 5.61 所示。

(3) 单击修改器堆栈左侧的 "+" 号，选择 Vertex(顶点)，进入顶点次物体层级，选择长方体四个角中间的顶点，如图 5.62 所示。

(4) 将修改命令面板中的 Weight Level(权重级别)设为 20，观察到表面光滑后，物体的中间凸出了，形成了枕头的形状，如图 5.63 所示。

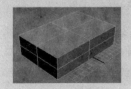

图 5.60　分段　　　图 5.61　网格平滑　　　图 5.62　选择顶点　　　图 5.63　枕头效果

5.4.3 Wave(波浪)修改器

Wave(波浪)修改器能够使物体表面产生波浪滚滚的动画效果。

Wave(波浪)修改器的参数栏如图 5.64 所示，各参数的含义如下。

- Amplitude 1(振幅 1)：设置 X 轴方向的波浪振动幅度。
- Amplitude 2(振幅 2)：设置 Y 轴方向的波浪振动幅度。
- Wave Length(波长)：设置每个涟漪的长度。
- Phase(相位)：设置波浪动画的时间。
- Decay(衰减)：设置中心点向外衰减的影响效果，由强转弱，直到消失。

Wave(波浪)修改器的功能与涟漪修改器相似，两个修改器的参数相同，波浪修改器也能使物体表面沿 X、Y 轴产生波浪起伏的效果，同样也有波浪衰减的设置参数。两个修改器产生的效果不同的是：波浪修改器产生的是涨潮时产生的波涛，一波推一波。涟漪修改器产生的是石子投入水中的效果，水波呈圆形展开。Wave(波浪)修改器产生的效果如图 5.65所示。

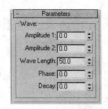

图 5.64　波浪参数

图 5.65　波浪效果

5.4.4 Shell(壳)修改器

Shell(壳)修改器可以为物体增加厚度。

Shell(壳)修改器的主要参数的含义如下。

- Inner Amount(内部量)：向内挤压的厚度。
- Outer Amount(外部量)：向外挤压的厚度。
- Bevel Edges(倒角边)：选中此复选框，可以为挤压过程指定一条样条曲线。
- Bevel Spline(倒角样条曲线)按钮：单击此按钮，再到视图中单击已绘制好的样条曲线，就为壳倒角指定了轮廓线。

实例 11：制作碗

(1) 单击命令面板中的 (创建)按钮，在打开的创建命令面板中单击 (几何体)按钮，打开创建几何体面板。单击 Sphere (球体)按钮，在顶视图中创建一个球体。

(2) 单击 (修改)按钮，在打开的修改命令面板中，单击修改器列表下拉列表框右侧的下三角按钮 ▼，在打开的下拉列表中选择 Edit Mesh(编辑网格)选项，将球体转化为可编辑的网格。进入 Vertex(顶点)次物体层级，选中球体上部的顶点，在键盘上按下 Delete 键将它们删除，效果如图 5.66 所示。

(3) 选择球体最下面第 2 层顶点，使用缩放工具在顶视图中将其放大到如图 5.67 所示的大小，做成碗底的形状。

(4) 选择最下面的顶点,使用移动工具将其向上移动,使碗底成平面,如图 5.68 所示。

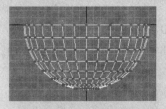

图 5.66 删除顶点

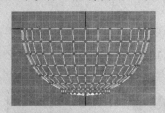

图 5.67 制作碗底

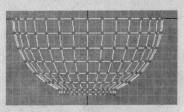

图 5.68 移动顶点

(5) 渲染透视图,模型的背面不能显示。在模型上右击鼠标,在弹出的快捷菜单中选择 Properties(属性)命令,在打开的属性对话框中取消选中 Backface(背面消隐)复选框。这时模型的显示效果如图 5.69 所示。

(6) 打开修改器列表,选择 Shell(壳)选项,为碗添加壳修改器,按图 5.70 所示设置参数,观察到模型产生了厚度,效果如图 5.71 所示。

图 5.69 显示背面

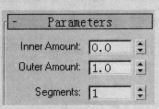

图 5.70 设置参数

图 5.71 添加壳修改器

5.5 实 例

本节将学习使用 Bend(弯曲)修改器制作文字。

(1) 单击命令面板中的 (创建)按钮,在打开的创建命令面板中单击 (几何体)按钮,打开创建几何体面板。单击 Cylinder(圆柱体)按钮,在顶视图中创建一个半径为 2,高度为 200,高度分段为 50 的圆柱体。

(2) 单击 (修改)按钮,在打开的修改命令面板中,单击修改器列表下拉列表框右侧的下三角按钮 ,在打开的下拉列表中选择 Bend(弯曲)选项,为圆柱体添加弯曲修改器,设置 Angle(角度)为-90,Upper Limit(上限)为 10,前视图中圆柱体弯曲效果如图 5.72 所示。

图 5.72 弯曲效果

(3) 在修改器堆栈中单击 Bend 左边的 "+" 号,选择 Center(中心),使用移动工具 ,在透视图中沿 Z 轴将中心移动到如图 5.73 所示的位置。

(4) 再给圆柱体添加弯曲修改器,设置 Angle(角度)为-90,Upper Limit(上限)为 10。打开 Center(中心)次物体,使用移动工具 ,在透视图中沿 Z 轴将中心移动到如图 5.74 所示的位置。

(5) 给圆柱体添加第三弯曲修改器,设置 Angle(角度)为-90,Upper Limit(上限)为 10。

打开 Center(中心)次物体，使用移动工具，在透视图中沿 Z 轴将中心移动到如图 5.75 所示的位置。

（6）给圆柱体添加第四弯曲修改器，设置 Angle(角度)为-90，Upper Limit(上限)为10。打开 Center(中心)次物体，使用移动工具，在透视图中沿 Z 轴将中心移动到如图 5.76 所示的位置。

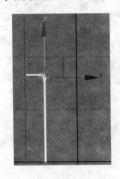 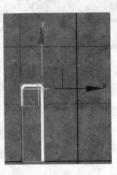 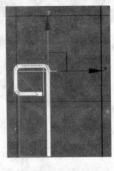 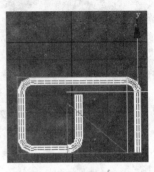

图 5.73　移动中心　　图 5.74　二次弯曲　　图 5.75　三次弯曲　　图 5.76　四次弯曲

（7）在前视图中旋转物体，渲染透视图，多次使用弯曲修改器，用圆柱体制作了数字"9"，最终效果如图 5.77 所示。

图 5.77　最终效果

5.6　小　　结

在 3ds Max 8 中，系统提供了数量众多的修改器。这些修改器具有强大的功能，它们还包含了各种次物体层级，也可以对各次物体进行编辑。使用修改器可以创建多种富有个性的、复杂的三维模型，学好修改器的使用方法，将会使读者在 3ds Max 8 中的建模能力跨上一个更高的台阶。

5.7　习　　题

1. 使用 Bend(弯曲)修改器，创建如图 5.78 所示的凳子。

图 5.78　凳子

2. 使用 FFD 修改器，创建如图 5.79 所示的芒果。

图 5.79　芒果

第 6 章　创建复合模型

【本章要点】

通过本章的学习，可以了解复合对象的概念及复合对象包含的基本类型，布尔运算的概念及基本操作原理，放样对象的概念及放样功能的使用方法，以及一些常用的制作复合模型的工具。

在前面章节中已经介绍了如何使用 3ds Max 8 创建基本模型，并使用修改器对其进行编辑来创建一些简单的对象，但在现实生活中，几乎所有物体都具有复杂的形状，使用简单几何体是无法完成这样的复杂物体的创建工作的。复合物体是把两个或多个单独的物体通过组合来形成各种复杂的物体，3ds Max 8 中的创建复合物体面板，提供了多种独特的创建复合模型的建模方式。本章将介绍一些常用的创建复合模型的工具。

在各种复合模型的创建面板中，有如下相同的设置。

1. Pick Boolean(拾取布尔物体)卷展栏

- Pick Operand B(拾取物体 B)：单击此按钮后，在任意视图中单击需要运算的另一个物体，即得到布尔运算结果。
- Reference(参考)：将原始物体的参考复制品作为运算物体 B。
- Copy(复制)：复制一个原始物体作为物体 B，不破坏原始物体。
- Move(移动)：将原始物体直接作为运算物体 B，运算后原始物体将不存在。
- Instance(关联)：将原始物体的关联复制品作为运算物体 B，修改两者之一时，会同时影响另外一个物体。

2. Display(显示) / Update(更新)卷展栏

- Result(结果)：只显示最后的运算结果。
- Operands(运算物体)：显示出所有的运算物体，而不仅仅是布尔运算的结果。
- Result+Hidden Ops(显示隐藏的运算物体与结果)：在实体着色的视图内以线框方式显示出隐藏的运算物体，主要用于动态布尔运算的编辑操作。
- Update(更新设置)：用于控制进行设置更改后何时进行计算并显示布尔运算结果。在这个选项组中有 3 个选项：Always(总是)，第一次操作后总是显示布尔运算结果；When Rendering(渲染时)，只有在最后渲染时才进行布尔运算；Manually(手动)，选择此选项时，下面的 Update(更新)按钮可用，提供手动的更新控制。
- Update(更新按钮)：观看更新效果时，单击该按钮即可。

6.1　Boolean(布尔运算)

Boolean(布尔运算)在数学上是指两个集合之间的并集、差集、交集运算，而在 3ds Max 中，布尔运算则是指将两个几何物体之间进行并集、差集、交集和切割运算。例如，有两个几何体 A 和 B，则 A 与 B 的"并"运算结果为 A 和 B 结合在一起形成的几何体，计算得到的新物体叫布尔物体，可以对布尔物体进行修改。

布尔运算之前必须创建两个物体作为执行布尔运算的对象，分别是运算对象 A 和运算对象 B。布尔运算主要包括以下几种。

● Union(并集)：两个物体合并在一起得到一个重叠的新物体，即 A+B。

● Intersection(交集)：将两个物体相交的部分组成新的物体。

● Subtraction(差集)：当两个物体位置相交重叠时，物体 A 的体积减去物体 B 的体积，得到剩余部分的体积。差集可以是 A 物体减去 B 物体，或 B 物体减去 A 物体。即 A-B 或 B-A。

● Cut(切割)：将 B 物体与 A 物体相交部分的形状作为辅助面进行剪切，但不给运算物体 B 的网格添加任何东西。切割运算将布尔运算物体的几何体作为体积，而不是封闭的实体。此运算不会将运算物体 B 的几何体添加至运算物体 A 中。运算物体 B 与 A 的相交部分定义了改变运算物体 A 几何体的剪切区域。Cut(切割)运算的方式有下面 4 种类型。

◆ Refine(优化)：相交部分在运算物体 A 上添加新的顶点和边。

◆ Split(分离)：在沿着运算物体 B 剪切运算物体 A 的边界上添加第二组顶点和边或两组顶点和边。

◆ Remove inside(删除对象)：删除位于运算物体 B 内部的运算物体 A 的所有面。

◆ Remove Outside(删除外部)：删除位于运算物体 B 外部的运算物体 A 的所有面。

如图 6.1 所示的是运算物体 A 和运算物体 B 进行布尔运算后的效果。

图 6.1 布尔运算效果

下面通过实例来学习使用布尔运算创建物体的方法。

实例 1：应用 Boolean(布尔运算)创建模型

1) 创建布尔 Union(并集)物体

(1) 单击命令面板中的 (创建)按钮，在打开的创建命令面板中单击 (几何体)按钮，打开创建几何体面板，单击 BOX(长方体)按钮，在顶视图中创建两个长方体，其中，Box01(长、宽、高分别为 200、80、80)、Box02(长、宽、高分为 210、90、5)，选中 Box02，使用移动工具 ，按住 Shift 键向上移动，复制出一个 Box03，调整它们的位置，得到如图 6.2 所示的 3 个长方体相交的场景。

(2) 单击视图中的长方体 Box01，作为运算物体 A。单击命令面板中的 (创建)按钮，在打开的创建几何体面板中单击 (几何体)按钮，在创建类型下拉列表中选择 Compound Objects(复合物体)选项，在命令面板中单击 Boolean(布尔)按钮。在 Parameters(参数)卷展栏中选中并集运算方式 Union 单选按钮，在 Pick Boolean 卷展栏中单击 Pick Operand B(拾取物体 B)按钮。在视图中单击长方体 Box02，作为运算物体 B，这时长方体 A 和 B 变换成一个布尔物体，并且在右侧的运算物体列表中列出了物体 B 的名称，物体名称列表和布尔物体如图 6.3 所示。

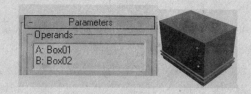

图 6.2　创建复制长方体　　　　图 6.3　名称列表和布尔物体

(3)　右击鼠标，结束上一次布尔运算操作，返回到复合物体创建面板。执行第(2)步操作，将长方体 Box03 作为运算物体 B，这时长方体 A、B、C 变换成一个布尔物体，如图 6.4 所示。

2)　创建 Subtraction(差集)布尔物体

(1)　单击命令面板中的 (创建)按钮，在打开的创建命令面板中单击 (几何体)按钮，打开创建几何体面板，在创建类型下拉列表中选择 Extended Primitived(扩展基本体)选项，单击 ChamferBox(倒角长方体)按钮，在前视图中创建一个倒角长方体，选中倒角长方体，单击 (修改)按钮打开修改命令面板，按图 6.5 所示设置倒角长方体的参数，得到如图 6.6 所示的物体。

(2)　单击对齐按钮，将刚才创建的布尔物体和倒角长方体在 X 轴和 Z 轴方向对齐，调整 Y 轴方向的高度，效果如图 6.7 所示。

(3)　选中布尔物体，作为运算物体 A。单击命令面板中的 (创建)按钮，在打开的创建命令面板中单击 (几何体)按钮，打开创建几何体面板，在创建类型下拉列表中选择 Compound Objects(复合物体)选项，在命令面板中单击 Boolean(布尔)按钮。在 Parameters(参数)卷展栏中选中差集运算方式 Subtraction(A-B)单选按钮，在 Pick Boolean 卷展栏中单击 Pick Operand B(拾取物体 B)按钮。在视图中单击倒角长方体物体，作为运算物体 B，这时长方体变换成布尔物体，效果如图 6.8 所示。

(4)　重复上述操作。得到如图 6.9 所示的模型。

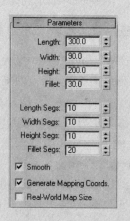

图 6.4　布尔物体　　　　　　　图 6.5　倒角长方体参数

图 6.6 倒角长方体

图 6.7 对齐物体

图 6.8 布尔物体效果

图 6.9 模型

提示：　① 当进行一次布尔运算后，想再次进行布尔运算，应当重新选择视图中的复合物体，此时这个复合物体是一个独立的物体，然后再次单击布尔运算按钮 Boolean，进行新的运算，否则第二次进行布尔运算时，第一次完成的布尔运算就消除了。

② 在进行布尔运算时，有时会出现运算错误，这是由多次连续的布尔运算造成的。为了避免这种错误，可在完成一次布尔运算后，将生成的布尔物体转化为可编辑的网格，将布尔运算的复合体转变为可编辑网格体，这样可以减少布尔运算的计算错误。

布尔命令面板中 Parameters(参数)栏的各参数含义如下。

● Operands(运算物体列表)：显示所有运算物体的名称。

● Name(名称)：在运算物体列表中选择一个运算物体，该运算物体的名称同时也将显示在 Name(名称)文本框中，用户可以修改这个运算物体的名称。

● Extract Operand(提取文本)：将当前指定的运算物体重新提取到场景中，作为一个独立的可用物体，即将布尔运算的物体释放回场景中。这个按钮在修改命令面板中才有效。Extract Operand(提取运算物体)按钮的下面有 Instance(实例)和 Copy(复制)两个单选按钮，用于指定提取操作对象的方式。

● Operation(运算方式)：提供了 5 种运算方式单选按钮，包括 Union(并集)、Intersection(交集)、Subtraction(A-B)(差集 A-B)、Subtraction(B-A)(差集 B-A)、Cut(切割)。

6.2 Loft(放样)

使用 Loft(放样)编辑器创建模型是一种非常有效的建模方法。放样建模法是把一个二维图形作为物体的横截面，另一个二维图形作为放样路径，指定作为横截面的二维图形沿放样路径计算形成复杂的三维物体，并且在路径上允许有不同的截面图形。在 3ds Max 中可以利用放样工具来构建很多复杂模型。

6.2.1 基本放样物体

要创建放样物体，首先要创建放样物体的二维路径与截面图形。放样路径可以是封闭的，也可以是敞开的，但只能有一个起始点和终点，即路径不能是两段以上的曲线，路径用来定义截面拉伸的深度。所有的 Shapes(图形)物体皆可用来作为截面图形进行放样，一条路径上，可以有一个或多个样条曲线构成的截面图形，截面图形可以封闭或不封闭，用于定义在路径各处的横截面。

下面通过一个实例来说明基本放样物体的创建过程。

实例2：创建基本放样物体

（1）在命令面板中单击 (创建)按钮，在打开的创建命令面板中单击 (几何体)按钮，创建图形面板，单击 Text(文字)按钮，在文本框中输入"放样"，在前视图中单击鼠标创建文字作为放样截面，在顶视图中绘制一条曲线作为放样路径，如图 6.10 所示。

（2）选中视图中的路径曲线，单击命令面板中的 (创建)按钮，在打开的创建命令面板中单击 (几何体)按钮，打开创建几何体面板，在面板中单击创建类型下拉列表框右侧的下三角按钮 ，在打开的下拉列表中选择 Compound Objects(复合物体)选项，打开复合物体的创建面板。

（3）单击 Loft(放样)按钮，在命令面板中单击 Creation Method(创建方法)卷展栏下方的 Get Shape(获取截面图形)按钮，在视图中单击"放样"文字，此时生成放样物体，如图 6.11 所示。

图 6.10　绘制放样路径

图 6.11　放样物体

上面实例是利用 Get Shape 创建放样物体，下面再体会一下使用 Get path(获取路径)按钮产生放样物体的过程。

（1）在命令面板中，单击 (创建)按钮，在打开的创建命令面板中单击 (几何体)按钮，打开创建图形面板，单击 Text(文字)按钮，在文本框中输入"Loft"，在前视图中单击鼠标创建文字作为放样截面，如图 6.12 所示，在顶视图中绘制一条曲线作为放样路径。

（2）选中文字图形，打开复合物体的创建面板，单击 Loft(放样)按钮，再单击 Creation Method(创建方法)卷展栏下方的 Get Path(获取路径)按钮，在视图中单击"Loft"文字，此时生成放样物体如图 6.13 所示。

图 6.12　放样截面

图 6.13　放样物体

放样法建模的参数很多，大部分参数在没有特殊要求时采用默认设置即可，下面只对影响模型结构的部分参数进行介绍。

1. Creation Method(创建方法)卷展栏

Creation Method(创建方法)卷展栏如图 6.14 所示。其主要的参数含义如下。

- Get Path(获取路径)：先选中截面图形，然后单击此按钮，在视图中选中作为路径的图形，就将路径指定给选定的截面图形，从而产生放样的立体造型。

- Get Shape(获取截面图形)：先选中作为路径的图形，单击此按钮，在视图中选中作为截面的图形，就将图形指定给选定的路径，会产生出放样的立体造型。

2. Skin Parameters(蒙皮参数)卷展栏

Skin Parameters(蒙皮参数)卷展栏，如图 6.15 所示。其主要的参数含义如下。

1) Copping(封口)选项组

- Cap Start(封口始端)和 Cap End(封口末端)：这两个复选框分别用于确定放样产生的物体的首、尾是否封闭。如果选中此复选框为启用，则路径第一个顶点和路径最后一个顶点处的放样端口被封口。如果取消选中此复选框为禁用，则放样端口为不封闭状态。默认设置为启用。

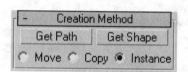

图 6.14 创建方法卷展栏 图 6.15 蒙皮参数

按图 6.16(a)所示的截面和路径进行放样，在封口始端启用封口，在封口末端禁用封口时，放样物体两端封口的效果如图 6.16(b)所示。

(a) 截面和路径 (b) 放样物体

图 6.16 放样封口

- Morph(变形)：按照创建变形目标所需的可预见、可重复的模式排列封口面，生成的放样物体可进行 Deformations(放样变形)操作，默认设置为启用。

- Grid(栅格)：在图形边界处修剪的矩形栅格中排列封口面，此方法生成的物体只是一般的网格物体，不能进行放样变形操作，但可以使用其他修改器进行变形。

2) Options(选项)选项组

● Shape Steps(图形步数)：设置放样对象截面图形节点之间的网格密度。提高图形步数的值，放样物体造型的表面更光滑。如图 6.17(a)所示为放样的截面图形和放样路径，如图 6.17(b)所示放样物体图形步数为 0，如图 6.17(c)所示物体图形步数为 5。

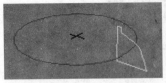

(a) 放样截面和路径　　　　(b) 步数为 0　　　　(c) 步数为 5

图 6.17　图形步数的影响

● Path Steps(路径步数)：设置路径顶点之间的步幅数。值越大，放样物体造型弯曲时，曲面越光滑。如图 6.18 左侧所示的放样物体路径步数设置为 2，右侧物体的路径步数设置为 10。

● Optimize Shapes(优化图形)：用于对截面图形进行简化，选中此复选框会减少造型复杂程度。

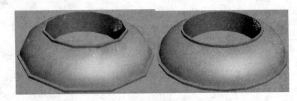

图 6.18　路径步数的影响

● Optimize Path(优化路径)：选中此复选框，系统将自动设定路径的光滑程度，忽略路径中直线部分的顶点。

● Adaptive Path Steps(自适应路径步数)：选中此复选框，系统将自动分析并调整路径分段的数量，以便产生最佳表面。默认为启用状态。

● Flip Normals(反转法线)：选中此复选框，法线反转 180°，用来纠正放样时产生的正反面错误。

3) Display(显示)选项组

● Skin(表皮)：选中此复选框时，在视图中以网格显示物体的表皮造型。

● Skin in Shaded(表皮着色)：选中此复选框时，将在实体着色的视图中显示物体的表皮造型。

6.2.2　多截面放样物体

在放样物体的一条路径上，允许有多个不同的截面图形存在，它们将共同控制放样物体的外形，多截面放样是 3ds Max 中放样建模法的重要功能，它的存在使放样建模法有了更多的机会参与模型的生成工作，下面通过多截面放样创建一个瓶形物体来学习多截面放样建模法。

实例3：制作瓶形物体

(1)　在命令面板中，单击 (创建)按钮，在打开的创建命令面板中单击 (图形)按钮，打开创建图形面板，使用 Rectangle(矩形)、Star(星形)和 Circle(圆形)工具，在顶视图中绘制一个正方形、一个八角星形和两个圆形作为截面图形，如图 6.19 所示。

(2)　使用 Line(线)工具在前视图中绘制一条直线作为路径。

(3)　选中直线路径，单击命令面板中的 (创建)按钮，在打开的创建命令面板中单击 (几何体)按钮，打开创建几何体面板，在面板中单击创建类型下拉列表框右侧的下三角按钮 ，从打开的下拉列表中选择 Compound Objects(复合物体)选项，进入复合物体的创建面板。单击 Loft(放样)按钮，在 Path Parameters(路径参数)卷展栏中，设置 Path 值为 100，单击 Get Shape(获取截面图形)按钮，在顶视图中单击小的圆形，就产生了一个圆柱体，如图 6.20 所示。

(4)　单击 (修改)按钮，打开放样修改命令面板，在 Path Parameters(路径参数)卷展栏中，设置 Path 值为 45，单击 Get Shape(获取截面图形)按钮，在顶视图中单击大的圆形，模型如图 6.21 所示。

(5)　分别在 Path(路径)值为 35、5 处，单击 Get Shape(获取截面图形)按钮，在顶视图中选中正方形和八角星形，将各截面图形插入到路径中，模型如图 6.22 所示。

图6.19　创建截面图形　　图6.20　获取第1个截面　　图6.21　获取第2个截面　　图6.22　获取多截面

(6)　从图 6.22 中可以观察到瓶子的造型在正方形和圆形连接处发生了扭曲，这是截面图形的起始点没有对齐造成的。选中放样物体，在修改命令面板中单击 Loft 左侧的"+"号，打开放样修改器堆栈，单击 Shape 选项，进入图形次物体层级，这时修改命令面板变为 Shape Commands(图形命令)卷展栏，如图 6.23 所示。

(7)　单击 Compare(比较)按钮，打开 Compare(比较)对话框，单击 (获取图形)按钮，在透视图中单击各图形所在的截面，在 Compare(比较)对话框中就出现了各截面图形，如图 6.24 所示。

图6.23　图形命令卷展栏　　　　　　　　图6.24　比较对话框

(8) 从 Compare(比较)对话框中可看到，正方形图形的起始点需要调整。在透视图中选中正方形截面，使用旋转工具，旋转正方形截面，使它的起始点与其他各图形对齐，如图 6.25 所示。这时放样物体的造型如图 6.26 所示。

(9) 在 Shape 次物体层级中还可以对放样物体的形状进行修改。选择大的圆形截面，使用移动工具将其向下移动一些，再使用缩放工具在顶视图中将其放大一些，瓶子的造型就变化了，如图 6.27 所示。

(10) 在透视图中选中八角星形截面，使用移动工具将其移动到路径最上面。选择正方形截面，使用移动工具，将其向上移动一小段距离，再按住 Shift 键，向上移动截面，就将正方形截面复制了一个，瓶子的造型就变为如图 6.28 所示的形状。

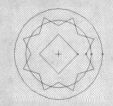   

图 6.25　对齐图形起始点　　图 6.26　放样物体　　图 6.27　放大截面　　图 6.28　修改截面

(11) 对放样物体的表面进行平滑处理，使之更接近真实效果。选中瓶形物体，单击 (修改)按钮，打开修改命令面板，在 Modifier List(修改器列表)下拉列表框中选择 Edit Mesh(编辑网格)修改器，将放样物体转化为可编辑的网格。单击 (顶点)按钮，进入顶点次物体层级，在前视图中选择最上面一层顶点，然后单击 Collapse (塌陷)按钮，使最上层的所有顶点塌陷为一点，如图 6.29 所示。

(12) 在 Modifier List(修改器列表)下拉列表框中选择 MeshSmooth(网格平滑)修改器，瓶形物体的最终造型如图 6.30 所示。

Path Parameters(路径参数)卷展栏如图 6.31 所示。主要参数含义如下。

图 6.29　塌陷顶点　　　　　　图 6.30　瓶形物体　　　　图 6.31　路径参数卷展栏

- Path(路径)：设置路径的数值，是截面图形在路径上插入的位置。路径值为 0，是放样物体的起始点；路径值为 100，就是放样物体的终点。
- Snap(捕捉)：选中捕捉右侧的 On 复选框，将按捕捉值设置的百分比调节路径值。
- Percentage(百分比)：选中该单选按钮，将全部路径设置为 100%，根据百分比设置截面图的插入点。
- Distance(距离)：以全部路径的实际长度为总数，按路径的具体数值来确定截面图插入点的位置。

● Path Steps(路径步数)：按路径的步幅值来确定插入点的位置。

从上面的实例中可以看到，选择放样物体后，单击 (修改)按钮，在修改器堆栈中单击物体名称左侧的"+"号，可显示放样物体的次物体。上例中对放样物体的 Shape 次物体进行了编辑，修改了放样物体的形状。若单击次物体 Path，也可以进入路径编辑层次，单击 Put 按钮，可将当前路径输出成一个独立的或关联的新图形。

在修改器堆栈中单击次物体 Line，将显示曲线修改命令面板，可以进一步修改路径曲线，放样物体也将随之改变。

6.2.3　开口放样物体

在放样物体的一条路径上，不仅允许有多个不同的截面图形存在，而且这些截面图形既可以是封闭的，也可以是开放的样条曲线。下面通过实例介绍如何利用多条开放的样条曲线作为截面图形产生布帘放样的效果。

实例4：制作布帘

(1) 在命令面板中，单击 (创建)按钮，在打开的创建命令面板中单击 (图形)按钮，打开图形创建面板，使用 Line(线)工具，在顶视图中绘制三条开放的样条曲线作为截面图形，在左视图中创建一条曲线作为放样路径，如图 6.32 所示。

(2) 在视图中选中路径曲线，单击 (创建)按钮，在打开的创建命令面板中单击 (几何体)按钮，打开创建几何体面板，在面板中单击创建类型下拉列表框右侧的下三角按钮，从打开的下拉列表中选择 Compound Objects(复合物体)选项，打开复合物体的创建面板。单击 Loft(放样)按钮，在 Path Parameters(路径参数)卷展栏中，保持 Path 值为 0，单击 Creation Method(创建方法)卷展栏中的 Get Shape(获取截面图形)按钮，在顶视图中单击第一条曲线(最曲折的一条曲线)，就产生了一个布帘，如图 6.33 所示。

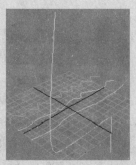
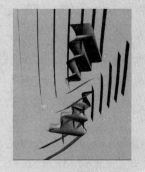

图 6.32　放样曲线和路径　　　　　　　图 6.33　放样布帘

(3) 从透视图中可以观察到，由于放样截面和放样路径的方向不相配，产生的布帘是扭曲的。选中放样物体，单击 (修改)按钮，打开放样修改命令面板，在修改器堆栈中单击物体名称左侧的"+"号，显示放样物体的次物体。选中放样物体的 Shape 次物体，在透视图中选中截面图形，使用旋转工具，将截面绕 Z 轴旋转 90°，放样物体形状如图 6.34 所示。

(4) 选中放样物体，单击 (修改)按钮，打开放样修改命令面板，在 Path Parameters(路径参数)卷展栏中，设置 Path 值为 45，单击 Get Shape(拾取截面图形)按钮，在视图中单击中间一条曲线，进行放样，确定在路径中插入新的截面图形。继续设置 Path 值为 100，单击 Get Shape(拾取截面图形)按钮，在视图中单击最后一条曲线，放样生成的布帘如图 6.35 所示。需要注意的是，每个截面都需要绕 Z 轴旋转 90°。

(5) 再在场景中添加适当的配套物体，布帘的最终效果如图 6.36 所示。

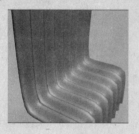  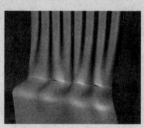

图 6.34　旋转放样截面　　　　图 6.35　获取截面图形　　　　图 6.36　布帘

6.2.4　放样变形

在放样物体创建完成后，还可以对它的截面图形进行变形控制，产生更复杂的造型。

选中放样物体，单击 (修改)按钮，在修改命令面板底部会出现 Deformations(变形)卷展栏，该卷展栏只显示在修改命令面板中，不显示在创建命令面板中。单击 Deformations(变形)卷展栏左侧的"+"号，展开该卷展栏，3ds Max 8 提供了 5 种变形控制按钮，这些按钮的作用是对已经生成的放样物体进行各种变形。

1. Scale(缩放)变形

缩放变形是通过改变截面图形在 X、Y 轴方向上的缩放比例，使放样物体发生变形。下面通过一个实例来介绍放样变形的操作方法。

> **实例 5：利用 Scale(缩放)变形制作花瓶**
>
> (1) 在命令面板中，单击 (创建)按钮，在打开的创建命令面板中单击 (图形)按钮，打开创建图形面板，分别单击 Line(线)、Donut(圆环)按钮，建立一条直线作为花瓶路径，一个圆环作为花瓶截面图形。
>
> (2) 选中直线路径，单击 (创建)按钮，在打开的创建命令面板中单击 (几何体)按钮，打开创建几何体面板，在面板中单击创建类型下拉列表框右侧的下三角按钮 ，从打开的下拉列表中选择 Compound Objects(复合物体)选项，打开复合物体的创建面板。单击 Loft(放样)按钮，再单击 Creation Method(创建方法)卷展栏下方的 Get Shape(获取截面图形)按钮，在顶视图中单击圆环，就产生了一个圆管，如图 6.37 所示。
>
> (3) 下面将利用 Scale(缩放)变形建模法，将这个放样物体变形为一个花瓶的造型。选中圆管，单击 (修改)按钮，打开修改命令面板，在 Deformation 卷展栏中，单击 Scale(缩放)按钮，打开 Scale Deformation(缩放变形)对话框如图 6.38 所示。
>
> (4) 保持 X 轴和 Y 轴的锁定按钮 处于选中状态，这时对圆管进行的缩放变形沿路径对 X 轴和 Y 轴进行等比缩放。单击 (插入控制点)按钮，在直线上单击，为直线变形添加 5 个控制点。效果如图 6.39 所示。

图 6.37 创建圆管

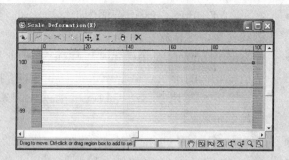

图 6.38 缩放变形对话框

图 6.39 添加控制点

(5) 单击移动控制点按钮 ✛，移动各控制点，将缩放变形对话框中的变形曲线调整为花瓶的外轮廓造型，如图 6.40 所示。

(6) 渲染透视图，缩放变形制作的花瓶如图 6.41 所示。

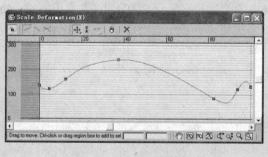

图 6.40 调整变形曲线

图 6.41 花瓶

通过制作花瓶，用户可以掌握 Scale Deformation(缩放变形)对话框中各按钮的使用方法，下面对各按钮的作用说明如下。

- Make Symmetrical(锁定 X 轴和 Y 轴)：单击此按钮时，将同时编辑 X 和 Y 两个轴向的截面图形。编辑 X 轴的控制线时，Y 轴的控制线会自动进行同样的变化。

- Display X Axis(显示 X 轴)：单击此按钮，显示红色的 X 轴控制线，此时可以编辑 X 轴上的截面。

- Display Y Axis(显示 Y 轴)：单击此按钮，显示绿色的 Y 轴控制线，此时可以编辑 Y 轴上的截面。

- Display X Y Axis(显示 XY 轴)：单击此按钮，同时显示 X 轴的红色控制线和 Y 轴的绿色控制线，可以同时对两个轴向的截面进行编辑。

- Swap Deform Curves(截面图形交换)：即将 X 轴方向的控制线与 Y 轴方向的控制线交换，这样就将两个方向的截面进行了交换。

- Move Control Points(移动控制点)：单击此按钮，可以在曲线上移动控制点来改变放样物体的形状。单击按钮右下角的下拉按钮，显示出另外两个移动按钮、和，它们是用于移动控制点和 Bezier(贝塞尔顶点)控制柄的按钮，用来改变控制线的形状。

- Scale Control Opines(缩放控制点)：缩放变形曲线图上的控制点。

- Insert Control Opines(插入控制点)：单击此按钮，可以在曲线上插入控制点，变形操作就是通过在变形曲线上插入多个控制点，并对这些控制点进行移动后，改变放样物体的形状进行变形的。按钮可以插入 Corner 拐角控制点，单击按钮右下角的下拉按钮，显示出另外一个插入控制点按钮，此按钮可以插入 Bezier Smooth(贝塞尔平滑)控制点。

- Delete Control Opines(删除控制点)：将当前选择的控制点删除。

- Reset(复位变形曲线)：将控制线恢复为原始状态。

- 12.403 161.261 (坐标数值输入区)：显示所选择控制点的水平和垂直方向的坐标值，改动它，控制点会立即移动到指定的位置，这样可以快速准确地调节控制点。

- (平移)按钮：通过拖动鼠标，可平移曲线以观察曲线的不同部分。

- Zoom Extents(最大化显示)、Zoom Horizontal(水平最大化显示)和 Zoom Vertical(垂直最大化显示)按钮：调节曲线控制区的显示状态。

- Zoom Horizontally(水平缩放)、Zoom Vertically(垂直缩放)和 Zoom(缩放)按钮：左右、上下拖动这 3 个按钮可在水平方向、垂直方向和整个平面上缩放显示曲线。

- Zoom Region(框取放缩)按钮：通过拖动鼠标来选择一个区域进行缩放显示。

2. Twist(扭曲)变形

扭曲变形是路径在 X 轴和 Y 轴方向上发生旋转变形。通过改变截面图形在 X 轴和 Y 轴方向上的缩放比例，使放样物体发生螺旋变形。即将放样物体的截面在放样路径上旋转，在 3ds Max 中经常利用放样的扭曲功能制作钻头、螺丝等扭曲造型。

实例 6：利用 Twist(扭曲变形)制作螺钉

(1) 在命令面板中，单击 (创建)按钮，打开的创建命令面板中单击 (图形)按钮，打开图形创建面板，分别单击 Line(线)、NGon(多边形)按钮，创建一条直线作为螺钉路径和一个六边形作为螺钉的截面图形。

(2) 选中直线路径，单击 (创建)按钮，在打开创建命令面板中单击 (几何体)按钮，打开创建几何体面板，在面板中单击创建类型下拉列表框右侧的下三角按钮，从打开的下拉列表中选择 Compound Objects(复合物体)选项，打开复合物体的创建面板。单击 Loft(放样)按钮，再单击 Creation Method(创建方法)卷展栏中的 Get Shape(获取截面图形)按钮，在顶视图中单击六边形，就产生了一个六棱柱，如图 6.42 所示。

(3) 选中六棱柱，单击 (修改)按钮，打开修改命令面板，在 Deformation 卷展栏中，单击 Twist 按钮,打开 Twist Deformation(扭曲变形)对话框。该对话框与 Scale Deformation(缩放变形)对话框参数的功能相同,但有多个按钮是不可用的灰色按钮。

(4) 在 Twist Deformation(扭曲变形)对话框中,单击移动控制点按钮⊕,将曲线的控制点移到图 6.43(a)所示的位置,起点坐标为(0,−200),终点坐标为(100,200)。透视图中的六棱柱产生了螺旋效果,如图 6.43(b)所示。

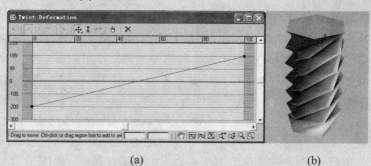

(a)   (b)

图 6.42　六棱柱   图 6.43　扭曲变形产生螺旋效果

(5) 为了使螺钉扭曲时表面曲线更加光滑,打开 Skin Parameters(蒙皮参数)卷展栏,设置 Path Steps(路径步数)为 20,效果如图 6.44 所示。

(6) 单击 ⁺(增加控制点)按钮,在控制路径中插入一个控制点,移动其位置坐标为(20,−200),如图 6.45 所示,得到螺钉的初步形状如图 6.46 所示。

图 6.44　增加路径步数   图 6.45　设置坐标参数   图 6.46　螺钉雏形

(7) 在 Deformation 卷展栏中,单击 Scale 按钮,打开 Scale Deformation(缩放变形)对话框。单击 ⁺(增加控制点)按钮,在控制路径中插入两个控制点,移动其位置坐标分别为(20,100)、(20,70),再移动终点坐标到(100,70),如图 6.47 所示,得到螺钉形状如图 6.48 所示。

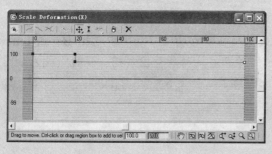

图 6.47　调整控制点   图 6.48　螺钉

3. Bevel(倒角)变形

倒角变形是通过在路径上缩放截面图形，使放样物体产生中心对称的倒角变形。这个功能与倒角修改器功能相类似。

实例 7：制作文字 Bevel(倒角)变形

(1) 在命令面板中单击 (创建)按钮，在打开的创建命令面板中单击 (图形)按钮，打开图形创建面板，单击 Text(文字)按钮，在前视图中创建 "MAX" 文字二维图形，再单击 Line 按钮，在顶视图中绘制一条直线作为放样路径，如图 6.49 所示。

(2) 在视图中选中路径直线后，单击 (创建)按钮，在打开的创建命令面板中单击 (几何体)按钮，打开创建几何体面板，在面板中单击创建类型下拉列表框右侧的下三角按钮，从打开的下拉列表中选择 Compound Objects(复合物体)选项，打开复合物体的创建面板。单击 Loft(放样)按钮，再单击 Creation Method(创建方法)卷展栏中的 Get Shape(获取截面图形)按钮，在顶视图中单击文字图形进行放样，此时放样结果如图 6.50 所示。

图 6.49　创建文字和路径

图 6.50　放样

(3) 选中放样字体，单击 (修改)按钮，打开修改命令面板，在 Deformation 卷展栏中，单击 Bevel(倒角)按钮，打开 Bevel Deformation(倒角变形)对话框。

(4) 单击插入顶点按钮，在控制线的右端插入一个点。单击移动控制点按钮，选择新插入的控制点，向下移动到如图 6.51 所示的位置，此时视图中的文字放样物体产生倒斜角效果，如图 6.52 所示。

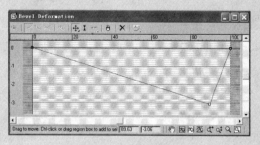

图 6.51　移动控制点

图 6.52　倒角效果

(5) 单击新插入的控制点，右击鼠标，在弹出的快捷菜单中选择 Bezier-Smooth(贝塞尔-平滑)选项，将控制点修改为贝塞尔平滑点，拖动调节控制柄，使曲线成为如图 6.53(a)所示的形状，则文字的倒角也改变为倒圆角了，如图 6.53(b)所示。

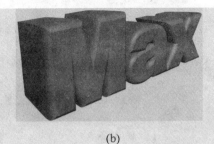

(a)　　　　　　　　　　　　　　　(b)

图 6.53　贝塞尔-平滑控制点

（6）单击 ✖(复位变形曲线)按钮，将控制线恢复为原始状态。单击增加控制点按钮，增加 5 个控制点，移动它们的位置到如图 6.54(a)所示的位置，此时文字放样的倒角效果如图 6.54(b)所示。

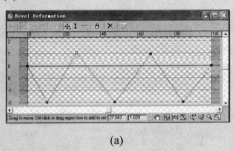

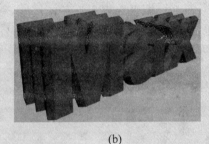

(a)　　　　　　　　　　　　　　　(b)

图 6.54　修改控制点

4. Fit(拟合)变形

Fit(拟合)变形建模法是放样变形中功能最强大的一种工具，可以创建非常复杂的物体。使用拟合变形建模法通常需要三个图形和一条直线放样路径，三个图形分别代表了生成物体在 X 轴、Y 轴和 Z 轴各方向上的截面，相当于各方向上的垂直投影。用户只要绘制放样物体在前视图、左视图和顶视图中的二维截面图形，将其中一个截面图形放样到路径上后，在 Fit Deformation 对话框中选择其他的图形将其转化为控制线，通过在 Fit Deformation 对话框中编辑这些控制线，就能制作出各种复杂的模型。

使用 Fit(拟合)变形工具有一定的限制，截面图形必须是封闭的、单独的样条曲线。

实例 8：利用 Fit(拟合)变形建模法创建模型

（1）绘制模型的三视图。在命令面板中单击 ⚲(创建)按钮，在打开的创建命令面板中单击 ◌(图形)按钮，打开创建图形面板，单击 Star(星形)按钮，在 Front(前视图)中绘制一个六角星，作为模型的前视图；单击 Ellipse(椭圆)按钮，在 Left(左视图)中绘制一个椭圆，作为模型的侧视图；单击 Rectangle(长方形)按钮，在顶视图中绘制一个长方形，作为模型的左视图。单击 Line(线)按钮，在顶视图中绘制一条直线作为放样路径，如图 6.55 所示。

（2）选中路径直线，单击 ⚲(创建)按钮，在打开的创建命令面板中单击 ◯(几何体)按钮，打开创建几何体面板，在面板中单击创建类型下拉列表框右侧的下三角按钮▾，从打开的下拉列表中选择 Compound Objects(复合物体)选项，打开复合物体的创建面板。单击 Loft(放样)按钮，再单击 Creation Method(创建方法)卷展栏中的 Get Shape(获取截面图形)按钮，在前视图中单击六角星图形进行放样,此时放样结果如图 6.56 所示。

(3) 因为模型可能需要调整许多的细节,所以需要较多的面片数,在 Skin Parameters(蒙皮参数)卷展栏中,调整轴向和径向的步幅值分别为 24 和 36,如图 6.57 所示。

  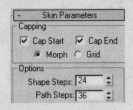

图 6.55　绘制二维图形　　　图 6.56　放样物体　　　图 6.57　蒙皮参数

(4) 单击 (修改)按钮,打开修改命令面板,在 Deformations 参数栏中,单击 Fit(拟合)按钮,打开 Fit Deformation(拟合变形)对话框。

(5) 单击 X 轴、Y 轴锁定按钮 ,取消它的黄色显示,关闭 X 轴和 Y 轴的同比例锁定。单击显示 X 轴按钮 ,再单击获取图形按钮 ,在顶视图中选中正方形图形,此时对话框中 X 轴控制线的效果如图 6.58(a)所示。观察视图中放样物体的变形效果,如图 6.58(b)所示。

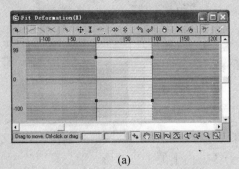 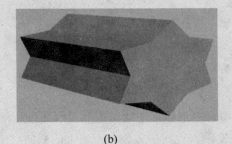

(a)　　　　　　　　　　　　　　　　(b)

图 6.58　X 方向拟合

(6) 单击显示 Y 轴按钮,再单击获取图形按钮 ,在左视图中选中椭圆形。此时 Fit Deformation(拟合变形)对话框中 Y 轴控制线的效果如图 6.59(a)所示。观察视图中放样物体的效果,完成最终的放样造型如图 6.59(b)所示。

(7) 在前视图、顶视图和左视图中拟合物体的形状为星形、正方形和圆形,如图 6.60 所示。

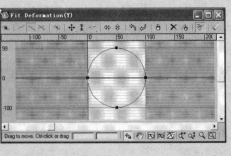 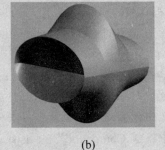

(a)　　　　　　　　　　　　　　　　(b)

图 6.59　Y 方向拟合

图 6.60 各视图中拟合物体的形状

Fit Deformation(拟合变形)对话框比其他变形工具增加了多个工具按钮,它们的功能如下。

- Mirror Horizontally(水平镜像)按钮 ⬄:沿水平轴方向镜像图形。
- Mirror Vertically(垂直镜像)按钮 ⬍:沿垂直轴方向镜像图形。
- Rotate 90 CCW(逆时针旋转 90°)按钮 ⤺:将图形逆时针旋转 90°。
- Rotate 90 CW(顺时针旋转 90°)按钮 ⤼:将图形顺时针旋转 90°。
- Delete Curve(删除曲线)按钮 ⬈:删除选择的图形。
- Get Shape(获取图形)按钮 ⬈:单击此按钮,在场景中选择一个图形,作为指定轴向的图形。
- Generate Path(自动适配路径)按钮 ⬈:用一条新的路径曲线代替原来的放样路径。

6.3 Connect(连接)

在建模时为了方便,经常将一个模型分为若干部分分别制作,最后再合并为一个整体。例如,先将一个人物的头部、身体、胳膊等分别制作,调整好后再合并。但合并后的模型往往会留下明显的接缝。在 3ds Max 中,Compound Objects(复合物体)面板上提供的 Connect(连接)工具,则可使两个单独的模型无缝地连接为一个整体。

使 Connect(连接)工具连接物体时,要进行连接的两个物体,必须在要连接的表面上切出空洞,连接操作可以在两个物体的空洞之间用光滑曲面将它们连接起来。

连接两个物体的操作步骤为:创建两个物体,将它们转化为可编辑的网格物体,使用删除 Vertex(顶点)、删除 Face(面)或删除 Polygon(多边形)的方法,将两个物体各切出一个空洞,选中一个物体,单击 Connect(连接)工具,拾取另一个物体,两个物体之间就会产生光滑的曲面将两个物体连接起来。下面通过实例来学习利用连接工具创建模型的方法。

实例9:利用连接工具制作一个卡通小猴模型

(1) 制作小猴的身体。在顶视图中创建一个茶壶,取消选中壶盖和壶嘴复选框,如图 6.61 所示。

(2) 制作小猴的头部。创建一个球体,单击 🖊(修改)按钮,打开修改命令面板,在 Modifier List(修改器列表)下拉列表框中,选择 Edit Mesh(编辑网格)修改器,将球体转化为可编辑的网格。单击 Edit Mesh(编辑网格)修改器左侧的 "+" 号,打开修改器堆栈,进入顶点次物体层级,选中球体最下面两层的顶点,按 Delete 键将其删除,如图 6.62 所示。

(3) 选中球体,在 Modifier List(修改器列表)下拉列表框中选择 FFD(3×3×3)修改器,为球体添加 FFD 修改器。单击 FFD 修改器左侧的 "+" 号,打开修改器堆栈,选择 Control Points(控制点)选项,进入控制点次物体层级,如图 6.63 所示调整控制点,制作出小猴的头部扭动的效果。

 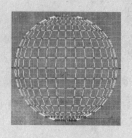 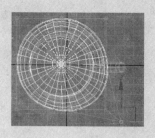

图 6.61　无嘴无盖茶壶　　　　图 6.62　编辑球体　　　　图 6.63　调整控制点

（4）选中茶壶并右击，在弹出的快捷菜单中选择 Convert to(转化为)| Convert to Editable Mesh(转化为可编辑的网格)命令。单击 Editable Mesh 修改器左侧的"+"号，打开修改器堆栈，选择 Vertex(顶点)选项，进入顶点次物体层级，调整壶口大小。选中球体，进入顶点次物体层级，调整球体下面开口截面的大小，两物体接口大小如图 6.64 所示。

（5）选中小猴的头部，单击 （创建）按钮，打开创建命令面板。在打开的创建命令面板中单击 （几何体）按钮，打开创建几何体面板，在创建几何体类型下拉列表中选择 "Compound Objects(复合物体)选项，单击 Connect(连接)按钮，在参数面板中单击 Pick Operand(拾取操作对象)按钮，然后在窗口中单击茶壶，则两个对象就建立了连接，选中平滑选项组中的两个复选框，对连接体进行平滑处理，效果如图 6.65 所示。

（6）单击 （创建）按钮，打开创建命令面板，单击 （几何体）按钮，打开创建几何体面板，在创建几何体类型下拉列表中选择 Extended Primitives(扩展基本体)选项，单击 Capsule(胶囊)按钮，在左视图中创建一个胶囊，调整到适当大小后，将其复制一个，作为小猴的两条手臂，如图 6.66 所示。

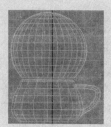  

图 6.64　准备连接　　　　图 6.65　连接物体　　　　图 6.66　创建手臂

（7）选中小猴的左侧手臂并右击，在弹出的快捷菜单中选择 Convert to(转化为)| Convert to Editable Mesh(转化为可编辑的网格)命令，将其转化为可编辑的网格。单击 Editable Mesh(可编辑网格)修改器左侧的"+"号，打开修改器堆栈，选择 Vertex(顶点)选项，进入顶点次物体层级，选中小猴右侧手臂部分的顶点，按 Delete 键将其删除，如图 6.67 所示。

（8）单击 （修改）按钮，打开修改命令面板，在修改器列表中选择 FFD(Cyl)修改器，在 FFD 修改器参数栏中，单击 Set Number Of Point(设置控制点数量)按钮，在 Set FFD Dimensions(设置 FFD 尺寸)对话框中设置 Height(高度)方向的控制点数为 6，如图 6.68 所示。

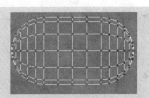

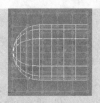

图 6.67　删除部分顶点　　　　　　　　　图 6.68　添加 FFD 修改器

(9) 单击 FFD(Cyl)修改器左侧的 "+" 号，打开修改器堆栈，选择 Control Points(控制点)选项，进入控制点次物体层级，分别选择各层控制点，使用移动工具移动控制点的位置，制作手臂弯曲的效果，如图 6.69 所示。

(10) 使用移动工具移动两条手臂的位置，调整到如图 6.70 所示的位置。

(11) 选中小猴的身体，单击 (修改)按钮，打开修改命令面板，在修改器列表中选择 Edit Mesh(编辑网格)修改器，将小猴的身体模型转化为可编辑的网格。单击 Edit Mesh(编辑网格)修改器左侧的 "+" 号，选择 Vertex(顶点)选项，进入顶点次物体层级，使用移动工具调节左手臂相对称的顶点的位置，使之接近圆形，如图 6.71 所示。

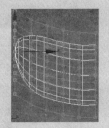

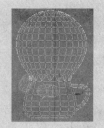

图 6.69　修改控制点　　　　图 6.70　调整手臂位置　　　　图 6.71　调节顶点

(12) 在 Edit Mesh(编辑网格)修改器堆栈中，选择 Polygon(多边形)选项，进入多边形层级，选中如图 6.72 所示的多边形，按下 Delete 键将其删除。

(13) 选中小猴，单击 (创建)按钮，打开创建命令面板。单击 (几何体)按钮，打开创建几何体面板，在创建几何体下拉列表中选择 Compound Objects(复合物体)选项，单击 Connect(连接)按钮，在参数面板中单击 Pick Operand(拾取操作对象)按钮，然后在窗口中单击左手臂，则手臂就连接到了身体上，选中平滑选项组中的两个复选框，对连接体进行平滑处理，效果如图 6.73 所示。打开 Connect 修改器堆栈，选择 Operands(操作对象)选项，进入操作对象编辑状态，选中手臂，这时可继续调整手臂的方向和位置，选择小猴身体部分，也可对其进行编辑。

(14) 选中右侧手臂，对其按照第(8)～(10)步骤制作其弯曲的效果，如图 6.74 所示。

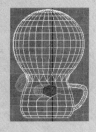

图 6.72　删除多边形　　　　图 6.73　连接左手臂　　　　图 6.74　制作右手臂

(15) 按照第(12)～(14)步骤，将小猴的右臂连接到身体部分，对右臂进行适当调节，得到如图 6.75 所示的效果。

(16) 创建一个球体，使用缩放工具 ，将其修改为椭圆，并复制出一个椭圆，调整它们的位置，制作小猴的两只脚，效果如图 6.76 所示。

(17) 创建 4 个球体，用它们制作出小猴的眼睛效果如图 6.77 所示。

图 6.75　小猴　　　　　图 6.76　添加脚部　　　　　图 6.77　制作眼睛

(18) 创建一个倒角圆柱体，制作出小猴的鼻子，再创建一个球体，制作出小猴的嘴巴，效果如图 6.78 所示。

(19) 创建一个圆环，并复制出另一个圆环，用它们制作出小猴的耳朵，效果如图 6.79 所示。

(20) 下面制作一片树叶作为小猴的遮阳伞。在透视图中绘制一条曲线，如图 6.80 所示，在顶视图中绘制一个圆形。

图 6.78　制作鼻子和嘴　　　　　图 6.79　制作耳朵　　　　　图 6.80　绘制曲线

(21) 单击 (创建)按钮，打开创建命令面板。单击 (几何体)按钮，打开创建几何体面板，在创建几何体类型下拉列表中选择 Compound Objects(复合物体)选项，单击 Loft(放样)按钮，在 Create Method(创建方法)参数栏中单击 Get Shape(拾取图形)按钮，放样得到植物的茎，如图 6.81 所示。

(22) 绘制一个叶子形状，如图 6.82 所示。添加挤出修改器，设置挤出数量为 1，调整叶子的位置，效果如图 6.83 所示。

图 6.81　创建茎　　　　　图 6.82　叶子形状　　　　　图 6.83　挤出树叶

(23) 选中树叶，添加 FFD(3×3×3)修改器，进入控制点层级，在顶视图中框选中心的三层顶点，在前视图中将它们向上移动一段距离，在顶视图中框选右下角的三层顶点，在前视图中将它们向下移动一段距离，如图 6.84 所示。修改后叶子的效果如图 6.85 所示。

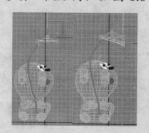 

图 6.84 前视图中调整顶点　　　　　　图 6.85 叶子效果

(24) 选中叶子，单击 (修改)按钮，打开修改命令面板，在修改器列表下拉列表框中选择 MeshSmooth(网格平滑)修改器，叶子的效果如图 6.86 所示。

(25) 选中叶子，单击 (层次)按钮，打开层次命令面板，单击 Affect Pivot Only(仅影响轴)按钮，修改轴心到如图 6.87 所示的位置。

(26) 选中叶子，使用旋转工具，按住 Shift 键，旋转叶子，在打开的 Clone(克隆)对话框中设置复制数量为 3，复制后，最终效果如图 6.88 所示。

 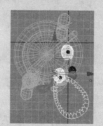 

图 6.86 网格平滑　　　　图 6.87 修改轴心　　　　图 6.88 复制叶子

6.4　ShapeMerge(图形合并)

ShapeMerge(图形合并)可以将一个二维物体投影到三维物体上，将样条曲线合并到网格物体的表面上，或从网格物体中去掉样条曲线，以产生弧面切割或合并的效果。如果要使图形合并后在渲染时显示出立体效果，需要为其添加 Face Extrude(面挤出)修改器。ShapeMerge(图形合并)主要用于制作曲面上的花纹图案，或者浮雕、镂空等效果。

下面通过一个实例来说明 ShapeMerge(图形合并)的基本用法。

实例 10：应用 ShapeMerge(图形合并)制作浮雕效果的茶壶

(1) 单击 (创建)按钮，在打开的创建命令面板中单击 (几何体)按钮，在打开的创建几何体面板中单击创建几何体列表框右侧的下三角按钮 ，在打开的下拉列表中选择 Standard Primitives(标准基本体)选项。在标准基本体创建面板中单击 Teapot(茶壶)按钮，在 Top(顶)视图中单击鼠标并拖动，创建一个茶壶。单击 (修改)按钮，在打开的修改命令面板的参数栏中设置茶壶的 Segments(分段数)为 20，使茶壶的表面非常光滑，如图 6.89 所示。

(2) 单击 ↖(创建)按钮，在打开的创建命令面板中单击 ◌(图形)按钮，在创建图形面板中单击 Text(文本)按钮，在命令面板参数栏的文本输入框中输入文字为 "福"，设置字体为 "华文行楷"，在前视图中单击鼠标，即可创建文字图形，如图 6.90 所示。

(3) 单击移动工具按钮 ✛，在 Top(顶)视图中将图形移至茶壶的前方，如图 6.91 所示。

图 6.89　创建茶壶　　　　　图 6.90　创建文字　　　　　图 6.91　移动文字

(4) 选中茶壶，在创建命令面板中，单击创建几何体类型列表框右侧的下三角按钮 ▾，在打开的下拉列表中选择 Compound Objects(复合物体)选项，在参数栏中单击 ShapeMerge(合并图形)按钮，再单击参数栏中的 Pick Shape(拾取图形)按钮，在视图中单击文字图形，视图中的文字图形就被映射到了茶壶表面，如图 6.92 所示。此时在参数栏的操作对象列表中显示出文本图形的名称，如图 6.93 所示。

(5) 在如图 6.94 所示的 Operation(操作)选项组中，选中 Cookie Cutter(饼切)单选按钮，此时切去茶壶上的文字图形曲面，成为镂空的文字效果，单击工具栏上的 ◌(渲染)按钮，渲染的效果如图 6.95 所示。

(6) 选中 Operation 操作选项组中的 Invert(反转)复选框，得到文字在茶壶表面上相交的曲面显示的结果，如图 6.96 所示。

(7) 在 Operation(操作)选项组中，选中 Merge(合并)单选按钮，取消选中 Invert(反转)复选框。在修改命令面板中单击修改器类型列表框右侧的下三角按钮 ▾，在打开的下拉列表中选择 Face Extrude(面挤出)修改器，在参数栏中设置挤出量 Amount(数量)值为-3，此时茶壶上的文字产生了向内凹陷的立体效果，如图 6.97 所示。

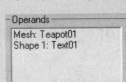

Operands
```
Mesh: Teapot01
Shape 1: Text01
```

Operation
○ Cookie Cutter
◉ Merge
☐ Invert

图 6.92　合并图形　　　　　图 6.93　操作对象列表　　　　　图 6.94　饼切

图 6.95　镂空文字效果　　　　图 6.96　反转　　　　图 6.97　文字凹陷的立体效果

(8) 复制一个刻了 "福" 字的茶壶，选中第二个茶壶，单击 ◢(修改)按钮，打开修改命令面板，将 Face Extrude(面挤出)修改器的挤出量 Amount(数量)修改为 3，文字将产生向外凸起的立体效果，如图 6.98 所示。

(9) 分别为两个茶壶添加 MeshSmooth(网格平滑)修改器，渲染效果如图 6.99 所示。

图 6.98　文字凸起的立体效果　　　图 6.99　网格平滑效果

6.5　Morph(变形)

Morph(变形)是一种与二维动画中的中间动画相类似的动画技术。变形对象可以合并两个或多个对象，方法是插补第一个对象(源对象)的顶点，使其与另一个对象(目标对象)的顶点位置相符，这样就会创建出由源对象变形为目标对象的变形动画效果。由于多个变形对象之间要求具有相同的顶点数量，所以创建变形动画时，一般是先创建一个物体模型(源对象)，然后将该物体复制多个，3ds Max 允许有多个目标对象，将复制出来的各物体分别改变为不同的造型或改变它们的动作，这样就保证了多个物体在变形合并时具有相同的顶点数量。

使用 Morph(变形)工具创建变形动画的操作步骤如下。

(1) 创建好源对象和目标对象。源对象和目标对象必须保证同为网格对象或面片对象，且节点数要相同。

(2) 选中源对象，单击自动关键帧按钮，并将时间滑动块拖到要设置关键帧的位置。选中创建命令面板中的几何体按钮，在打开的几何体面板中单击几何体下拉列表框右侧的下三角按钮，在打开的下拉列表中选择 Compound Object(复合物体)选项，展开对象类型卷展栏，单击 Morph(变形)按钮，再单击 Pick Target(拾取目标)按钮，在场景中拾取目标对象，变形动画就制作好了。

3ds Max 8 允许在不同帧里为源对象指定不同的目标对象，这样就可以指定多个目标对象，创建出多种变形的动画效果。下面通过一个实例说明变形动画的创建方法。

实例 11：制作 Morph(变形)动画

(1) 单击 (创建)按钮，在打开的创建命令面板中单击 (图形)按钮，在创建图形面板中单击 Line(线)按钮，在前视图中绘制图形。单击 (修改)按钮，打开修改命令面板，在修改命令面板中单击修改器类型下拉列表框右侧的下三角按钮，在打开的下拉列表中选择 Lathe(车削)修改器，创建出如图 6.100 所示的花瓶。

(2) 继续在修改命令面板中单击修改器类型下拉列表框右侧的下三角按钮，在打开的下拉列表中选择 MeshSmooth(网格平滑)修改器，为花瓶添加网格平滑修改器，创建的花瓶如图 6.101 所示。

(3) 选中花瓶，按下 Shift 键，使用移动工具将花瓶复制 4 个，如图 6.102 所示。

(4) 选中第 2 个花瓶，在修改命令面板中单击修改器类型下拉列表框右侧的下三角按钮，在打开的下拉列表中选择 FFD4×4×4(FFD)修改器，单击 FFD 修改器左侧的"+"号，打开修改器堆栈，单击 Control Points(控制点)层级，选中最上面一层控制点，使用缩放工具, 在顶视图中缩小花瓶的瓶口, 效果如图 6.103 所示。

(5) 将第 2 个花瓶复制一个, 得到第 3 个花瓶。选中该花瓶, 单击 FFD 修改器左侧的 "+"号, 打开修改器堆栈, 单击 Control Points(控制点)层级, 选中第二层的 4 个角上的控制点, 使用缩放工具, 在顶视图中将其放大, 如图 6.104 所示。花瓶的瓶体向四边鼓出, 效果如图 6.105 所示。

(6) 选中第 4 个花瓶, 在修改命令面板中单击修改器类型下拉列表框右侧的下三角按钮▾, 在打开的下拉列表中选择 Stretch(拉伸)修改器, 设置参数, 拉伸后花瓶的形状如图 6.106 所示。

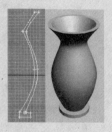
图 6.100　创建花瓶

图 6.101　网格平滑

图 6.102　复制花瓶

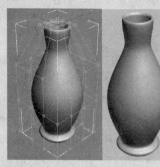
图 6.103　添加 FFD 修改器

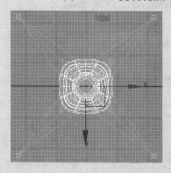
图 6.104　修改顶点

图 6.105　修改后效果

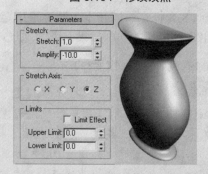
图 6.106　拉伸参数和效果

(7) 选中第 5 个花瓶, 在修改命令面板中单击修改器类型下拉列表框右侧的下三角按钮▾, 在打开的下拉列表中选择 Stretch(拉伸)修改器, 设置参数, 拉伸后花瓶的形状如图 6.107 所示。

(8) 这时视图中有 6 个花瓶, 其中第 1 个和第 6 个是没有经过变形的花瓶。选中第 1 个花瓶, 单击创建命令面板中的几何体按钮, 打开创建几何体面板, 单击几何体下拉列表框右侧的下三角按钮▼，在打开的下拉列表中选择 Compound Object(复合物体)选项，展开对象类型卷展栏，再单击 Morph(变形)按钮，再单击 Pick Target(拾取目标)按钮，在时间线上拖动自动关键帧滑块，在第20帧、第40帧、第60帧、第80帧、第100帧处，分别从场景中拾取第2、3、4、5个目标对象，变形动画就制作好了。

图6.107　拉伸参数和效果

(9)　播放动画，花瓶的变形动画如图6.108所示。

图6.108　花瓶变形动画

6.6　实　　例

本节利用二维图形创建三维模型。学习 Extrude(挤出)、Lathe(车削)等修改器的用法，以及 Loft(放样)创建复合物体的方法。

1. 创建桌子

(1)　在命令面板中，单击（创建）按钮，在打开的创建命令面板中单击（图形）按钮，进入二维图形创建面板。单击 Rectangle(矩形)按钮，在顶视图中创建一个100×140的矩形。单击 Circle(圆)按钮，在顶视图中创建两个圆形。单击对齐工具按钮，将圆与矩形两端对齐，如图6.109所示。

(2)　选中一个圆形，单击（修改）按钮打开修改命令面板，在 Modifier List(修改器列表)下拉列表中选择 Edit Spline(编辑样条曲线)选项，为圆形添加编辑样条曲线修改器。在修改命令面板中单击 Attach(附加)按钮，在视图中分别单击矩形和另一个圆形，将它们合并为一个整体，如图6.110所示。

(3)　单击 Edit Spline(编辑样条曲线)修改器左侧的"+"号，打开修改器堆栈，选择 Spline 进入样条曲线次物体层级。选中左侧的圆形，在修改命令面板中的（并集）按钮激活的情况下，单击 Boolean(布尔运算)按钮，再依次单击矩形和右侧的圆形，就完成了3个图形的布尔并运算，效果如图6.111所示。

(4)　在 Outline(轮廓线)右侧的文本框内输入5，然后按下 Outline 按钮，放大并复制出一条相似的轮廓线，如图 6.112 所示。

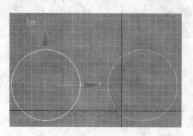

图 6.109　绘制矩形和圆

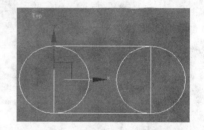

图 6.110　合并二维图形

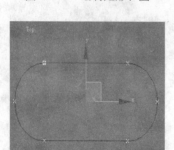

图 6.111　布尔并运算效果

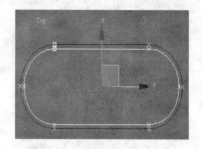

图 6.112　创建轮廓线

（5）现在两条样条曲线是一个整体。选中一条样条曲线，在修改命令面板中，单击 Detach(分离)按钮，打开如图 6.113 所示的 Detach(分离)对话框。

（6）单击 OK 按钮，两条样条曲线就分离为两条独立的曲线，如图 6.114 所示。

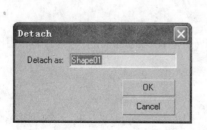

图 6.113　分离对话框

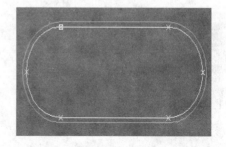

图 6.114　分离为独立曲线

（7）选中外部的轮廓线，在 Modifier List(修改器列表)下拉列表中选择 Extrude(挤出)选项，为轮廓线添加挤出修改器，设置 Amount(数量)为 8。选中内部的轮廓线，在 Modifier List(修改器列表)中选择 Extrude(挤出)选项，为轮廓线添加挤出修改器，设置 Amount(数量)为 20，创建出桌子的主体部分。

（8）单击 按钮，在打开的创建命令面板中单击 按钮，打开二维图形创建面板。单击 Line(线)按钮，在左视图中绘制一条曲线作为桌腿的轮廓线，如图 6.115 所示。

（9）选中桌腿轮廓线，在 Modifier List(修改器列表)下拉列表中选择 Lathe(车削)选项，为曲线添加车削修改器，单击 Max 按钮，以最右端为旋转轴心，即可生成桌腿，再复制出另外 3 条桌腿，就完成了桌子的制作，如图 6.116 所示。

2. 创建椅子

(1)　在命令面板中单击 (创建)按钮，在打开的创建命令面板中单击 (图形)按钮，打开二维图形创建面板。单击 Line(线)按钮，在顶视图中绘制一条曲线作为椅子背的放样路径，如图 6.117 所示。

| 图 6.115　桌腿轮廓线 | 图 6.116　桌子 | 图 6.117　椅背的放样路径 |

(2)　再单击 Line(线)按钮，在左视图中绘制一条曲线作为椅子背的轮廓线，如图 6.118 所示。

(3)　选中椅子背轮廓线，单击 (创建)按钮，在打开的创建命令面板中单击 (几何体)按钮，在创建几何体面板的几何体类型下拉列表中选择 Compound Object(复合物体)选项，在创建面板中单击 Loft(放样)按钮，在 Creation Method(创建方法)卷展栏中单击 Get Path(获取路径)按钮，再单击视图中的放样路径曲线，放样生成椅子靠背曲面，如图 6.119 所示。

(4)　单击 (创建)按钮，在打开的创建命令面板中单击 (图形)按钮，打开二维图形创建面板。单击 Line(线)按钮，在顶视图中绘制一条曲线作为椅子坐垫的轮廓线，如图 6.120 所示。

| 图 6.118　椅背的轮廓线 | 图 6.119　椅背 | 图 6.120　坐垫轮廓线 |

(5)　单击 (修改)按钮打开修改命令面板，在 Modifier List(修改器列表)下拉列表中选择 Extrude(挤出)选项，为轮廓线添加挤出修改器，设置 Amount(数量)为 8。将其移动到椅背的下方，如图 6.121 所示。

(6)　单击 Line(线)按钮，在左视图中绘制一条曲线作为椅子的扶手和前腿的放样路径，如图 6.122 所示。

(7)　单击 Rectangle(矩形)按钮，在顶视图中创建一个 5×5 的矩形。选中矩形，单击 (创建)按钮，在打开的创建命令面板中单击 (几何体)按钮，在创建几何体面板的几何体类型下拉列表中选择 Compound Object(复合物体)选项，在创建命令面板中单击 Loft(放样)按钮，在 Creation Method(创建方法)卷展栏中单击 Get Path(获取路径)按钮，再单击视图中的放样路径曲线，放样生成椅子扶手和前腿，如图 6.123 所示。

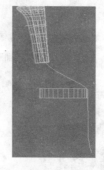

图 6.121　挤出坐垫　　　　图 6.122　扶手和前腿的放样路径　　　　图 6.123　放样生成椅子扶手和前腿

(8)　复制生成另一个扶手和前腿，如图 6.124 所示。

(9)　用同样的方法，放样制作椅子的后腿和椅背支撑，椅子效果如图 6.125 所示。

(10)　复制几把椅子，将它们放置在桌子周围，效果如图 6.126 所示。

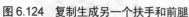

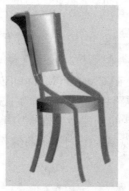

图 6.124　复制生成另一个扶手和前腿　　　　图 6.125　椅子　　　　图 6.126　桌子和椅子

6.7　小　　结

本章讲述了创建复合模型的方法，包括 Boolean(布尔运算)、Loft(放样)、Connect(连接)、ShapeMerge(图形合并)、Morph(变形)等，复合物体是将两个或两个以上的对象复合成一个复杂物体的操作。复合模型的建模方法具有强大的功能，不仅可以创建多种复杂的模型，还可以创建动画。

6.8　习　　题

1. 利用多截面放样的方法创建如图 6.127 所示的沐浴露瓶。

2. 利用布尔运算的方法创建如图 6.128 所示的螺母。

图 6.127 沐浴露瓶

图 6.128 螺母

第7章 曲面建模

【本章要点】

曲面建模是大多数三维制作软件所使用的高级建模方法，对于复杂的造型，这种建模方法所得到的模型面数少，因此被广泛地应用到游戏建模中。通过本章的学习，读者可以了解多边形建模的各种方法、面片建模的相关知识、创建和编辑 NURBS 模型的方法和过程，掌握创建流线型模型的方法。

7.1 多边形建模

在原始的、较简单的模型上，通过增减点、面数，或调整点、面的位置来产生所需要的模型，这种建模的方法称为多边形建模。多边形建模是所有建模方法中最繁琐、最耗费精力的一种建模方法，它要求创作者必须对每个部件的放置位置有非常清晰的认识。多边形模型有两种编辑方式：编辑网格和编辑多边形。多边形建模具有强大的建模功能，如果熟练地掌握了这种建模方法，就可以随心所欲地建造各种模型了。

7.1.1 多边形建模的基本原理

1. 多边形物体

在前面章节介绍的各种标准几何体和扩展基本体，都属于多边形模型。当通过Extrude(挤出)、Loft(放样)等建模方法创建模型时，在修改命令面板中的 Parameters(参数)卷展栏下的 Output(输出)选项组中，默认的输出模型为 Mesh(网格)，如图 7.1 所示。这样，创建的模型最终将输出为多边形模型。

在 3ds Max 8 中有两种方法可获得编辑多边形的功能。一种是在 Modifier List(修改器列表)下拉列表中选择 Edit Mesh(编辑网格)选项，给物体加载一个编辑多边形的修改器。另一种是右击选中的物体，在弹出的快捷菜单中选择 Converse To (转化为)| Converse To Editable Mesh(转化为可编辑网格)命令。

2. Edit Mesh(编辑网格)的次物体

一个多边形加载了 Edit Mesh(编辑网格)修改器后，在修改命令面板中单击 Edit Mesh 左边的 "+" 号，展开修改器堆栈，可看到多边形物体的 5 种次物体，如图 7.2 所示。其含义介绍如下。

- Vertex(顶点)：物体表面的顶点。调节顶点，可直接更改物体的形状。
- Edge(边)：物体表面的边。编辑一条边至少可以影响到三个相连的面。
- Face(面)：Face 是指由三个顶点组成的小三角面。
- Polygon(多边形)：一个多边形包含了若干个小三角面，选择一个多边形时，实际可能同时选择了多个隐藏的面。

- Element(元素)：一组连续的面。

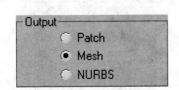

图 7.1 输出网格模型

图 7.2 修改器堆栈

3. Edit Mesh(编辑网格)的 Selection(选择)卷展栏

Edit Mesh(编辑网格)的 Selection(选择)卷展栏如图 7.3 所示，其主要功能是协助用户对各种次物体进行选择。

位于 Selection(选择)卷展栏最上面一行的按钮用来决定选择的次物体模式，单击不同的按钮将分别进入网格对象的顶点、边、面、多边形和元素等次物体层级。对应不同的次物体，3ds Max 8 提供了不同的编辑操作方式。

3ds Max 8 提供了以下三种方法来辅助次物体的选择。

- By Vertex(按顶点)选择方式

  用来控制是否通过顶点的方式来选择边或面等次物体，通过单击顶点就可以选择共享该顶点所有的边和面。

- Ignore Backfacing(忽略背面)选择方式

  选择次物体时在视图中只能选择法线方向上可见的次物体。取消选中该复选框，则可选择法线方向上可见或不可见的次物体。

- Ignore Visible Edges(忽略可见边)选择方式

  只有在多边形的模式下才能使用，用于在选择多边形时忽略掉可见边。该复选框是与 Planar Thresh(平面阀值)同时使用的。Planar Thresh(平面阀值)微调框的数值用来定义选择的多边形是平面还是曲面。值为 1.0 时为平面，值大于 1.0 时为曲面。

Selection(选择)卷展栏的其他参数含义如下。

- Hide(隐藏)：该按钮可以用来隐藏被选择的次物体，隐藏后的次物体就不能再被选择，也不会受其他操作的影响。使用隐藏工具可以大大地避免误操作的发生，同时也有利于对遮盖住的顶点等次物体的选择。

- Unhide All(全部取消隐藏)：该按钮的功能正好与 hide(隐藏)按钮的功能相反，单击该按钮将使所有被隐藏的次物体都显示出来。

- Named Selections(命名选择)选项组：该选项组中的按钮用于复制和粘贴被选择的次物体或次物体集，适用于想用分离出选择的次物体来生成新的对象，但又不想对原网格对象产生影响的情况。

在 Selection(选择)卷展栏的最下方提供了选择次物体情况的信息栏，通过该信息可以确认是否多选或漏选了次物体。

4. 软选择

Soft Selection(软选择)卷展栏如图 7.4 所示，此卷展栏也是各个对象操作都共有的一个属性卷展栏，该卷展栏控制对选择的次物体的变换操作是否影响其邻近的次物体。

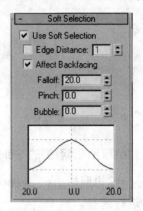

图 7.3　Select(选择)卷展栏　　　　　　　图 7.4　Soft Selection(软选择)卷展栏

当对选择的次物体进行几何变换时，3ds Max 8 对周围未被选择的顶点应用一种样条曲线变形，就是说当变换所选的次物体时，周围的顶点也依照某种规律跟随变换。在该卷展栏中选中 Use Soft Selection(使用软选择)复选框后，下面的各个选项才会被激活。

- Falloff(衰减)：定义了所选顶点的影响区域从中心到边缘的距离，值越大影响的范围就越宽。
- Pinch(收缩)：定义了沿纵轴方向变形曲线最高点的位置。
- Bubble(膨胀)：定义了影响区域的丰满程度。

在这 3 个因素中，Falloff(衰减)最为重要也最常用。

选中 Affect Backfacing(影响背面)复选框，当被选择的次物体发生几何变换时，与其法线方向相反的次物体不会受到此变形曲线的影响。

如图 7.5 所示为选中 Use Soft Selection(使用软选择)复选框后，对所选顶点进行移动时的效果。

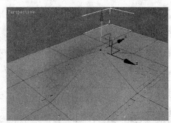

图 7.5　使用软选择后移动顶点的效果

5. 合并和分离多边形及多边形次物体

在 3ds Max 8 中可以在任何时候通过 Attach(附加)将两个多边形物体合并为一个整体，或通过 Detach(分离)将一个多边形物体上的一部分分离，形成一个新的独立的物体。

如图 7.6 所示为 Editable Mesh(编辑网格)修改器的层级 Editable Mesh(编辑网格)和顶点

(Vertex)、边(Edge)、面(Face)、多边形(Polygon)和元素(Element)次物体层级，在修改命令面板中的 Edit Geometry(编辑几何体)卷展栏。

从图 7.6 各图中可以看到，各卷展栏中的 Attach(附加)按钮都处于可用状态，这表示在各层级都可以进行附加操作。Detach(分离)按钮在部分层级处于可用状态，在这些层级可进行分离操作。

编辑网格层级　　　　　　顶点次物体　　　　　　　　边次物体　　　　面、多边形、元素次物体

图 7.6　Editable Mesh 各主、次物体的 Edit Geometry(编辑几何体)卷展栏

Attach(附加)按钮用于将场景中另一个对象合并到所选择的网格对象上，被合并的对象可以是可编辑的网格物体，也可以是样条线、面片等任何对象，还可以是顶点、边、面、多边形和元素等次物体。

Detach(分离)按钮用于将选择的对象从源对象中分离从而成为独立的对象。"分离"有助于把整个对象分离成为个别的对象来编辑修改，在编辑修改完毕后可以再把分离出来的对象合并到原来的对象上。

实例 1：分离和附加对象

(1) 在命令面板中单击 (创建)按钮，在打开的创建命令面板中单击 (几何体)按钮，在创建几何体面板中单击 Sphere(球体)按钮，在顶视图中创建一个球体。右击该球体，在弹出的快捷菜单中选择 Convert to (转化为)| Convert to Editable Mesh(转化为可编辑网格)命令，将球体转化为多边形物体。

(2) 单击 (修改)按钮，打开修改命令面板，单击可编辑网格修改器堆栈左侧的 "+" 号，选择 Vertex(顶点)次物体，在视图中选择上半部分球体，如图 7.7 所示。

(3) 单击 Detach(分离)按钮，打开 Detach(分离)对话框，分离的物体生成 Object01(物体01)，单击 OK 按钮，物体 01 就成为一个独立的物体了，如图 7.8 所示。

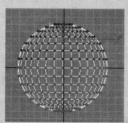
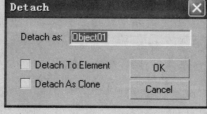
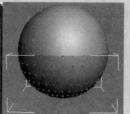

图 7.7　选择球体上半部分顶点　　　　图 7.8　分离球体

(4) 打开 Modifier List(修改器列表)下拉列表，选择 FFD4×4×4 修改器，单击 FFD 修改器堆栈左侧的 "+" 号，选择 Control Point(控制点)次物体，在前视图中选择球体右边中间两排控制点向右拖动，如图 7.9 所示。

(5) 改变后的半球形状如图 7.10 所示。选择下半部分球体，单击 Attach(附加)按钮，然后在视图中单击上半部分物体，两个物体又合并为一个整体了。

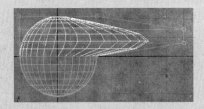

图 7.9　修改球体上半部分　　　　　　图 7.10　变形后的上半球

(6) 单击 Editable Mesh(可编辑网格)修改器堆栈左侧的 "+" 号，选择 Vertex(顶点)次物体，在前视图中选择中间的所有顶点，如图 7.11 所示。在 Edit Geometry(编辑几何体)卷展栏下，Weld(焊接)选项组中，单击 Selected(选择)按钮，上下两部分的顶点就焊接在一起了，焊接效果如图 7.12 所示。这样就完成了对一个物体的两部分分别进行编辑变形的操作。

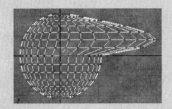

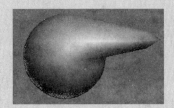

图 7.11　选择中间的顶点　　　　　　图 7.12　焊接顶点

7.1.2　编辑网格

下面通过实例说明有关 Edit Mesh(编辑网格)的操作。

实例2：编辑网格的相关操作

(1) 在命令面板中单击 (创建)按钮，在打开的创建命令面板中单击 (几何体)按钮，在创建几何体面板中单击 Box(长方体)按钮，在顶视图中创建一个长方体。右击该长方体，在弹出的快捷菜单中选择 Convert to (转化为)| Convert to Editable Mesh(转化为可编辑网格)命令，将长方体转化为多边形物体。

(2) 断开多边形顶点。单击 (修改)按钮，打开修改命令面板，单击可编辑网格修改器堆栈左侧的 "+" 号，选择 Vertex(顶点)次物体，在长方体上选择一个顶点，在修改命令面板中单击 Break(断开)按钮，使用移动工具移动各顶点，发现原来的顶点断开为若干个独立的顶点，调整后，长方体产生了如图 7.13 所示的空洞效果。单击命令面板中的 (显示)按钮，在 Display Properties(显示属性)卷展栏中，取消选中 Backface Cull(背面拣出)复选框，就可以显示长方体的背面了，效果如图 7.14 所示。

(3) 创建斜面。转动透视图，选择长方体另外一个未分开的顶点，在 Edit Geometry(编辑几何体)卷展栏中单击 Chamfer(倒角)按钮，然后在所选择的顶点上拖动鼠标，或者直接在文本框内设置倒角参数，可产生如图7.15所示的倒角效果。

(4) 创建新的边。继续编辑长方体，在Edit Geometry(编辑几何体)卷展栏中单击Slice Plane(切割平面)按钮，在长方体周围产生了一个黄色的切割平面，如图7.16所示设置切割平面的位置，单击Slice(切片)按钮，在长方体上创建了新的顶点，如图7.17所示。在透视图左上角右击鼠标，在弹出的快捷菜单中选中Edged Faces(边面)命令，就可以看到长方体新创建的边了，如图7.18所示。

(5) 拉伸多边形。单击 (创建)按钮，在打开的创建命令面板中单击 (几何体)按钮，在创建几何体面板中单击 Sphere(球体)按钮，在顶视图中创建一个球体，设置球体的分段数为12。右击该球体，在弹出的快捷菜单中选择Convert to (转化为)| Convert to Editable Mesh(转化为可编辑网格)命令，将球体转化为多边形物体。单击 (修改)按钮，打开修改命令面板，单击可编辑网格修改器堆栈左侧的"+"号，选择 Polygon(多边形)次物体，在视图中选择要拉伸的多边形，如图 7.19 所示。在 Edit Geometry(编辑几何体)卷展栏中单击 Extrude(挤出)按钮，在所选择的多边形上拖动，或在 Extrude(挤出)右侧的微调框中输入要拉伸的数量，所选择的多边形就凸出来了，拉伸的效果如图7.20所示。

(6) 倒角多边形。选择 Polygon(多边形)次物体，在视图中选择要进行倒角的多边形，如图7.21所示。在 Edit Geometry(编辑几何体)卷展栏中单击 Bevel(倒角)按钮，在所选择的多边形上拖动鼠标，单击以后再拖动鼠标，所选择的多边形就产生了倒角的效果，如图7.22所示。

图 7.13 断开顶点

图 7.14 显示背面

图 7.15 倒角

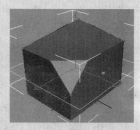

图 7.16 切割平面

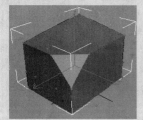

图 7.17 创建新顶点

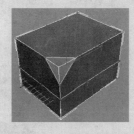

图 7.18 创建新边

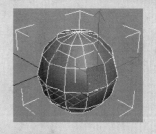

图 7.19 选择多边形

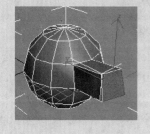

图 7.20 挤出面

图 7.21 选择多边形

图 7.22 倒角

(7) 分割多边形。在 Edit Geometry(编辑几何体)卷展栏中单击 Cut(切割)按钮，右击 ⓷(三维捕捉)按钮，在弹出的对话框中选择 Vertex(顶点)，在两个顶点上拖动鼠标，就会产生一条新的边，如图 7.23 所示。选择一个多边形，可看到新创建的边将原来的一个多边形分割为两个多边形，如图 7.24 所示。

本实例就是编辑网格物体中对多边形的操作。

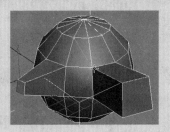 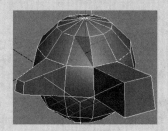

图 7.23　切割产生新边　　　　图 7.24　切割面

7.1.3　多边形的相关修改器

1. Vertex Weld(顶点焊接)修改器

在 3ds Max 8 中，提供了一个专门用于焊接顶点的修改器——Vertex Weld(顶点焊接)修改器。它与 Edit Mesh(编辑网格)修改器的顶点次物体的修改命令面板中，Edit Geometry(编辑几何体)卷展栏中的 Weld(焊接)选项组的主要区别在于，可以制作动画。

> **实例 3：使用 Vertex Weld(顶点焊接)修改器制作动画**
>
> (1)　在命令面板中单击 ✎(创建)按钮，在打开的创建命令面板中单击 ◐(几何体)按钮，在创建几何体面板中单击 Sphere(球体)按钮，在顶视图中创建一个球体。右击该球体，在弹出的快捷菜单中选择 Convert to (转化为)| Convert to Editable Mesh(转化为可编辑网格)命令，将球体转化为多边形物体。
>
> (2)　断开多边形顶点。单击 ✐(修改)按钮，打开修改命令面板，单击可编辑网格修改器堆栈左侧的"+"号，选择 Vertex(顶点)次物体，在球体上选择最顶端的顶点，如图 7.25 所示，按下 Delete 键将其删除，得到如图 7.26 所示的空洞效果。

图 7.25　选择顶端顶点　　　　图 7.26　空洞效果

(3)　在 Modifier List(修改器列表)下拉列表中，选择 Vertex Weld(顶点焊接)修改器，选择球体最上一层顶点，单击 Auto Key(自动关键帧)按钮，设置第 0 帧处，Threshold(阈值)为 0，第 100 帧处，阈值为 10，这时最上层的顶点焊接在一起了。激活透视图，拖动帧滑块，观察到球体顶部逐渐收缩的动画，如图 7.27 所示为第 0 帧、第 50 帧、第 80 帧和第 100帧处的收缩效果。

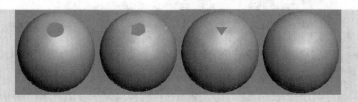

图 7.27　顶点焊接动画

2. Face Extrude(面挤出)修改器

在 3ds Max 8 中，提供了一个专门用于面挤出的修改器——Face Extrude(面挤出)修改器，它与 Edit Mesh(编辑网格)修改器的各次物体的修改命令面板中， Edit Geometry(编辑几何体)卷展栏中的 Extrude(挤出)按钮的作用相同，它也主要用于制作动画。

实例 4：使用 Face Extrude(挤出)修改器制作动画

(1)　在命令面板中，单击 （创建）按钮，在打开的创建命令面板中单击 （几何体）按钮，在创建几何体面板中单击 Tube(圆管)按钮，按图 7.28(a)所示设置参数，取消选中 Smooth(光滑)复选框，在顶视图中创建一个圆管。在透视图左上角处右击鼠标，在弹出的快捷菜单中选择 Edged Faces(边面)命令，视图中的圆管如图 7.28(b)所示。

(2)　右击圆管，在弹出的快捷菜单中选择 Convert to (转化为)| Convert to Editable Mesh(转化为可编辑网格)命令，将圆管转化为多边形物体。

(3)　单击 （修改）按钮，打开修改命令面板，单击可编辑网格修改器堆栈左侧的 "+" 号，选择 Polygon(多边形)次物体，在圆管上选择一些多边形，如图 7.29 所示。

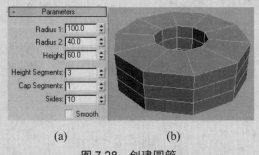

(a)　　　　　　(b)

图 7.28　创建圆管

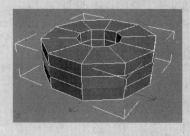

图 7.29　选择多边形

(4)　退出多边形次物体，在 Modifier List(修改器列表)下拉列表中选择 Face Extrude(面挤出)修改器，按下 N 键，打开自动关键帧按钮，将帧滑块拖动到第 100 帧处。然后设置面挤出的 Amount(数量)为 40。观察到前面所选择的面都被挤出了，如图 7.30 所示。

(5)　改变 Scale(比例)为 40，得到如图 7.31 所示的挤出效果。

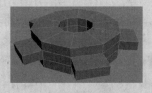

图 7.30　面挤出

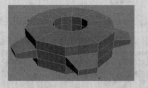

图 7.31　改变比例

(6)　激活透视图，单击 （播放）按钮，播放动画，观察到圆管的侧面逐渐伸出的动画，如图 7.32 所示为第 0 帧、第 40 帧和第 100 帧处面挤出的效果。

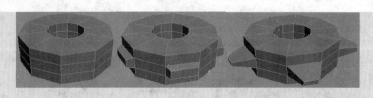

图 7.32   面挤出动画

7.1.4   编辑多边形

在前面章节已经领略了多边形建模的灵活性，本节将介绍多边形的几个常用的重要操作，并利用这些操作创建两个实体模型。

> **实例 5：编辑多边形的常用操作**

(1)   在命令面板中单击 (创建)按钮，在打开的创建命令面板中单击 (几何体)按钮，在创建几何体面板中单击 Tube(圆管)按钮，取消选中 Smooth(光滑)复选框，在顶视图中创建一个圆管，设置 Height Segments(高度分段数)为 3，Sides(边数)为 8。在透视图左上角处右击鼠标，在弹出的快捷菜单中选择 Edged Faces(边面)命令，则视图中圆管如图 7.33 所示。

(2)   右击圆管，在弹出的快捷菜单中选择 Convert to (转化为)| Convert to Editable Poly(转化为可编辑多边形)命令，将圆管转化为多边形物体。

(3)   单击 (修改)按钮，打开修改命令面板，单击可编辑多边形修改器堆栈左侧的 "+" 号，选择 Polygon(多边形)次物体，在圆管上选择一侧的多边形，按 Delete 键删除，打开显示命令面板，取消选中 Display Properties(显示属性)卷展栏中的 Backface Cull(背面拣出)复选框，在视图中可以看到整个管状物体，如图 7.34 所示。

图 7.33   创建圆管

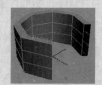
图 7.34   删除圆管一侧

(4)   封口。在修改器堆栈中选择 Border(边界)次物体，然后在物体上选择一个开口的边界，在 Edit Borders(编辑边界)卷展栏中单击 Cap(封口)按钮，即可为开口的边界封口，如图 7.35 所示。

(5)   插入面。在修改器堆栈中选择 Polygon(多边形)次物体，然后在物体上选择一个或几个多边形，在 Edit Polygon(编辑多边形)卷展栏中单击 Insert(插入)按钮，在所选择的多边形上拖动鼠标，观察到所选择的多边形被勾边，增加了新的多边形，如图 7.36 所示。

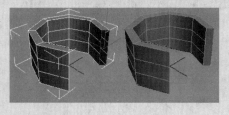
图 7.35   封口

图 7.36   插入面

(6) 连接边。在修改器堆栈中选择 Edge(边)次物体，然后在物体上选择几条边，在 Edit Edges(编辑边)卷展栏中单击 Connect(连接)按钮，如图 7.37 所示，模型上增加了新的边。

(7) 从边旋转。在修改器堆栈中选择 Polygon(多边形)次物体，然后在物体上选择一个多边形，在 Edit Polygon(编辑多边形)卷展栏中单击 Hinge Polygons From Edge(从边旋转)按钮右侧的参数图标□，按图 7.38 所示设置 Hinge Polygons From Edge(从边旋转)对话框。

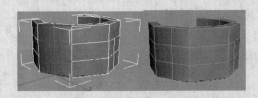

图 7.37　创建新边　　　　　　　　图 7.38　从边旋转对话框

(8) 单击从边旋转对话框中的 Pick Hinge(拾取转枢)按钮，选择物体右边矩形右侧的一条边，观察到模型上产生了圆弧状多边形棱柱，如图 7.39(b)所示，单击 Apply(应用)按钮，多边形棱柱增加了一段，如图 7.39(c)所示。

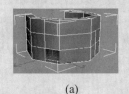

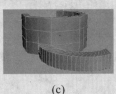

(a)　　　　　　　　　(b)　　　　　　　　　(c)

图 7.39　挤出圆弧状多边形棱柱

(9) 沿样条曲线挤出。在视图中绘制一条样条曲线，如图 7.40 所示。

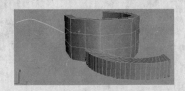

图 7.40　绘制样条曲线

(10) 在修改器堆栈中选择 Polygon(多边形)次物体，然后在物体上选择一个多边形，在 Edit Polygon(编辑多边形)卷展栏中单击 Extrude Along Spline(从样条曲线挤出)按钮右侧的参数图标□，按图 7.41 所示设置 Extrude Polygons Along Spline(从样条曲线挤出)对话框。

(11) 单击从样条曲线挤出对话框中的 Pick Spline(拾取样条曲线)按钮，用鼠标在视图中单击样条曲线，再单击 OK 按钮，模型上产生了犄角状柱体，如图 7.42 所示。

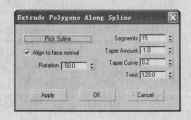
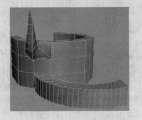

图 7.41　从样条曲线挤出对话框　　　　　图 7.42　挤出犄角

实例 6: 创建油壶

(1) 创建一个 130×200×150 的长方体,长、宽、高的分段数分别为 3×4×3。在透视图的左上角右击鼠标,在弹出的快捷菜单中选择 Edge Faces(边面)命令,显示边面,如图 7.43 所示。

(2) 右击长方体,在弹出的快捷菜单中选择 Convert to(转化为)|Convert to Editable Poly(转化为可编辑多边形)命令,将长方体转化为多边形物体。进入多边形层级,选择模型上表面内侧的 6 个多边形,在编辑多边形参数栏中单击 Extrude(挤出)按钮,拖动多边形,挤出一段;单击 Outline (轮廓)按钮,拖动鼠标,缩小上表面。使用同样方法再挤出两段,如图 7.44 所示。

图 7.43 创建长方体

图 7.44 挤出多边形

(3) 制作油壶把手。选择物体上部中间的多边形,将其向外挤出两段,使用旋转工具 将所选的多边形旋转一定的角度。选择物体下面的另一个多边形进行同样的操作,使两边挤出的部分做好连接准备,如图 7.45 所示。

(4) 分别删除油壶把手两边的两个面,如图 7.46 所示。

图 7.45 挤出并旋转面

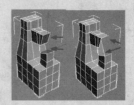
图 7.46 删除面

(5) 进入顶点层级,在编辑顶点参数栏中单击 Target Weld(目标焊接)按钮,将一个顶点拖到另一个面上相应的顶点处,将两个顶点焊接在一起。使用同样的方法焊接其余三个顶点。效果如图 7.47 所示。

(6) 调整顶点位置,使把手变为圆弧状。效果如图 7.48 所示。

(7) 进入模型的物体层级,单击可编辑多边形,在顶视图中缩放模型使其变扁一些,如图 7.49 所示。

图 7.47 焊接顶点

图 7.48 调整顶点

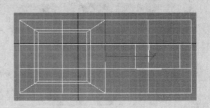
图 7.49 缩放模型

(8) 进入多边形层级，选中壶口顶部的多边形，在编辑多边形参数栏中，单击 Extrude(挤出)按钮，并单击 Outline(轮廓)按钮将挤出的部分缩小一点，如图 7.50 所示。

(9) 将顶视图单屏显示，进入顶点层级，为避免误选背面的顶点，在 Selection(选择)卷展栏中选中 Ignore Backfacing(忽略背面)复选框。移动顶部的 6 个顶点，使之呈六边形排列，如图 7.51 所示。

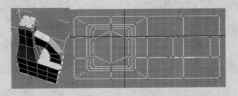

图 7.50　挤出多边形　　　　　　　图 7.51　编辑顶点

(10) 返回到透视图，进入多边形层级，选择六边形的面，挤出一段模型，如图 7.52 所示。

(11) 单击 Insert(插入)按钮，在六边形的面上拖动，就在上面插入了同样的多边形面，将新插入的面向下挤出，使之凹下去，形成壶口。如图 7.53 所示。

(12) 进入物体层级，选择 Smooth Mesh (网格平滑)修改器，在 Refine (细分量)参数栏中输入迭代次数为 2。去除边面，可观察油壶的造型如图 7.54 所示。

(13) 进入 Smooth Mesh(网格平滑)修改器中的 Edge(边)层级，设置控制级别为 1。

(14) 在顶视图中框选模型中间的边，就选中了模型中缝处所有的边，输入折缝值为 1。可在模型上观察到折缝效果，如图 7.55 所示。

图 7.52　挤出壶嘴　　图 7.53　插入面　　图 7.54　油壶造型　　图 7.55　折缝效果

实例 7：创建飞机模型

(1) 在顶视图中创建一个长方体，分段数分别为 6、2、2。在透视图的左上角右击鼠标，在弹出的快捷菜单中选择 Edged Faces(边面)命令显示长方体各分段的边和面。在任意视图中右击鼠标，在弹出的快捷菜单中选择 Convert to | Convert to Editable Poly(转化为|转化为可编辑多边形)命令，将长方体转化为可编辑多边形，如图 7.56 所示。

(2) 选中长方体，单击 修改命令按钮，在修改面板中选择 Vertex(顶点)进入顶点层级，框选长方体左侧一列顶点，将其删除。在主工具栏中单击 Mirror(镜像)按钮，在弹出的 Mirror: Screen Coordin…(镜像：屏幕坐标)对话框中，Mirror Axis(镜像轴)中选中 Y 轴，在 Clone Selection(克隆选项)中选中 Instance(实例)。单击 OK 按钮，复制出飞机的另一半。如图 7.57 所示。

(3) 退出 Vertex(顶点)层级，选中原模型，在修改面板中选择 Polygon(多边形)进入多边形层级，选中长方体上层的第二个多边形，在修改命令面板中单击 Extrude(挤出)按钮，将选中的多边形挤出四段，可看到镜像复制出来的另一半也发生了相同的变化。如图 7.58 所示。

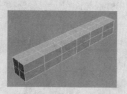

图 7.56　创建长方体

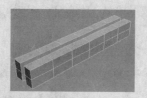

图 7.57　镜像复制出另一半

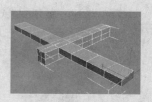

图 7.58　挤出飞机翅膀

（4）对挤出的机翼再多次进行挤出和轮廓操作，最后效果如图 7.59 所示。

（5）将两个物体附加为一个整体。(注意：当物体层级为加粗字体状态时，说明有一个与其相关联的物体存在，两个相关联的物体不能直接结合。因此，可将物体再次转化为"可编辑多边形"，这样就去除了两个模型的关联属性，就可以进行附加操作了。)将两个模型合并为一个整体的效果如图 7.60 所示。

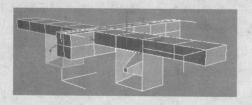

图 7.59　创建飞机初步模型

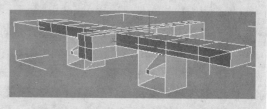

图 7.60　将两个模型合并为一个整体

（6）两个物体虽然结合成一个物体，但顶点并未连接，只是靠拢而已。进入顶点层级，选择中缝所有顶点，单击 Weld(焊接)按钮，则顶点被焊接了。当两个顶点距离较远时，不能完成焊接时，可以单击方形按钮，增加焊接范围阈值，就可以焊接较远的顶点了。

（7）进一步修改飞机模型，将尾部和头部缩小一点，如图 7.61 所示。

（8）使用 Smooth Mesh(网格平滑)修改器，在 Subdivision Amount(细分量)参数栏中输入 Iterations(迭代次数)为 2，即完成造型，如图 7.62 所示。

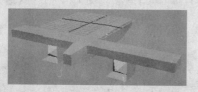

图 7.61　修改飞机头部和尾部

图 7.62　添加网格平滑修改器

7.2　面　片　建　模

在 3ds Max 8 中，用户可以方便地创建三角形面片和四边形面片，这些面片可以在虚拟的立体空间中弯曲、扭曲、延伸，还可以方便地相互缝合，向裁缝缝制衣服一样，将模型一片一片"缝制"出来，这就是面片建模的方法。另外，面片建模还可以通过在空间中搭建模型的框架网格，然后使用 Surface(曲面)修改器生成框架网格的蒙皮，产生面片模型。面片建模的方法很适合于建造人体、衣着、怪兽等模型。

7.2.1　面片的相关概念

1. 面片的类型

在 3ds Max 8 中存在着两种类型的面片，它们分别是 Quad Patch(四边形面片)和 Tri Patch(三角形面片)。面片对象是由产生表面的栅格定义的。四边形面片由四边的栅格组成，而三角形面片是由三边的栅格组成，如图 7.63 所示。栅格的主要作用是显示面片的表面效果，但不能对它直接编辑，最初工作的时候可以使用数量较少的栅格，当编辑变得越来越细或渲染要求较密的栅格时，可以增加栅格的数量来提高面片表面的密度。

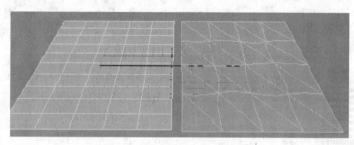

图 7.63　四边形面片和三角形面片

实例8：创建不同类型的面片

(1)　创建四边形面片。单击 (创建)按钮，在打开的创建命令面板中单击 (几何体)按钮，在创建几何体类型下拉列表中选择 Patch Grid(面片栅格)选项，再单击 Quad Patch(四边形面片)按钮，在顶视图中拖出一个四边形面片如图 7.64 所示。

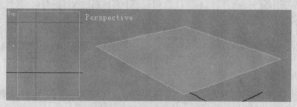

图 7.64　创建四边形面片

(2)　单击 (修改)按钮，打开修改命令面板，在 Modifier List(修改器列表)下拉列表中选择 Edit Patch(编辑面片)选项，为面片添加编辑面片修改器。单击可编辑网格修改器堆栈左侧的"+"号，选择 Vertex(顶点)次物体，使用移动工具将面片上的一个顶点向上移动，如图 7.65 所示，可观察到四边形面片的弯曲不仅均匀且富有弹性。

(3)　创建三角形面片。在创建几何体类型下拉列表中选择 Patch Grid(面片栅格)选项，再单击 Tri Patch(三角形面片)按钮，在顶视图中拖出一个三角形面片如图 7.66 所示。

(4)　单击 (修改)按钮，打开修改命令面板，在 Modifier List(修改器列表)下拉列表中选择 Edit Patch(编辑面片)选项，为面片添加编辑面片修改器。单击可编辑面片修改器堆栈左侧的"+"号，选择 Vertex(顶点)次物体，使用移动工具将面片上的一个顶点向上移动，如图 7.67 所示，可观察到三角形面片对象网格被均匀地弯曲。

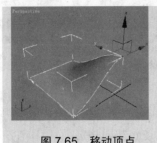

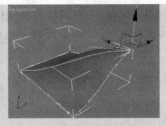

图 7.65　移动顶点　　　　　图 7.66　创建三角形面片　　　　图 7.67　移动顶点

2. 创建面片的几种方法

除了使用标准的面片创建方法外，在 3ds Max 8 中还包括以下常用几种创建面片的方法。

- 对创建的二维图形使用诸如 Latch(车削)和 Extrude(挤出)一类的修改器，在 Output(输出)选项组中选中 Patch(面片)单选按钮，将它们的生成对象输出为面片对象，如图 7.68 所示。

- 对创建的多个有规律的线首先使用 Cross Section(横截面)编辑修改器把各线连接起来，如图 7.69(a)所示。然后用 Surface(曲面)编辑修改器在连接框架的基础上生成曲面，如图 7.69(b)所示，最后使用 Edit Patch(编辑面片)编辑修改器把生成的对象转换为面片对象。这是目前面片建模的一种最常见的思路。

- 直接对创建的几何体使用 Edit Patch(编辑面片)编辑修改器，把网格(Mesh)对象转换为面片对象。

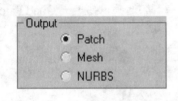

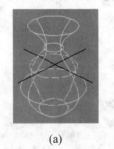

(a)　　　　　　(b)

图 7.68　输出面片对象　　　　　图 7.69　使用横截面和曲面创建面片对象

7.2.2　使用 Edit Patch(编辑面片)修改器

无论通过哪一种方式创建面片，最终都不可避免地要使用 Edit Patch(编辑面片)编辑修改器对面片进行编辑操作来完成复杂的面片建模。

编辑面片是对面片进行编辑来实现面片建模的主要工具。在使用方法上，与 Edit Mesh(编辑网格)编辑修改器非常类似。即首先创建模型对象，通过对对象使用 Edit Patch(编辑面片)编辑修改器把模型转变为面片对象，然后进入面片对象的各次物体层级来完成具体的编辑操作。

Selection(选择)卷展栏主要提供了次物体选择的各种方式及提示信息。面片对象有 Vertex(顶点)、Edge(边)、Patch(面片)、Element(元素)和 Handle(控制柄)共 5 种不同的次物体模式。

　　在顶点模式下，可以在面片对象上选择顶点的控制点及其矢量手柄，然后通过对控制点及矢量手柄的调整来改变面片的形状。

　　在控制柄模式下，可以对面片的所有控制手柄进行调整来改变面片的形状。

　　在边模式下，可以对边再分和从边上增加新的面片。

　　在面片模式下，可以选择所需的面片并且把它细分成更小的面片。

　　在元素模式下可以选择和编辑整个面片的对象。

实例9：编辑面片的常用操作

　　(1)　合并面片。选择实例8中的四边形面片，在修改命令面板中的Topology(拓扑)选项组中，单击Attach(附加)按钮，在视图中单击三角形面片，将两个面片合并为一个面片物体，如图7.70所示。

　　(2)　焊接顶点。单击可编辑面片修改器堆栈左侧的"+"号，选择Vertex(顶点)次物体层级，在Weld(焊接)卷展栏中单击Target(目标)按钮，然后在视图中拖动一个面片上的顶点到另一个面片上的顶点上，两个顶点就焊接到一起了，如图7.71所示。

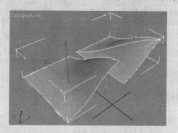
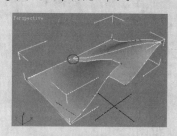

图7.70　附加两个面片　　　　　　　图7.71　焊接顶点

　　(3)　使用同样的方法焊接另一处顶点，如图7.72所示。如果要调节面片上某个顶点的弯曲状态，可选择这个顶点，然后拖动该顶点的贝塞尔手柄即可，在拖动过程中配合F8键可改变贝塞尔手柄转动的方向。

　　(4)　产生面片。在修改器堆栈中选择Edge(边)次物体层级，选中四边形面片的一个边，在修改命令面板的Topology(拓扑)选项组中，单击Add Tri(添加三角形面片)按钮，在这条边上就产生了一个三角形面片。同样，选择原三角形面片上的一条边，单击Add Quad(添加四边形面片)按钮，在这条边上就产生了一个四边形面片，如图7.73所示。

　　(5)　细分面片。使用步骤(2)的方法将几个面片的各顶点进行焊接，效果如图7.74所示。

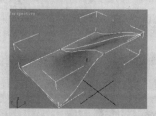
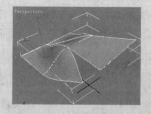
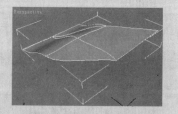

图7.72　焊接另一处顶点　　　图7.73　添加四边形面片　　　图7.74　焊接顶点的效果

　　(6)　在修改器堆栈中选择Patch(面片)次物体层级，选择一个面片，如图7.75所示，在参数栏中选中Propaga(传播)复选框，然后单击Subdivide(细分)按钮，观察到该面片被分割成几个面片，如图7.76所示。

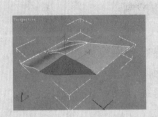
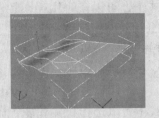

图 7.75 选择面片 图 7.76 分割面片

(7) 在面片上制作凹陷。在修改器堆栈中，选择 Vertex(顶点)次物体层级，调节中间一个面片的形状。再在修改器堆栈中，选择 Patch(面片)次物体层级，选择调节过的面片，如图 7.77 所示，在 Extrude&Bevel(挤出和倒角)卷展栏中，单击 Bevel(倒角)按钮，在所选择的面片上拖动鼠标，调整挤出量，单击后再拖动鼠标，调节倒角量，制作出的凹陷效果如图 7.78 所示。

图 7.77 调节并选择面片 图 7.78 制作凹陷效果

7.2.3 自动织网

自动织网功能是使用线条在三维空间中搭建物体的框架网格，然后使用 Surface(曲面)修改器，为网格设置表面。

使用自动织网功能建模时，所搭建的框架网格必须满足生成面片的条件，即每个网格必须是三角形或四边形，不符合条件的网格不能产生蒙皮，这样在物体上就会产生空洞。

实例 10：自动织网制作飞机模型

(1) 在命令面板中单击 (创建)按钮，在打开的创建命令面板中单击 (几何体)按钮，在创建图形面板中单击 Circle(圆)按钮，在左视图中绘制一个圆形，将圆形复制 15 个，然后适当调整两头圆形的大小，得到如图 7.79 所示的飞机横截面。

(2) 选择第 1 个圆形，右击该圆，在弹出的快捷菜单中选择 Convert to (转化为)| Convert to Editable Spline(转化为可编辑样条曲线)命令。在修改命令面板中，单击 Attach(附加)按钮，在视图中依次单击所有的圆，将它们合并为一个整体，如图 7.80 所示。

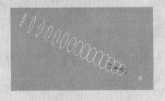

图 7.79 创建飞机横截面 图 7.80 合并各横截面

(3) 在 Modifier List(修改器列表)下拉列表中，选择 Cross Section(横截面)修改器，这时视图中的线条形成了框架，如图 7.81 所示。

(4) 在 Modifier List(修改器列表)下拉列表中，选择 Surface(曲面)修改器，这时视图中的飞机框架被蒙上了面片，如图 7.82 所示。

(5) 制作机翼。单击 Line(线)按钮，在左视图中绘制飞机机翼轮廓线，如图 7.83 所示。

(6) 将轮廓线复制 6 条，调整它们的大小，在 Modifier List(修改器列表)下拉列表中，选择 Cross Section(横截面)修改器，再选择 Surface(曲面)修改器，这时视图中的飞机机翼框架被蒙上了面片，如图 7.84 所示。

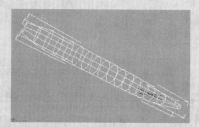

图 7.81 添加横截面修改器

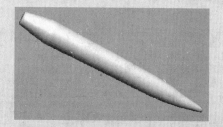

图 7.82 添加曲面修改器

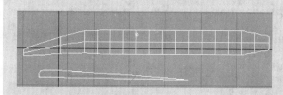

图 7.83 绘制飞机机翼轮廓线

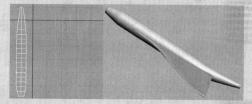

图 7.84 制作飞机机翼

(7) 将飞机机翼镜像复制，得到另一个机翼，如图 7.85 所示。

(8) 单击 (创建)按钮，在打开的创建命令面板中单击 (几何体)按钮，在创建几何体类型面板中单击 Cone(圆锥)按钮，在左视图中制作一个圆锥，适当调整其大小，将其放置到飞机头前方，如图 7.86 所示。

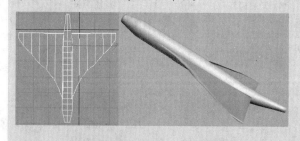

图 7.85 镜像复制另一个机翼

图 7.86 创建飞机头部

(9) 制作尾翼。单击 Line(线)按钮，在左视图中绘制飞机尾翼轮廓线，将其复制几条后，使用缩放工具，调整它们的大小如图 7.87 所示。

(10) 使用同样的方法为飞机尾翼蒙上面片，如图 7.88 所示。为飞机赋予银灰色材质，加入一张蓝天的背景，渲染视图，飞机飞翔的最终效果如图 7.89 所示。

图 7.87 制作尾翼横截面　　图 7.88 制作尾翼　　图 7.89 最终效果

7.2.4 手工织网

虽然使用自动织网功能创建模型方便快捷，但是对于复杂的模型来说，自动织网就存在很多局限性，因此，在创建复杂模型时需要使用手工织网。

实例 11：手工织网

(1) 在命令面板中单击 (创建)按钮，在打开的创建命令面板中单击 (图形)按钮，在创建图形面板中单击 Line(线)按钮，在左视图中绘制如图 7.90 所示的曲线。单击 (修改)按钮，打开修改命令面板，在修改器堆栈中选择 Vertex(顶点)，进入顶点次物体层级，如图 7.91 所示。

(2) 在修改命令面板中单击 Create Line(创建线)按钮，按下三维捕捉开关按钮 ，在其上右击鼠标，在弹出的对话框中设置捕捉方式为 Vertex(顶点)和 Endpoint(端点)，然后为框架添加纵向的线条，如图 7.92 所示。

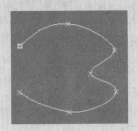
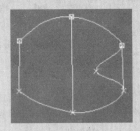

图 7.90 创建线　　　图 7.91 顶点次物体层级　　　图 7.92 添加纵向线条

(3) 在修改命令面板上单击 Refine(细化)按钮，在纵向线条上添加顶点，如图 7.93 所示。

(4) 分别选中纵向线条中部的顶点，在顶视图中向右移动，使框架产生厚度，顶视图和透视图的效果如图 7.94 所示。

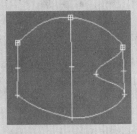
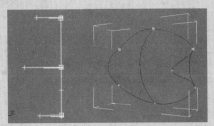

图 7.93 添加顶点　　　图 7.94 移动顶点使框架产生厚度

(5) 继续单击 Create Line(创建线)按钮，建立线条连接纵向线条中部的顶点，创建横向的线条，如图 7.95 所示。

(6) 打开修改器下拉列表，选择 Surface(曲面)修改器，框架上蒙上面片后的效果如图 7.96 所示。

(7) 复制出另外一半线架。删除 Surface(曲面)修改器，单击镜像▶按钮，并选中 Copy(复制)复选框，镜像复制出物体的另外一半。在修改命令面板中单击 Attach(附加)按钮，在视图中单击复制出的一半，将两个框架合并为一个物体，如图 7.97 所示。由于中缝是两条重合的线条，所以要删除一条。在线条的修改器堆栈中选择 Spline(样条曲线)，选择一条中缝，将其删除，如图 7.98 所示。

(8) 打开修改器下拉列表，选择 Surface(曲面)修改器，线架上蒙上面片后的效果如图 7.99 所示。

(9) 在实际工作中，常常需要将两个模型缝合到一起，通常是通过缝合线框来完成的。下面缝合一个简单的线框。删除图中的 Surface(曲面)修改器，保留线框物体，将其复制一个，如图 7.100 所示。

图 7.95 创建横向线条

图 7.96 为框架蒙皮

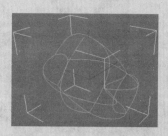

图 7.97 镜像复制并合并两框架

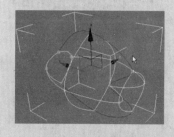

图 7.98 删除重复的中线

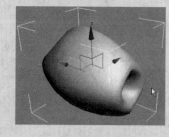

图 7.99 为线架蒙皮

图 7.100 复制线框

(10) 观察复制出的线框物体的修改命令面板，可以看到在 Line(线)堆栈的上面有一条深色的线条，如图 7.101 所示。这时打开修改器下拉列表，选择 Surface(曲面)修改器，线架上蒙上面片后的效果如图 7.102 所示。

图 7.101 Line(线)堆栈

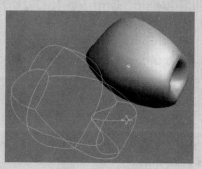

图 7.102 为线架蒙皮

(11) 在创建命令面板中单击 Circle(圆)按钮，在顶视图中绘制一个圆形，在前视图中将其向上复制两个，使用缩放工具将它们适当缩小一些，将其中一个圆转化为可编辑的样条曲线，然后将它们 Attach(附加)合并为一个整体，效果如图 7.103 所示。

(12) 在修改器下拉列表中，选择 Cross Section(横截面)修改器，将刚创建的框架自动织网，形成一个小口袋，如图 7.104 所示。

(13) 调整小口袋的位置，并将其 Attach(附加)到原来的框架物体上，使两者合并为一个整体，效果如图 7.105 所示，可观察到小口袋出现在蒙皮的物体上。

(14) 为了使所有网格都成为三边形或四边形，还要为物体加线。继续单击 Line(线)按钮，为小口袋的四个顶点创建线，如图 7.106 和图 7.107 所示。

(15) 调整各顶点的光滑特性，使模型表面平整，效果如图 7.108 所示。

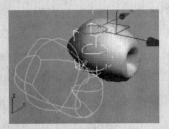
图 7.103　制作小口袋框架

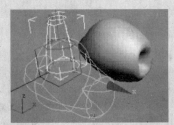
图 7.104　制作小口袋横截面

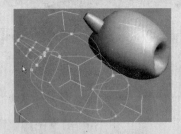
图 7.105　合并小口袋

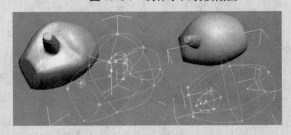
图 7.106　创建线

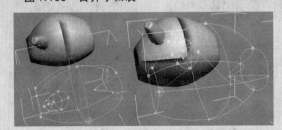
图 7.107　创建线

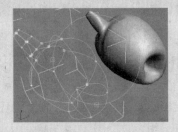
图 7.108　调整顶点使曲面光滑

7.3　NURBS 建模

NURBS 的全称是 Non-uniform Rational B-splines(非均匀有理 B 样条曲线)。在所有的建模技术中，最流行的技术就是 NURBS 建模技术。NURBS 的功能非常强大，它可以通过使用复杂的曲线来创建三维模型，提供了无缝结合，而且在曲面扭曲时仍能保持平滑，它是创建具有光滑表面模型的理想建模工具。NURBS 建模很容易通过交互式的方法操作，而且用途十分广泛， NURBS 已经成为了建模中的一个工业标准。

7.3.1 创建 NURBS 曲线

在 3ds Max 8 中有两种类型的 NURBS 曲线对象：Point Curve(点曲线)和 CV Curve(CV 曲线)。创建面板如图 7.109 所示。两种类型的 NURBS 曲线的含义如下。

- Point Curve(点曲线)：是一种用 Point(点)来控制曲线形状的光滑曲线，所有的点被强迫限制在 NURBS 曲线上。点曲线如图 7.110 所示。
- CV Curve(可控曲线)：CV 曲线是由一种带有控制柄的点来创建曲线，控制柄可以影响曲线的弯曲程度，每个可控曲线的顶点都有权重属性，增加权重则曲线向可控曲线的顶点靠拢，降低权重则曲线远离可控曲线的顶点，通过定义每个点的权重可以使控制柄更加清楚地定义曲线的形状，通过这种方法创建的曲线，称为可控曲线(CV 曲线)。CV 曲线如图 7.111 所示。

图 7.109　NURBS 曲线创建面板

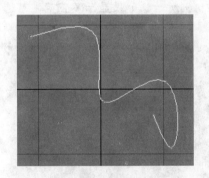

图 7.110　点曲线

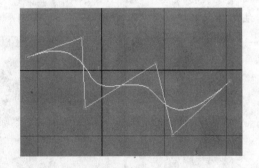

图 7.111　可控曲线

在三维空间中创建 NURBS 曲线，可以采用以下两种方法实现。

- 在视图中绘制。在命令面板中单击 (创建)按钮，在打开的创建命令面板中单击 (图形)按钮，打开创建图形面板，在创建图形类型下拉列表中选择 NURBS Curve(NURBS 曲线)选项，在创建命令面板中单击 Point Curve(点曲线)或 CV Curve(CV 曲线)按钮，在视图中拖动鼠标，就可以创建 NURBS 曲线。
- 创建一个普通的二维图形，在其上右击鼠标，在弹出的快捷菜单中选择 Convert to(转化为) | Convert to NURBS(转化为 NURBS)命令。

实例 12：创建可乐罐

(1) 单击 (创建)按钮，在打开的创建命令面板中单击 (图形)按钮，在创建图形面板中的创建图形类型下拉列表中选择 NURBS 曲线选项，再单击 CV Curve(CV 曲线)按钮，在前视图中绘制可乐罐的半轴轮廓图形，如图 7.112 所示。

(2) 为了调整曲线的弯曲状态，可调整控制点的权重值。在修改命令面板上，单击 NURBS Curve 左侧的"+"号，打开编辑器堆栈，选择 CV Curve(CV 曲线)进入 CV 曲线次物体层级，在曲线上选择一个 CV 控制点，修改 Weight(权重)数值的大小，曲线会在该点的张力发生变化，曲线的弯曲状态也随之发生变化。继续选择另外一个顶点，修改其权重值。将图 7.113 中选择的 4 个顶点的权重值修改为 5.5～7.2 之间的值，曲线受控制点的影响增大了。继续调节其他各顶点位置后，CV 曲线的形状如图 7.114 所示。

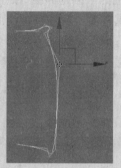
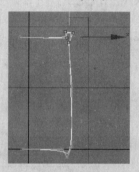
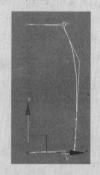

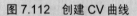

图 7.112　创建 CV 曲线　　　　图 7.113　选择顶点　　　　图 7.114　修改顶点权重值

(3) 返回到 NURBS 层级，单击修改命令面板上的 ⊠ 按钮，可打开 NURBS 工具箱，如图 7.115 所示。在该工具箱中单击 ⊠(创建车削曲面)按钮，然后单击视图中的 CV 曲线，该曲线便旋转成型，形成了可乐罐的主体，如图 7.116 所示。如果显示不正确，可选中翻转法线复选框。

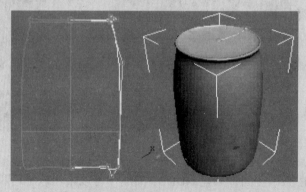

图 7.115　NURBS 工具箱　　　　　图 7.116　旋转形成可乐罐

(4) 剪出可乐罐的口。打开创建图形面板，在创建图形类型下拉列表中选择 NURBS Curve(NURBS 曲线)选项，在创建面板上单击 CV Curve(CV 曲线)按钮，在顶视图中绘制罐口的形状，如图 7.117 所示。

(5) 单击 NURBS Curve 左侧的"+"号，打开编辑器堆栈，选择 CV Curve(CV 曲线)进入 CV 曲线次物体层级，可使用移动工具和缩放工具调整控制点的位置，最终罐口的形状如图 7.118 所示。

(6) 在顶视图中选择可乐罐的轮廓线，进入修改命令面板，单击 Attach(附加)按钮，再单击罐口曲线，将罐口曲线加入到可乐罐物体中，如图 7.119 所示。

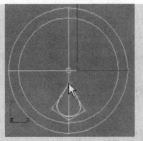

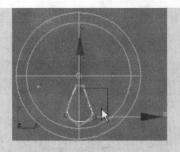

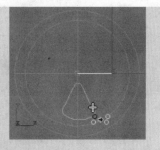

图 7.117　绘制可乐罐口形状　　　图 7.118　可乐罐口形状　　　图 7.119　附加罐口曲线

（7）单击 NURBS 工具箱中的 Create Vector Projected Curve(创建向量投影曲线)按钮，在顶视图中先单击罐口曲线，这时出现一条虚线，如图 7.120 所示。

（8）再单击可乐罐物体，罐口的形状就映射到罐盖上了，效果如图 7.121 所示。

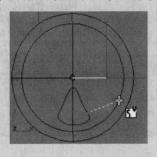

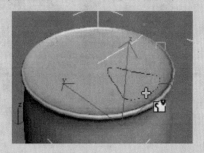

图 7.120　创建向量投影曲线　　　　　　图 7.121　罐口形状映射到罐盖上

（9）剪出罐口。在编辑器堆栈中选择 Curve(曲线)，进入曲线次物体层级，选择罐口曲线，单击 NURBS 工具箱中的 Create a Multicurve Timmed Surface(创建多重曲线修剪曲面)按钮，在透视图中先单击罐体，再单击罐盖上的曲线，罐口部分就被剪掉了，如果罐体部分被剪掉了，可选中(翻转法线)复选框。修剪后的罐口效果如图 7.122 所示。可乐罐的整体效果如图 7.123 所示。

图 7.122　修剪罐口　　　　　　　　图 7.123　可乐罐

7.3.2　创建 NURBS 曲面

3ds Max 8 中有两种类型的 NURBS 曲面：Point Surface(点曲面)和 CV Surface(CV 曲面)。

- Point Surface(点曲面)：点曲面是所有的控制点都被强迫在 NURBS 曲面上，如图 7.124 所示。
- CV Surface(CV 曲面)：CV 曲面是一个由控制顶点所控制的 NURBS 曲面。控制顶点在 CV 曲面上实际并不存在，它定义了一个封闭的 NURBS 曲面的控制网格。

每个控制顶点都有一个 Weight(权重)参数，用户可以用它来调整控制顶点对曲面形状的影响权重。CV 曲面如图 7.125 所示。

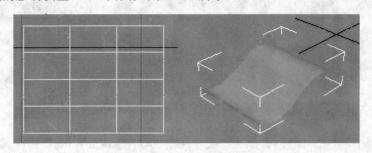

图 7.124　点曲面

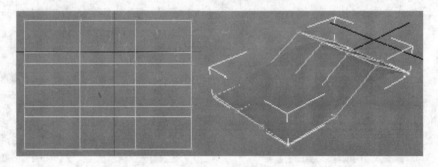

图 7.125　CV 曲面

在三维空间中创建 NURBS 曲面，也可以采用以下两种方法实现。

- 在视图中绘制。打开创建几何体面板，在创建几何体类型下拉列表中选择 NURBS Surface(NURBS 曲面)选项，在创建面板中单击 Point Surface(点曲面)或 CV Surface (CV 曲面)按钮，在视图中拖动鼠标，就可创建 NURBS 曲面。
- 直接将其他几何体转化为 NURBS 曲面。在几何体上右击鼠标，在弹出的快捷菜单中选择 Convert to(转化为) | Convert to NURBS(转化为 NURBS 模型)命令。

实例 13：直接将其他几何体转化为 NURBS 曲面

(1)　在命令面板中单击 (创建)按钮，在打开的创建命令面板中单击 (几何体)按钮，打开创建几何体面板，单击 Cylinder(圆柱)按钮，在顶视图中创建圆柱体并右击，在弹出的快捷菜单中选择 Convert to(转化为)| Convert to NURBS(转化为 NURBS 模型)命令，将其转化为 NURBS 物体，如图 7.126 所示。

(2)　单击修改命令面板中 NURBS Surface(NURBS 曲面)左侧的"+"号，打开编辑修改器堆栈，选择 Surface CV，进入曲面 CV 控制点层级，框选物体上面的第一层顶点，使用缩放工具对其进行调整，将圆缩小一些，如图 7.127 所示。

(3)　框选物体上面的第二层顶点，使用移动工具将其向上移动，如图 7.128 所示。

(4)　使用同样的方法对第三层、第四层的顶点进行缩小和放大，得到如图 7.129 所示的效果，在透视图中可观察到 NURBS 模型始终保持光滑的表面。

(5)　在前视图中框选最上面一层顶点，使用移动工具将它们向下移动到第二层顶点之下，得到花瓶的效果如图 7.130 所示。

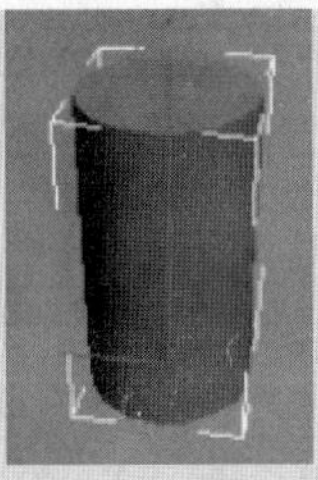

图 7.126 创建圆柱 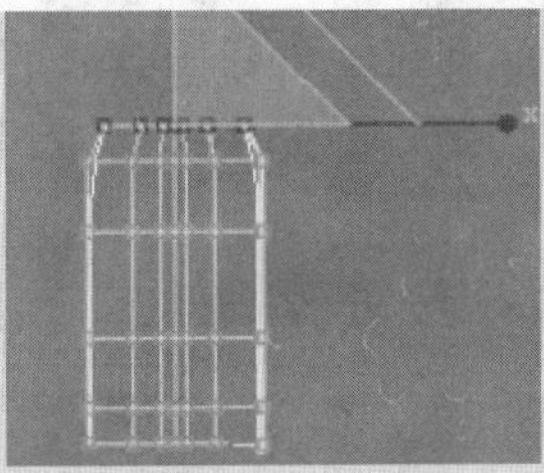　　图 7.127 缩小顶部曲面 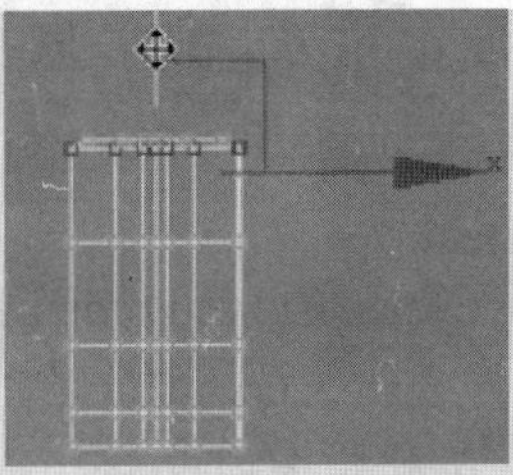　　图 7.128 移动顶点

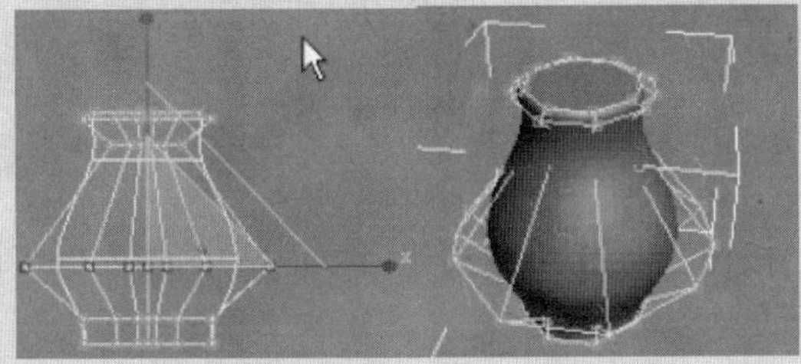

图 7.129 编辑顶点得到花瓶模型 　　图 7.130 花瓶效果

7.3.3 编辑 NURBS 曲线和曲面

NURBS 曲线属于二维图形对象，用户可以像使用一般的样条曲线一样来使用它们，可以对其使用"挤出"或"车削"修改器来创建一个三维曲面，也可以使用 NURBS 曲线作为放样对象的路径或剖面，还可以将 NURBS 曲线用作为路径限制或沿路径变形等修改器工具中的路径，还可以给一个 NURBS 曲线一个厚度参数使它能够渲染。

另外，创建出 NURBS 曲面或曲线后，在编辑修改器堆栈中会显示出 NURBS 的次物体，NURBS 的次物体共有两种，如图 7.131 所示。3ds Max 8 提供了 NURBS 工具箱，可以对不同的次物体进行编辑。

NURBS 工具箱由 3 部分组成，即 Points(点)、Curves(曲线)和 Surfaces(曲面)，NURBS 工具箱如图 7.132 所示。

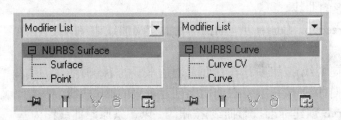

图 7.131 NURBS 曲面和曲线的次物体　　图 7.132 NURBS 工具箱

1. Points(点)的编辑工具

Points(点)的编辑工具包括了创建 NURBS 顶点的各种方法。

- Create Point(创建顶点)按钮 ：创建一个自由独立的顶点。
- Create Offset Point(创建偏移顶点)按钮 ：在距离选定点一定的偏移位置处创建一个顶点。
- Create Curve Point(创建曲线顶点)按钮 ：创建一个依附在曲线上的顶点。
- Create Curve-Curve Point(创建曲线和曲线交叉顶点)按钮 ：在两条曲线的交叉处创建一个顶点。
- Create Surf Point(创建曲面顶点)按钮 ：创建一个依附在曲面上的顶点。
- Create Surface-Curve Point(创建曲面和曲线交叉顶点)按钮 ：在曲面和曲线的交叉处创建一个顶点。

2. Curves(曲线)的编辑工具

- Create CV Curve(创建 CV 曲线)按钮 ：作用同创建命令面板中的 Point Curve(点曲线)创建命令按钮。
- Create Point Curve(创建点曲线)按钮 ：作用同创建命令面板中的 CV Curve(CV 曲线)创建命令按钮。
- Create Fit Curve(创建拟合曲线)按钮 ：可以使一条曲线通过可控曲线顶点、独立顶点、曲线的位置与顶点相关联。
- Create Transform Curve(创建变换曲线)按钮 ：可以创建一条曲线的备份，并使备份曲线与原曲线相关联。
- Create Blend Curve(创建过渡曲线)按钮 ：在一条曲线的端点和另一条曲线的端点之间创建过渡曲线。此工具要求至少有两条 NURBS 曲线次物体，生成的曲线总是光滑的，并与原始曲线相切。
- Create Offset Curve(创建偏移曲线)按钮 ：创建一条 NURBS 曲线的备份曲线，当拖动鼠标改变备份曲线与原始曲线的距离时，随着距离的改变，备份曲线的大小也随之改变。
- Create Mirror Curve(创建镜像曲线)按钮 ：镜像复制原始曲线。
- Create Chamfer Curve(创建倒直角曲线)按钮 ：功能与 Bevel(倒角)类似，只是所创建的曲线为直线。
- Create Fillet Curve(创建倒圆角曲线)按钮 ：功能与 Create Chamfer Curve 相同，只是所创建的曲线为圆弧形的曲线。
- Create Surface-Surface Intersection Curve(创建曲面与曲面交叉曲线)按钮 ：在两个曲面交叉处创建一条曲线。
- Create U Iso Curve(创建 U 向曲线)按钮 ：在曲面上创建水平的 Iso 曲线。
- Create V Iso Curve(创建 V 向曲线)按钮 ：在曲面上创建垂直的 Iso 曲线。
- Create Normal Projected Curve(创建标准投影曲线)按钮 ：以一条原始曲线图为基础，在曲线所组成的曲面法线方向上向曲面投影。
- Create Vector Projected Curve(创建矢量曲线)按钮 ：此工具与 工具的功能相类似，只是它的投影方向不同。
- Create CV Curve On Surface(创建曲面上的 CV 曲线)按钮 ：创建与曲面相关联的

可控曲线(CV 曲线)。

- Create Point Curve On Surface(创建曲面上的点曲线)按钮：创建与曲面相关联的点曲线。

- Create Surface Offset Curve(创建曲面偏移曲线)按钮：创建依赖于曲面的曲线偏移。即原始曲线的类型必须是曲面-曲面相交曲线、U 向曲线、V 向曲线、法线曲线、投影曲线、投影矢量曲线、曲面上的 CV 曲线或点曲线之一。

- Create Surface Edge Curve(创建曲面边曲线)按钮：建立一条与曲面相关联的边曲线。

3. Surfaces(曲面)的编辑工具

- Create CV Surface(创建 CV 曲面)按钮：创建一个 CV 曲面。

- Create Point Surface(创建点曲面)按钮：创建一个点曲面。

- Create Transform Surface(创建变换曲面)按钮：创建一个曲面的备份。

- Create Blend Surface(创建过渡曲面)按钮：在两个曲面的边界之间创建一个光滑曲面。

- Create Offset Surface(创建偏移曲面)按钮：在原始曲面的法线方向指定距离，创建与原始曲面相关的曲面。

- Create Mirror Surface(创建镜像曲面)按钮：镜像复制原始曲面。

- Create Extrude Surface(创建拉伸曲面)按钮：将一条曲线拉伸为一个与现有曲面相关联的曲面。

- Create Lathe Surface(创建旋转曲面)按钮：对 NURBS 曲线旋转生成一个曲面，与样条曲线的 Lathe(车削)修改器作用相同。

- Create Ruled Surface(创建规则曲面)按钮：在两条曲线之间创建一个曲面。

- Create Cap Surface(创建封口曲面)按钮：可为曲面添加封口。

- Create U Loft Surface(创建水平放样曲面)按钮：在水平方向创建一个横穿多条 NURBS 曲线的曲面，这些曲线图会形成曲面水平轴上的轮廓。

- Create UV Loft Surface(创建水平垂直放样曲面)按钮：创建水平垂直放样曲面。此工具不仅可以在水平方向上旋转曲线，还能在垂直方向上旋转曲线，可以更精确地控制曲面的形状。

- Create 1-Rail Sweep(创建 1 轨扫描曲线)按钮：与放样类似，需要两条曲线，一条作为路径，另一条作为横截面。

- Create 2-Rail Sweep(创建 2 轨扫描曲线)按钮：与 1 轨扫描类似，但至少需要 3 条曲线，两条作为路径，另一条作为横截面。它比 1 轨扫描更能够控制曲面的形状。

- Create a Multisided Blend Surface(创建多边融合曲面)按钮：在两个或两个以上的边之间创建融合曲面。

- Create a Multicurve Trimmed Surface(创建多边剪切曲面)按钮：在两个或两个以上的边之间创建剪切曲面。

- Create Fillet Surface(创建圆角曲面)按钮：在两个交叉曲面结合的地方建立一个

光滑的过渡曲面。

实例 14：创建和编辑 NURBS 曲面

1) UV 轴放样成面

(1) 打开创建图形面板，在创建图形类型下拉列表中选择 NURBS Curve(NURBS 曲线)选项，在创建命令面板中单击 CV Curve(CV 曲线)按钮，在左视图中拖动鼠标，绘制一条 CV 曲线。使用移动工具，配合 Shift 键，将曲线复制两条，如图 7.133 所示。

(2) 在前视图中再绘制一条纵向的曲线，也将其复制两条，这样就得到了纵横交错的 NURBS 曲线，如图 7.134 所示。

(3) 进入修改命令面板，单击 按钮打开 NURBS 工具箱。在工具箱中单击 Create UV Loft Surface(创建水平垂直放样曲面)按钮 ，在顶视图中依次单击横向的三条曲线，单击鼠标右键后，再依次单击纵向的三条曲线，再次单击鼠标右键结束，如图 7.135 所示。

图 7.133　创建横向 CV 曲线

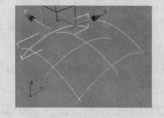
图 7.134　创建纵向 CV 曲线

图 7.135　创建水平放样曲面

(4) 如果在透视图中看不到正确的曲面，可在修改命令面板中选中翻转法线复选框，放样产生的曲面如图 7.136 所示。

(5) 放样产生的曲面同时受横向线条和纵向线条的约束，单击 NURBS Surface(NURBS 曲面)修改器堆栈左侧的"+"号，打开编辑器堆栈，选择 CV Surface(CV 曲面)次物体层级，再选择放样产生的曲面，在修改命令面板中单击 Make Independent(使独立)按钮，使曲面脱离原始曲线的约束，如图 7.137 所示。

(6) 在编辑器堆栈中选择 Curve(曲线)进入曲线次物体层级，再选择各原始曲线，按 Delete 键将其删除，这样既可以简化视图，又减轻了计算的负担，删除原始曲线后，曲面如图 7.138 所示。

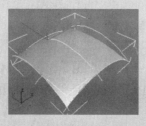
图 7.136　放样产生的曲面

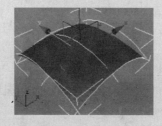
图 7.137　曲面独立

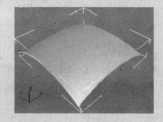
图 7.138　删除原始曲线

2) 求两个曲面之间的交叉线并进行剪切

(1) 使用上面创建的曲面，如图 7.139 所示，再创建一个曲面。

打开创建图形面板，在创建图形类型下拉列表中选择 NURBS Curve(NURBS 曲线)选项，在创建命令面板中单击 CV Curve(CV 曲线)按钮，在顶视图中拖动鼠标，NURBS 圆形曲线作为模型的轮廓线,如图 7.140 所示。

(2) 在前视图中将圆形曲线复制两个,如图 7.141 所示。

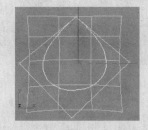

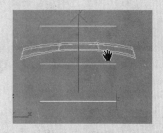

图 7.139　NURBS 曲面　　图 7.140　创建 NURBS 曲线　　图 7.141　复制圆形

(3) 进入修改命令面板,单击 ![icon] 按钮打开 NURBS 工具箱。在工具箱中单击 Create U Loft Surface(创建水平放样曲面)按钮![icon],依次单击这三条图形曲线,将它们放样为曲面物体,创建出一个柱面模型,放样物体在前视图和透视图中的效果如图 7.142 所示。

(4) 求两相交曲面的交叉线。选中刚刚创建的柱面模型,在修改命令面板中单击 Attach(附加)按钮,在视图中单击曲面,将两物体合并为一体,如图 7.143 所示。

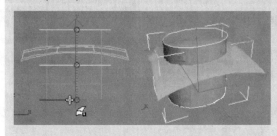

图 7.142　创建水平放样曲面　　　　　图 7.143　合并两个曲面

(5) 在 NURBS 工具箱中单击 ![icon] Create Surface-Surface Intersection(创建曲面与曲面交叉曲线)按钮,创建曲面与曲面之间的交叉曲线,在视图中单击模型顶部的表面,拖出虚线后,再单击侧面的表面,在两个表面的交界处产生了一条相交曲线,如图 7.144 所示。

(6) 进入修改命令面板,Surface-Surface Intersection Curve Parameters(曲面-曲面相交参数)卷展栏,如图 7.145 所示。

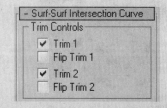

图 7.144　产生相交曲线　　　　　图 7.145　曲面-曲面相交参数

(7) 在曲面-曲面相交参数卷展栏中选中 Trim 1(修剪 1)复选框,相交曲线下部的曲面被剪掉,如图 7.146(a)所示,选中 Flip Trim 1(翻转修剪)复选框后,则相交曲线上部的曲面被剪掉,得到如图 7.146(b)所示的效果。

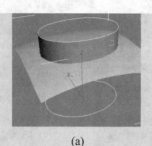
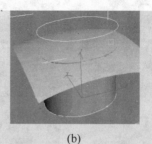

(a)　　　　　　　　　　　　　(b)

图 7.146　修剪曲面

(8)　在曲面-曲面相交参数卷展栏中选中 Trim 2(修剪 2)复选框，曲面的外部被剪掉，如图 7.147 所示。选中 Flip Trim 2(翻转修剪)复选框，曲面的内部被剪掉，如图 7.148 所示。这样就创建了两个曲面相交处的剪切曲面。

3)　在面与面之间生成倒角

(1)　选择图 7.147 所示的曲面，在 NURBS 工具箱中单击 Create Fillet Surface(创建圆角曲面)按钮，在视图中单击物体顶部表面，拖出虚线后再单击物体侧面的表面，如图 7.149 所示。

(2)　在修改命令面板中，选中 Trim First Surface(修剪第一曲面)选项组中的 Trim Surface(修剪曲面)复选框，第一个表面的曲面外侧被剪掉了，如图 7.150 所示。修改命令面板如图 7.151 所示。

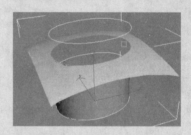

图 7.147　修剪外部　　　　　　　　　　图 7.148　修剪内部

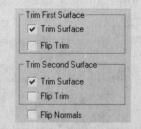

图 7.149　创建圆角曲面　　　　图 7.150　修剪曲面　　　　图 7.151　修改的面板

(3)　选中修改命令面板中的 Trim Second Surface(修剪第二曲面)选项组中的 Trim Surface(修剪曲面)复选框，第二个表面的曲面外侧被剪掉了，产生了两个曲面之间的倒角如图 7.152 所示。如果在 Trim First Surface(修剪第一曲面)选项组中选中 Flip Trim(翻转修剪)复选框，则可修剪曲面的内侧，如图 7.153 所示。

图 7.152 修剪曲面外侧并产生倒角   图 7.153 修剪曲面内侧

(4) 在修改命令面板中，Fillet Surface(圆角曲面)参数栏可以修改圆角曲面的 Start Radius(起始半径)参数，如图 7.154 所示为起始半径不同时圆角的效果。

(5) 设置圆角半径为 2000，这时模型没有了圆角，并显示为黄色，如图 7.155 所示。这表示半径过大，计算会出错，需要减小倒角曲面的半径参数。

图 7.154 圆角效果   图 7.155 半径过大

4) 挤出凹槽并制作封盖

(1) 在 NURBS 工具箱中单击 Create CV Curve On Surface(创建曲面上的 CV 曲线)按钮，在上面创建的曲面上绘制凹槽的轮廓，如图 7.156 所示。

(2) 单击 NURBS 工具箱中的 Create a Multicurve Trimmed Surface(创建多边剪切曲面)按钮，在视图中选择要剪切的部分，在修改命令面板中的 Trim Controls(剪切控制)选项组中，选中 Trim(剪切)复选框，就可以剪切掉该区域，剪切控制选项组和剪切后的效果如图 7.157 所示。如果不能显示正确的表面，则需要选中 Flip Trim(翻转修剪)复选框。

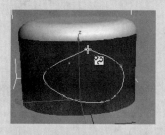
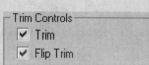
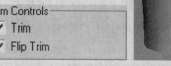

图 7.156 绘制凹槽轮廓   图 7.157 剪切控制选项组和剪切后的效果

(3) 单击 NURBS 工具箱中的 Create Extrude Surface(创建拉伸曲面)按钮，选择凹槽的轮廓线，在修改命令面板中的 Extrude Surface(挤出曲面)卷展栏中输入 Amount(数量)为 20，并在 X、Y、Z 三个轴中选择挤出的轴向，参数设置如图 7.158(a)所示，挤出一个凹槽的效果如图 7.158(b)所示，如果不能显示所挤出的面，可选中翻转法线复选框。

(4) 在 Extrude Surface(挤出曲面)卷展栏中可以直接选中 Cap 复选框，为凹槽加盖，也可以在 NURBS 工具箱中单击 Create Cap Surface(创建封口曲面)按钮，在视图中单击凹槽底部的曲线，使凹槽产生封口，效果如图 7.159 所示。

(5) 使用面与面之间生成倒角的方法为凹槽制作倒角，效果如图 7.160 所示。

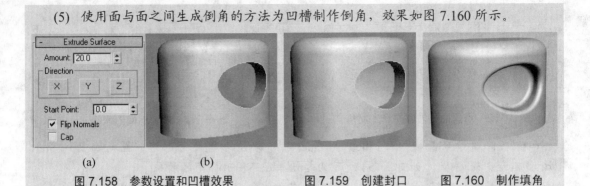

(a)	(b)		
图 7.158　参数设置和凹槽效果		图 7.159　创建封口	图 7.160　制作填角

7.4　实　　例

3ds Max 8 有非常强大的建模功能，可以创建复杂的生物模型。本节使用 Polygon(多边形)建模方法，制作动画人物"史努比"的头部，从而帮助读者掌握多边形建模的方法和技巧。

(1) 启动 3ds Max 8。激活前视图，在菜单栏中选择 Views(视图)| Viewport Background(视口背景)命令，打开 Viewport Background(视口背景)对话框，单击 File(文件)按钮，设置合适的路径，导入光盘中的"素材\第 7 章\史努比正面.jpg"文件，并按图 7.161 所示设置视口背景对话框。

(2) 激活左视图，在视图中右击鼠标，在弹出的快捷菜单中将左视图调整为右视图。使用步骤(1)的方法，将右视图的背景设置为光盘中的"素材\第 7 章\史努比侧面.jpg"图像。

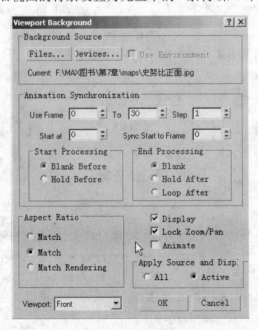

图 7.161　Viewport Background(视口背景)对话框

(3) 为了便于观察图像，在前视图和右视图中按 G 键，隐藏视图中的栅格。前视图和右视图中素材的图像如图 7.162 所示。

(4) 创建头部主体部分。在创建命令面板中单击 Sphere(球体)按钮，在顶视图中创建一个球体，设置 Segment(分段数)为 10。在前视图和右视图中调整球体的大小和位置，形成"史努比"的脑袋部分，效果如图 7.163 所示。

图 7.162　前视图和右视图中素材的图像

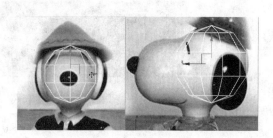

图 7.163　调整球体大小和位置

(5) 为了便于编辑模型，需要打开模型的边面显示。在视图左上角右击鼠标，在弹出的快捷菜单中选择 Edged Faces(边面)命令。在右视图中将球体稍稍旋转一定的角度，让其嘴部的位置正好对着前面，效果如图 7.164 所示。

(6) 右击球体，在弹出的快捷菜单中选择 Convert to (转化为)| Convert to Editable Poly(转化为可编辑多边形)命令，将球体转换成可编辑多边形物体。进入修改命令面板，单击 Editable poly(可编辑多边形)修改器堆栈左侧的"+"号，选择 Polygon(多边形)次物体层级，选择如图 7.165 所示的多边形，按 Delete 键将其删除。

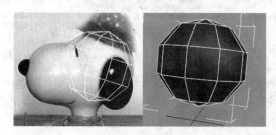

图 7.164　显示边面

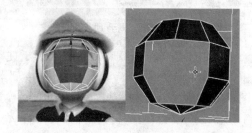

图 7.165　删除多边形

(7) 复制产生"史努比"的嘴部。激活右视图，在主工具栏中单击 (镜像)按钮，对球体进行 X 轴镜像复制，使用移动工具将其移动到鼻子的位置，透视图和右视图中的效果如图 7.166 所示。

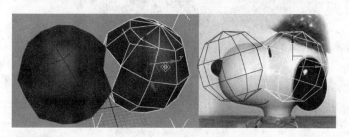

图 7.166　制作嘴部

(8) 选中原球体，进入修改命令面板，单击 Attach(附加)按钮，在视图中选择镜像产生的球体，将两个球体合并为一个整体。

(9) 单击可编辑网格修改器堆栈左侧的"+"号，选择 Vertex(顶点)次物体层级，在命令面板中单击 Target World(目标焊接)按钮，在视图中将相对应的顶点焊接起来，效果如图 7.167 所示。

图 7.167　焊接顶点

(10) 在各视图中使用移动顶点的方法调节各顶点，多方位、多角度地观察透视图中模型的变化，使模型与参考图相吻合，效果如图 7.168 所示。

(11) 为了使模型表面更细致，需要修改模型的边和面。在修改命令面板中，单击 Cut(剪切)按钮，在如图 7.169 所示的位置添加一条边，并调整新产生的顶点的位置。

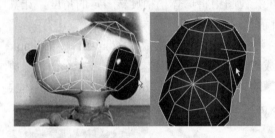

图 7.168　调节顶点

图 7.169　添加边并调整新顶点位置

(12) 由于头部模型具有对称性，为了便于操作，先删除模型的一半，然后在修改器列表中为剩余的部分添加 Symmetry(对称)修改器，选中 Flip(反转)复选框，得到头部两半模型，如图 7.170 所示，这样，只需要编辑原始模型的部分，另一半就可得到同样的变化。如果两半模型之间没有合拢，再打开 Symmetry(对称)修改器堆栈，选择 Mirror(镜像)次物体的 Gizmo 物体，在前视图中进行调节，使两个对象刚好接触即可。

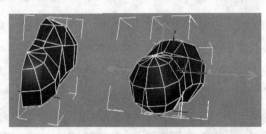

图 7.170　利用对称修改器创建头部两半模型

(13) 返回到 Editable Poly 层级，单击显示最终效果按钮 ，选择 Vertex(顶点)次物体层级，使用 Cut(剪切)命令，为模型添加一条边，如图 7.171 所示。

(14) 在切出来的新边上，出现了一些三角形的面，需要手动将它们调整为四边形的面。为了准确捕捉顶点，在主工具栏中打开 3D(三维捕捉)开关，设置 3D 捕捉对象为 Vertex(顶点)。

(15) 使用 Cut(剪切)命令，为模型再添加一条边，切出以后将作为眼睛多边形，如图 7.172

所示。

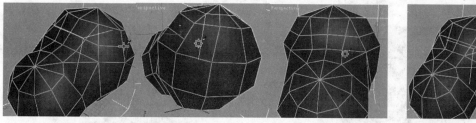

图 7.171　添加边　　　　　　　　　　　　图 7.172　添加边

(16) 在修改命令面板中，返回 Polygon(多边形)层级，选择如图 7.173 所示的两个三角形面，将它们删除。

(17) 再使用手工织补将空洞缝补为四边形的面。在修改命令面板中，单击 Create(创建)按钮，配合 3D 捕捉工具，依次捕捉被删除的 4 个顶点，为空洞缝补一个四边形的面，如图 7.174 所示。

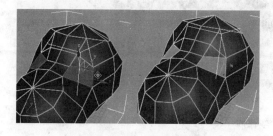

图 7.173　删除面　　　　　　　　　　　　图 7.174　缝补面

(18) 使用同样的方法来修补顶面和底面的其他三角形表面(先删除，再修补)，如图 7.1所示。

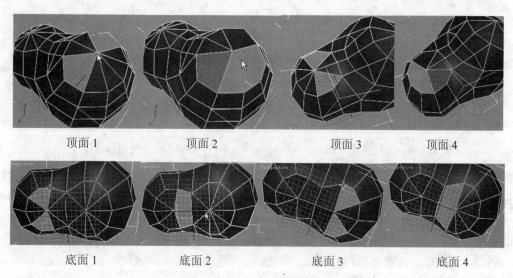

顶面 1　　　　　　顶面 2　　　　　　顶面 3　　　　　　顶面 4

底面 1　　　　　　底面 2　　　　　　底面 3　　　　　　底面 4

图 7.175　修补顶面和底面

(19) 得到底面的边面效果，如图 7.176 所示。

(20) 继续使用 Cut(剪切)命令，为底面添加新的边，缝补出四边形的多边形表面，如图 7.177 所示。

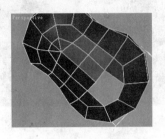

图 7.176 模型底面

图 7.177 添加新边

(21) 下面制作"史努比"的脖子。选择头部下面的几个多边形表面，在修改命令面板中，单击 Extrude(挤出)按钮，将选择的多边形挤出一段，从前视图中可以看到刚挤出的部分向两边延伸，使用移动工具进行调节，使其保持在中心线上，如图 7.178 所示。

图 7.178 制作脖子

(22) 使用同样的方法将脖子挤出三段，并调节顶点，得到脖子的形状，如图 7.179 所示。

(23) 下面制作耳朵。在创建面板中单击 Line(线)按钮，在前视图中绘制一条曲线，作为耳朵的挤出方向，曲线位置如图 7.180 所示。

图 7.179 调整脖子

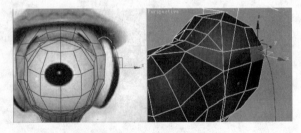

图 7.180 绘制样条曲线

(24) 选择"史努比"模型，在修改器堆栈中，选择 Polygon(多边形)，进入多边形次物体层级，选择要制作耳朵的面，在修改命令面板中，单击 Extrude Along Spline(沿样条曲线挤出)按钮，在弹出的对话框中，单击 Pick Spline(拾取样条曲线)按钮，在视图中选择刚创建的曲线，按图 7.181 所示设置 Extrude Polygon Along Spline(沿样条曲线挤出多边形)对话框，调整 Taper Curve(锥化曲线)参数。

(25) 得到"史努比"的耳朵和头部的效果如图 7.182 所示。

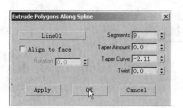

图 7.181 Extrude Polygons Along Spline(沿样条
曲线挤出多边形)对话框

图 7.182 耳朵和头部的效果

7.5 小 结

本章主要讲述了多边形建模、面片建模以及 NURBS 建模的方法。多边形建模主要是使用编辑顶点和面的操作来细分模型，使简单的模型根据需要变化成复杂的形状。面片建模使用线条蒙出表面，利用缝合面片、细分面片、调整面片顶点等方法可建造各种怪异形状的模型。NURBS 建模是用 NURBS 曲线蒙出表面，各面之间可以进行相互剪切、生成填角等操作，可以生成流线型的表面。这三种建模方法是 3ds Max 8 中的三大建模利器，掌握这些方法，可以极大地提高和完善建模能力，灵活地使用这些强大的建模方法，几乎可以制作出所有复杂的模型。

7.6 习 题

1. 应用多边形建模的方法创建如图 7.183 所示的飞机模型。
2. 应用面片建模的方法创建如图 7.184 所示的中世纪头盔。

图 7.183 飞机

图 7.184 中世纪头盔

3. 应用 NURBS 建模方法创建如图 7.185 所示的马桶。

图 7.185 马桶

第8章 材质与贴图

【本章要点】

材质用于模拟真实物体表面的颜色、自发光、不透明度、反射与折射、粗糙程度等特性，使模型在渲染时，能够将这些特性表现出来。贴图就是指定到材质上的图像，贴图的主要作用是模拟物体表面的纹理和凹凸效果。通过为材质通道指定贴图，可以影响物体的透明度、反射、折射以及自发光等特性。通过学习本章内容，读者将了解和掌握材质编辑器的布局、根据用户的需要调整材质编辑器的设置、材质的基本属性、材质的基本操作、几种常用类型的材质和贴图、材质中的基本组件以及如何创建和使用材质库等知识。灵活地运用各种材质和贴图，才能逼真地模拟自然界的各种物体。

8.1 材质编辑器的界面

启动材质编辑器的常用方法有以下几种。

- 单击主工具栏的 ██(材质编辑器)按钮。
- 在菜单中选择 Rendering(渲染)| Material Editor(材质编辑器)命令。
- 使用快捷键 M。

材质编辑器由菜单栏、示例窗、示例窗控制工具栏、材质编辑工具栏、材质名称和类型区、参数控制区 6 个部分组成，如图 8.1 所示。

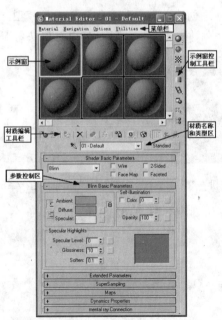

图 8.1 材质编辑器

1. 材质编辑器基础

材质像颜料一样，利用材质，可以使苹果显示为红色而橘子显示为橙色，可以为黄铜添加光泽，为玻璃添加抛光。材质可使场景看起来更加真实。通过应用贴图，可以将图像、图案，甚至表面纹理添加给对象。为了让读者对材质和贴图有一个感性的认识，下面通过实例介绍一下如何为模型赋予材质和贴图。

> **实例1：为模型赋予材质和贴图**
>
> 1) 基本材质
>
> (1) 在顶视图中创建四个球体。
>
> (2) 打开材质编辑器，激活第一个样本球，在 Shader Basic Parameters(明暗器基本参数)栏中选择材质类型为 Blinn(布林)，单击 Blinn Basic Parameters(布林基本参数)卷展栏中的 Diffuse (漫反射)小框，弹出颜色选择器；在其中设置漫反射的颜色(RGB: 29、205、214)；Specular Level(增大高光级别)为 75，Glossiness(光泽度)为 25，可观察到光泽度越高，高光范围越小。
>
> (3) 选择第一个模型球体，单击 ⬛(将材质赋予选定对象)按钮，将材质赋予指定的球体。
>
> (4) 按 F9 功能键(或单击 ⬤(渲染)按钮)，渲染透视图，观察第一个球体与其他没有赋予材质的球体的渲染效果。设置材质的过程如图 8.2 所示，渲染效果如图 8.3 所示。

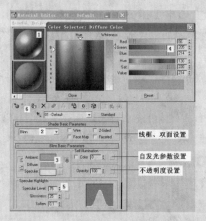

图 8.2　设置基本材质的步骤

> (5) 设置第二个样本球。在材质编辑器中设置颜色为淡紫(RGB: 229、169、217)；高光级别为 40；光泽度为 24。将这些设置赋予第二个模型球体。
>
> (6) 为第二个样本球设置辅助参数。将自发光颜色值升高为 78，样本球暗部也明亮了，若自发光为 100，则模型不受场内灯光的影响，完全显示自身的颜色。
>
> (7) 渲染透视图，第二个球体的渲染效果如图 8.4 所示。

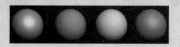

图 8.3　第一个球体为基本材质的渲染效果　　图 8.4　第二个球体为自发光材质的渲染效果

(8) 将第二个样本球拖动到第三个样本球上，这样就将第二种材质复制到第三个样本球上了。

(9) 修改第三个样本球的名称(复制材质后，两个样本球拥有相同的名称，因此需要修改名称)。

(10) 将第三种材质，赋予第三个模型球体。

(11) 在材质编辑器中选中 Wire (线框)复选框，对第三个球体进行渲染，观察到模型呈线框模式。若选中 2-Side(双面)复选框，对第三个球体进行渲染后，两面都可见了。渲染透视图，第三个球体的渲染效果如图 8.5 所示。

(12) 将第一个样本球拖动到第四个样本球上，修改样本球的名称并将第四种材质，赋予第四个模型球体。

(13) 在材质编辑器中降低 Opacity (不透明度)为 30，模型变得透明了。

(14) 渲染透视图，观察第四个球体的渲染效果如图 8.6 所示。

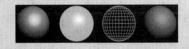
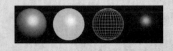

图 8.5　第三个球体为线框材质的渲染效果　　　图 8.6　第四个球体为透明材质的渲染效果

2)　赋予贴图

(1) 创建一个立方体。打开材质编辑器，激活一个样本球。

(2) 在 Map(贴图)卷展栏中选中 Diffuse Color(漫反射颜色)，单击其右侧的长条按钮，弹出 Material/Map Browser(材质/贴图浏览器)选项，选择贴图类型为 Bitmap(位图)，单击 OK(确定)按钮。

(3) 打开光盘中的"素材\第 8 章\猫 1.jpg"贴图文件。单击📥(将材质赋予选定对象)按钮将材质赋予当前模型。

(4) 按 F9 功能键(或单击🔘(渲染)按钮)，渲染透视图，可以看到贴图被赋予到模型上了。设置贴图的过程如图 8.7 所示，渲染效果如图 8.8 所示。

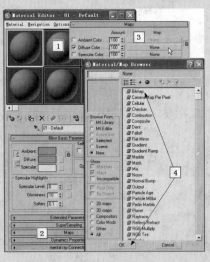

图 8.7　贴图设置

图8.8　贴图的效果

2. 示例窗的调整

了解了材质和贴图的基本操作，需要进一步学习示例窗的调整方法。示例窗可以使用户清楚地观察材质的状态，为用户调整材质提供了可视化的方法，场景越复杂，示例窗的作用就越重要。3ds Max 8 的材质编辑器示例窗中有 24 个示例对象，在默认情况下，示例窗中显示为 6 个示例球。下面通过实例来学习如何调整示例窗。

实例 2：示例窗的活动状态

(1) 打开材质编辑器，使用"实例 1"中的设置贴图方法在第一个样本球上设置"猫 1"的贴图，单击其他样本球，取消对第一个样本球的选择，观察第一个示例窗，这时示例窗为白色细线边框，如图 8.9(a)所示，这是示例窗未激活时的显示状态。

(2) 单击第一个样本球，可看到激活后的示例窗的边框变为白色粗线框，如图 8.9(b)所示，这是示例窗激活时的显示状态。

(3) 在顶视图中创建一个 Box(长方体)，选中这个长方体，将"实例 1"中编辑好的贴图材质赋予该长方体，观察示例窗，可见其边框四周出现了白色小三角，如图 8.9(c)所示。当编辑示例窗中的材质变化时，对象上已赋予的材质也会同步发生变化，这种材质称为同步材质。

(4) 取消对长方体的选择，观察示例窗，可见其边框的白色小三角变为白色三角线框，如图 8.9(d)所示。

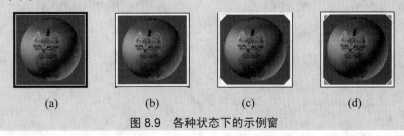

(a)　　　　　　(b)　　　　　　(c)　　　　　　(d)

图 8.9　各种状态下的示例窗

示例窗控制工具栏在示例窗的右侧，使用此工具栏，可以定制材质编辑器的样式，如改变示例窗样本球的形状、打开和关闭样本球的背景光、显示示例窗的背景和设置重复次数等。

实例 3：示例窗编辑工具栏的作用

(1) 使用 Sample Type(采样类型)🔵工具，改变样本球的形状。按照"实例 1"中的贴图方法为三个样本球设置同样的贴图。选中第二个样本球，单击🔵(采样类型)按钮右下角的小三角按钮，弹出🔵🔲🔳选项，选中圆柱形选项；选中第三个样本球，单击🔵(采样类型)按钮右下角的小三角按钮，选择立方体选项，三个样本球的形状如图 8.10 所示。在不同的情况下，可为示例对象选择适当的形状。

（2）使用 Backlight(背景光) ⊙ 工具，为样本球设置背景灯光。将步骤(1)中的圆柱还原为球体，选中第二个样本球，单击 ⊙ (背景光)按钮，取消背景光的选择，第二个样本球的背景变暗了，效果如图 8.11 所示。使用同样的方法观察示例对象在另外两种形状下，背景光的影响。

图 8.10　各种形状的示例窗

图 8.11　背景光的影响比较

（3）使用 Background(背景) ▒ 工具，设置示例窗背景。设置两个同样的样本球，这时两个样本球都有同样的灰色背景。选择第二个样本球，单击 ▒ (背景)按钮，为其设置透明背景，效果如图 8.12 所示。在设置透明材质时，这种背景更便于观察材质的透明效果。

（4）使用 Sample UV Tiling Flyout(采样 UV 平铺) ▦ 工具，改变贴图重复次数，将两个样本球设置成立方体形状，选择第二个材质立方体，单击 ▦ (采样 UV 平铺)按钮右下角的小三角按钮，弹出 4 个重复次数选项 ▫ ▦ ▦ ▦ 按钮，分别为 1×1，2×2，3×3，4×4。选择 ▦ (2×2)按钮，平铺效果如图 8.13 所示(说明：重复次数只影响材质编辑器的预览效果，不影响场景中对象的材质，样本球重复显示时，如未对贴图属性进行设置，模型上的材质并不出现重复)。

图 8.12　透明背景的比较

图 8.13　示例窗口中显示平铺效果

（5）使用 Options(选项) ☜ 工具，可以对示例窗进行各种设置。单击 ☜ (选项)按钮，弹出 Material Editor Options (材质编辑器选项)对话框，如图 8.14 所示。

在材质编辑器选项对话框中可进行以下设置：

- 增加示例对象的形状。首先在场景中创建一个茶壶，保存为“1.max”文件；在材质编辑器选项对话框的 Custom Sample Object(自定义采样对象)选项组中，单击 File Name(文件名)旁边的按钮，打开“1.max”文件，单击 OK 按钮关闭对话框；在示例窗控制工具栏中单击 Sample Type(采样类型) ◉ 按钮，在弹出的选项中出现了一个新按钮 ❀；单击此按钮，示例对象就变成了茶壶的形状，效果如图 8.15 所示。使用同样的方法，可设置各种形状的示例对象。

- 设置 Top Light(顶光)和 Back Light(背景光)的颜色和强度。在材质编辑器选项对话框中单击 Top Light 的颜色框，在弹出的选择颜色对话框中选择淡蓝色，Multiplier (强度)设为 2，单击 Back Light 的颜色框，在弹出的选择颜色对话框中选择桃红色，Multiplier(强度)也设为 2，关闭对话框，样本球显示的效果如图 8.16 所示。两种光的颜色和强度都变化了。

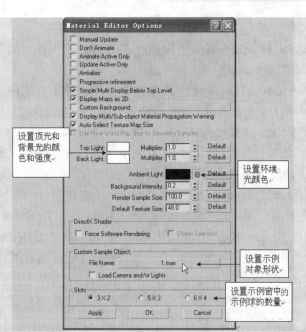

图 8.14 材质编辑器选项对话框

图 8.15 茶壶形状的示例对象

图 8.16 "顶光"和"背景光"的效果

- 设置 Ambient Light(环境光)的颜色。在默认的情况下，环境光为黑色，样本球为淡蓝色和桃红色交界处。单击 Ambient Light 的颜色框，在弹出的选择颜色对话框中选择蓝色，关闭该对话框，样本球原来黑色的部位显示出蓝色的环境光，效果如图 8.17 所示。

- 还原默认值。在材质编辑器中设置的各种灯光可以更好地表现材质的外观效果，不过材质编辑器中的灯光不影响场景中的灯光，如果改变了灯光设置，要恢复默认值，单击各选项右侧的 Default(默认值)按钮即可。

- 显示多个样本球。在 Slots(示例窗)选项组中，改变设置，可显示 15 个示例窗和 24 个示例窗，如图 8.18 所示为 15 个示例窗的效果。

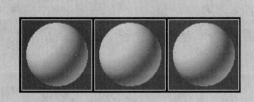

图 8.17 加入"环境光"的效果

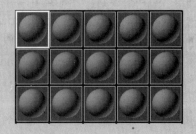

图 8.18 显示 15 个示例窗

示例窗控制工具栏中还有一些工具，它们的功能介绍如下。

- Video Color Check(视频颜色检查)：检查样本球上的材质颜色是否超出 NTSC 或 PAL 制式的颜色范围。
- Make Preview(创建材质预览)：单击此按钮，弹出创建材质预览对话框，在该对话框中，可设置预览范围、帧速率和图像大小，可以创建动画材质的 AVI 文件。
- Select By Material(按材质选择)：当材质指定给场景中的物体后，此按钮才可用。单击此按钮会弹出选择对话框，所有应用了当前样本球材质的模型，在列表中处于选中状态。但该列表不显示隐藏的模型。
- Material/Map Navigator(材质/贴图导航器)：打开当前编辑材质的材质/贴图导航器，可查看材质的层次。例如，在一个样本球的 Diffuse(漫反射)、Bump(凸凹)、Reflection(反射)三个通道中指定了贴图，打开材质/贴图导航器，可快捷地进入某一通道(或层次)，并在材质编辑器下面显示出选定通道材质或贴图的参数栏。材质/贴图导航器如图 8.19 所示。

在示例窗口右击鼠标，将弹出如图 8.20 所示的快捷菜单。在快捷菜单中也可以对示例窗口进行快速设置。

图 8.19　材质/贴图导航器

图 8.20　快捷菜单

- Drag/Copy(拖动/复制)：在一个样本球上按下鼠标左键，将其拖动到另一个样本球上，就将第一种材质复制给了第二个样本球，复制的材质为非同步材质，即修改样本球的材质，不影响场景中模型上已赋予的材质。
- Drag/Rotate(拖动/旋转)：在一个样本球上按下鼠标左键并进行拖动，样本球旋转，如图 8.21。
- Reset Rotation(重置旋转)：取消旋转，贴图恢复到默认的位置。
- Render Map(渲染贴图)：渲染贴图。
- Options(选项)：打开 Material Editor Options(材质编辑器选项)对话框。
- Magnify(放大)：将示例窗放大显示，如图 8.22 所示。
- 3×2、5×3、6×4 Sample Windows(三种示例窗口)：分别显示 6 个、15 个或 24 个示例球。

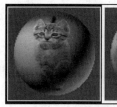

图 8.21　拖动复制和拖动旋转　　　　　图 8.22　示例窗放大显示

3. 材质编辑工具栏

材质编辑工具栏用于为场景对象进行材质编辑操作，主要有材质的指定、保存、删除和各层级的转换等。该工具栏在示例窗口下方，如图 8.23 所示。

图 8.23　材质编辑工具栏

- Get Material (获取材质)：单击此按钮会打开 Material/Map Browser (材质/贴图浏览器)对话框。在材质/贴图列表中，显示了所有可用材质和贴图的名称。其中蓝色的球体表示材质，绿色的平行四边形表示贴图。双击某材质或贴图的名称表示选择了该材质或贴图类型；单击某材质或贴图的名称，预览示例窗中会显示该材质或贴图的效果，并且列表显示工具的上面会显示其名称。

- Put Material to Screen (将材质放置到场景中)：只有在样本球上复制了材质后，此按钮才可用，否则呈灰色。其作用是将复制后的非同步材质转化为同步材质。下面通过实例来学习此工具的使用方法。

> **实例 4：Put Material to Screen(将材质放置到场景中) 工具的使用**
>
> (1) 在透视图中创建一个球体，打开材质编辑器，选择一个样本球，设置其 Diffuse(漫反射)通道颜色为绿色，其他设置保持默认值，将设置好的材质赋予场景中的模型球。
>
> (2) 改变样本球的 Specular Level(高光级别)参数，可观察到场景中模型上的材质跟随样本球的材质变化，这时样本球上的材质为同步材质。
>
> (3) 将样本球上的材质拖动到另一个样本球上，复制此材质，这时 (将材质放置到场景中)按钮呈彩色显示，表示该按钮处于可用状态。
>
> (4) 再改变任一个样本球的 Specular Level(高光级别)参数，可观察到场景中模型上的材质不跟随样本球的材质变化，这时两个样本球上的材质均为非同步材质。
>
> (5) 选中其中一个样本球，单击 (将材质放置到场景中)按钮后，再改变此样本球的 Specular Level(高光级别)参数，场景中模型上的材质又跟随样本球的材质变化了，这时表明样本球上的材质又转化为同步材质。
>
> 这就是 将材质放置到场景中工具的作用。

- Assign Material to Selection(将材质赋予选定对象)：单击该按钮，可将样本球上的材质赋予场景中指定的对象。

- Reset Map/Material to Default Settings (重置贴图/材质为默认设置)：将正在编辑

的样本球上的贴图/材质恢复为默认设置。

- ● Make Material Copy(复制材质)：当前材质赋予了场景中的模型对象时，此按钮才有效，其作用是复制材质。

下面通过实例来进一步学习此工具的使用方法。

实例 5：Make Material Copy(复制材质)工具的使用

(1) 在透视图中创建一个球体，打开材质编辑器，选择一个样本球，设置其 Diffuse(漫反射)通道颜色为红色，其他设置保持默认值，将设置好的材质赋予场景中的模型球，这时(复制材质)按钮呈彩色。

(2) 改变样本球的 Specular Level(高光级别)参数，可观察到场景中模型上的材质跟随样本球的材质变化，这时样本球上的材质为同步材质。

(3) 单击(复制材质)按钮，复制此材质，这时(将材质放置到场景中)按钮呈彩色，表示该按钮处于可用状态。

(4) 改变样本球的 Glossiness(光泽度)参数，可观察到场景中模型上的材质不跟随样本球的材质变化，这时样本球上复制的材质为非同步材质。

(5) 调整好样本球上的材质后，单击(将材质放置到场景中)按钮，就将新的材质赋予了场景中的模型，再改变此样本球的参数，场景中模型上的材质又跟随样本球的材质变化了。

这就是(复制材质)工具的作用。

- ● Make Unique(独立按钮)：使用 Multi/Sub-Object(多维/子对象)材质时，该按钮才可用。单击该按钮，可将 Multi/Sub-Object(多维/子对象)材质的子材质转换成独立的材质，并为独立后的材质指定一个新名称。
- ● Put to Library(保存材质)：将当前材质保存到材质库中，以后可通过材质/贴图浏览器进行访问。
- ● Material Effect Channel(材质特效通道)：材质的 ID 号。
- ● Show Map In Viewpoint(显示贴图)：单击此按钮，在场景中同步显示模型的材质/贴图效果。
- ● Show End Result(显示最终效果)：在编辑复合材质时，此按钮呈黄色，可用。单击此按钮，样本球上显示材质最终效果，否则，只显示当前层级的材质/贴图编辑结果。
- ● Get To Patents(返回到父级)：处于子层级材质/贴图编辑状态时，此按钮才可用。单击此按钮，将返回到上一层级的材质编辑状态。
- ● Get Forward To Sibling(转到同一层级)：该按钮只有在材质具有两个以上子层级材质时才可用。假如处于子层级材质/贴图编辑状态，单击此按钮，将进入同一层级的另一子层级的编辑状态。

4. 材质名称和类型区

在此区域中可选择材质和贴图，为材质命名，选择材质或贴图的类型。此区域如图 8.24 所示。

图8.24 材质名称和类型区

- Pick Material From Object (从对象中拾取材质)：作用是从已赋予材质的对象上拾取材质。激活一个默认设置的样本球，单击 (从对象中拾取材质)按钮，在场景中单击一个已赋予材质的对象，对象的材质就被复制到当前样本球上。

- 名称下拉列表框：此处显示的是当前示例窗中设置材质或贴图的名称。默认的材质名是"01-Default"等数字序列名称；贴图名是"Map #1"等数字序列名称。一般可将材质的名称更改为与指定物体名称相同，这样便于查找和使用。

- Standard 材质/贴图类型：此按钮上显示的是当前材质或贴图的类型，单击此按钮，将打开材质/贴图浏览器，可以从中重新选择材质或贴图类型。

5. 参数控制区

此区域包含各种参数栏，根据材质和贴图的类型不同，其内容也会随之变化。

8.2 材质的基本类型

默认情况下，在材质编辑器中提供了8种着色器类型，把它们称为材质的最基本类型，如图8.25所示。

```
Anisotropic
Blinn
Metal
Multi-Layer
Oren-Nayar-Blinn
Phong
Strauss
Translucent Shader
```

图8.25 材质的基本类型

- Anisotropic(各向异性)：此材质可以散发出非圆形的高光亮点，适合模拟塑料、毛发、玻璃、绒面和磨砂金属等类物体的高光效果。通过设置它的"各向异性"值和"方向"值，可以改变高光的形状和方向。

- Blinn(布林)：此项为默认的明暗类型材质，产生的高光圆润柔和，是一种综合型的材质，使用它通常可以模拟出大部分的材质。

- Metal(金属)：这种材质不能定义高光的颜色，当增强"高光级别"时，材质表面反而更暗，这时增加"光泽度"的值，可以使材质产生非常鲜明的明暗对比。这种材质通常要配合"反射"材质才能取得较好的金属效果，适用于模拟金属表面的材质。

- Multi-Layer(多层)：这种类型的材质具有两个高光反射层，各层可以分别进行设置，能够叠加反射效果，可产生比各向异性更复杂的高光反射效果，反射效果更精确。

- Oren-Nayar-Blinn(明暗)：增加了 Diffuse(漫反射)过渡区控制参数，包括过渡等级和粗糙值，可以使材质产生一种摩擦特性，可以制作粗糙的表面，适合模拟布料、毛皮、粗陶瓷、砖墙等无光表面的材质。

- Phong(多面)：所有设置与 Blinn 材质相同，但比 Blinn 材质具有更高强度的圆形高光区域，适合模拟玻璃、水、冰等具有高反射特性的材质。
- Strauss(金属加强)：效果类似 Metal 的材质，参数设置简洁。
- Translucent Shader(半透明)：可指定半透明属性。选用此类型，光线会穿过材质，并在物体内部使光线散射，适用于模拟被霜覆盖的和被侵蚀的玻璃。

8 种基本类型材质的效果如图 8.26 所示。8 个样本球的参数基本一致，Diffuse (漫反射)的颜色为 RGB：215，12，60，Specular Level(高光级别)为 50，Glossiness(光泽度)为 30。

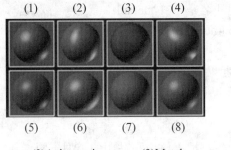

(1)Blinn　　　　　　(2)Anisotropic　　　　(3)Metal　　　　　(4)Multi-Layer

(5)Oren-Nayar-Blinn　(6)Phong　　　　　　(7)Strauss　　　　(8)Translucent Shader

图 8.26　8 种基本类型材质的效果

8.3　材质的基本属性

无论选择哪种类型的材质，它们都有一些共同的属性和设置，即材质的基本属性。

8.3.1　材质的显示方式

在材质编辑器的 Shader Basic Parameters(着色基本参数)卷展栏中有 4 个复选框，提供了对象渲染输出的 4 种显示方式。

- Wire(线框)：选中此复选框，材质或贴图变为线框显示模式。选中此复选框前后的对比效果如图 8.27 所示。
- 2-Side(双面)：选中此复选框，将材质指定到曲面的正反两面，材质变为双面显示模式。创建两个球体，将它们转化为 Convert to Editable Mesh(可编辑网格)；进入顶点层级，选择上半球的顶点，将它们删除；对其赋予贴图，选中 2-Side(双面)复选框前后的对比效果如图 8.28 所示。

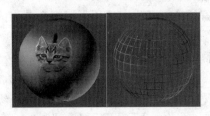

图 8.27　线框显示方式效果对比

图 8.28　双面显示方式效果对比

- Faced Map(面贴图)：选中此复选框，将材质指定到对象的每个次级结构面上，如果指定贴图，不需要贴图坐标，贴图会自动指定到对象的每个小面上。创建两个立方体，长、宽、高的分段数都为 4；赋予贴图；选中 Faced Map(面贴图)复选框，前后的对比效果如图 8.29 所示。
- Faceted(分型面)：选中此复选框，渲染时，把对象的每个小面都作为平面进行渲染。创建两个球体，将它们转化为 Convert to Editable Poly(可编辑多边形)；为它们分别赋予贴图，选中 Faceted(分型面)复选框前后的对比效果如图 8.30 所示。

图 8.29　面贴面显示方式

图 8.30　分型面显示方式

8.3.2　材质的基本参数

由于灯光的原因，三维对象的颜色都是立体的，通过调节颜色参数属性，可表现出各种对象的表面特性。掌握材质基本参数的调节，是掌握其变化从而制作复合材质的基础。材质的明暗基本参数栏如图 8.31 所示。

- Ambient(环境色)：对象表面背光区和阴影区的颜色。
- Diffuse(漫反射)：对象表面过渡区的颜色。
- Specular(高光色)：对象表面高光区的颜色。
- Self-Illumination(自发光)：控制对象自发光效果，可使用强度控制，也可通过颜色控制。
- Opacity(不透明度)：控制对象的不透明度，100 时为不透明，0 时为透明。
- Specular Level(高光级别)：控制高光的强度。
- Glossiness(光泽度)：控制高光的范围。
- Soften(柔和度)：设置高光区光斑的柔和程度，柔化高光区域的边缘。

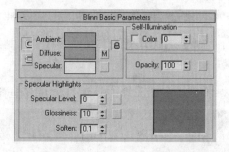

图 8.31　材质的明暗基本参数栏

8.3.3 材质的贴图通道

在自然界中，各种对象的表面属性通常都是非常复杂的，在创建对象时不仅要模拟对象的表面颜色，还要模拟反射、折射等介质特性，模拟凹凸、浮雕等对象的纹理，才能使物体看起来更真实。材质类型所表现的是物体的质感，而模型表面的材质细节往往需要用纹理贴图来体现。

材质编辑器的 Maps(贴图类型)卷展栏，提供了多种贴图通道，用于模拟对象不同区域的表面特性。Maps(贴图类型)卷展栏的左边是贴图通道的名称，Amount(数量)微调框中可输入"强度"的百分比，该参数可以控制贴图产生的纹理与原有颜色的混合效果。通过单击 Map 卷展栏中的 None(无)按钮，可以为各通道添加贴图。Maps(贴图类型)卷展栏如图8.32 所示。

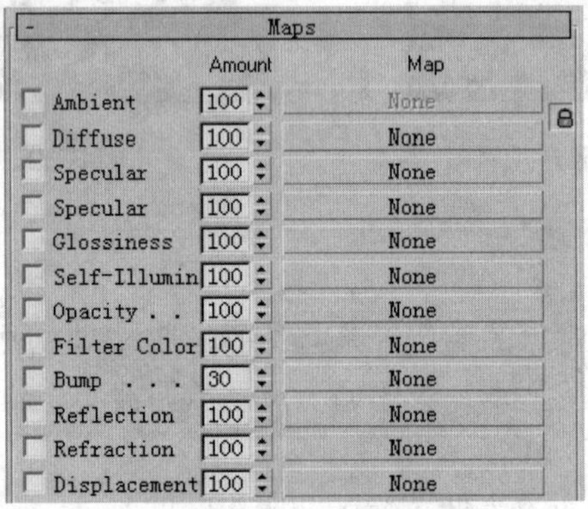

图 8.32 贴图类型卷展栏

- Ambient Color(环境光颜色)贴图通道：此通道用来决定环境颜色对物体表面产生的影响。在默认情况下，它与 Diffuse Color(漫反射颜色)通道处于锁定状态，选中此贴图通道时，它自动地使用"漫反射颜色"通道的贴图，对阴影区产生影响。这是因为在真实世界中，几乎所有物体的纹理图案受光面和背光面都是相同的。
- Diffuse Color(漫反射颜色)贴图通道：此通道指定的贴图，主要表现材质的纹理，应用纹理后可以完全替换物体的颜色，这是最常用的贴图区域。
- Specular Color(高光色)贴图通道：此通道指定的贴图，可以在高光范围内产生纹理，它可以改变高光的颜色，但不能改变高光的强度和形状。

实例 6：Specular Color(高光色)通道贴图

(1) 在透视图中创建三个球体。

(2) 打开材质编辑器，分别为三个样本球设置它们的 Diffuse(漫反射)通道颜色为黄色；Specular Level(高光级别)为 80，Glossiness(光泽度)为 20。

(3) 打开第二个样本球的 Maps 卷展栏，在 Diffuse Color 通道添加一张贴图。

(4) 打开第三个样本球的 Maps 卷展栏，在 Specular Color 通道添加一张贴图。

(5) 将三个材质分别赋予场景中的模型并进行渲染，可观察到在两个贴图通道中分别使用同样贴图时，产生的不同的渲染效果，如图 8.33 所示。

(a) 无贴图　　　　(b) Diffuse Color 通道贴图　　　　(c) Specular Color 通道贴图

图 8.33　Specular Color(高光色)通道贴图仅在高光范围内产生纹理

- Specular Level(高光级别)贴图通道：由此通道指定的贴图可以改变高光的形状，但不能改变高光的颜色和强度。贴图中的白色可以表现出强烈的高光，黑色则完全没有任何高光的效果。

实例 7：Specular Level(高光级别)通道贴图

(1) 在透视图中创建两个球体。

(2) 打开材质编辑器，分别选择两个样本球，设置它们的 Diffuse(漫反射)通道颜色为绿色；Specular Level(高光级别)为 80；Glossiness(光泽度)为 20。

(3) 打开第二个样本球的 Maps 卷展栏，在 Specular Level 通道单击 None 按钮，在打开的 Material/Map Browser(材质和贴图浏览器)中，双击 Checker(棋盘格)贴图。

(4) 分别将材质赋予场景中的模型进行渲染，可观察到高光区域跟随贴图的明暗区域而改变，效果如图 8.34 所示。

(a) Checker 贴图类型　　　　(b) 无贴图　　　　(c) Specular Level 通道贴图

图 8.34　Specular Level(高光级别)通道贴图改变高光的形状

- Glossiness(光泽度)贴图通道：此通道根据指定的贴图决定模型表面产生光泽的区域。贴图中的黑色区域产生光泽，白色区域不产生光泽，灰色区域减少高光。

实例 8：Glossiness(光泽度)通道贴图

(1) 在透视图中创建两个球体。

(2) 打开材质编辑器，分别选择两个样本球，设置它们的 Diffuse(漫反射)通道颜色为绿色；Specular Level(高光级别)为 80；Glossiness(光泽度)为 20。

(3) 打开第二个样本球的 Maps 卷展栏，在 Glossiness 通道中单击 None 按钮，在打开的 Material/Map Browser(材质和贴图浏览器)中，双击 Cellular(细胞)贴图。

(4) 分别将材质赋予场景中的模型并进行渲染，可观察到高光区域跟随贴图的明暗改变，效果如图 8.35 所示。

  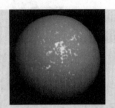

(a) Cellular 贴图   (b) 无贴图   (c) Glossiness 通道贴图

图 8.35   Glossiness(光泽度)通道使用贴图改变高光的形状

● Self-Illumination(自发光)贴图通道：此通道的贴图可以使对象自身发光。黑色区域不发光，白色区域产生自发光效果。

实例 9：Self-Illumination(自发光)通道贴图

(1) 在透视图中创建两个立方体。

(2) 打开材质编辑器，分别选择两个样本球，设置它们的 Diffuse(漫反射)通道颜色为白色，设置 Self-Illumination(自发光)选项组中的 Color(颜色)值为 100，其他设置保持默认值。

(3) 打开第二个样本球的 Maps 卷展栏，在 Self-Illumination 通道中单击 None 按钮，在打开的 Material/Map Browser(材质和贴图浏览器)中，双击 Bitmap(位图)贴图，打开光盘中的"素材\第 8 章\斑点狗.jpg"图片。

(4) 分别将材质赋予场景中的模型并进行渲染，可观察到图片白色区域产生的自发光强，灰色区域产生的自发光弱，黑色区域不产生自发光。效果如图 8.36 所示。

(a) Bitmap 贴图   (b) 无贴图   (c) Self-Illumination 通道贴图

图 8.36   Self-Illumination(自发光)通道贴图对自发光特性的影响

● Opacity Mapping(不透明度)贴图通道：利用纹理中的黑色和白色调节对象的不透明度。白色产生完全不透明的效果，黑色产生完全透明的效果，如果是灰度图像，则根据灰度值产生不同级别的半透明效果。

实例 10：Opacity Mapping(自发光)通道贴图

(1) 在透视图中创建两个立方体。

(2) 打开材质编辑器，分别选择两个样本球，设置它们的 Diffuse(漫反射)通道颜色为淡蓝色，其他设置保持默认值。

(3) 打开第一个样本球的 Maps 卷展栏，在 Opacity Mapping 通道中单击 None 按钮，在打开的 Material/Map Browser(材质和贴图浏览器)中，双击 Bitmap(位图)贴图，打开光盘中的"素材\第 8 章\斑点狗.jpg"图片，并设置强度为 50。

(4) 打开第二个样本球的 Maps 卷展栏，在 Opacity Mapping 通道中单击 None 按钮，在打开的 Material/Map Browser(材质和贴图浏览器)中，双击 Bitmap(位图)贴图，打开光盘中的"素材\第8章\斑点狗1.jpg"图片，同样设置强度为50。

(5) 分别将材质赋予场景中的模型并进行渲染，可观察到图片白色区域不透明，黑色区域完全透明，灰色区域产生不同级别的透明效果。效果如图8.37所示。

(a) 白色背景贴图　　　　(b) 黑色背景贴图　　　　(c) 透明效果比较

图8.37　不透明度贴图效果

- Filter Color(过滤色)贴图通道：Filter Color 贴图通常与 Opacity Mapping(不透明度)贴图配合使用。仅在 Opacity Mapping 通道使用贴图不能产生彩色的阴影效果，增加了 Filter Color 贴图后，物体的阴影也可以有彩色了。

实例11：Filter Color(过滤色)通道贴图

(1) 创建两个长方体用于创建一盏泛光灯(Omni)，如图8.38所示。移动泛光灯，使之照亮下面的平面，渲染视图，观察可见，竖立的长方体在灯光下无阴影，默认的泛光灯没有阴影。

(2) 选中泛光灯，进入修改命令面板，在 Shadow(阴影)卷展栏中选中 on 复选框。默认的阴影为 Shadow Map(阴影贴图)，光线不能穿过透明物体，因而产生黑色的阴影。若将阴影设为 Ray Traced Shadow(光线跟踪阴影)，光线则可穿透半透明的物体产生透明的阴影。选择 Ray Traced Shadow 阴影，渲染透视图，可看到泛光灯出现了阴影。效果如图8.39所示。

图8.38　默认的泛光灯没有阴影　　　图8.39　泛光灯产生的阴影

(3) 打开材质编辑器，选择两个样本球，分别设置它们的 Diffuse(漫反射)通道颜色为淡蓝色，设置 Opacity(不透明度)为50，其他设置保持默认值。

(4) 打开第一个样本球的 Maps 卷展栏，在 Opacity Mapping 通道中单击 None 按钮，在打开的 Material/Map Browser(材质和贴图浏览器)中，双击 Bitmap(位图)贴图，打开光盘中的"素材\第8章\花1.jpg"图片。

(5) 打开第二个样本球的 Maps 卷展栏，在 Filter Color 通道中单击 None 按钮，在打开的 Material/Map Browser(材质和贴图浏览器)中，双击 Bitmap(位图)贴图，打开光盘中的"素材\第 8 章\花 1.jpg"图片。

(6) 分别将材质赋予场景中的模型，并进行渲染，可观察到 Opacity Mapping 通道的贴图，花的彩色区域产生了黑色的阴影，黑色背景区域产生了透明的效果；而 Filter Color 通道的贴图，花的彩色区域产生了彩色的阴影，黑色背景区域产生了不透明的效果，如图 8.40 所示。

(a) 贴图　　(b) Opacity Mapping 通道贴图产生的阴影　　(c) Filter Color 通道贴图产生的阴影

图 8.40　Opacity Mapping 通道的贴图与 Filter Color 通道贴图产生的阴影比较

(7) 将第二个样本球的 Filter Color 通道贴图替换为光盘中的"素材\第 8 章\花 2.jpg"图片，这时产生了彩色的阴影和透明的背景，效果如图 8.41 所示。

(a) 贴图　　　　　　(b) Filter Color 通道贴图产生的阴影

图 8.41　Filter Color 通道贴图产生的彩色阴影

- Bump Mapping(凹凸)贴图通道：贴图产生材质表面的凹凸效果。贴图中白色区域凸起，黑色区域凹陷。这里并不是模型真正产生了凹凸，而是通过光影变化而表现出来的凹凸效果。

实例 12：Bump Mapping(凹凸)通道贴图

(1) 在透视图中创建两个 Box(长方体)。

(2) 打开材质编辑器，分别选择两个样本球，为它们添加 Diffuse(漫反射)通道贴图，贴图为光盘中的"素材\第 8 章\凹凸贴图.jpg"图片。

(3) 打开第二个样本球的 Maps 卷展栏，在 Bump Mapping 通道中单击 None 按钮，在打开的 Material/Map Browser(材质和贴图浏览器)中，双击 Bitmap(位图)贴图，添加同一张贴图图片。

(4) 分别将材质赋予场景中的模型，将模型放大，渲染后进行观察，可看到图 8.42(a)未添加凹凸贴图的模型，表面花纹模糊，纹理不清；图 8.42(b)添加了凹凸贴图的模型，表面纹理非常清晰，凹凸效果明示，两个表面的效果如图 8.42 所示。

(a) 纹理模糊，表面平滑   (b) 纹理清晰，表面粗糙

图 8.42 凹凸贴图对材质渲染效果的影响

- Reflection(反射)贴图通道：反射贴图可以创建镜子、不锈钢金属和各种具有表面反射特性的物体的表面特性。它可以使用的贴图种类主要包括：Reflect/Refract(反射/折射)、Raytrace(光线跟踪)、Flat Mirror(平面镜)、Falloff(衰减)和 Bitmap(位图)等。

实例 13：Reflection(反射)通道贴图

(1) 在透视图中创建一个薄 Cylinder(圆柱体)。

(2) 打开材质编辑器，选择一个样本球，打开 Maps 卷展栏，在 Reflection 通道中单击 None 按钮，在打开的 Material/Map Browser(材质和贴图浏览器)中，双击 Flat Mirror(平面镜)贴图。

(3) 将材质赋予场景中的模型。

(4) 在圆柱体前面创建一个 Box(长方体)，渲染透视图，圆柱体产生了反射的镜面效果，如图 8.43 所示。

图 8.43 镜面反射效果

- Refraction(折射)贴图通道：可以添加透明物体的折射效果。

实例 14：Refraction(折射)通道贴图

(1) 使用 Lathe(车削)工具创建一个酒杯，在酒杯中创建一个 Tube(圆管)作为吸管。

(2) 打开材质编辑器，选择一个样本球，打开 Maps 卷展栏，在 Refraction 通道中单击 None 按钮，在打开的 Material/Map Browser(材质和贴图浏览器)中，双击 Raytrace(光线跟踪)贴图。

(3) 单击 🖐 按钮返回上一级目录。因在现实中没有折射率为 100%的介质，适当减小折射效果的 Amount(数量)的值能使模型看起来更真实，所以设置 Refraction(折射)的数量为 90。

(4) 将材质赋予场景中的酒杯模型。

(5) 为了更好地观察酒杯玻璃的透射和折射效果，为酒杯创建一个盒子形状的容器。

(6) 为了减少酒杯的玻璃对周围环境的反射，设置容器为半透明材质。打开材质编辑器，选择一个样本球，设置 Diffuse(漫反射)通道颜色为淡蓝色，设置 Opacity(不透明度)为50，其他设置保持默认值，将材质赋予容器的各表面。

(7) 渲染透视图，酒杯对吸管产生了折射效果，渲染效果如图 8.44 所示。

图 8.44　折射贴图的渲染效果

- Displacement(置换)贴图通道：使用此通道贴图，模型表面会根据贴图产生位移，即模型产生真正的凹凸变形，这样可使模型更逼真。但使用 Displacement 贴图时，系统负担比较大，模型需要很高的分段数，才能体现更多的细节，这要求设备系统具有较高的性能。

8.4　材质的基本操作

8.4.1　获取材质

获取材质的方法很多，通过下面的实例读者可以学习几种常用的获取材质的方法。

实例 15：获取材质

(1) 打开光盘中的"素材\第 8 章\实例 15.max"文件，渲染视图，如图 8.45 所示。场景中有 5 个物体，它们已赋予了不同的材质，其中 ChamferBox(倒角长方体)为拉丝材质、Sphere(球)为玻璃材质、Cone(圆锥)为塑料材质、Torus Knot(纽环)为黄金材质、Box(长方体)为木纹材质。

(2) 从材质库中获取材质：打开材质编辑器，选择一个未赋材质的样本球，单击 (获取材质)按钮，将打开 Material/Map Browser(材质和贴图浏览器)，在材质和贴图浏览器中的 Browse From 选项组中选中 Mtl Library(材质库)单选按钮，将出现材质库(本例中材质库是空的)，在材质库中可以选择所需的材质。

(3) 从材质编辑器中获取材质。与上一步骤操作相同，在 Browse From 选项组中选中 Mtl Editor(材质编辑器列表)单选按钮，将出现所有样本球的材质的列表，如图 8.46 所示。在材质列表中选择拉丝材质，就可使当前样本球获取这种已编辑好的材质。

(4) 从激活的示例窗中获取材质。选择黄金材质的样本球的示例窗，单击 (获取材质)按钮，在 Browse From 选项组中选中 Active Slot(激活的示例窗)单选按钮，右边列表框中将出现黄金材质的列表，双击材质的名称，就可获取这种已编辑好的材质。

(5) 从选中的模型上获取材质。在场景中选择球体，在材质编辑器中选择一个未赋材质的样本球，单击 (获取材质)按钮，在 Browse From 选项组中选中 Selected(选中)单选按钮，右边列表框中将出现球体模型的材质列表，此处为玻璃材质，双击材质的名称，就可使当前样本球获取玻璃材质。

图 8.45 已赋材质的模型

图 8.46 Mtl Editor(材质编辑器列表)

(6) 从场景中获取材质。在材质编辑器中，选择一个未赋材质的样本球，单击 (获取材质)按钮，在 Browse From 选项组中选中 Scene(场景)单选按钮，右边列表框中将出现场景中所有模型的材质列表，双击所需材质的名称，就可使当前样本球获取该种材质。

(7) 从系统自带的材质/贴图类型中获取材质。在材质编辑器中，选择一个未赋材质的样本球，单击 (获取材质)按钮，在 Browse From 选项组中选中 New(新材质)单选按钮，右边列表框中将出现所有材质和贴图类型列表，双击所需材质的名称，就可以编辑新的材质了。

(8) 使用 (吸管)工具获取材质。在材质编辑器中，选择一个未赋材质的样本球，单击"名称和类型栏"前面的 (吸管)按钮，将鼠标移至视图中，单击圆锥模型，就使当前样本球获取了该模型的塑料材质；使用同样的方法，用吸管工具单击其他模型，就可获取该模型的材质。在 3ds Max 中经常要导入其他格式的物体，如*.3DS、*.PRJ、*.DXF 等格式，要对这些物体的材质进行编辑，就需要使用"吸管"工具从物体上获取材质。

8.4.2 保存材质

在 3ds Max 中可以将材质保存到材质/贴图浏览器的材质库中。保存材质的方法如下。

● 选择一种材质，在材质编辑工具栏中单击 (放入库)按钮，被选择的材质就保存到材质库中。

● 按住鼠标左键将示例窗中的材质拖动到右边材质库列表中，就可保存该种材质。

● 在材质编辑器中，单击 (获取材质)按钮，在打开的材质/贴图浏览器的 Browse From 选项组中选中 Mtl Editor(材质编辑器)单选按钮，右边列表框中将出现所有样本球上的材质列表，单击左下方的 Save as(另存为)按钮，打开一个对话框，为文件命名后，将保存一个"*.Mat"格式的材质库文件，即可将右侧的全部材质保存为一个材质库。

实例 16：获取更多材质

在材质编辑器示例窗中，最多只能显示 24 个样本球，当用户制作的场景非常庞大，模型众多，所需的材质种类超过24种时，如何才能保存更多的材质呢？下面通过用两个样本球为四个球体模型赋予三种颜色的材质的实例，学习保存更多材质的方法。

(1) 创建四个球体，它们的名称分别为：Sphere01、Sphere02、Sphere03和Sphere04。

(2) 打开材质编辑器，设置第一个样本球为红色(此样本球名为01-Dedault)，单击🔒(放入库)按钮，将01号材质保存到材质库中，然后将其赋予Sphere01。

(3) 设置第二个样本球为蓝色(此样本球名为02-Dedault)，单击🔒(放入库)按钮，将02号材质保存到材质库中，将其赋予Sphere02。

(4) 按下鼠标左键拖动01号材质到02号样本球，这样就复制了01号材质，这时02号样本球的名称也改变为01-Dedault(复制产生的材质跟原材质同名)；将复制出的材质名称修改为30-Dedault，编辑材质的各项参数，创建一种新的材质(此处将颜色改变为紫色)，单击🔒(放入库)按钮，保存材质，然后将30号材质赋予Sphere03。

(5) 观察示例窗口，发现02-Dedault材质没有了，现在如果想给Sphere04赋予02号材质，找回02号材质的方法有两种：方法一，激活任一个样本球，单击🔍(吸管)按钮，在视图中单击Sphere02，激活的样本球上就找回了02号材质。这种方法适用于场景中模型不太多的情况。方法二，激活任一个样本球，单击🔘(获取材质)按钮，打开 Material/Map Browser(材质和贴图浏览器)，在 Browse From 选项组中选中 Mtl Library(材质库)单选按钮，右边列表框中将出现材质库中的材质列表，在材质库中选择02号材质，激活的样本球上也找回了02号材质。

在材质种类非常多的情况下，通过材质/贴图浏览器上端的按钮，还可以详细地观察材质库中各种材质的样本球，从而更方便地选择所需的材质，这就是保存多种材质的方法。

8.4.3 删除材质

对于不再使用的材质，或编辑失败的材质，就可以将其删除。删除材质的方法如下。

- 从材质库中删除材质。在材质编辑器中，单击🔘(获取材质)按钮，在打开的材质/贴图浏览器右边的列表框中，选择要删除的材质，单击浏览器上端的✖(从库中删除)按钮，就可从材质库中删除该种材质。
- 从示例窗中删除材质。在示例窗口中选择一个已编辑材质的样本球，单击材质编辑工具栏中的✖(重置贴图/材质为默认设置)按钮，就可删除此示例窗中的材质。

8.4.4 指定材质

将样本球上的材质指定给场景中对象的方法有以下两种。

- 在材质编辑器中，编辑好材质后，单击 Assign Material to Selection(将材质赋予所选物体)按钮🔘，将材质指定给所选物体。
- 在材质编辑器中，编辑好材质后，直接按住鼠标左键将样本球上的材质拖动到场景中的物体模型上，就可将材质指定给所选物体。

这两种方法都可以先将材质指定给所选物体，然后再编辑材质，物体上的材质会跟随样本球上的材质变化而变化。

8.4.5 使用材质库

材质库是一些编辑好的材质的集合，在工作中可以随时调用，并可在编辑好的材质上进行修改，从而得到新的材质，这样就可以节约大量的制作时间。

实例 17：使用材质库

(1) 打开材质编辑器，选择第一个样本球，单击 Get Material(获取材质)按钮，打开材质/贴图浏览器，在 Browse From 选项组中选中 Mtl Library(材质库)单选按钮，将出现材质库，此时浏览器右侧列表框中显示的是系统默认的材质库，在新建的 Max 文件中，此时材质库中是空的，没有任何材质。

(2) 在材质/贴图浏览器的 File 选项组中，单击 Open 按钮。在打开的 Open Material Library(打开材质库)对话框中，找到材质库文件目录，从中选择 Nature.mat 材质库文件，如图 8.47 所示，然后单击"打开"按钮。这时浏览器右侧列表框中显示出该材质库中的材质列表，如图 8.48 所示。

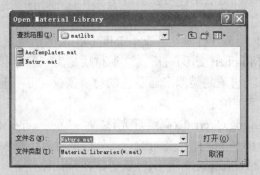

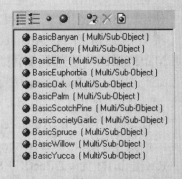

图 8.47　Open Material Library(打开材质库)对话框　　图 8.48　Nature. mat 材质库列表

(3) 在材质/贴图浏览器右上端的工具栏中，单击(查看大图标)按钮，浏览器右侧列表框中显示出该材质库中的材质样本球，使用鼠标拖动列表框的大小，材质样本球如图 8.49 所示。

(4) 从材质列表中双击 BasicCherry 选项，将此材质复制到激活的样本窗中，这样就从材质库中获取了材质。BasicCherry 材质如图 8.50 所示。

图 8.49　Nature. mat 材质库　　　　　图 8.50　BasicCherry 材质

8.5 材质的类型

材质的类型决定了材质的整体属性，在现实世界中，不同的物体有着不同的表面特性，同一种类型的物体既有共同的特性，也可能存在自身的特性，要想表现物体丰富的表面特性，就要使用恰当的材质类型。

3ds Max 为用户提供了 16 种类型的材质，其材质的功能非常强大，可以允许无限量的层叠。总体上，3ds Max 的材质类型可分为以下四大类。

- 基础材质(2 种)：Standard(标准)材质、Raytrace(光线跟踪)材质。这类材质是 3ds Max 中使用最多、最重要的材质类型。

- 复合型材质(7 种)：Blend(混合)材质、Composite(合成)材质、Double Sided(双面)材质、Multi/Sub-Object(多维/子对象)材质、Shell Material(壳)材质、Shellac(胶合)材质、Top/Bottom(顶/底)材质。这类材质提供一种材质的计算方法，使几种"标准材质"共同作用，产生出不同的视觉效果，可以创造出多个"标准材质"独立使用所不能达到的复合效果。

- 特效材质(4 种)：Architectural(建筑)材质、Ink'n Paint(墨水手绘)材质、Matte/Shadow(无光/阴影)材质、Morpher(变形)材质。这类材质是为一些专业应用而产生的，如 Ink'n Paint(墨水手绘)材质是类似卡通着色的材质模板，可用于创建漫画风格的图像，而不需要使用笔或笔刷。

- 外挂型材质(3 种)：Advanced Lighting Override(高级灯光)材质、Lightscape Mtl(光域网合并)材质、XRef Material(外部参考)材质。除此之外，外挂型材质还有 Mental Ray(金属)材质和 DirectX 9 Shader(Direct X 9 阴影)材质等，在默认设置下，这两种材质类型不显示，必须经过特殊设置后才能使用。这类材质可以获得一些特殊效果，或者可以配合外挂渲染插件来制作一些特殊效果，如 Mental Ray 材质是为了配合全局光渲染器 Mental Ray 而使用的。

在以上四大类材质中，Standard(标准)材质、Raytrace(光线跟踪)材质是 3ds Max 材质的核心，如果掌握了材质的核心内容，然后再了解它们的混合变化，即"复合型材质"，那么再学习其他类型的材质设置就得心应手了。

8.5.1 Standard(标准)材质

Standard(标准)材质是 3ds Max 默认的材质类型，也是最基础的材质类型。它提供了一种比较简单、直观的方式来描述模型的表面属性。在自然界中，物体的外观取决于它反射光线的性质，标准材质就是模拟物体表面反射光线的属性，如果不使用贴图，标准材质将为物体表面使用单一的颜色。

图 8.51 显示了标准材质的 Blinn Basic Parameters(明暗基本参数)卷展栏和 Extended Parameters(扩展参数)卷展栏。

Blinn Basic Parameters(明暗基本参数)卷展栏中，主要用于设置材质的基本参数，在此卷展栏中，用户可以设置材质的明暗模式，以及其他显示模式；Extended Parameters(扩展参数)卷展栏中,各种明暗模式的扩展参数都是相同的,此栏中容纳了关于特殊材质效果的设置。在8.3.2节中已学习了 Blinn Basic Parameters(明暗基本参数)栏中基本参数的设置,在本节中主要学习 Extended Parameters(扩展参数)卷展栏的设置。

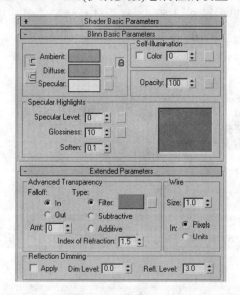

图 8.51　明暗基本参数卷展栏和扩展参数卷展栏

Extended Parameters(扩展参数)卷展栏包括以下三个选项组。

1. Advanced Transparency(高级透明)选项组

用于控制透明材质的透明衰减效果。其中的主要参数含义如下。

● Falloff(衰减):用于设置衰减方式及程度。选中 In(内)单选按钮,控制透明物体从边缘到中心的透明过渡,比如玻璃;选中 Out(外)单选按钮,控制透明物体从中心到边缘的透明过渡,比如烟雾;Amount(数量),图中显示为 Amt 值用于设置透明衰减程度。图 8.52 所示的是两种透明衰减方式的比较。

从图 8.52 中可清楚地观察到从不透明到透明的过渡。如果保持两种情况的明暗基本参数相同,Diffuse(漫反射)颜色为淡蓝色(RGB:172、167、243),保持 Opacity(不透明度)为 100,其他为默认设置。使用 Falloff out 衰减修改 Amount(数量,图中显示为 Amt)值分别为 90 和 30,可观察到数量越大,透明与不透明区域的差别越大。渲染效果如图 8.53 所示。

(a) Falloff In Am=75　　　(b) Falloff Out Am=75　　　　(a) Amt=90　　　(b) Amt=30

图 8.52　Falloff In 和 Falloff Out 衰减方式比较　　图 8.53　Amount 数量对透明的影响

● Type(类型)：用于设置透明方式。选中 Filter(过滤色)单选按钮时，可以用右侧的颜色块设置透明的过滤颜色；选中 Subtractive(减色)单选按钮将减去透明表面后面的颜色；选中 Additive(加色)单选按钮将添加透明表面后面的颜色。这三种类型透明方式的渲染效果如图 8.54 所示。图中三种情况的明暗基本参数相同，Diffuse(漫反射)颜色为淡蓝色(RGB：172、167、243)，其他为默认设置；衰减方式为 Falloff In，Amount 值为 100。

(a) Filter 透明方式　　　　(b) Subtractive 透明方式　　　　(c) Additive 透明方式

图 8.54　三种透明方式的渲染效果

● Index of Refraction(折射率)：用于设置透明物体的折射率。

2. Wire(线框)选项组

该选项组是在基本参数栏选中 Wire(线框)复选框时，此选项组中的参数设置才有效。其中，Size(大小)右边的微调框用于设置线框的粗细；选中 In Pixels(以像素)单选按钮时，线框的粗细以像素为单位；选中 In Units(以单位)单选按钮时，系统以单位来设置线框的粗细。

3. Reflection Dimming(反射暗淡)选项组

该选项组用于在阴影中使反射效果模糊。3ds Max 的反射在阴影区总是很亮，效果不真实，这时合理调节 Reflection Dimming(反射暗淡)选项组中的参数，可使反射效果更加逼真。选中 Apply(应用)复选框后，即可开启反射模糊处理。Dim Level(模糊级别)用于设置模糊的程度，数值越大，模糊程度越大。Refl. Level(反射级别)用于设置阴影以外区域的反射强度，即反射亮度。

8.5.2　Raytrace(光线跟踪)材质

Raytrace(光线跟踪)材质是 3ds Max 中相对而言比较复杂的材质类型，它可以在光亮表面、半透明表面和透明表面创建逼真的折射和反射效果，是制作玻璃和金属材质的首选。

Raytrace(光线跟踪)材质的很多参数和标准材质的参数相同，只是一些关系到折射和反射的参数才需要特殊设置。

下面通过一个实例来说明光线跟踪材质的设置方法和过程。

实例 18：光线跟踪材质的设置

(1)　在顶视图中创建长方体、球体和平面(长方形)，如图 8.55 所示。

(2)　打开材质编辑器，选择第一个样本球，单击 Diffuse(漫反射)颜色后面的按钮，在打开的材质/贴图浏览器中双击 Bitmap(位图)贴图，打开光盘中的"素材\第 8 章\砖块.jpg"

高职高专立体化教材　计算机系列

图片，然后将材质指定给平面模型。

(3) 选择球体，为其设置塑料材质，参数如图 8.56 所示。

(4) 选择长方体，为其设置 Raytrace(光线跟踪)材质。单击材质编辑器中的 Standard(标准)按钮，在打开的材质/贴图浏览器中双击 Raytrace(光线跟踪)。

(5) 按图 8.57 所示设置 Raytrace Basic Parameters(光线跟踪基本参数)。将光线跟踪材质指定给长方体，效果如图 8.58 所示。

图 8.55 创建场景

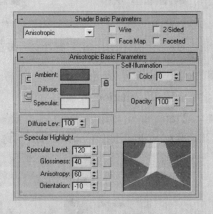

图 8.56 塑料材质的基本参数

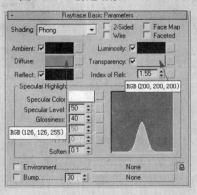

图 8.57 光线跟踪材质的基本参数

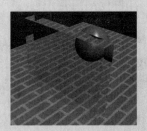

图 8.58 光线跟踪材质的渲染效果

在光线跟踪材质中，颜色设置虽然与标准材质名称一样，但内涵并不完全一样，下面对光线跟踪材质的主要参数进行说明。

● Diffuse(漫反射)：光线跟踪材质的 Diffuse(漫反射)颜色与标准材质的 Diffuse(漫反射)颜色相同，决定物体表面本身的颜色。

● Ambient(环境色)：环境色与标准材质的就不同了，在光线跟踪材质中，它控制吸收的环境光的多少，不过在背景为纯黑色的情况下，此参数对材质没有影响。

● Reflect(反射色)：用于控制能看到多少散射光，修改反射色颜色，在图 8.59 中可观察到渲染效果发生了变化。

比较图 8.58，其反射色为黑色(RGB：0、0、0)，无散射光，物体透明效果比较好；在图 8.59(c)中反射光接近白色(RGB：230、230、230)，可发现物体几乎不透明了。观察反射色颜色从黑色→蓝色→黄色→灰色的变化，可发现反射光越暗，透明效果越显著。

(a)反射色为蓝色   (b)反射色为黄色   (c)反射色为浅灰色

图 8.59　反射色对渲染效果的影响

- Luminosity(发光度)：用于控制材质的自发光情况，相当于标准材质的 Self-illumination 选项。
- Transparency(透明度)：用于设置材质的透明情况，控制半透明的颜色，相当于标准材质的 Filter Color(过滤色)选项。图 8.60 所示的为不同透明度的渲染效果，可看到透明度为黑色时，物体不透明了。图 8.57 中，透明度为浅灰色(RGB：200、200、200)，可观察到物体透明效果比较好。

(a)透明度为红色   (b)透明度为绿色   (c)透明度为黑色

图 8.60　透明度对渲染效果的影响

- Index of Refraction(折射率，图中显示为 Index of Refr)：设置折射效果。在现实世界中，水的折射率为 1.33，玻璃的折射率为 1.6 左右。但在 3ds Max 中，光线跟踪材质的折射率并不一定要按照真实的折射率设置，而是根据渲染效果进行调节。图 8.57 中，折射率设置为 1.1，这时表现了较好的玻璃效果。修改折射率的值，观察图 8.61 中的玻璃效果。

(a)折射率为 1.1   (b)折射率为 1.3   (c)折射率为 1.6

图 8.61　折射率的设置

8.5.3　Blend(混合)材质

Blend(混合)材质用于将两种不同材质的像素色彩混合到一起，依据一个遮罩决定使用材质的区域及混合方式。下面用实例来说明混合材质的设置过程。

实例 19：混合材质的设置

(1) 创建一个球体。打开材质编辑器，选择第一个样本球，单击 Standard(标准)按钮，在打开的材质/贴图浏览器中双击 Blend(混合)材质。

(2) 在 Blend Basic Parameters(混合基本参数)卷展栏中，单击 Material 1(材质#1)右侧的按钮，按图 8.62 所示设置 1 号材质的参数，其他参数为默认值。

(3) 在 Maps 卷展栏中，单击 Diffuse(漫反射)通道右侧的 None 按钮，在打开的材质/贴图浏览器中双击 Checker(棋盘格)选项，并设置漫反射强度为 70。

(4) 单击 (返回父一级)按钮，回到 Blend Basic Parameters(混合基本参数)卷展栏，单击 Material 2(材质#2)右侧的按钮，按图 8.63 所示设置 2 号材质的参数，其他参数为默认值。

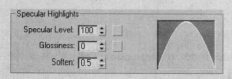
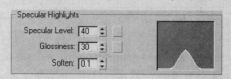

图 8.62　1 号材质的参数设置　　　　图 8.63　2 号材质的参数设置

(5) 在 Maps 卷展栏中，单击 Diffuse(漫反射)通道右侧的 None 按钮，在打开的材质/贴图浏览器中双击 Bitmap(位图)贴图，打开光盘中的"素材\第 8 章\砖块.jpg"图片，并设置漫反射强度为 50。

(6) 单击 (返回父一级)按钮，回到 Blend Basic Parameters(混合基本参数)栏，单击 Mask(遮罩)右侧的按钮，打开光盘中的"素材\第 8 章\Mask1.jpg"图片，图片如图 8.64 所示。

(7) 将材质指定给球体模型。渲染视图，效果如图 8.65 所示。

图 8.64　Mask1.jpg 遮罩图片　　　图 8.65　两种材质的混合效果

从图 8.65 中可观察到，1 号材质为模型的主材质，2 号材质为模型的次材质，遮罩决定了 2 号材质显示的区域。遮罩为白色的区域，渲染时显示为透明区域，可将 2 号材质显示出来；遮罩为黑色的区域，渲染时显示为不透明区域，显示的是 1 号材质，如果遮罩的图案从白色到黑色过渡，则渲染效果也会从透明到不透明逐渐过渡。这就是混合材质中，两种基本材质的融合方式。

8.5.4　Double Sided(双面)材质

双面材质可以给一个曲面的前后两个表面指定不同的材质，而且正面材质还可以设置透明效果，在需要看到物体背面的材质时，可以使用双面材质。下面通过一个实例来说明双面材质设置的过程。

实例 20：Double Sided(双面)材质的设置

(1) 创建一个茶壶，进入修改命令面板，取消选中壶盖、壶嘴和把手的复选框，得到一个茶杯，效果如图 8.66 所示。

(2) 打开材质编辑器，选择第一个样本球，单击 Standard(标准)按钮，在打开的材质/贴图浏览器中双击 Double Sided(双面)材质。在打开的 Replace Material(替换材质)对话框中，选中 Discard old material(抛弃旧材质)单选按钮，如图 8.67 所示，再单击 OK 按钮，这时出现 Double Sided Basic Parameters(双面材质基本参数)卷展栏，如图 8.68 所示。

(3) 单击双面材质基本参数卷展栏中 Facing Material(正面材质)右侧的长条按钮，为其设置物体外表面的瓷器材质。单击材质编辑器中的 Standard(标准)按钮，设置材质类型为 Raytrace(光线跟踪)材质；展开 Raytrace Basic Parameters(光线跟踪基本参数)卷展栏，设置 Diffuse 颜色为白色，Luminosity(发光度)颜色为 RGB=60、60、60，设置 Specular Level(高光级别)参数为 100，Glossiness(光泽度)参数为 90，Index of Reflaction(折射率)参数为 1.6；展开 Maps 卷展栏，将贴图通道的强度设置为 50，然后赋予 Falloff 贴图，进入到 Falloff 贴图级别，将白色框的颜色修改为灰色(RGB=211、211、211)，将材质指定给瓷杯，渲染视图，杯子已经具有瓷器的质感。效果如图 8.69 所示。

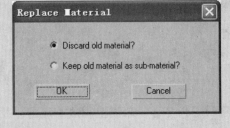

图 8.66　利用 Teapot(茶壶)按钮创建的茶杯　　图 8.67　Replace Material 对话框

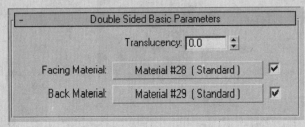

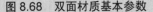

图 8.68　双面材质基本参数　　　　　　　图 8.69　瓷器材质

(4) 转动杯子，渲染视图，可观察杯子内部是无光的，没被赋予瓷器材质，效果如图 8.70 所示。单击双面材质基本参数卷展栏中 Back Material(正面材质)右侧的长条按钮，为其设置物体内表面的 Checker(棋盘格)材质。单击材质编辑器中的 Standard(标准)按钮，设置材质类型为 Checker(棋盘格)材质；在 Checker Parameters(棋盘格参数)卷展栏中设置 Color#1 颜色为蓝色(RGB=110、110、255)；在 Coordinates(坐标)栏中设置 Tiling(平铺)选项的 U 向和 V 向的重复次数都为 4；渲染视图，杯子内部表现出棋盘格的图案，效果如图 8.71 所示。

（5）在背面材质的 Blinn Basic Parameters(明暗基本参数)卷展栏中，修改 Opacity(透明度)参数值，渲染视图，可观察到，透明度为 100 时，杯子内部的材质清晰地渲染出来；透明度为 0 时，杯子内部是暗面，即背面的材质不可见，透明度在 0～100 之间时，透明度值越小，背面材质越暗。

（6）回到正面材质面板，将 Transparency(半透明度)的颜色从黑色修改为白色，渲染视图，杯子变成透明的了，正面的材质看不见了，透出了背面的材质，效果如图 8.72 所示。可将 Transparency(半透明度)的颜色调节成不同级别的灰色，渲染视图，观察正面材质透明效果的变化。

图 8.70　杯子内部渲染效果　　图 8.71　双面材质的渲染效果　　图 8.72　双面材质的透明效果

8.5.5　Multi/Sub-Object(多维/子对象)材质

Multi/Sub-Object(多维/子对象)材质也是一种常用的复合材质，其中包含了多种同级的子材质，可将多个子材质分布在一个模型的不同部位上，从而得到一个对象的表面由多种不同材质组合而成的特殊效果。下面通过一个实例来说明多维/子对象材质设置的过程。

实例 21：Multi/Sub-Object(多维/子对象)材质的设置

（1）在顶视图中创建一个 Tube(圆管)，外半径为 75，内半径为 72，高为 200，高度分段数为 5；再创建一个 Cylinder(圆柱体)，半径为 73，高为 3，放置在圆管下部，做成一个笔筒，如图 8.73 所示。

（2）进入修改命令面板，在 Modifier List 下拉列表中为笔筒添加 Edit Mesh(编辑网格)修改器；进入 Polygon(多边形)次物体层级，选中笔筒上部的 4 段，在 Surface Properties(表面属性)卷展栏中的 Set ID(设置 ID 通道)微调框中输入 1，这时就为模型上部的表面指定了 ID 号为 1 号，设置方法如图 8.74 所示。

 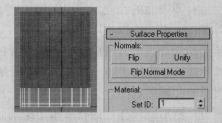

图 8.73　创建笔筒　　　　　　　图 8.74　为模型表面指定 ID 号

（3）使用同样的方法设置笔筒下部一段的 ID 号为 2 号。

（4）打开材质编辑器，选择第一个样本球，单击 Standard(标准)按钮，在打开的材质/贴图浏览器中双击 Multi/Sub-Object(多维/子对象)材质。单击 OK 按钮，这时出现

Multi/Sub-Object Basic Parameters(多维/子对象基本参数)卷展栏，如图 8.75 所示。

(5) 单击 Set Number(设置子材质数量)按钮，设置子材质数量为 2。如果想再添加子材质，可在多维/子对象基本参数卷展栏中，单击 Add(添加)按钮，添加子材质；如果想再删除子材质，可在多维/子对象基本参数卷展栏中，单击 Delete(删除)按钮，删除子材质。

(6) 单击 ID 为 1 的子材质后面的长条按钮，进入子材质编辑面板，将 Diffuse(漫反射)颜色设置为桃红色(RGB = 212、69、225)，选中 Wire(线框)复选框，其他设置为默认值。

(7) 单击 ID 为 2 的子材质后面的长条按钮，进入子材质编辑面板，将 Diffuse(漫反射)颜色设置为与 ID 1 相同的颜色，其他设置为默认值。回到主材质级别，将材质指定给圆管模型。

(8) 选择第二个样本球，设置 Diffuse(漫反射)颜色与前面的颜色相同，其他设置为默认值，将材质指定给圆柱体模型。渲染视图，效果如图 8.76 所示。

(9) 从图 8.76 中可看到线框较细，不太真实。单击 1 号子材质右边的按钮，进入 1 号子材质编辑面板，打开 Extended Parameters(扩展参数)卷展栏，在 Wire(线框)选项组中，设置 Size(大小)为 5，再渲染视图，效果如图 8.77 所示。

图 8.75　多维/子对象基本参数卷展栏　　图 8.76　多维/子对象材质　　图 8.77　线框材质的调节

这就是多维/子对象材质的设置方法，可以看出，每种子材质的编辑方法和基本材质的编辑方法相同，所以只要掌握好基本材质的制作方法，复合材质的制作就容易完成了。

8.6　贴　　图

前面介绍了 3ds Max 丰富的材质，但是材质类型表现的仅是物体表面的质感，而贴图则可以表现物体材质表面的纹理，利用贴图能够丰富物体的表面，可以创建反射、折射、凹凸、镂空等多种效果，可以不用增加模型的复杂程度，而增加材质效果的复杂程度。贴图比基本材质更精细更真实，可以突出表现对象的细节，完善模型的造型。贴图除了应用于材质通道外，还可以应用于环境贴图和灯光投影贴图。

贴图和材质是相辅相成的，如果要为模型应用贴图，首先要创建相应的材质，再将贴图放置到材质中，然后将制作好的材质指定给场景中的模型，使模型表面的材质表现出真实的纹理。可以说材质是贴图的载体，材质因贴图而精彩。

8.6.1　贴图类型

3ds Max 的贴图有位图和程序贴图两种。位图是二维图像，图像由像素组成，像素数少时图像放大到一定程度后，图像会变模糊；像素数越多，图像的品质越高，但需要系统提供的内存越大，因此渲染时需要的时间更长。程序贴图是利用简单或复杂的数学方程进行运算形成贴图，其优点是放大后不会降低分辨率，保持图片的细节。这两种贴图根据使用方法的不同可以分成以下五种主要类型。

- 2D Maps(二维贴图)：二维贴图是二维图像，它们通常贴图到几何物体的表面，或用作环境贴图来作为场景的背景，二维贴图的种类有 Bitmap(位图)、Checker(棋盘)、Combustion(燃烧)、Gradient(渐变色)、Gradient Ramp(渐变扩展)、Swirl(旋涡)、Tiles(瓷砖)。
- 3D Maps(三维贴图)：三维贴图是根据程序以三维方式生成的图案。是在三维空间中进行的贴图，贴图不仅仅局限在对象的表面，对象从内到外都进行了贴图。三维贴图虽然种类很多，但创建过程大同小异。三维贴图的种类有：Cellular(细胞)、Dent(凹痕)、Falloff(衰减)、Marble(大理石)、Noise(噪波)、Particle Age(粒子年龄)、Particle Mblur(粒子运动模糊)、Perlin Marble(Perlin 大理石)、Planet(行星表面)、Smoke(烟雾)、Speckle(斑点)、Splat(泼溅)、Stucoo(灰泥浆)、Waves(波浪)和Wood(木纹)。
- Compositors(合成器)：合成器贴图用于合成多个颜色与贴图。合成器贴图的种类有：Composite(合成)、Mask(遮罩)、Mix(混合)和 RGB Multiply(RGB 增量)。
- Color Modifiers(颜色修改器)：使用此类贴图，系统使用特定的方法改变材质中像素颜色。颜色修改器贴图的种类有：Output(输出)和 Vertex Color(顶点颜色)。
- Other(其他)：主要用于金属或者玻璃等物体，种类有：Thin Wall Refraction(薄壁折射)、Normal Bump(法线凹凸)、Reflect/Refract(反射/折射)、Raytrace(光线跟踪)、Camera Map Per Pixel(每像素的摄像机)和 Flat Mirror (镜面反射)。

3ds Max 提供的贴图的种类繁多，但只要掌握了对物体进行贴图设置的一般方法，就可以非常容易地使用各种贴图了。在前面的设置材质的章节中，实际上已经使用了几种贴图，如 Bitmap(位图)、Checker(棋盘)、Falloff(衰减)、Raytrace(光线跟踪)等。

8.6.2 贴图的共有属性

3ds Max 提供的贴图有一些共同的属性，下面通过实例来学习这些属性的设置。

实例 22：贴图 Coordinates(坐标)卷展栏的设置

(1) 创建一个 Box(长方体)。打开材质编辑器，选择第一个样本球，单击 Diffuse(漫反射)色块右侧的按钮，打开材质/贴图浏览器，在材质/贴图浏览器中双击 Bitmap(位图)，打开光盘中的"素材\第 8 章\花纹 1.jpg"图案，将材质指定给长方体物体。效果如图 8.78 所示。

(2) 在材质编辑器中，参数栏中出现了 Coordinates(坐标)卷展栏，如图 8.79 所示。3ds Max 的贴图坐标由 U 轴、V 轴和 W 轴组成，相当于直角坐标系中的 X 轴、Y 轴和 Z 轴。

(3) 在坐标卷展栏的 Offset(偏移)选项中输入 U 向和 V 向的偏移量为 0.5，渲染视图，可看到贴图发生了偏移，如图 8.80 所示。

(4) 取消上一步操作，然后在 Tiling(平铺)选项中输入 U 向和 V 向的数值为 3，渲染视图,可看到贴图在各方向上重复了 3 次,如图 8.81 所示。

(5) 取消选中 U 向和 V 向后面的 Tile(平铺)复选框,渲染视图,可看到贴图在各方向上缩小了 3 倍,但没有平铺,如图 8.82 所示。

(6) 在上一步操作的基础上,在 Offset(偏移)选项中输入 U 向和 V 向的偏移量为 0.3,渲染视图,可看到贴图在各方向上都发生了偏移,如图 8.83 所示。

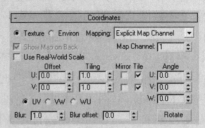

图 8.78　贴图　　　　　　　　　　　　　图 8.79　贴图坐标参数栏

图 8.80　贴图坐标偏移　　图 8.81　贴图坐标平铺　　图 8.82　贴图坐标缩小　　图 8.83　贴图坐标缩小并偏移

(7) 修改 U 向和 V 向的 Tiling(平铺)参数为 1,并取消 U 向和 V 向的偏移量,在 Angle(角度)选项中输入 W 向为 45°,渲染视图,可看到贴图在 UV 平面上发生了旋转,如图 8.84 所示。

(8) 在 Blur(模糊)微调框中输入数值为 1,Blur offset(模糊偏移)值为 0.05,渲染视图,可看到贴图变得模糊了,效果如图 8.85 所示。

(9) 修改 U 向和 V 向的平铺参数为 2,输入 W 向为 0°,选中 Mirror 复选框,渲染视图,可看到贴图出现了镜像对称平铺,效果如图 8.86 所示。

 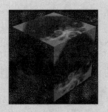  

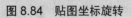

　　　　　　　　　　　　　　　　　　　　　　　　　(a) 直接平铺　　　　　(b) 镜像平铺

图 8.84　贴图坐标旋转　　　图 8.85　贴图模糊　　　　图 8.86　贴图镜像平铺

8.6.3　Bitmap(位图)贴图

位图贴图是使用位图文件作为贴图,这种贴图是 3ds Max 中最常用的一种贴图类型,也是最基本的贴图类型。除了共有的基本卷展栏外,它还有自己的 Bitmap Parameters(位图参数)卷展栏,如图 8.87 所示。其中主要参数的含义如下。

● Bitmap 按钮:用来设定一个位图,被选中的位图的路径和名称将出现在按钮上。

在更换贴图或修改贴图路径时，可单击此按钮完成。

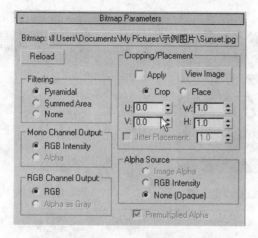

图8.87　位图参数卷展栏

● Cropping/Placement(裁剪/放置)选项组：用来裁剪或放置图像的大小。

位图参数卷展栏中的其他参数对于初学者来说使用默认值即可。下面通过实例来学习裁剪/放置选项组的使用方法。

实例23：贴图Cropping/Placement(裁剪/放置)选项组的设置

(1)　创建一个Box(长方体)。打开材质编辑器，选择第一个样本球，单击Diffuse(漫反射)色块右侧的按钮，打开材质/贴图浏览器，在材质/贴图浏览器中双击Bitmap(位图)，打开光盘中的"素材\第8章\城堡1.jpg"图案，将材质指定给立方体物体。效果如图8.88所示。

(2)　打开Bitmap Parameters(位图参数)卷展栏，选中Apply复选框，保持Crop单选按钮为选中状态，单击View Image(显示图像)按钮，打开Specify Cropping/Placement图形框，拖动鼠标设置选区，使选区内保留要用的画面，如图8.89所示。

图8.88　初始的位图贴图

图8.89　裁剪位图贴图

(3)　渲染视图，可看到贴图中被保留的部分显示出来了，效果如图8.90所示。

(4)　不仅使用Specify Cropping/Placement图形框，拖动鼠标设置选区，可以选择要使用的贴图的画面范围，直接在U/V、W/H微调框里输入图像的坐标，也可以确定要使用的贴图的画面范围。输入U=0.5、V=0.15、W=0、H=0.6，渲染视图，效果如图8.91所示。

(5)　保持U/V、W/H微调框的坐标不变，选中Place单选按钮，渲染视图，可观察到图像不再被裁剪，只是缩小后被放置到 U/V、W/H 坐标所指定的位置处，效果如图 8.92 所示。

图 8.90　模型上显示的裁剪位图贴图

图 8.91　利用修改坐标裁剪的位图贴图

图 8.92　放置位图贴图

通过这个例子的讲解读者可以掌握位图贴图的 Bitmap Parameters(位图参数)卷展栏中主要参数的设置。位图贴图还有 Noise(噪波)、Time(时间)、Output(输出)卷展栏，但对于初学者来说，一般不需要修改它们的参数，使用默认值即可。

8.6.4　Mask(遮罩)贴图

Mask(遮罩)贴图是用一个黑白贴图作为遮挡物，挡住材质上的其他贴图，白色部分定义为不透明，并保留起来；黑色部分定义为透明，从而看到被遮挡的图像效果；也可以使用 Invert(反转)设置来调换这两个区域。下面通过一个实例来学习 Mask(遮罩)贴图的使用方法。

实例 24：Mask(遮罩)贴图的使用方法

(1)　创建一个 Cylinder(圆柱体)，为了便于观察，创建一个角落场景将圆柱体放在其中，场景如图 8.93 所示。

(2)　打开材质编辑器，选择第一个样本球，设置 Diffuse(漫反射)颜色为淡蓝色，不透明度为 50，将材质指定给圆柱体物体，渲染视图，使圆柱体产生半透明效果，如图 8.94 所示。

(3)　单击 Diffuse(漫反射)色块右侧的方形按钮，打开材质/贴图浏览器，在材质/贴图浏览器中双击 Mask(遮罩)，单击 Map 右边的长条按钮，打开光盘中的"素材\第 8 章\米老鼠 1.jpg"图案，单击 Mask 右边的长条按钮，打开光盘中的"素材\第 8 章\米老鼠 2.jpg"图案，两张贴图如图 8.95 所示。渲染视图，效果如图 8.96 所示。

图 8.93　创建场景

图 8.94　半透明圆柱体

图 8.95　Map 贴图和 Mask 贴图

图 8.96　透明圆柱体上的 Mask 贴图

此例中的遮罩贴图，是在 Photoshop 中通过第一张贴图制作的。从本例中可以看到，Mask 贴图类型是通过遮罩贴图，使 Map 图案的背景透明，从而在背景中透出模型原来材质的颜色和质感。

8.6.5　Flat Mirror(镜面反射)贴图

Flat Mirror(镜面反射)贴图主要用于生成反射环境对象的材质。一般用于制作镜子或光滑平面等效果，它是对 Reflect/Refract(反射/折射)贴图的一种补充，使其拥有更快的渲染速度，但镜面反射贴图只能模拟平面反射的效果。这种贴图只能指定给 Reflection(反射)贴图通道。

要使用镜面反射贴图达到正确的反射效果，必须注意以下几个方面。

● 只能将镜面反射贴图指定给物体上的一个选定的平面，而不是整个物体。

● 只能将镜面反射贴图指定给同一平面上的多个面，若指定给不同平面的多个面，不会产生正确的反射效果。

● 如果要在同一物体不共面的多个表面上产生镜面反射效果，需要通过 Multi/Sub-Object(多维/子对象)材质实现。

下面通过实例来学习镜面反射贴图的使用方法。

实例 25：Flat Mirror(镜面反射)贴图的使用方法

(1) 打开"实例 24.max"文件，打开材质编辑器，选择第二个样本球，展开 Maps 卷展栏，单击 Reflection(反射)通道右侧的按钮，在打开的材质/贴图浏览器中选择 Flat Mirror(镜面反射)贴图，并将材质指定给场景中背面的墙壁，渲染视图，镜面反射效果如图 8.97 所示。

(2) 如果渲染后没有看到反射效果，在修改命令面板中的修改器类型下拉列表中选择 Normal(法线)修改器，选中 Flip(反转法线)复选框，如果需要在背面也看到镜面反射，可选中 Unify(统一)复选框。

图 8.97　透明镜面反射效果

这就是镜面反射贴图的使用方法，其他的设置初学者可采用默认设置。

8.6.6　Thin Wall Refraction(薄壁折射)贴图

薄壁折射贴图应用于 Refraction(折射)贴图通道，可以产生透镜变形的效果。渲染速度比 Refraction 材质快得多。不过，它仅适合于薄的物体，如玻璃、眼镜、透镜等。

下面通过实例来学习薄壁折射贴图的使用方法。

实例 26：Thin Wall Refraction(薄壁折射)贴图的使用方法

(1) 在前视图中创建一个长方体，形成一面墙壁。在墙壁前面创建一个薄圆柱体，作为透镜。

(2) 打开材质编辑器，选择第一个样本球，展开 Maps 卷展栏，在 Diffuse(漫反射)通道添加一个位图贴图，并将材质指定给长方体。

(3) 选择第二个样本球，展开 Maps 卷展栏，在 Reflection(反射)通道添加 Thin Wall Refraction(薄壁折射)贴图，按图 8.98 所示设置参数。

(4) 渲染视图，可观察到薄圆柱体产生了类似放大镜的效果，如图 8.99 所示。

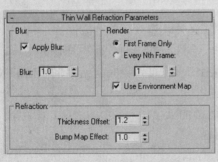

图 8.98　设置薄壁折射参数

图 8.99　薄壁折射效果

图 8.98 是薄壁折射参数卷展栏，其中有 Blur(模糊)、Render(渲染)和 Refraction(折射)三个选项组。其中的参数含义如下。

● Blur(模糊)选项组：选中 Apply Blur(应用模糊)复选框时，系统将对贴图进行模糊处理；Blur(模糊)微调框中输入的值决定模糊的程度，一般默认为 1。

- Render(渲染)选项组：在静止场景的情况下，系统默认 First Frame Only (起始帧)单选按钮处于选中状态，渲染时，系统只在第一帧计算折射效果；Every Nth Frame(间隔帧)单选按钮是在动画时使用的，设置渲染时计算折射效果的帧间隔数，因为随着透镜运动，在不同的帧处，折射效果也会变化。

- Refraction(折射)选项组：Thickness Offset(厚度偏移量)用来设置折射偏移的大小，值为 0 时，不产生偏移，没有折射效果，该值越大，产生的偏移越大，将会产生透镜效果；Bump Map Effect(凹凸贴图影响量)是当材质使用了凹凸贴图时才起作用的，用于设置凹凸贴图对折射效果的影响程度。

8.6.7　贴图坐标修改器

贴图坐标是对象表面用于指定如何进行贴图操作的坐标系统。创建对象时，一般系统自动在 Parameters(参数)卷展栏中选中 Generate Mapping Coords(生成贴图坐标)复选框，所以创建对象后，对象会被自动指定默认的贴图坐标，但是对有些复杂的模型，就需要用户自己设置贴图坐标。3ds Max 还提供了几个贴图坐标修改器，使用这些修改器，可以方便地将对象与贴图部位对齐。下面学习如何用 UVW Map 修改器为物体设置贴图坐标。

当用 2D Maps 贴图时，对对象来说，包含 UVW Mapping 信息是很重要的。这些信息告诉 3ds Max 如何在对象上设计 2D 贴图。在 3ds Max 中，例如 Editable Meshes 等的一些对象，不会自动应用 UVW 贴图坐标，这时可以应用一个 UVW Map 修改器来为其指定一个贴图坐标。在 3ds Max 中创建对象后，所有的对象都具有默认的贴图坐标，但是如果应用了 Boolean(布尔)操作，或在为材质使用 2D Maps 贴图之前对象已经转化成可编辑的网格，那么就可能丢失贴图坐标。

UVW Map 修改器用来控制对象的 UVW 贴图坐标，其 Parameters 卷展栏中有三个选项组，提供了调整贴图坐标类型、贴图大小、贴图的重复次数、贴图通道设置和贴图的对齐设置等功能。

1. Mapping(贴图类型)选项组

贴图类型选项组用来确定如何给对象应用 UVW 坐标，共有 7 个选项，如图 8.100 所示。各选项含义如下。

- Planar(平面方式)：该贴图类型以平面投影方式向对象上贴图。它适合于表面为平面的对象，如纸和墙等。使用如图 8.101 所示的条纹图案贴图素材，在场景中创建 Box(长方体)、Sphere(球体)和 Cylinder(圆柱体)各一个，分别为它们添加 UVW Map 修改器，选取贴图的平面方式，将材质指定给三个物体，渲染视图，效果如图 8.102 所示，是采用平面投影的结果。

- Cylindrical(圆柱方式)：此贴图类型使用圆柱投影方式向对象上贴图。对于形状接近圆柱形的物体都适于圆柱贴图，效果如图 8.103 所示。

- 如果选中 Cap 复选框，圆柱的顶面和底面放置的是平面贴图投影，渲染视图，效果如图 8.104 所示。

- Spherical(球形方式)：该贴图类型围绕对象以球形投影方式贴图，会产生接缝。在接缝处，贴图的边汇合在一起，顶底也有两个接点，渲染视图，效果如图 8.105 所示。

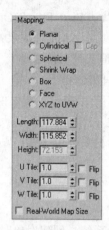

图 8.100　Mapping(贴图类型)选项组

图 8.101　贴图素材

图 8.102　采用平面投影的效果

图 8.103　采用圆柱投影的效果

图 8.104　圆柱投影，选中 Cap 复选框的效果

图 8.105　球形方式投影的效果

- Shrink Wrap(收缩包裹方式)：与球形方式贴图一样，它使用球形方式向对象投影贴图。但是 Shrink Wrap 将贴图所有的角拉到一个点，消除了接缝，只产生一个奇异点，渲染视图，效果如图 8.106 所示。

- Box(盒子方式)：Box 贴图以 6 个面的方式向对象投影。每个面是一个 Planar 贴图。面法线决定不规则表面上贴图的偏移，渲染视图，效果如图 8.107 所示。

图 8.106　收缩包裹方式投影的效果

图 8.107　盒子方式投影的效果

- Face(面贴图方式)：该贴图类型对对象的每一个面应用一个平面贴图。其贴图效果与几何体面的多少有很大关系，替换一张画面中只有一个图案的贴图，渲染视图，效果如图 8.108 所示。

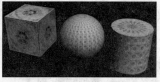

图 8.108　面贴图方式投影的效果

● XYZ to UVW：此类贴图设计用于 3D Maps。它使 3D 贴图"粘贴"在对象的表面上，如图 8.109 所示。若将图 8.108 中的二维贴图改为使用 XYZ to UVW 贴图方式，结果如图 8.110 所示。

在 Mapping(贴图类型)选项组中 7 个类型选项下面是设置参数的区域，各参数含义如下。

● Length/Width/Height(长度、宽度、高度)：分别指定代表贴图坐标的 Gizmo 物体的尺寸。单击 UVW Map 左侧的 "+"号，在 Gizmo 次物体级别中可以变换 Gizmo 物体的位置、方向和尺寸。

图 8.109　XYZ to UVW 贴图方式投影的效果　图 8.110　2D Maps 的 XYZ to UVW 贴图方式投影的效果

● U/V/W Tile(U/V/W 方向平铺)：分别设置三个方向上贴图的重复次数。
● Flip(翻转法线)：将贴图方向进行前后翻转。

2. Channel(通道)选项组

系统为每个物体提供了 99 个贴图通道。默认使用的通道为 1，使用此选项组，可将贴图发送到任意一个通道中。通过通道用户可以为一个表面设置多个不同的贴图。Channel(通道)选项组如图 8.111 所示。其中的参数含义如下。

● Map Channel(贴图通道)：设置使用的贴图通道。
● Vertex Color Channel(点颜色通道)：指定点使用的通道。

3. Alignment(对齐)选项组

对齐选项组参数用来设置贴图坐标的对齐方法。Alignment(对齐)选项组如图 8.112 所示。其中，X、Y、Z 单选按钮用于选择对齐的坐标轴向。下面使用贴图坐标对齐方法，观察各种情况下贴图的对齐情况。

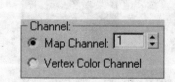　　　

图 8.111　Channel(通道)选项组　　　图 8.112　Alignment(对齐)选项组

实例 27：UVW Map(UVW 贴图)修改器中的对齐方式

(1) 在前视图中创建一个长方体。打开材质编辑器，选择第一个样本球，展开 Maps 卷展栏，在 Diffuse(漫反射)通道添加一个位图贴图，并将材质指定给长方体。

(2) 在修改命令面板的修改器类型下拉列表中选择 UVW Map(UVW 贴图)修改器，渲染视图，这时系统默认为 Fit(适配)对齐方式。在 Fit(适配)方式下，当用户将贴图指定给模型时，贴图自动适配到整个物体的外表面上，系统会自动对图像进行拉伸、平铺等操作，贴图不能保持原图的大小和比例，效果如图 8.113 所示。

(3) 打开 UVW Map 左侧的"+"号，进入 Gizmo 次物体级别，单击 Bitmap Fit(位图适配)按钮，在路径对话框中选择原贴图，贴图就恢复了原来的长宽比，贴图坐标与它的长宽比对齐，效果如图 8.114 所示。

(4) 保持处于 Gizmo 次物体级别，使用移动工具，将贴图移动到物体边缘，单击 Center(中心)按钮，自动将 Gizmo 物体中心对齐到物体中心上，恢复上图的位置，未对齐中心的效果如图 8.115 所示。

图 8.113　Fit(适配)方式　　　图 8.114　Bitmap Fit(位图适配)方式　　　图 8.115　Center(中心)方式

(5) 单击 Normal Align(法线对齐)按钮，贴图坐标将自动对齐到所选择表面的法线，取消选择，法线反向，两种法线方向的比较如图 8.116 所示。

图 8.116　两种 Normal Align(法线对齐)方式比较

(6) 单击 View Align(视图对齐)按钮，将贴图坐标与当前激活视图对齐，激活透视图，渲染效果如图 8.117 所示。用户可以分别激活各视图，渲染观察视图对齐的效果。

(7) 单击 Region Fit(区域适配)按钮，在顶视图上拖动出一个范围，贴图坐标就会与之匹配，效果如图 8.118 所示。

图 8.117　View Align(视图对齐)方式　　　　图 8.118　Region Fit(区域适配)方式

(8) 单击 Reset(重置)按钮，将贴图坐标恢复为初始设置。

8.7 实 例

本实例通过使用 Mask(遮罩)、Gradient Ramp(渐变斜面)和 Noise(噪波)等贴图制作雪山造型，然后使用 Top/Bottom 材质、Mix(混合)、Noise(噪波)、Splat(泼溅)、Vertex Color(顶点颜色)等贴图模拟雪山效果，使读者体验复杂材质的制作过程。

1. 制作地貌模型

(1) 单击命令面板中的 按钮，在打开的创建命令面板中单击 ◎(几何体)按钮，打开创建几何体面板，单击 Plane(平面)按钮，在顶视图中创建一个平面。设置参数和平面效果如图 8.119 所示。

(2) 单击 ✎(修改)按钮打开修改命令面板，在 Modifier List(修改器列表)下拉列表中选择 Displace(置换)选项，为平面添加置换修改器。在修改命令面板中设置 Strength(强度)为30，这时的平面效果如图 8.120 所示。

(3) 按 M 键，打开 Material Editor(材质编辑器)，选择一个空白材质球，取名为地貌。单击 Get Material(获取材质)按钮 ⬟，打开 Material/Map Browser(材质/贴图浏览器)，选择 Mask(遮罩)贴图，材质球如图 8.121 所示。

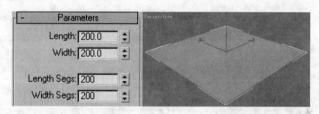

图 8.119 参数和平面效果

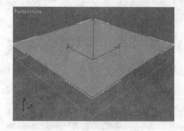

图 8.120 置换效果

图 8.121 遮罩贴图

(4) 将材质球拖放到置换修改器的贴图中，在打开的对话框中选中 Instance(实例)单选按钮，进行关联复制，操作过程如图 8.122 所示。

图 8.122 关联复制

（5）在材质编辑器中的 Mask Parameters(遮罩参数)卷展栏中单击 Mask 右侧的 None 按钮，在打开的 Material/Map Browser(材质/贴图浏览器)中选择 Gradient Ramp(渐变斜面)贴图，为遮罩添加一个渐变斜面贴图，这时场景中的平面产生了坡度，如图 8.123 所示。

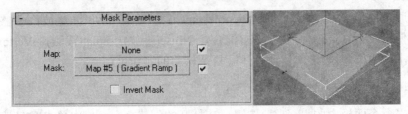

图 8.123　渐变斜面

（6）单击 Mask 右侧的按钮，进入渐变斜面贴图参数设置面板，在 Gradient Ramp Parameters(渐变斜面参数)卷展栏中，设置 Gradient Type(渐变类型)为 Radial(径向)，平面上产生了从中心向四周扩散的倾斜效果，如图 8.124 所示。

（7）通过在渐变样本上单击，增加渐变滑块的数量，再分别双击每个滑块，调整它们的数值。各滑块的 RGB 值分别为(0、0、0)、(204、204、204)、(239、239、239)、(177、177、177)、(0、0、0)，设置 Noise(噪波)的类型为 Fractal(分形)，按图 8.125 所示设置其他参数。视图中平面上产生的噪波如图 8.126 所示。

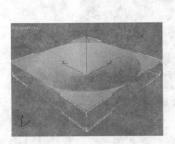

图 8.124　径向渐变

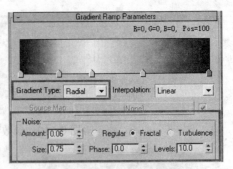

图 8.125　渐变斜面参数

（8）单击 ![]按钮，回到材质父级别，在 Mask Parameters(遮罩参数)卷展栏中单击 Map(贴图)右侧的 None 按钮，在打开的 Material/Map Browser(材质/贴图浏览器)中选择 Noise(噪波)，加入噪波后材质球效果如图 8.127 所示。

图 8.126　噪波效果

图 8.127　材质球状态

（9）在 Noise Parameters(噪波参数)卷展栏下设置参数。Noise Type(噪波类型)为 Fractal(分形)，Levels(级别)为 10，Size(大小)为 50，平面产生的噪波效果如图 8.128 所示。

(10) 在 Output(输出)卷展栏中选中 Enable Color Map(启用颜色贴图)复选框，单击添加节点按钮，在曲线上添加 3 个节点，使用移动工具，调整 3 个节点的位置如图 8.129 所示，这时材质球的效果和在透视图中平面模型出现的山的形状如图 8.130 所示。

(11) 单击 按钮，回到材质父级别，单击材质名称文本框右侧的材质类型按钮 Mask ，在打开的 Material/Map Browser(材质/贴图浏览器)中选择 Mask(遮罩)，为 Mask(遮罩)贴图再添加一层 Mask(遮罩)贴图，在打开的 Replace Map(置换贴图)对话框中选择 Keep Old Map as Sub-map(将旧贴图保存为贴图)，单击 OK 按钮进行确定。

(12) 在新的 Mask Parameters(遮罩参数)卷展栏中，单击 Map(贴图)右侧的 None 按钮，在打开的 Material/Map Browser(材质/贴图浏览器)中选择 Noise(噪波)，加入噪波贴图。

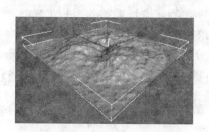

图 8.128　平面产生的噪波效果

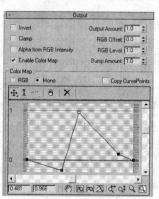

图 8.129　输出卷展栏

图 8.130　材质球和透视图效果

(13) 在 Noise Parameters(噪波参数)卷展栏下中设置参数。High(高)为 0.8，Low(低)为 0.4，Size(大小)为 50。然后在修改器面板中，设置 Displace(置换)的 Strength(强度)为 100，这时平面产生的噪波效果如图 8.131 所示。

(14) 模型基本创建完成。在命令面板中单击 (创建)按钮，在打开的创建命令面板中单击 (摄像机)按钮，在打开的摄像机面板中单击 Target(目标)按钮，在顶视图中拖动，为场景添加摄像机。在修改命令面板中 Stock Lenses(预存镜头)选项组中单击 20mm 按钮，设置镜头焦距为 20 毫米。激活透视图，按 C 键打开摄像机视图，渲染摄像机视图如图 8.132 所示。

(15) 在材质编辑器中按下 按钮，打开 Material/Map Navigator(材质/贴图导航器)，"地貌模型" 材质和贴图的堆栈如图 8.133 所示。

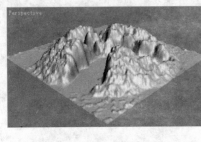

图 8.131　设置置换强度　　　　图 8.132　摄像机视图　　　　图 8.133　材质和贴图堆栈

2. 制作雪山材质

（1）按 M 键，打开 Material Editor(材质编辑器)，选择另一个空白材质球，取名为"雪山"。单击材质名称下拉列表框右侧的材质类型 Standard 按钮，在打开的 Material/Map Browser(材质/贴图浏览器)中选择 Top/Bottom(顶/底)材质。顶材质用来表现雪，底材质用来表现山脉，Top/Bottom Basic Parameters(顶/底基本参数)卷展栏如图 8.134 所示。

（2）单击 Top Material(顶材质)右侧的长条按钮，打开顶材质的参数面板，单击解开 Ambient(环境光)和 Diffuse(漫反射)之间的锁定，分别调整它们的数值。设置 Ambient(环境光)颜色的 RGB 值为(75、65、200)，Diffuse(漫反射)颜色为纯白色 RGB 值为(255、255、255)，Self-Illumination(自发光)为 50，Specular Level(高光级别)为 12，Glossiness(光泽度)为 22，材质球效果如图 8.135 所示。

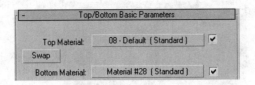

图 8.134　顶/底材质

图 8.135　顶材质

（3）为了表现雪表面的颗粒，为 Bump(凹凸)贴图添加 Mix(混合)贴图。在材质编辑器中打开 Maps(贴图)卷展栏，选中 Bump(凹凸)通道，设置数量为 20，再单击右侧的长条按钮，在打开的 Material/Map Browser(材质/贴图浏览器)中选择 Mix(混合)贴图，Mix Parameters(混合参数)卷展栏如图 8.136 所示。

（4）单击 Color #1(颜色#1)右侧的长条按钮，在打开的 Material/Map Browser(材质/贴图浏览器)中选择 Cellular(细胞)贴图，单击 Color #2(颜色#2)右侧的长条按钮，在打开的材质/贴图浏览器中选择 Noise(噪波)贴图，设置 Mix Amount(混合量)为 50。

（5）再次单击 Color #1(颜色#1)右侧的长条按钮，打开 Cellular Parameters(细胞参数)卷展栏，在细胞特性选项组中选中 Chips(碎片)单选按钮，设置 Size(大小)为 0.2，材质球效果如图 8.137 所示。

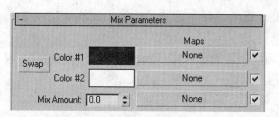
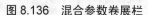

图 8.136　混合参数卷展栏　　　　　　　　　　　　　图 8.137　细胞贴图

(6) 单击  按钮，回到材质父级别，再次单击 Color #2(颜色#2)右侧的长条按钮，打开 Noise Parameters(噪波参数)卷展栏，在 Noise Type(噪波类型)选项组中选中 Fractal(分形)单选按钮，设置 Levels(级别)为 3，Size(大小)为 2，Top Material(顶材质)制作完成，效果如图 8.138 所示。

(7) 单击 按钮，回到材质的 Top/Bottom(顶/底材质)父级别，单击 Bottom(底材质)右侧的长条按钮，打开底材质的编辑面板，单击解开 Ambient(环境光)和 Diffuse(漫反射)之间的锁定，分别调整它们的数值。设置 Ambient(环境光)颜色的 RGB 值为(40、40、40)，Diffuse(漫反射)颜色的 RGB 值为(80、80、80)，Specular Level(高光级别)为 4，材质球效果如图 8.139 所示。

图 8.138　顶材质效果　　　　　　　　　　　图 8.139　底材质

(8) 在材质编辑器中打开 Map(贴图)卷展栏，单击 Diffuse(漫反射)右侧的长条按钮，在打开的 Material/Map Browser(材质/贴图浏览器)中，选择 Mix(混合)贴图。

(9) 在 Maps(贴图)卷展栏中设置 Bump(凹凸)通道的数量为 120，单击 Bump(凹凸)右侧的长条按钮，在打开的 Material/Map Browser(材质/贴图浏览器)中，双击 Mix(混合)贴图，添加 Mix(混合)贴图。

(10) 进入 Mix Parameters(混合参数)卷展栏，单击 Color #1(颜色#1)右侧的长条按钮，在打开的 Material/Map Browser(材质/贴图浏览器)中，双击 Mix(混合)贴图，为 Color #1(颜色#1)再次添加 Mix(混合)贴图。

(11) 在这个子级别中，单击 Color #1(颜色#1)右侧的长条按钮，在打开的 Material/Map Browser(材质/贴图浏览器)中，双击 Bitmap(位图)贴图，为颜色#1 添加一张贴图。这里使用 3ds Max 8 自带的贴图，打开 C:\Program Files\Autodesk\3dsMax8\Maps 文件夹，选择 Bark.dds 文件，这是一张"泥土"的图片。使用同样的操作，单击 Color #2(颜色#2)右侧的长条按钮，在打开的 Material/Map Browser(材质/贴图浏览器)中，双击 Bitmap(位图)贴图，为颜色#2 添加一张贴图。同样使用 3ds Max 8 自带的贴图，打开 C:\Program Files\Autodesk\3dsMax8\Maps 文件夹，选择 Seafloor.dds 文件，这是一张"沙滩"的图片。泥土和沙滩贴图如图 8.140 所示。

(12) 分别进入 Color #1(颜色#1)和 Color #2(颜色#2)的 Coordinate(坐标)卷展栏，设置"泥土"和"沙滩"位图的 Tiling(平铺)数值为：U 向 10，V 向 10。

(13) 单击 按钮，回到材质的上一级父级别，即步骤(11)中的子级别，单击 Color #2(颜色#2)右侧的长条按钮，在打开的 Material/Map Browser(材质/贴图浏览器)中，双击 Bitmap(位图)贴图，为颜色#2 添加一张贴图。同样使用 3ds Max 8 自带的贴图，打开 C:\Program Files\Autodesk\3dsMax8\Maps 文件夹，选择 EUPHBARK.TGA 文件，这是一张"草地"的图片。草地贴图如图 8.141 所示。进入 Color #2(颜色#2)的 Coordinate(坐标)卷展栏，设置"草地"位图的 Tiling(平铺)数值为：U 向 50，V 向 50。

(14) 单击此级别中 Mix Amount(混合量)右侧的长条按钮，在打开的 Material/Map Browser(材质/贴图浏览器)中，双击 Gradient(渐变)贴图，为混合量添加一张渐变贴图。

(15) 在 Gradient Parameters(渐变参数)卷展栏中，调整 Color #1(颜色#1)的 RGB 值为(0、0、0)，Color #2(颜色#2)的 RGB 值为(78、78、78)，Color #3(颜色#3)的 RGB 值为(137、137、137)，这样土地和沙子的混合颜色为主色，草地的绿色为很浅的辅色。通过上面的设置完成了底材质的 Diffuse(漫反射)贴图的设置。

图 8.140　系统自带材质　　　　　　　图 8.141　草地贴图

(16) 单击 按钮，回到材质的最上一级父级别，回到 Standard(标准)材质级别。打开 Maps(贴图)卷展栏，单击 Bump(凹凸)通道右侧的长条按钮，在打开的 Material/Map Browser(材质/贴图浏览器)中，双击 Mix(混合)贴图，为凹凸通道添加 Mix(混合)贴图。

(17) 单击 Color #1(颜色#1)右侧的长条按钮，在打开的 Material/Map Browser(材质/贴图浏览器)中，双击 Mix(混合)贴图，为颜色#1 添加 Mix(混合)贴图。

(18) 在最底层的子级别中，单击 Color #1(颜色#1)右侧的长条按钮，在打开的 Material/Map Browser(材质/贴图浏览器)中，双击 Noise(噪波)贴图，为其添加噪波贴图，设置 Noise Type(噪波类型)为 Fractal(分形)，Size(大小)为 1。

(19) 单击 按钮，回到步骤(18)同级的材质级别中，单击 Color #2(颜色#2)右侧的长条按钮，在打开的 Material/Map Browser(材质/贴图浏览器)中，双击 Noise(噪波)贴图，为其添加噪波贴图，设置 Noise Type(噪波类型)为 Fractal(分形)，Size(大小)为 3。

(20) 再单击 按钮，回到步骤(18)同级的材质级别中，设置 Color #1(颜色 1)和 Color #2(颜色 2)两个噪波贴图的 Mix Amount(混合量)为 50。

(21) 单击 按钮，回到上一级材质级别中，单击 Color #2(颜色#2)右侧的 Color #1(颜色 1)和 Color#2(颜色 2)长条按钮，在打开的 Material/Map Browser(材质/贴图浏览器)中，双击 Mix(混合)贴图，为其添加混合贴图。

(22) 在材质的此级别中，单击 Color #1 的颜色框，设置其颜色为纯黑色。单击 Color #1(颜色#1)右侧的长条按钮，在打开的 Material/Map Browser(材质/贴图浏览器)中，双击 Splat(泼溅)贴图，为其添加泼溅贴图。设置 Tiling(平铺)参数，X、Y 方向均为 5，Z 方向为 0.01，Size(大小)为 50。

(23) 在步骤(22)的材质级别中，双击 Noise(噪波)贴图，为其添加噪波贴图，设置 Tiling(平铺)参数，X、Y 方向均为 5，Z 方向为 0.01，设置 Noise Type(噪波类型)为 Fractal(分形)，Levels(级别)为 5，Size(大小)为 5。

(24) 单击 按钮，转到步骤(17)的材质的级别中，单击 Mix Amount(混合量)右侧的长条按钮，在打开的 Material/Map Browser(材质/贴图浏览器)中，双击 Vertex Color(顶点颜色)贴图，为其添加顶点颜色贴图。

(25) 单击 3 次 按钮，转到材质的父级别，如图 8.142 所示设置 Blend(混合)参数值为 3，这是雪和山脉之间的混合。设置 Position(位置)值为 80，这是山脉和雪的覆盖比例。

(26) 下面为贴图添加贴图坐标。选择雪山模型，单击修改命令面板上的 (工具)按钮，在修改命令面板中单击 More(更多)按钮，在打开的 Utilities(工具)对话框中选择 Assign Vertex Colors(指定顶点颜色)命令，然后单击 OK 按钮，在 Assign Vertex Colors(指定顶点颜色)卷展栏中的 Light Model(灯光模型)选项组中选中 Lighting Only(仅照明)单选按钮，然后向下移动修改命令面板，单击 Assign To Selected(指定给选定对象)按钮。

(27) 雪山材质基本创建完成了，单击 按钮，将材质赋予雪山模型，渲染透视图，效果如图 8.143 所示。

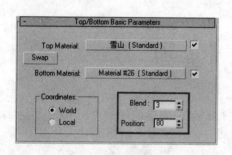

图 8.142　混合参数

图 8.143　雪山材质

(28) 为了达到更真实的雪山效果，可将平面的 Length Segs(长度分段)和 Width Segs(宽度分段)改为 350。选择"雪山"材质球，在材质编辑器中按下 按钮，打开 Material/Map Navigator(材质/贴图导航器)，"雪山"材质和贴图的堆栈如图 8.144 所示。

3. 制作背景天空

(1) 在 3ds Max 8 的菜单栏中选择 Rendering(渲染)|Environment(环境)命令按钮，打开 Environment & Effects(环境和特效)对话框，选中 Use Map(使用贴图)复选框，单击 Background(背景)选项组中的 Environment Map(环境贴图)下方的长条按钮，在打开的 Material/Map Browser(材质/贴图浏览器)中，选择 Gradient(渐变)贴图。

(2) 在材质编辑器中选择一个空白材质球,将环境贴图中的渐变贴图拖放到该材质球上,在打开的对话框中选中 Instance(实例)单选按钮,这样就对环境贴图进行了关联复制。

(3) 在材质编辑器的 Gradient Parameters(渐变参数)卷展栏中调整颜色。Color #1(颜色#1)的 RGB 值为(0、53、161),Color #2(颜色#2)的 RGB 值为(192、201、215),Color #3(颜色#3)的 RGB 值为(255、255、255)。然后单击颜色#1 右侧的按钮,在打开的 Material/Map Browser(材质/贴图浏览器)中选择 Smoke(烟雾)贴图。

(4) 在 Smoke Parameters(烟雾参数)卷展栏中,设置 Tiling(平铺)参数,X 方向为 1,Y 方向为 1.3,Z 方向为 7,Phase(相位)为 5,Iteration(迭代次数)为 2,颜色#1 的 RGB 值为(0、64、143),颜色#2 的 RGB 值为(184、193、211)。

(5) 渲染透视图,完成了冰封大地场景的制作。效果如图 8.145 所示。

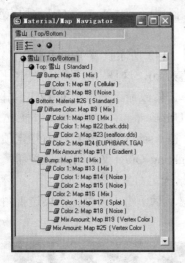

图 8.144　雪山材质和贴图堆栈

图 8.145　冰封大地

8.8　小　结

本章主要讲述了材质和贴图的基础知识,包括材质编辑器的应用、材质的基本类型和属性、贴图方式及应用、编辑材质的基本技巧,以及给模型赋予材质的基本步骤。

编辑材质主要是设置材质的类型、颜色、高光强度、光泽度等参数。各种贴图通道可以设置材质的纹理,如漫反射通道贴图可以设置模型表面的图案,凹凸通道贴图可使模型产生浮雕效果,透明通道贴图可将模型的局部变得透明,反射通道贴图可使模型映射出周围的场景,折射通道贴图可产生真实的玻璃质感等。复合材质可以使一个模型同时使用多个材质,其中多维/子对象材质可通过标记模型表面不同的 ID 值来区分多个材质,混合材质可利用 Mask(遮罩)贴图的灰度值区分材质。在使用多级复合材质时,Material/Map Navigator(材质/贴图导航器)用来检查父材质与子材质的结构关系是十分有用的。

在制作复杂模型时,让材质和模型的细节配合是很重要的,使用贴图坐标可以指定贴图在模型上的位置的方向。

8.9 习　题

1. 使用 Bump(凹凸)通道贴图，制作如图 8.146 所示的浮雕效果。

图 8.146　浮雕效果

2. 使用 Multi/Sub-Object(多维/子对象)材质，制作如图 8.147 所示的小球。

图 8.147　多维/子对象材质

第9章 灯光与摄像机

【本章要点】

3ds Max 8 的灯光系统可以模拟自然界的各种光源，它的摄像机功能可以很方便地从不同视角拍摄三维场景，与真实摄像机的作用基本相同。正确使用灯光和摄像机可以增强场景的真实感和空间感，烘托场景的气氛并突出主题，对场景的最终渲染效果有非常重要的作用。通过本章的学习，读者将掌握灯光和摄像机的创建、参数设置和基本操作方法。

在 3ds Max 8 中，灯光是场景中不可缺少的对象。灯光不仅可用于照明，还可以制造一些特殊的效果，如体积光、体积雾等。

摄像机是调整视角的主要工具。使用摄像机不仅便于观察场景，而且其自身还提供了多种模拟现实摄像机的特效，并可设置摄像机的动画效果。

本章将结合实例，介绍 3ds Max 8 中的灯光、摄像机的特性，以及使用方法。

9.1 灯 光 类 型

在现实世界中，灯光具有多种属性，如强度、入射角、衰减、颜色等，这些都可以在 3ds Max 8 中通过具体的设置来反映不同灯光的应用效果，如果了解这些相关知识，对于熟练使用 3ds Max 8 中的灯光是很有帮助的。在 3ds Max 8 中，提供了两种类型的灯光：Standard(标准)灯光和 Photometric(光度学)灯光。所有类型在视图中显示为灯光对象。除此之外，3ds Max 8 中还有系统默认的照明系统。

9.1.1 Standard(标准)灯光

标准灯光是基于计算机的模拟灯光对象，如家用或办公室用的灯、舞台和电影工作时使用的灯光设备和太阳光本身。不同种类的灯光对象可用不同的方法投射灯光，模拟不同种类的光源。与光度学灯光不同，标准灯光不具有基于物理属性的强度值。

在 3ds Max 8 中可以直接创建 8 种标准灯光，包括 Omni(泛光灯)、Target Spot(目标聚光灯)、Free Spot(自由聚光灯)、Target Direct(目标平行光)、Free Direct(自由平行光)、Skylight(天光)、mr Area Omni (mr 区域泛光灯)和 mr Area Spot (mr 区域聚光灯)，创建标准灯光的命令面板如图 9.1 所示。

图 9.1 标准灯光的创建面板

1. Omni(泛光灯)

泛光灯是一种点光源,在一个光源上向各方向发射光线。泛光灯可用于在场景中添加光照效果,或者模拟点光源的照明效果(主要用于辅助光源)。其照射效果如图 9.2 所示。

2. Target Spot(目标聚光灯)

目标聚光灯的照明方式是从一点向某个方向发散,能产生具有明确光源点和目标点的锥形灯光,如图 9.3 所示。它具有很强的方向性,其阴影也只能在特定方向上产生。其聚光范围、泛光范围、形状等均可自由设置,并可对其加入阴影贴图以产生特殊的光照效果。

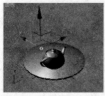     

图 9.2　泛光灯的照射与渲染效果　　　图 9.3　目标聚光灯的照射与渲染效果

3. Free Spot(自由聚光灯)

与目标聚光灯类似,但自由聚光灯只有光源点而无目标点,因此,只能整体调整光锥与光源点,不能对目标点进行单独调整。

4. Target Direct(目标平行光)

目标平行光能产生柱状的平行灯光,常用于模拟太阳光的照射效果,对它的操作类似于目标聚光灯,可以对光源点和目标点分别进行调整。由于平行光线是平行的,所以平行光线呈圆柱或矩形棱柱而不是圆锥体,如图 9.4 所示。

(a)目标聚光灯　　　(b) 目标平行光

图 9.4　目标聚光灯与目标平行光的比较

5. Free Direct(自由平行光)

自由平行光与目标平行光的区别类似于自由平行光与目标聚光灯的区别。即只有光源点,而无目标点。因此,自由平行光只能整体调整光柱与光源点。

6. Skylight(天光)

主要用于创建一种自然的全局光照效果,或用于给场景增加总体亮度。

7. mr Area Omni (mr 区域泛光灯)和 mr Area Spot (mr 区域聚光灯)

Mr 区域泛光灯和区域聚光灯分别用于产生点状和目标面积光的照明效果。

9.1.2 Photometric(光度)学灯光

光度学灯光使用光度学(光能)值，可以使用户更精确地定义灯光，就像在现实世界一样，可以设置灯光的分布、强度、色温和其他现实世界灯光的特性。光度学灯光是基于溶解度测定算法的模拟现实灯光照明效果的新型灯光，其创建方法与标准灯光的创建方法相同，其创建命令面板如图 9.5 所示。

1. Target Point(目标点光源)

目标点光源与标准灯光类似，主要是发射光线，有光源点与目标点，但可以设置灯光分布类型，分别是等向分布、聚光灯分布与 Web 分布三种，并配合不同的图标显示。如图 9.6 所示。

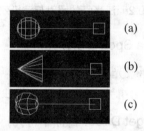

(a)等向分布(b)聚光灯分布(c)Web 分布

图 9.5　光度学灯光的创建面板　　　　　　图 9.6　目标点光源

其中，等向分布可以在各个方向上均等地分布灯光；聚光灯分布则投射集中的光束，一般用于制作诸如剧院或大堂中的壁灯、射灯等装饰性灯光效果；Web 分布是使用光域网定义来分布灯光，如图 9.7 所示(光域网是一个光源灯光强度分布的三维表示方法)。

2. Free Point(自由点光源)

与目标点光源相似，自由点光源的灯光也有三种类型分布，但区别在于没有目标点，如图 9.8 所示。

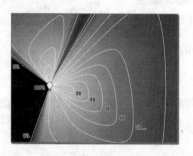

图 9.7　Web 分布原理　　　　图 9.8　自由点光源的等向分布、聚光灯分布和 Web 分布

3. Target Linear(目标线光源)

目标线光源是沿一条直线反射的光线，类似日常生活中的荧光灯管，有漫反射和Web分布两种分布类型，并配合相应的图标显示，如图9.9所示。

4. Free Linear(自由线光源)

自由线光源与目标线光源的投射原理相同，只是目标线光源具有方向性，即有目标点，而自由线光源没有，如图9.10所示。

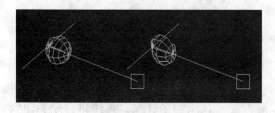 

图9.9　目标线光源的漫反射分布和Web分布　　图9.10　自由线光源的漫反射分布和Web分布

5. Target Area(目标区域光源)

目标区域光源类似天光，是从区域内发射光线，有两种分布类型，如图9.11所示。

6. Free Area(自由区域光源)

自由区域光源与目标区域光源的创建方法及投射原理相同，只是没有目标点，如图9.12所示。

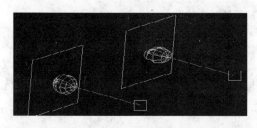 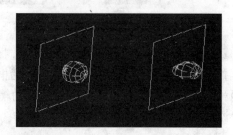

图9.11　目标区域光源的漫反射分布和Web分布　　图9.12　自由区域光源的漫反射分布和Web分布

7. IES Sun(IES太阳光)

IES太阳光是一种模拟太阳光物理特性的灯光，其照射效果如图9.13所示。如果与日光系统结合，可根据实际的地理位置、时间和日期自动修改IES太阳光的值，实现与现实世界同步的光线照明。

💡 **注意：** IES代表照明工程协会。

8. IES Sky(IES天光)

IES天光与IES太阳光的区别仅在于前者主要用于模拟天光，后者则主要用于模拟太阳光，其照射效果如图9.14所示。

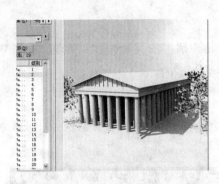 

图 9.13　IES 太阳光的照射效果　　　　图 9.14　IES 天光的照射效果

9.1.3　系统灯光

系统灯光包括一个主灯光，位于场景的左前方。一旦添加了灯光，系统将自动关闭默认的照明系统，即系统灯光。如图 9.15 所示是添加泛光灯前后不同渲染效果的对比。

图 9.15　添加泛光灯前后的对比效果

默认照明设置可以通过在菜单栏中选择 Customize(自定义)|Viewport Configuration(视口配置)命令，在打开的"视口配置"对话框中进行设置。在该对话框中可将默认照明更改为两种灯光：主灯光和位于场景右后方的辅助灯光。这两个默认灯光均为泛光灯，并在选择"添加默认灯光到场景"时，可将其作为泛光灯添加到场景中。

9.2　灯光的基本操作

无论哪一种灯光，一旦被创建后，通过相关参数的设置，都能表现出模拟真实灯光的效果，如物体感光后产生的阴影、灯光的从亮到弱的衰减以及不同灯光颜色下的照射效果等。这些操作主要通过灯光的参数面板进行设置。

9.2.1　灯光的阴影效果

General Parameters(常规参数)卷展栏是灯光的基本设置区域，主要用于控制灯光的启用与否，并在场景中控制灯光的照射等功能，如图 9.16 所示。

其中，Shadows(阴影)选项组主要用于控制物体在灯光的照射下是否产生阴影，如果选中 On(启用)复选框，则启用了阴影照射功能。如图 9.17 所示就是在场景中有无阴影的效果对比。

图 9.16　灯光的常规参数卷展栏

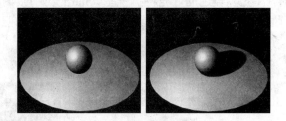

图 9.17　启用阴影前后的效果对比

9.2.2　灯光的排除或包括

如果要控制物体不接受照明或无阴影效果，可以单击 General Parameters(常规参数)卷展栏中的 Exclude(排除)按钮，打开 Exclude /Include(排除/包括)对话框，如图 9.18 所示，在此对话框中可以设置灯光包括或排除的对象。当排除对象时，被选定的对象可以没有灯光照明，或不接收阴影。效果如图 9.19 所示。

图 9.18　灯光的排除/包括对话框

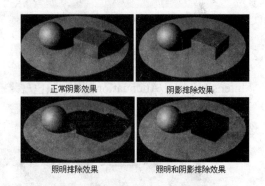

图 9.19　设置灯光排除的各种效果

9.2.3　灯光的衰减

不管灯光亮度如何，都会产生衰减效果。距离光源越近则越亮，距离光源越远变得越暗，远到一定距离就没有照明效果。Intensity/Color/Attenuation(强度/颜色/衰减)卷展栏中的 Decay(衰减)选项组就是用于设置灯光沿照射方向上发生的衰减变化，如图 9.20 所示。

在自然界中，灯光的衰减遵守一个物理定律——反平方(Inverse Square)定律。Inverse Square 定律使灯光的强度随着距离的平方成反比衰减。这就意味着，如果要创建真实的灯光效果，就需要某种形式的衰减。有两种因素决定灯光的照射距离，一是光源的亮度，二是灯光的大小。灯光越亮、越大，照射的距离就越远。灯光越暗、越小，照射的距离就越近。

在衰减选项组中的 Type(类型)下拉列表中有两种类型来设置灯光的衰减。第一项是 Inverse(倒数)，选择该选项则灯光从光源处开始线性衰减，距离越远，照明越弱；第二项是 Inverse Square(反平方)。尽管该选项更接近现实世界的光照特性，但是在制作动画的时候可通过二者比较来得到最符合要求的效果。一般而言，如果其他设置相同，使用反平方选项时，离光源较远的灯光将黑一些。Start(开始)微调框中的数值用于设置距离光源多远开始进行衰减。如图 9.21 所示就是设置不同开始值的照明效果。

图 9.20　灯光的强度/颜色/衰减卷展栏　　　图 9.21　设置不同的灯光衰减开始值的对比效果

Near Attenuation (近距衰减)是计算机的灯光照明中独有的，它设置灯光从开始照明处到照明达到最亮处之间的距离。而 Far Attenuation (远距衰减)则设置灯光从开始衰减到完全没有照明之间的距离。要激活近距衰减或远距衰减，必须选中 Use(使用)复选框，衰减距离通过 Start(开始)和 End(结束)值来控制。

9.2.4　设置灯光的颜色

Intensity/Color/Attenuation(强度/颜色/衰减)卷展栏中不仅可以设置灯光的衰减，还可以设置其强度、颜色等效果。单击强度/颜色/衰减卷展栏中的颜色块，将打开 Color Selector(颜色选择器)对话框，如图 9.22 所示。

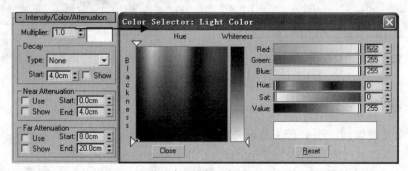

图 9.22　灯光的强度及颜色设置

用户可以通过 Multiplier(倍增)微调框中的数值控制灯光的强度，单击其右侧的颜色块可以调整光线的颜色，效果如图 9.23 所示。

(a)正常效果　　　　　(b)加强照明　　　　　(c)改变灯光颜色

图 9.23　灯光的强度及颜色设置效果

9.2.5　灯光的贴图效果

Shadow Parameters(阴影参数)卷展栏主要用于处理灯光照射物体所产生的阴影，如图 9.24 所示。其中，Color(颜色)选项可调整阴影颜色，如果选中 Map(贴图)复选框，并使用其后的贴图设置按钮就可以指定一张图片来充当阴影。

Shadow Map Params(阴影贴图参数)卷展栏主要用于调整阴影贴图的属性，如图 9.25 所示。其中，Bias(偏移)微调框用于调整阴影贴图的偏移量，Size(大小)微调框用于控制阴影贴图的精度，Sample Range(采样范围)微调框用于对阴影贴图的边界进行模糊处理。如图 9.26 所示就是表现了使用阴影贴图的效果以及对阴影贴图进行模糊处理的效果。

图 9.24　灯光的阴影参数卷展栏

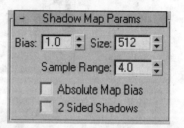

图 9.25　灯光的阴影贴图参数卷展栏

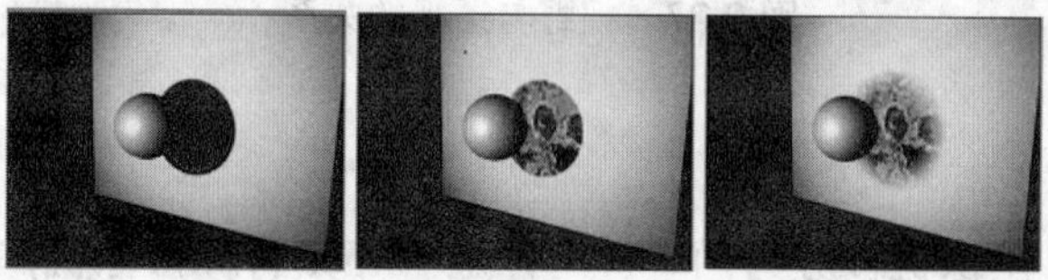

(a)正常效果　　(b)阴影贴图效果　(c)阴影贴图模糊效果

图 9.26　灯光的阴影贴图效果对比

9.3　创建摄像机

在 3ds Max 8 中的摄像机类似于真实的摄像机，因为用户可以任意地修改其位置与角度，这样就大大提高了在三维场景中调整视角以及创建动画的效率，主要用于帮助选取合适的视角、录制动画等工作。

涉及摄像机的一些基本概念主要有以下三个。

1. 焦距

焦距是指镜头和灯光敏感性曲面间的距离，主要用于控制出现在画面中的区域大小，从而影响对象出现在图片上的清晰度。焦距越小则图片中包含的场景就越多，而加大焦距场景就越少，但会显示远距离对象的更多细节。

焦距始终以毫米(mm)为单位进行测量。50mm 镜头通常是摄影的标准镜头，而焦距小于 50mm 的镜头称为短焦或广角镜头，焦距大于 50mm 的镜头则被称为长焦或远焦镜头。

2. 视野(FOV)

视野(FOV)用于控制可见场景的数量。以水平线度数进行测量，并与镜头的焦距直接相关。即镜头越长，FOV 越窄；镜头越短，FOV 越宽。

3. 视野与透视的关系

短焦距(宽 FOV)强调透视的扭曲，使对象面向观察者看起来更深、更模糊。长焦距(窄 FOV)减少了透视扭曲，使对象压平或与观察者平行，如图 9.27 所示。

图 9.27　视野与透视的关系

9.3.1　摄像机类型

在 3ds Max 8 中，摄像机被分为两种。一种是 Target(目标摄像机)，另一种是 Free(自由摄像机)。其中，目标摄像机带有目标点，是一种常用类型；而自由摄像机没有目标点，常用于动画制作。

在命令面板中单击 (摄像机)按钮，就可以创建两种摄像机。创建摄像机的命令面板如图 9.28 所示。

创建摄像机后，为了达到更好的渲染效果，便于观察场景中的目标物体，可以将视图切换为摄像机视图。在视图中按 C 键，即可将当前视图切换为摄像机视图。当视图切换后，对应屏幕右下方的视图控制工具也随之切换为摄像机视图控制工具，如图 9.29 所示，可以通过这些工具按钮方便地调整摄像机视图的观察效果。

图 9.28　摄像机创建面板

图 9.29　摄像机视图控制工具

如图 9.30 所示表现了添加目标摄像机后，在透视图与摄像机视图中不同的观察效果。

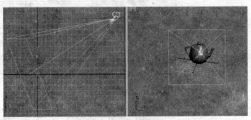

(a)透视图效果　　　　　　　　　　　(b)摄像机视图效果

图 9.30　透视图与摄像机视图效果的对比

9.3.2　摄像机基本参数面板

在 3ds Max 8 中，目标摄像机与自由摄像机的参数设置面板相同，如图 9.31 所示。在本小节中以目标摄像机的参数面板为例，介绍相关参数的含义。

1. Lens(镜头)

摄像机镜头口径的大小，相当于摄像机的焦距，调整时视野也会随之发生变化。系统还在备用镜头中设置了一些常用的镜头参数，用户可直接选择系统配置的镜头效果。如果选中 Orthographic Projection(正交投影)复选框，则摄像机将忽略模型间的距离而不产生透视。

2. Type(类型)

用户可在 Type(类型)下拉列表中对目标摄像机或自由摄像机进行切换。

3. Show Cone(显示圆锥体)和 Show Horizon(显示地平线)

选中 Show Cone(显示圆锥体)复选框，即使取消了摄像机的选择，也能够显示摄像机视野的锥形区域；选中 Show Horizon(显示地平线)复选框，则在摄像机视图会出现一条水平黑线，用以表示地平线，可用来辅助摄像机的定位。

4. Environment Ranges(环境范围)

按距离摄像机的远近设置环境范围，距离的单位就是系统单位。Near Range(近距范围)和 Far Range (远距范围)分别设置从指定距离开始有环境效果及其最大的作用范围。选中 Show (显示)复选框就可以在摄像机视图中看到环境的设置。

5. Clipping Planes(剪切平面)

剪切平面选项组用于设置在摄像机视图中渲染对象的范围。如同设置了两个平面，如果对象穿过两个平面就会产生被切割的现象。一般无特殊要求时，不需要改变该选项组的设置。选中 Clip Manually(手动剪切)复选框后，就可以在视图中观察到剪切平面，而 Near Clip(近距剪切)和 Far Clip(远距剪切)分别用于设置近距、远距裁剪平面的距离值。如图 9.32 是应用剪切平面近距和远距的不同效果对比。

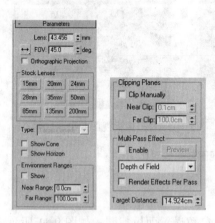

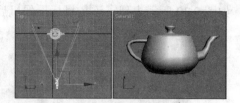

(a) 距离较近的效果

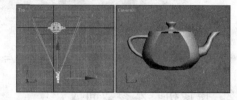

(b) 距离较远的效果

图 9.31　摄像机的参数面板

图 9.32　应用剪切平面的近距和远距效果对比

9.3.3　景深与运动模糊

利用摄像机参数面板的 Multi-Pass Effect(多过程效果)选项组可以对同一帧进行多次渲染，这样可以准确渲染出 Depth of Field(景深)和 Motion Blur(运动模糊)的效果。其参数设置如图 9.33 所示，选中 Enable(启用)复选框后将激活多过程的渲染效果和 Preview(预览)按钮。

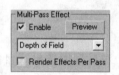

图 9.33　摄像机的多过程效果参数设置

在多过程效果选项组中的多过程效果下拉列表中有 Depth of Field mental ray(景深 mental ray)、Depth of Field(景深)和 Motion Blur(运动模糊)效果共 3 种选择，它们是互斥使用的，分别有不同的卷展栏和参数。系统默认使用景深效果。图 9.34 展示了有无景深设置的区别，而图 9.35 则是有无运动模糊的效果对比。

(a) 正常效果　　(b) 应用景深效果

(a) 正常效果　　(b)应用运动模糊效果

图 9.34　有无景深的效果对比

图 9.35　有无运动模糊的效果对比

1. Depth of Field(景深)

景深是一个非常有用的工具，用户可以通过调整景深来突出场景中的某些对象。其参数面板如图 9.36 所示，包括 Focal Depth(焦点深度)、Sampling(采样)、Pass Blending(过程混合)和 Scanline Renderer Params(扫描线渲染器参数)共 4 个选项组设置。

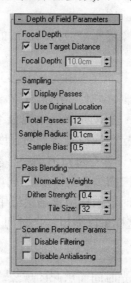

图 9.36　摄像机的景深参数卷展栏

1)　Focal Depth(焦点深度)选项组

焦点深度是指摄像机到聚焦平面的距离。如果选中 Use Target Distance(使用目标距离)复选框，就可以使用摄像机在 Multi-Pass Effect(多过程效果)选项组中设置目标距离，如果取消选中该复选框，就需要通过 Focal Depth(焦点深度)微调框手工输入距离参数值。这两种方法都可以设置动画，产生聚焦点改变的动画效果。

> **提示**：改变聚焦点也被称为 Rack 聚焦，它是使用摄像机的一个技巧。利用这个技巧可以在动画中不断改变聚焦点。

2)　Sampling(采样)选项组

采样选项组的设置决定了图像的最后质量。其参数含义如下。

● Display Passes(显示过程)：如果选中该复选框，则显示景深效果的每次渲染过程。这样就能够动态地观察渲染情况；如果取消选中该复选框，则在全部渲染完成后再显示渲染的图像。

● Use Original Location(使用初始位置)：如果选中该复选框，多过程渲染的第一次渲染从摄像机的当前位置开始；如果取消选中该复选框，则根据采样半径中的设置来设定第一次渲染的位置。

● Total Passes(过程总数)：该参数设置多过程渲染的总数。数值越大，渲染次数越多，渲染时间就越长，最后得到的图像质量就越好。

● Sample Radius(样本半径)：用于设置摄像机从原始半径移动的距离。在每次渲染的时候稍微移动一点，摄像机就可以获得景深的效果。此数值越大，摄像机就移动得越多，创建的景深就越明显。但是如果摄像机被移动得太远，则图像可能会变形而无法使用。

● Sample Bias(采样偏移)：该参数决定如何在每次渲染中移动摄像机。数值越小，摄像机偏离原始点就越少；该数值越大，摄像机偏离原始点就越多。

3) Pass Blending(过程混合)选项组

当渲染多次摄像机效果时，渲染器将轻微抖动每次的渲染结果，以便混合每次渲染。其参数含义如下。

● Normalize Weights(规格化权重)：如果选中该复选框，每次混合都使用规格化的权重；如果取消选中该复选框，则使用随机权重。

● Dither Strength(抖动强度)：抖动是指通过混合不同颜色和像素来模拟颜色或者混合图像的方法。该数值决定每次渲染抖动的强度。数值越高，抖动得越厉害。

● Tile Size(平铺大小)：用于设置在每次渲染中抖动图案的大小。

4) Scanline Renderer Params(扫描线渲染器参数)选项组

用户可以在渲染多重过滤场景时取消选中该选项组中的 Disable Antialiasing(抗锯齿)或 Disable Filtering(抗过滤)复选框，这样可以缩短渲染时间。

2. Motion Blur(运动模糊)

运动模糊是胶片需要一定的曝光时间而引起的现象。当一个对象在摄像机之前运动的时候，快门需要打开一定的时间来曝光胶片，而在这个时间内对象还会移动一定的距离，就使对象在胶片上出现了模糊的现象。

与景深类似，运动模糊也是在摄像机参数面板的 Multi-Pass Effect(多过程效果)选项组中的多过程效果下拉列表中选择 Motion Blur(运动模糊)选项启用，在修改面板中显示 Motion Blur Parameters(运动模糊参数)卷展栏，如图 9.37 所示。运动模糊参数卷展栏中包括 Sampling(采样)、Pass Blending(过程混合)和 Scanline Renderer Params(扫描线渲染器参数) 共 3 个选项组。在此仅介绍 Sampling(采样)参数设置，过程混合和扫描线渲染器参数相关参数及设置与景深设置相同，这里不再赘述。

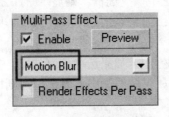

图 9.37 摄像机的运动模糊参数卷展栏

Sampling(采样)选项组的参数含义如下。

● Display Passes(显示过程)：如果选中该复选框，则显示每次运动模糊的渲染，这样能够观察整个渲染过程；如果取消选中该复选框，则在所有渲染完成后再显示图像，这样可以加快渲染速度。

● Total Passes(过程总数)：设置渲染的总数。

- Duration(持续时间)：以帧为单位设置摄像机快门持续打开的时间，时间越长越模糊。
- Bias(偏移)：偏移设置提供了一个改变模糊效果位置的方法，取值范围是0.01~0.99。较小的数值使对象的前面模糊，数值 0.5 使对象的中间模糊，较大的数值使对象的后面模糊。

9.4　实　　例

本实例对台灯进行灯光设置，以目标聚光灯为例介绍灯光的常用参数，并学习灯光的使用。台灯的灯光设置效果如图 9.38 所示。

图 9.38　台灯的灯光设置效果

(1)　模拟台灯的照明效果。首先在 3ds Max 8 中，打开光盘中的"素材\第 9 章\台灯.max"模型文件。在命令面板中单击 (创建)按钮，在打开的创建命令面板中单击 (灯光)按钮，在创建灯光面板中单击 Target Spot(目标聚光灯)按钮,在前视图中沿灯罩起向下拖动鼠标创建一盏目标聚光灯。调整灯光的位置如图 9.39 所示。

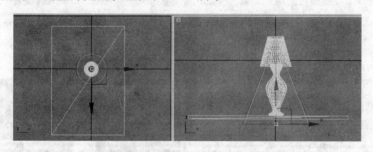

图 9.39　添加目标聚光灯

注意：一旦用户创建了自己的灯光，系统将自动关闭默认照明系统。

(2)　设置灯光颜色。选择目标聚光灯，进入修改命令面板，在 Intensity/Color/Attenuation (亮度/颜色/衰减)卷展栏中，单击 Multiplier(倍增)微调框右侧的颜色框，在打开的 Color Selection(颜色选择)对话框中设置 RGB 值为(236、236、220)。

(3)　设置灯光衰减效果。在 Spotlight Parameters(聚光灯参数)卷展栏中，设置 Falloff/Field(衰减/区域)为 120，可观察到灯光的强度在此区域内发生衰减变化，对比效果如图 9.40 所示。

(4)　进一步设置灯光远距衰减效果。在 Intensity/Color/Attenuation(亮度/颜色/衰减)卷展栏中，选中 Far Attenuation(远距衰减)选项组中的 Use 复选框，设置 Start(开始)值为 500，End(结束)值为 2000。参数设置及在视图中显示的效果如图 9.41 所示。

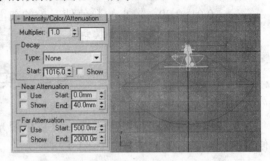

(a)　无衰减效果　　　　　(b)　有衰减效果

图 9.40　衰减效果对比　　　　　　　　图 9.41　设置灯光的远距衰减效果

(5)　添加阴影效果。先在桌面对象上添加参照物体以便于观察阴影效果。在场景中创建一个 Sphere(球体)和一个 Box(长方体)如图 9.42 所示。

(6)　选择目标聚光灯，进入修改命令面板，在 General Parameters(常规参数)卷展栏中，选中 Shadow(阴影)选项组中的 On(启用)复选框后，阴影效果如图 9.43 所示。

图 9.42　添加参照物且无阴影设置　　　　　　图 9.43　阴影设置

(7)　单击 Exclude(排除)按钮，在打开的 Exclude/Include(排除/包含)对话框中，按图 9.44 所示进行设置。

(8)　再次渲染后得到如图 9.45 所示的效果。

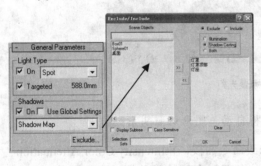

图 9.44　灯光的排除设置　　　　　　图 9.45　灯光的排除效果

(9)　为了照亮场景，可设置辅助光源。单击命令面板中的 ▨(创建)按钮，在打开的创建命令面板中单击 ▨(灯光)按钮，在创建灯光面板中单击 Omni(泛光灯)按钮，在视图中创建两盏泛光灯，位置如图 9.46 所示，调整 Multiplier(倍增)值，将其强度值调低一些，其他采用默认设置即可。

(10) 最终渲染效果如图 9.47 所示。

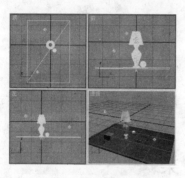

图 9.46 设置辅助光源

图 9.47 最终渲染效果

9.5 小 结

本章介绍了使用灯光和摄像机的方法。在学习时，不仅要掌握 3ds Max 8 中各种灯光的特性和使用方法，还应该多注意观察实际生活中的各种灯光效果，以便能更好地设置 3ds Max 8 的灯光效果。

摄像机的特点与使用方法也是本章的重要内容，以后还会多次应用，而另外针对摄像机的动画设置将在后面摄像机动画的章节中进行介绍，请读者参阅相关内容。

9.6 习 题

1. 创建如图 9.48 所示的日光灯效果。
2. 创建如图 9.49 所示的灯光效果。

图 9.48 日光灯

图 9.49 灯光

第 10 章　渲染与效果

【本章要点】

　　本章介绍在 3ds Max 8 中如何设置背景颜色、背景图像和光照等环境，介绍包括雾、火和体积光等大气效果，这些效果只有被渲染才能看到。本章还将介绍 3ds Max 8 中，强大的编辑、合成和特效处理工具 Video Post。通过本章的学习，读者可以了解如何渲染场景、制作特效和视频合成。

10.1　渲　　染

　　渲染是使用 3ds Max 8 创建模型、设置材质、布置灯光、编辑动画的最终操作。通过渲染，可以观察到作品的最终设计结果，如材质、灯光和环境等。在 3ds Max 8 中，可以通过渲染设置完成对对象的处理，并将结果保存起来。

　　常用的渲染方式主要有以下几种。

1. 快速渲染场景

　　在 3ds Max 8 的主工具栏上单击 按钮或按 F9 键，系统将直接使用当前渲染设置快速完成渲染场景。如果配合 按钮左侧的渲染类型下拉列表，还可以对所选择的对象进行渲染区域、渲染选定物体、放大渲染、裁剪等设置。

2. 渲染场景

　　用下面的方法可以渲染场景。

- 在菜单栏中选择 Rendering(渲染)| Render(渲染)命令，系统将打开 Render Scene (渲染场景)对话框，可在该对话框中设置渲染参数后再单击 Render(渲染)按钮，完成渲染。
- 在工具栏上单击 按钮，在打开的渲染场景对话框中设置相应参数后单击 Render (渲染)按钮，完成渲染。
- 按 F10 键，在打开的渲染场景对话框中设置相应参数后单击 Render (渲染)按钮，完成渲染。

　　另外，在菜单栏中选择 Rendering(渲染)| Show Last Rendering(显示上次渲染)命令，可显示上次渲染的效果。

10.2　Render Scene(渲染场景)对话框

　　在工具栏上单击 按钮，打开 Render Scene(渲染场景)对话框。

　　该对话框包括 5 个选项卡，本节以 Common(公用)选项卡和 Renderer(渲染器)选项卡的应用为主进行介绍。

10.2.1　Common(公用)选项卡

切换到 Common(公用)选项卡，打开 Common Parameters(公用参数)卷展栏，此卷展栏主要包含 5 个选项组，由于此卷展栏较长，下部分的区域显示不出来。将鼠标放置到卷展栏中，当鼠标变为小手形状时，可按下鼠标向下移动面板以显示下面的参数。公用参数卷展栏如图 10.1 所示。

1.　Time Output(时间输出)选项组

该选项组主要用于设置渲染时间的参数，包括 Single(单帧)、Active Time Segment: 0 To 100(0~100 帧活动时间段)、Range(范围)和 Frames(指定帧)4 种形式。

2. Output Size(输出大小)选项组

该选项组主要用于设置输出图像的大小，用户除了可以使用系统提供的常用尺寸外，还可以自定义图像的大小。

3. Options(选项)选项组

该选项组主要用于设置是否渲染所设置的大气效果、隐藏效果等。

4. Advanced Lighting(高级照明)选项组

在该选项组中提供了两种关于高级照明的选项。其中，选中 Use Advanced Lighting(使用高级照明)复选框将启用高级照明渲染功能，而 Compute Advanced Lighting When Required(需要时计算高级照明)复选框则是在有需要时才选中。一般而言，默认为使用高级照明。

5. Render Output(渲染输出)选项组

该选项组用于设置渲染输出的文件格式。

打开光盘中的"素材\第 10 章\体积光.max"文件，这是一个已经完成的体积光动画效果，如图 10.2 所示。在该图片中不仅可以做单帧的静态渲染，也可以进行连续帧的动画渲染。

1)　单帧静态渲染

渲染单帧画面的步骤如下。

(1)　将视图下方轨迹栏上的时间滑块拖动到第 50 帧处，按 C 键切换到摄像机视图，按 F10 键，打开 Render Scene(渲染场景)对话框。

(2)　在 Time Output(时间输出)选项组中，选中 Single(单帧)单选按钮，即只渲染当前帧，如图 10.3 所示。

(3)　设置输出大小为 640×480。

(4)　在 Render Output(渲染输出)选项组中，单击 Files(文件)按钮，在打开的对话框中设置保存文件的相关信息(如保存位置、文件名及文件类型等，在此将文件保存为 JPG 文件格式)，单击 Render(渲染)按钮，开始渲染。

2)　连续帧动画渲染

连续帧动画渲染的步骤与单帧渲染的步骤相同，只是在 Time Output (时间输出)选项组中，选中 Active Time Segment：0 To100(0~100 帧活动时间段)单选按钮，如图 10.4 所示。

图 10.1　Common Parameters(公用参数)卷展栏　　　　　图 10.2　体积光效果

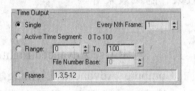

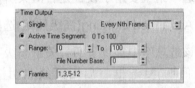

图 10.3　静态渲染设置　　　　　　　　　　　　　图 10.4　动态渲染设置

10.2.2　Renderer(渲染器)选项卡

Renderer(渲染器)选项卡中包含用于当前渲染器的主要控件，其设置取决于哪个渲染器处于活动状态。用户可在 Common(公用)选项卡的下方，打开 Assign Renderer(指定渲染器)卷展栏，如图 10.5 所示，单击 Production(产品级)右侧的按钮，在打开的 Choose Renderer(选择渲染器)对话框中选择渲染器，从而影响 Renderer (渲染器)面板的参数设置。

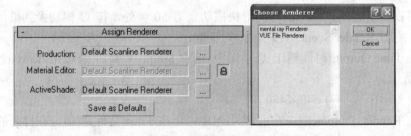

图 10.5　渲染器设置

如图 10.6 所示是 Renderer(渲染器)为 Default Scanline Renderer (默认扫描线渲染器)参数面板，而图 10.7 则是渲染器为 mental ray Renderer(mental ray 渲染器)参数面板。

顾名思义，扫描线渲染器可以将场景渲染成一系列的水平线。在默认情况下，通过

Render Scene(渲染场景或 Video Post 渲染场景时，就可以使用扫描线渲染器，其渲染后生成的图像显示在渲染帧窗口中。

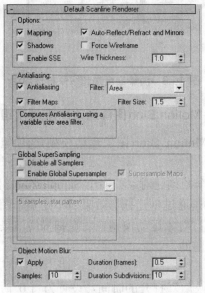

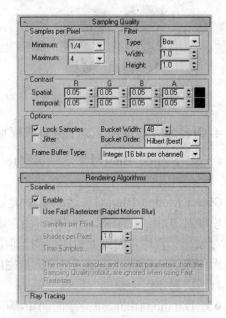

图 10.6　默认扫描线渲染器参数面板　　图 10.7　mental ray 渲染器参数面板

在 Renderer(渲染器)面板中，其参数主要包括以下内容。

1. Options(选项)选项组

- Mapping(贴图)：取消选中该复选框后可忽略所有贴图信息，从而加速测试渲染，自动影响反射和环境贴图，同时也影响材质贴图。默认设置为启用。
- Auto-Reflect/Refract and Mirrors(自动反射/折射和镜像)：取消选中该复选框后可忽略自动反射/折射贴图以加速测试渲染。
- Shadows(阴影)：取消选中该复选框时，不渲染投射阴影，可加速测试渲染。默认设置为启用。
- Force Wireframe(强制线框)：以线框方式渲染场景中所有曲面，并可以设置线框厚度(以像素为单位)。默认设置为 1。
- Enable SSE(启用 SSE)：选中该复选框后，渲染使用 SSE(流 SIMD 扩展)，可以缩短渲染时间。SIMD 代表"单指令、多数据"。默认设置为禁用状态。

2. Antialiasing(抗锯齿)选项组

锯齿是由分散像素阵列显示线条的边缘或颜色区域时生成的楼梯效果，如图 10.8 所示，左边长方体有"抗锯齿"效果，右边长方体无"抗锯齿"效果，可以观察到两者的区别。

3. Global Super Sampling(全局超级采样)选项组

Global Super Sampling 选项组如图 10.9 所示。

超级采样是抗锯齿技术中的一种。纹理、阴影、高光及光线跟踪反射和折射都具有自身的初步抗锯齿策略。超级采样是附加步骤，为每个渲染像素提供"最可能"的颜色效果，

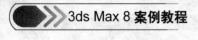

然后将超级采样器的输出传递到渲染器，由它执行最后的抗锯齿输出。

图 10.8　有无"抗锯齿"效果　　　　　　　图 10.9　渲染器全局超级采样选项组

4. Object Motion Blur(对象运动模糊)和 Image Motion Blur(图像运动模糊)选项组

Object Motion Blur(对象运动模糊)和 Image Motion Blur(图像运动模糊)选项组如图
10.10 所示。

Object Motion Blur(对象运动模糊)是通过为每个帧创建对象的多个 Samples(采样数)图
像来模糊对象，而 Image Motion Blur(图像运动模糊)是通过创建拖影效果而不是多个图像来
模糊对象。二者均考虑摄像机的移动，但区别在于：对象运动模糊应用在扫描线渲染过程
中，而图像运动模糊则是在扫描线渲染完成之后应用的。

1)　"对象运动模糊"选项组

- Duration (frames)(持续时间)：确定"虚拟快门"打开的时间。设置为 1.0 时，虚
  拟快门在上一帧和下一帧之间的整个持续时间保持打开，较大的值将产生更为夸
  张的效果。如图 10.11 所示，就是一个下落的球体设置 4 个不同持续时间的渲染
  效果的对比。4 个时刻的设置为：无运动模糊效果，持续时间为 0.5，持续时间为
  1，持续时间为 2。

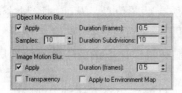

图 10.10　对象运动模糊和图像运动模糊设置　　　图 10.11　不同持续时间的渲染效果

- Samples(采样数)：确定采样的 Duration Subdivisions(持续时间细分)副本数，最大
  值为 32。
- Duration Subdivisions(持续时间细分)：确定在持续时间内渲染的每个对象副本的
  数量。

📝 **提示：**　当采样小于持续时间细分时，在持续时间中随机采样(这也就是运动模糊看起
来颗粒化的原因)。例如，如果持续时间细分值为 12 而采样数值为 8，那么就
可能在每帧的 12 个副本中随机采样出 8 个。当采样数值等于持续时间细分值
时，就不存在随机性(如果两个数都为最大值 32，则将获得密集效果，对于指
定对象，通常将花费渲染所需时间的 3～4 倍)。如果想获得平滑模糊效果，
则可使用最大设置 32/32。如果想缩短渲染时间，12/12 的值将比使用 16/12
获得的结果更平滑。因为采样发生在持续时间中，所以持续时间值必须总是
小于或等于采样值。如图 10.12 所示，左球采样值与细分值相同，右球采样

值小于细分值。

2) 图像运动模糊选项组

● Duration (frames)(持续时间): 指定"虚拟快门"打开的时间。设置为 1.0 时, 虚拟快门在上一帧和下一帧之间的整个持续时间保持打开。值越大, 图像模糊效果越明显。如图 10.13 所示, 左球无图像运动模糊效果, 右球有图像运动模糊效果。

图 10.12　不同采样数的渲染效果　　　　图 10.13　有无图像运动模糊的渲染效果

● Apply to Environment Map(应用于环境贴图): 选中该复选框后, 图像运动模糊既可以应用于环境贴图也可以应用于场景中的对象, 如设置摄像机环游时效果就非常显著, 但不能与屏幕贴图环境一起使用。

● Transparency(透明度): 选中该复选框后, 图像运动模糊对重叠的透明对象起作用。在透明对象上应用图像运动模糊会增加渲染时间。默认设置为禁用状态。

💡 **注意:** 要应用对象运动模糊或图像运动模糊, 除了在以上渲染器中完成对象运动模糊或图像运动模糊设置外, 还要在场景中选择对象并右击, 在弹出的快捷菜单中选择 Properties(属性)命令, 在打开的 Object Properties(对象属性)对话框中的 Motion Blur(运动模糊)选项组选中 Enabled(启用)复选框, 并设置为对象或图像(如果选择图像, 还可以调整倍增微调按钮。这样可以增大或减小被模糊对象条纹的长度), 如图 10.14 所示, 只有这样才能在渲染后出现对象运动模糊或图像运动模糊的效果。

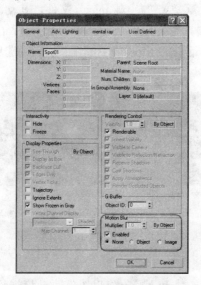

图 10.14　对象的运动模糊属性设置

10.3　mental ray 渲染器

mental ray 是一个专业的渲染系统，可以生成令人难以置信的高质量真实感图像，它具有一流的高性能、真实感光线追踪和扫描线渲染功能。它在电影领域得到了广泛的应用和认可，被认为是市场上最高级的三维渲染解决方案。

与默认扫描线渲染器相比，mental ray 渲染器不通过手工设置或生成光能传递解决方案的方式就可以模拟复杂的照明效果，并可优化多处理器的使用，提高动画的高效渲染。

如图 10.15 所示，就是分别采用扫描线渲染器和 mental ray 渲染器后不同的渲染效果，(a)图为扫描线渲染器渲染效果，(b)图为 mental ray 渲染器渲染效果，可以看到由 mental ray 渲染器进行的渲染，表现了光线经过玻璃球时产生折射后的效果，即投射的焦散效果。

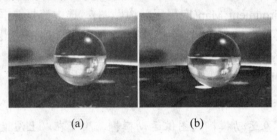

(a)　　　　　　　　　　　(b)

图 10.15　两种渲染器的渲染效果对比

10.3.1　使用 mental ray 渲染器应用运动模糊

与默认扫描线渲染器的使用一样，mental ray 也是通过渲染器完成设置得到渲染结果的。

打开光盘中"素材\第 10 章\弹跳的小球.max"文件，其动画效果截图如图 10.16 所示。在场景中选择小球对象并右击，在弹出的快捷菜单中选择 Properties(属性)命令，在打开的 object Properties(对象属性)对话框的 Motion Blur(运动模糊)选项组中，选中 Enabled(启用)复选框，并设置为对象。

(a)　　　　　　　(b)

图 10.16　动画效果截图

提示：　mental ray 渲染器对于设置为使用图像运动模糊的对象不进行模糊。

按 F10 键，打开 Render Scene(渲染场景)对话框。在 Common(公用)选项卡的下方，打开 Assign Renderer(指定渲染器)卷展栏，可单击 Production(产品级)右侧的按钮，在打开的 Choose Renderer(选择渲染器)对话框中选择 mental ray Rendere (mental ray 渲染器)，如图 10.17 所示，这时 Renderer(渲染器)面板的参数设置如图 10.18 所示。

打开图 10.18 中的 Camera Effects(摄像机效果)卷展栏，如图 10.19 所示。在 Motion Blur(运动模糊)选项组中，选中 Enable(启用)复选框，并修改 Shutter Duration(frames)(快门持续时间)值，即可得到运动模糊的渲染效果，如图 10.20 所示。

注意：　与从图像顶部向下渲染扫描线的默认渲染器不同，mental ray 渲染是通过被称作渲染块的矩形来完成的，如图 10.21 所示。渲染的渲染块顺序可能会改变，具体情况取决于所选择的方法。

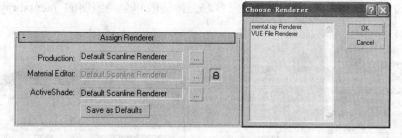

图 10.17　mental ray 渲染器设置

图 10.18　mental ray 渲染器参数面板

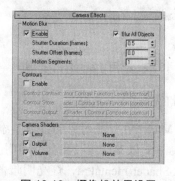

图 10.19　摄像机效果设置

图 10.20　mental ray 渲染的运动模糊效果

图 10.21　mental ray 渲染过程

10.3.2　mental ray 渲染器的其他应用

1. Enable mental ray Extensions(启用 mental ray 扩展)

在菜单栏中选择 Customize(自定义)|Preferences(首选项)命令，打开 Preferences

Settings(首选项设置)对话框，在其中的 General 选项组中，选中 Enable mental ray Extensions(启用 mental ray 扩展)复选框即可启用某些可以为 mental ray 渲染器提供额外支持的功能，如图 10.22 所示。

启用 mental ray 扩展选项之后，对象的属性、灯光、摄像机和材质编辑器都拥有额外的控件来支持 mental ray 渲染。禁用该选项之后，界面上将不会显示这些功能。默认设置为禁用状态。

2. Object Properties(对象属性)

在视图中右击鼠标，在弹出的快捷菜单中选择 Object Properties(对象属性)命令，打开 Object Properties(对象属性)对话框，单击 mental ray 标签，切换到 mental ray 参数设置选项卡，如图 10.23 所示。该对话框中对应参数支持焦散和全局照明的 mental ray 间接照明功能。

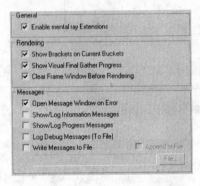

图 10.22　启用 mental ray 扩展

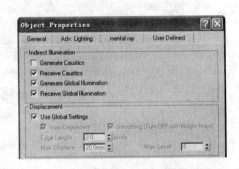

图 10.23　对象属性的"mental ray"面板

3. 灯光

3ds Max 8 在灯光对象的参数中添加了 mental ray Indirect Illumination(mental ray 间接照明)卷展栏，以支持焦散和全局照明的 mental ray 渲染器间接照明效果，还添加了 mental ray Light Shader(mental ray 灯光明暗器)卷展栏，可以将 mental ray 灯光明暗器添加到灯光对象中，如图 10.24 所示。

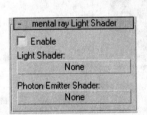

图 10.24　灯光对象的 mental ray 间接照明器卷展栏与灯光明暗器卷展栏

用户还可以创建两种 mental ray 区域灯光：mr 区域泛光灯和 mr 区域聚光灯，它们可创建具有柔和边缘的阴影，从而改善渲染的真实感。

注意：　　要渲染具有柔和边缘的阴影，阴影必须是光线跟踪形式的，并且不是阴影贴图。

4. 摄像机

在场景中添加了摄像机后，在摄像机参数面板上，可在 Multi-Pass Effect(多过程效果)选项组的多过程效果下拉列表中添加 Depth of Field(mental ray)(景深 (mental ray))选项，以支持 mental ray 渲染器的景深效果。如图 10.25 所示。

要使用景深功能，必须同时在 Render Scene：mental ray Render (渲染场景：mental ray 渲染)对话框中的 Renderer(渲染器)面板下的 Cameras Effects(摄像机效果)卷展栏中，选中 Depth of Field(景深)选项组中的 Enable 复选框如图 10.26 所示。另外，还可以为摄像机指定 mental ray 镜头、输出和体积明暗器等。

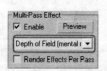
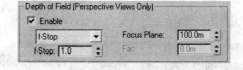

图 10.25　摄像机的景深(mental ray)设置　　　　图 10.26　渲染器面板中的摄像机效果设置

5. 材质编辑器

在 Material Editor(材质编辑器)中，可展开 mental ray Connection(mental ray 连接)卷展栏，如图 10.27 所示。该卷展栏可供所有类型的材质(多维/子对象材质和 mental ray 材质除外)使用，可以向常规的 3ds Max 8 材质添加 mental ray 着色，但这些效果只能在使用 mental ray 渲染器时才可见。

如果启用了 mental ray 扩展，并且 mental ray 渲染器处于活动状态，则材质编辑器还显示其他 mental ray 功能，其使用方法同默认扫描线渲染器一样，但在 Material/Map Browser(材质/贴图浏览器)中，会增加一些 mental ray 自带的材质，如图 10.28 所示。

图 10.27　材质编辑器的 mental ray 连接设置　　　图 10.28　材质/贴图浏览器

实例 1：制作玻璃球

本实例将通过制作玻璃球来具体介绍 mental ray 区域灯光、材质以及渲染器的使用。

(1) 在菜单栏中选择 File(文件)| Reset(重置)命令，重置系统。在场景中创建一个球体和一个圆形薄片(圆柱体)作为放置球体的平面。为圆柱体赋予材质，并为透视图添加一张背景贴图，场景如图 10.29 所示。

(2) 按 F10 键，在打开的 Render Scene(渲染场景)对话框中，展开 Assign Renderer(指定渲染器)卷展栏，如图 10.30 所示，单击 Production(产品级)右侧的按钮，更改渲染器为 mental ray 渲染器。

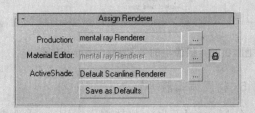

图 10.29 玻璃球场景　　　　　　　图 10.30 设置 mental ray 渲染器

(3) 添加 mental ray 区域聚光灯。在创建灯光面板中，单击 Standard(标准灯光)下的 mr Area Spot(mr 区域聚光灯)按钮，在前视图中拖动鼠标，创建一盏 mental ray 区域聚光灯，调整其位置，如图 10.31 所示。

(4) 选择 mental ray 区域聚光灯的光源点，进入修改命令面板，按图 10.32 所示完成 Shadows(阴影)及 Spotlight Parameters(聚光灯参数)的设置。

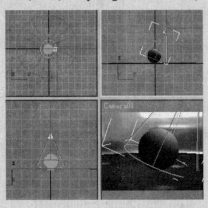

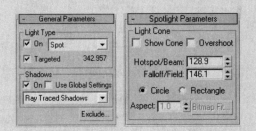

图 10.31 添加 mr 区域聚光灯　　　　图 10.32 设置 mr 区域聚光灯参数

(5) 设置玻璃材质。按 M 键，打开 Material Editor(材质编辑器)，选择一个空白样本球，单击 Standard(标准)按钮，在打开的 Material/Map Browser(材质/贴图浏览器)中选择 Glass(physics_phen)(玻璃)选项，即选择 mental ray 自带的玻璃材质，如图 10.33 所示。按

F9 键，快速渲染透视图，效果如图 10.34 所示。

图 10.33　设置玻璃材质

图 10.34　渲染效果

（6）　按图 10.35 所示的参数调整玻璃材质，再次按 F9 键，快速渲染后效果如图 10.36 所示。

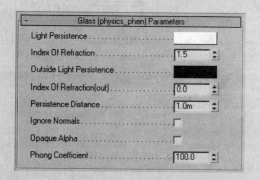

图 10.35　调整玻璃材质参数

图 10.36　调整玻璃材质参数后的渲染效果

（7）　制作焦散效果。选择球体并右击，在弹出的快捷菜单中选择 Properties(属性)命令，在打开的 Object Properties(对象属性)对话框中的 mental ray 选项卡中选中 Generate Caustics(生成焦散)复选框，如图 10.37 所示。

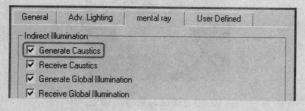

图 10.37　对象属性的 mental ray 面板设置

（8）　按 F10 键，打开 Render Scene(渲染场景)对话框，切换到 Indirect Illumination(间接照明)选项卡，选中 Caustics(焦散)选项组中的 Enable(启用)复选框，并设置 Light Properties(灯光属性)选项组中的 Average Caustic Photons Per Light(每个灯光的平均焦散光子)值为 1000000，Global Energy Multiplier(全局能量倍增)值为 200，如图 10.38 所示。

提示：　焦散是光线通过其他对象反射或折射之后投射在对象上所产生的效果。要得到焦散效果，必须要设置一个对象的属性为"生成焦散"，还有一个对象为"接收集散"。

（9）　修改灯光。选择 mental ray 区域聚光灯的光源点，进入修改命令面板，将 Shadow Parameters(阴影参数)卷展栏中的 Dens(阴影密度)值设置为 0.2。然后展开 mental ray Indirect

Illumination(mental ray 间接照明)卷展栏,选中 Automatically Calculate Energy and Photons(自动计算能量与光子)复选框, 如图 10.39 所示。

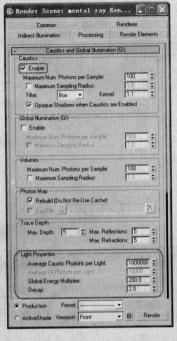

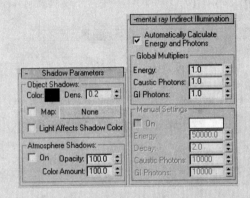

图 10.38　启用焦散和灯光设置　　　　图 10.39　修改 mr 区域聚光灯参数设置

(10) 单击 (快速渲染)按钮渲染视图, 玻璃球最终渲染效果如图 10.40 所示。

图 10.40　玻璃球最终渲染效果

mental ray 自带的玻璃材质的主要参数含义如下。

- Light Persistence(光持续): 与 Persistence Distance(持续距离)结合使用, 控制透射的灯光百分比。在此主要控制玻璃颜色。
- Index Of Refraction(折射率): 决定材质的折射率。如制作钻石效果, 可设置为 2.4; 如制作玻璃效果则设置为 1.5。
- Outside Light Persistence(外部光持续): 与 Persistence Distance(持续距离)结合使用, 控制在曲面的另一面透射的灯光百分比。
- Phong Coefficient(Phong 系数): 如系数大于零时, 将在材质上生成 Phong 高光。

10.4 Environment and Effects(环境和效果)

环境效果是 3ds Max 8 中常用的一种效果，可通过 Environment(环境)面板的设置来修改环境颜色或者环境贴图等。同时，还可以设置雾、火焰、体积光等大气效果，使场景更加真实。本节介绍环境效果的参数设置以及典型的环境效果制作方法。

10.4.1 Environment(环境)选项卡

在 3ds Max 8 中，在菜单栏中选择 Rendering(渲染) | Environment(环境)命令或按 8 键，可以打开 Environment and Effects(环境和效果)对话框，在 Environment(环境)选项卡中主要包括 Common Parameters(公用参数)、Exposure Control(曝光控制)和 Atmosphere(大气)3 个卷展栏。在 Atmosphere(大气)卷展栏中单击 Add(添加)按钮，打开 Add Atmospheric Effects(添加大气效果)对话框，如图 10.41 所示。

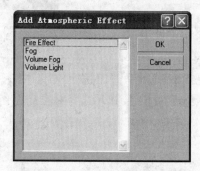

图 10.41 添加大气效果对话框

Environment(环境)选项卡中的 3 个卷展栏的参数含义如下。

1. Common Parameters(公用参数)卷展栏

该卷展栏主要用于为场景指定背景色彩和背景贴图，并可在 Global Lighting(全局照明)选项中设置均匀的光照环境；在 Ambient(环境光)颜色框中可为整个场景增加一种颜色的环境光(注意：环境光影响的是物体背光部分的颜色)。

2. Exposure Control(曝光控制)卷展栏

该卷展栏主要用于设置渲染输出的色彩范围和输出亮度对比度，以避免渲染输出过暗等现象。

3. Atmosphere(大气)卷展栏

该卷展栏主要用于模拟现实世界中的一些大气现象。当单击 Add(添加)按钮时，将打开 Add Atmospheric Effects(添加大气效果)对话框，可设置 Fire Effect(火效果)、Fog(雾)、Volume Fog(体积雾)和 Volume Light(体积光)四种类型。如果添加了一个大气效果，将在 Atmosphere (大气)卷展栏下的 Effects(效果)下拉列表中出现所选择的效果名称，同时也将激活其相应的选项，以便进一步对其参数进行设置。

实例2：修改飞机背景贴图

(1) 在菜单栏中选择 File(文件)| Reset(重置)命令，重置系统。再在菜单栏中选择 File(文件)| Open(打开)命令，打开光盘中的"素材\第 10 章\飞机.max"文件，这是一个已经完成的飞机模型，场景如图 10.42 所示。

(2) 在主工具栏上单击 (快速渲染)按钮或 F9 键，进行快速渲染，效果如图 10.43 所示。

图 10.42 "飞机.max"文件场景　　　　图 10.43 快速渲染效果

(3) 在菜单栏中选择 Rendering(渲染)| Environment(环境)命令或按 8 键，打开 Environment and Effects(环境和效果)对话框，选中 Use Map(使用贴图)复选框，并单击 Environment Map(环境贴图)下方的 None 按钮，选择对应的贴图文件，如图 10.44 所示。

(4) 单击 (快速渲染)按钮渲染视图，渲染效果如图 10.45 所示。

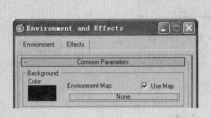

图 10.44 选择背景贴图设置　　　　图 10.45 选择背景贴图后的渲染效果

10.4.2　Fire(火焰)

在 3ds Max 8 中，通过 Environment and Effects(环境和效果)对话框，还可以设置各种大气效果。其中，使用 Fire(火)效果，可以制作篝火、火炬、火球、烟云和星云，以及火焰、烟雾和爆炸等动画效果。在 Atmosphere(大气)卷展栏中，单击 Add(添加)按钮，在打开的 Add Atmospheric Effect(添加大气效果)对话框中选择 Fire Effect(火效果)，这时在环境和效果对话框下方显示了 Fire Effect Parameters(火效果参数)卷展栏，如图 10.46 所示。

Fire Effect Parameters(火效果参数)卷展栏中的主要参数含义如下。

1. Gizmos(装置)选项组

火焰是不能直接被渲染的，必须附着在辅助物体上才能产生效果。因此，制作火焰前需要使用 Pick Gizmo(拾取 Gizmo)按钮来选择提前设置好的辅助物体。

2. Colors(颜色)选项组

火焰在燃烧时因为有内焰、外焰之分，其温度不同，外观颜色也会不一样，因此该选项组的颜色定义分为三层。火焰温度最高的部分定义为 Inner Color(内部颜色)，火焰温度较低部分定义为 Outer Color(外部颜色)，而火焰最外层被定义为 Smoke Color(烟雾颜色)。

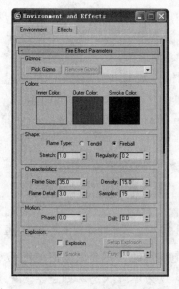

图 10.46　火效果参数卷展栏

3. Shape(形状)选项组

该选项组用于设定火焰的类型与效果。火焰分为两种类型，其中 Tendril (火舌)适用于制作燃烧，而 Fireball(火球)适用于制作爆炸效果。Stretch(拉伸)微调框会将火焰沿装置的 Z 轴进行缩放，适用于火舌形式。Regularity(规则性)微调框用于修改火焰的填充方式。

4. Characteristics(特性)选项组

该选项组用于设置火焰的大小与外观，包括以下选项。

- Flame Size(火焰大小)：一般而言，该参数值在 15～30 间可取得较好的效果。
- Density(密度)：用于设置火焰的不透明度和亮度。
- Flame Detail(火焰细节)：控制火焰的颜色变化和边缘尖锐程度。
- Samples(采样数)：用于设置效果的采样率。值越大，生成的效果越准确，但渲染时间越长。

5. Motion(动态)选项组

该选项组通过相位与漂流参数设置火焰的涡流与上升动画，在制作爆炸与篝火等效果时很有用。

- Phase(相位)：更改并控制火焰效果的速率。如果要设计火焰燃烧的动画，可以在不同的关键帧设置不同的相位值，就可以创建燃烧的效果。
- Drift(漂移)：设置火焰沿辅助装置 Z 轴的渲染效果。较小参数值可得到燃烧较慢的冷火焰，反之则得到燃烧较快的热火焰。

6. Explosion(爆炸)选项组

通过设置该选项组中的参数，可使系统自定义爆炸效果。

● Explosion(爆炸)：根据相位自动设置爆炸动画。

● Smoke(烟雾)：控制爆炸时是否产生烟雾，但会受相位值的影响。当选中该复选框时，如果相位值在100～200之间，火焰颜色会变为烟雾；如果在200～300之间，烟雾则会消除。如果取消选中该复选框，火焰颜色在100～200之间始终为全密度，火焰在200～300之间逐渐衰减。

● Fury(剧烈度)：改变相位参数的涡流效果。

● Setup Explosion(设置爆炸)：单击Setup Explosion(设置爆炸)按钮，可打开如图10.47所示的Setup Explosion Phase Curve(设置爆炸相位曲线)对话框，设置Start Time(开始时间)与End Time(结束时间)，然后单击OK按钮，即可自动生成动画。

图10.47　设置爆炸相位曲线对话框

📖 **提示：**　火焰燃烧状态值是线性的，不会因时间流逝而加速或衰减，而是保持稳定的速率。但如果将其设为爆炸状态，则速率首先会加快，然后缓慢增长直到爆炸结束位置。

实例3：制作蜡烛

(1)　在菜单栏中选择File(文件)| Reset(重置)命令，重置系统。单击命令面板中的 (创建)按钮，在打开的创建命令面板中单击 (几何体)按钮，在创建几何体面板上单击Cylinder(圆柱体)按钮，在顶视图中创建一个圆柱体作为蜡烛，其参数设置及效果如图10.48选项所示。

(2)　选中圆柱体，进入修改命令面板，在Modifier List(修改器列表)中选择Noise(噪波)选项，为圆柱体添加噪波修改器，其参数设置如图10.49所示。

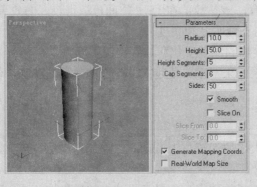

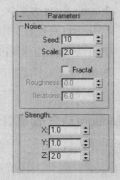

图10.48　创建蜡烛参数设置　　　　　图10.49　噪波修改器参数设置

(3)　按步骤(1)操作，在顶视图中再创建一个圆柱体作为烛心，如图10.50所示。

(4)　创建桌面。在创建命令面板上单击Box(长方体)按钮，在顶视图中创建平面作为桌面，并在材质编辑器中，为桌面设置木纹材质。

(5) 选择蜡烛，按 M 键打开 Material Editor(材质编辑器)，选择一个空白样本球，打开 Shader Basic Parameters(阴影基本参数)卷展栏，参数设置及渲染效果如图 10.51 所示。

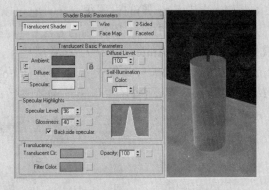

图 10.50 添加烛心   图 10.51 蜡烛材质设置及渲染效果

(6) 为蜡烛创建燃烧装置。单击命令面板中的 (创建)按钮，在打开的创建命令面板中单击 (辅助物体)按钮，在打开的创建辅助对象面板中的辅助对象类型下拉列表中选择 Atmospheric Apparatus(大气装置)选项，在创建面板上单击 Sphere Gizmo(球体 Gizmo)按钮，在视图中创建一个球体 Gizmo 辅助物体，再将球体 Gizmo 沿 Z 轴进行缩放调整，其参数设置及调整效果如图 10.52 所示。

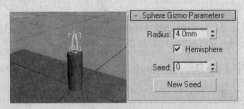

图 10.52 添加燃烧装置

(7) 为蜡烛制作火焰效果。在菜单栏中选择 Rendering(渲染)| Environment(环境)命令，打开 Environment and Effects(环境和效果)对话框，在 Atmosphere(大气)卷展栏下的 Effects(效果)列表中添加 Fire Effect(火效果)，并按图 10.53 所示设置参数。

(8) 单击 (快速渲染)按钮渲染视图，最终渲染效果如图 10.54 所示。

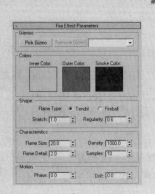

图 10.53 火效果参数设置   图 10.54 蜡烛燃烧渲染效果

10.4.3 Fog(雾)

3ds Max 提供了 Fog(雾)与 Volume Fog(体积雾)两种雾效果，本节介绍 Fog(雾)的设置。

在 3ds Max 8 中 Fog(雾)的设置很简单，它可以在场景中增加大气搅动的效果。添加雾效果的方法与添加 Fire Effect(火效果)的方法相同。按 8 键，打开 Environment and Effects(环境和效果)对话框，在 Atmosphere(大气)卷展栏中，单击 Add(添加)按钮，在打开的 Add Atmospheric Effect(添加大气效果)对话框中选择 Fog(雾)选项，再单击 OK 按钮，这时在环境和效果对话框下方显示了 Fog Parameters(雾参数)卷展栏，如图 10.55 所示。

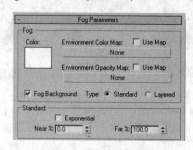

图 10.55　雾参数卷展栏

Fog Parameters(雾参数)卷展栏中的主要参数含义如下。

1. Fog(雾)选项组

控制雾的 Color(颜色)、Environment Color Map(环境颜色贴图)、Environment Opacity Map(环境不透明度贴图)及雾的 Type(类型)。雾的 Type(类型)分为：Standard(标准雾)和 Layered(层雾)。另外，选中 Fog Background(雾化背景)复选框，则可使背景产生雾效。

2. Standard(标准)选项组

如果设置了雾类型是标准雾，则此选项组中的参数设置将影响雾的厚薄程度。其中，选中 Exponential(指数)复选框，将根据距离按指数增大雾的浓度，Near(近端)和 Far(远端)分别用于设置雾的近端与远端的密度。

3. Layered(分层)选项组

如果设置了雾类型是分层雾，则该选项组中的参数设置将影响雾的上限与下限之间的厚薄程度。

实例 4：制作雾景

(1) 在菜单栏中选择 File(文件)| Reset(重置)命令，重置系统。在菜单栏中选择 Rendering(渲染)| Environment(环境)命令，打开 Environment and Effects(环境和效果)对话框，单击 Environment Color Map(环境颜色贴图)下方的 None 按钮，添加背景图片。单击 ◎(快速渲染)按钮，渲染场景如图 10.56 所示。

(2) 设置雾效果。在 Environment and Effects(环境和效果)对话框中，单击 Atmosphere(大气)卷展栏下的 Add(添加)按钮，添加 Fog(雾)效果，并按图 10.57 所示设置参数。

图 10.56 添加环境贴图的效果

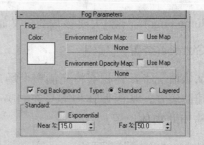

图 10.57 添加雾效果及参数设置

(3) 单击 ⊙(快速渲染)按钮渲染视图，最终渲染效果如图 10.58 所示。

图 10.58 雾渲染效果

10.4.4 Volume Fog(体积雾)

Volume Fog(体积雾)可用于创建场景中密度不均匀的雾。添加体积雾的方法与添加火效果、雾的方法相同，在 Atmosphere(大气)卷展栏中添加了 Volume Fog(体积雾)后，显示体积雾的参数卷展栏如图 10.59 所示。

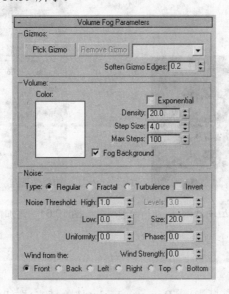

图 10.59 体积雾参数卷展栏

Volume Fog(体积雾)主要参数的含义如下。

1. Gizmos(装置)选项组

在默认情况下，体积雾将充满整个场景。但可以通过在 Gizmos(装置)选项组中为其指定一个辅助装置，从而使体积雾只在 Gizmos 规定的地方显示或流动。其操作类似于火焰效果中的辅助物体设置。

2. Volumes(体积)选项组

该选项组用于设置雾的颜色及密度。

3. Noise(噪波)选项组

如果要改变雾效果的均匀状态，则可利用 Noise(噪波)选项组中的参数产生雾的翻滚效果，并柔化雾的边缘。

10.4.5 Volume Light(体积光)

Volume Light(体积光)能产生灯光透过灰尘和雾的自然效果，可方便地模拟阳光透过窗户照射在灰尘满地的地板上的场景，另外还提供了使用粒子填充光锥的能力，以便在渲染时使光柱或光环清晰可见，体积光效果如图 10.60 所示。

要使用体积光，必须先添加一个灯光对象，然后在 Environment and Effects(环境和效果)对话框中的 Atmosphere(大气)卷展栏中，添加体积光效果，其参数设置如图 10.61 所示。

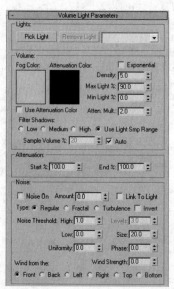

图 10.60　体积光应用效果　　　　　图 10.61　添加体积光效果的参数设置

Volume Light(体积光)主要参数的含义如下。

1. Lights(灯光)选项组

可利用 Pick Light(拾取灯光)或 Remove Light(移除灯光)按钮将体积光效果赋予场景中指定的灯光对象，或从灯光对象上移除体积光效果。

2. Volume(体积)选项组

- Fog Color(雾颜色)：控制雾颜色与衰减颜色的设置。
- Density(密度)：控制体积光的密度，数值越大则光线越不透明。
- Max Light(最大亮度)与 Min Light(最小亮度)：两者分别控制光线最亮与最弱效果。

3. Noise(噪波)选项组

选中 Noise On(启用噪波)复选框，可在体积光中加入噪波以形成一种有很多灰尘的效果。

- Amount(数量)：控制附加噪波的数量和大小。
- Type(类型)：控制噪波是均匀的还是不规则扰动的。
- Link To Light(连接到灯光)：控制是否与灯光连接。
- Phase(相位)：相位用于设置动画的参数，但仅使噪波翻腾，并不向任何方向移动。
- Wind Strength(风力强度)：风力强度控制噪波移动的方向。与 Phase(相位)参数结合，将使体积光动画表现得更出色。

实例 5：制作体积光

(1) 在菜单栏中选择 File(文件)| Reset(重置)命令，重置系统。在创建命令面板中单击 Text(文字)按钮，在文本框内输入"三维动画"，在前视图中单击创建文本。进入修改命令面板，分别设置文字大小为 100、字间距为 1，效果如图 10.62 所示。再创建一个 Rectangle(矩形)，设置长度和宽度均为 1000。注意与文字的位置关系，效果如图 10.63 所示。

图 10.62　创建文本效果

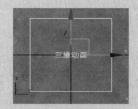

图 10.63　创建矩形效果

(2) 结合矩形和文本。选择矩形，单击 (修改)按钮，进入修改命令面板，添加 Edit Spline(编辑样条线)修改器，在修改器堆栈中，选择 Spline(样条线)次物体，在 Geometry(几何体)卷展栏中，单击 Attach(附加)按钮，然后单击文字，将矩形和文本结合为一个整体，如图 10.64 所示。

(3) 选择二维图形，在 Modifier List(修改器列表)中选择 Extrude(挤出)选项，为二维图形添加挤出修改器，设置 Amount(挤出数量)为 0，挤压后形状如图 10.65 所示。

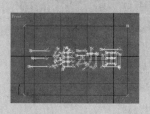

图 10.64　结合矩形和文本

图 10.65　添加挤出修改器的效果

提示： 本实例中运用了挤出修改器，设置其数量为 0 的目的是为了以后继续添加灯光后能达到预期效果，读者可自行将挤压数量调整大一点以便于观察，这样可看到实际上完成以上步骤后，类似于在长方体上抠出这几个文字的通透效果。

(4) 单击 (创建)按钮，在打开的创建命令面板中单击 (灯光)按钮，在打开的创建灯光面板中单击 Target Spot(目标聚光灯)按钮，在顶视图中创建目标聚光灯，位置如图 10.66 所示。注意观察前视图中的灯光范围，罩住文字，但不要超过矩形的范围。

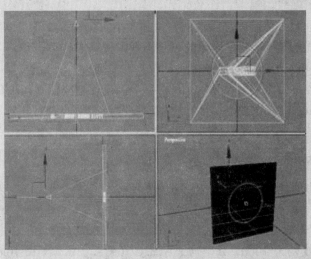

图 10.66　添加目标聚光灯

(5) 单击 (创建)按钮，在打开的创建命令面板中单击 (摄像机)按钮，在打开的创建摄像机面板中单击 Target Camera(目标摄像机)按钮，在视图中加入目标摄像机，注意观察前视图中的视野范围，罩住文字，但不要超过外围矩形的范围。选择透视图，将其切换到摄像机视图后，观察效果如图 10.67 所示。

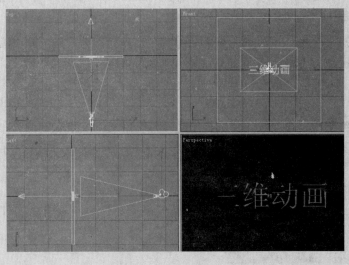

图 10.67　添加目标摄像机

(6)　添加体积光效果。在菜单栏中选择 Rendering(渲染)| Environment(环境)命令，在打开的 Environment and Effects(环境和效果)对话框中，单击 Atmosphere(大气)卷展栏中的 Add(添加)按钮，在打开的 Add Atmospheric Effect 对话框中添加 Volume Light(体积光)效果，并在 Volume Light Parameters(体积光参数)卷展栏中，单击 Pick Light(拾取灯光)按钮，再选择场景中的目标聚光灯，如图 10.68 所示。

图 10.68　体积光参数设置

(7)　设置灯光阴影。如果此时进行渲染，会发现场景完全成白色效果，则需要添加灯光阴影。选择 Target Spot(目标聚光灯)光源，单击 (修改)按钮，进入修改命令面板，在 General Parameters(常规参数)卷展栏中，选中 Shadows(阴影)选项组中的 On(启用)复选框，如图 10.69 所示。

(8)　更改体积光设置。选择在第(6)步骤中添加的体积光选项，在 Volume Light Parameters(体积光参数)卷展栏中，设置 Fog Color(雾颜色)的 RGB 值为(240、190、0)。为了使体积光的效果更加明显，还可以修改密度值，渲染后的效果如图 10.70 所示。

图 10.69　设置灯光阴影

图 10.70　渲染效果

(9)　现在的体积光效果一直照射到无限远，为调整其显示范围，可在 Intensity/Color/Attenuation(亮度/颜色/衰减)卷展栏中选中 Far Attenuation (远衰减)选项组中的 Use(启用)复选框，设置 Start(开始)与 End(结束)的参数值，如图 10.71 所示，再次渲染视图，输出 AVI

格式动画文件，命名为"体积光.avi"。渲染效果如图 10.72 所示。

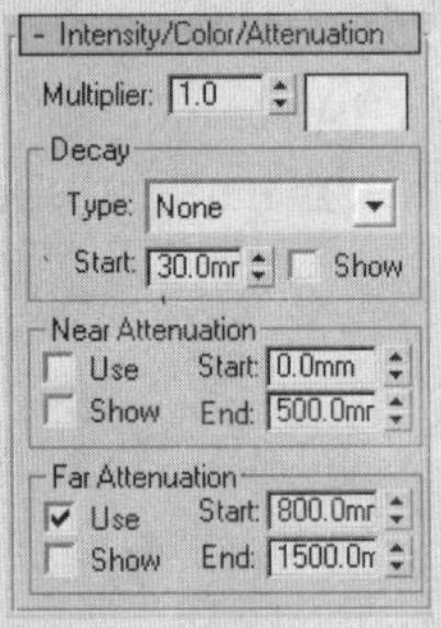

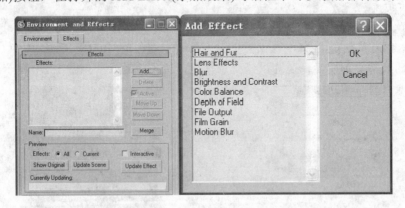

图 10.71　设置灯光远衰减 　　　　　图 10.72　　最终渲染效果

💡 **注意：**　本实例所应用的体积光效果直接赋予了目标聚光灯(第(6)步)，如果没有目标
聚光灯对象，是无法实现体积光效果的。

10.5　场景效果

如果为场景中的物体或灯光等对象添加各种发光、发热的效果，也可以通过 Effects(效果)面板完成设置，并可在渲染输出之前动态交互地观看渲染输出可以效果。

10.5.1　Effects(效果)选项卡

在 3ds Max 8 中，在菜单栏中选择 Rendering(渲染)| Effects(效果)命令，可以打开 Environment and Effects(环境和效果)对话框，如图 10.73 所示。单击 Effects(效果)选项卡中的 Add(添加)按钮，在打开的 Add Effect(添加效果)对话框中可以添加各种效果。

图 10.73　效果选项卡及添加效果对话框

10.5.2　Lens Effects(镜头效果)

Lens Effects(镜头效果)是 3ds Max 8 中运用最多一种效果，它的各种效果应用如图 10.74 所示。

高职高专立体化教材　计算机系列

如果添加了一个镜头效果，将出现如图 10.75 所示的镜头效果参数卷展栏，可对镜头效果进行总体设置。如果选择其中一个效果，如 Glow(光晕)效果，则将在镜头效果参数卷展栏下的列表中出现所选择的效果名称，同时也将激活相应选项，以便进一步对其参数进行设置。

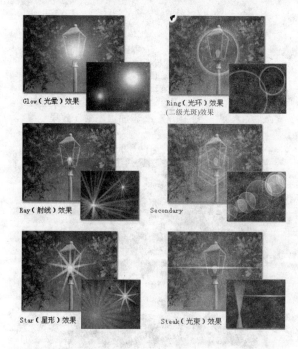

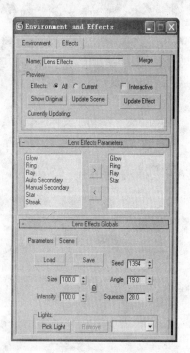

图 10.74 镜头效果的应用   图 10.75 镜头效果参数卷展栏

实例 6：制作路灯

(1) 在菜单栏中选择 File(文件)| Reset(重置)命令，重置系统。在菜单栏中选择 File(文件)|Open(打开)命令，打开光盘中的"素材\第 10 章\路灯.max"文件，其渲染效果如图 10.76 所示。

(2) 在命令面板中单击 (创建)按钮，在打开的创建命令面板中单击 (灯光)按钮，在主灯的中心添加一盏 Omni(泛光灯)。在菜单栏中选择 Rendering(渲染)| Environment(环境)命令，打开 Environment and Effects(环境和效果)对话框。切换到 Effects(效果)选项卡，单击 Add(添加)按钮，在弹出 Add Effect(添加效果)对话框中选择 Lens Effects，单击 OK 按钮，为泛光灯添加镜头效果。向下移动参数面板，在 Lens Effects Parameters(镜头效果参数)卷展栏中，添加 Glow(光晕)效果，然后单击 Pick Light(拾取灯光)按钮，在场景中单击 Omni01(泛光灯)，使其成为镜头效果的载体。

(3) 在如图 10.77 所示的 Lens Effects Parameters 卷展栏中，选中 Glow(光晕)选项，卷展栏的下方显示 Glow Element(光晕元素)卷展栏，按图 10.78 所示设置参数。渲染输出效果如图 10.79 所示。

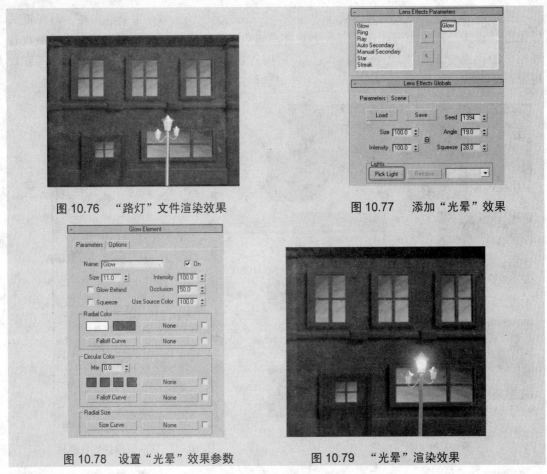

图 10.76　"路灯"文件渲染效果　　　　图 10.77　添加"光晕"效果

图 10.78　设置"光晕"效果参数　　　　图 10.79　"光晕"渲染效果

提示：　镜头效果中其他效果的设置面板与实例中介绍的光晕效果很类似，如 Ring(光环)、Ray(光线)等，读者可自行完成不同的设置，以观察不同的镜头效果。

10.5.3　Depth of Field(景深)效果

Depth of Field(景深)效果用于限定聚集范围。在模拟真实摄像时，只能对场景空间中有限的范围进行清晰对焦，而在对焦范围之外的前景和背景对象将被模糊处理，如图 10.80所示。

图 10.80　"景深"渲染效果

Depth of Field(景深)效果的添加方法与 Lens Effect(镜头效果)相同也是在 Environment and Effects(环境和效果)对话框中的 Effects(效果)选项卡中添加，其参数设置如图 10.81 所示。

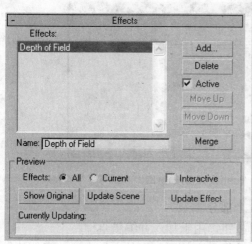
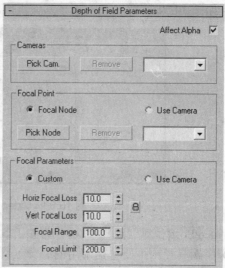

图 10.81　添加"景深"效果及其参数设置面板

景深效果主要参数的含义如下。

● Affect Alpha(影响 Alpha)：选中此复选框后，景深效果将作用于渲染输出图像的 Alpha 通道。

● Cameras(摄像机)选项组：可添加或移除摄像机。

● Focal Point(焦点)选项组：可拾取场景中的一个对象作为摄像机对焦的焦点，或移除焦点。

● Focal Parameters(焦点参数)选项组：Horiz Focal Loss/Vert Focal Loss(水平/垂直焦点损失)主要用于设置图像水平与垂直轴向上的模糊程度；Focal Range(焦点范围)主要用于设置 Z 轴方向的距离，在此范围内，将保持清晰效果；Focal Limit(焦点限制)主要用于设置模糊影响的最大范围。

10.6　Video Post(视频合成)

Video Post(视频合成)是 3ds Max 8 提供的一种功能强大的视频合成工具，可以将制作好的场景图像或动画与其他图像进行合成。

使用 Video Post 视频合成器的主要目的为：一是将动画、图像、场景等链接在一起，进行非线性编辑、分段组合，以达到剪辑影片的目的；二是对组合和链接加入各种效果，如在两段动画间加入淡入淡出过渡效果等，甚至可以将 Video Post 看作是一个小的视频编辑软件。

10.6.1 Video Post 窗口

在菜单栏中选择 Rendering(渲染)| Video Post(视频合成)命令，打开 Video Post(视频合成)窗口，如图 10.82 所示。

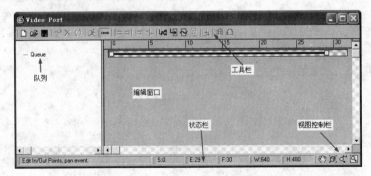

图 10.82　Video Post(视频合成)窗口

Video Post(视频合成)窗口可分为如下 5 个部分。

- 工具栏：主要包括常用的编辑工具按钮，用于加入并编辑事件。
- 队列：位于窗口左侧，用于显示当前场景中的所有事件，注意这些事件的显示次序将直接影响其最终渲染效果。
- 编辑窗口：位于整个窗口的右侧，以时间轴的形式显示事件。
- 状态栏：用于显示工具的操作提示、当前时间轴以及输出分辨率信息等。
- 视图控制栏：用于对编辑窗口进行缩放和移动。

在 Video Post 中涉及一些基本概念，说明如下。

- 队列：提供要合成的图像、场景和事件的层级列表。队列通过添加事件项来构建。
- 事件：组成队列的内容，可以是动画，也可以是静止图像。3ds Max 8 提供了多种事件类型，如场景事件、图像输入/输出事件、图像滤镜事件等。具体解释请参阅 10.6.2 节相关内容。

用户可以将队列视为许多层的玻璃，而每一层玻璃上都有内容，每一层玻璃就代表一个事件，而这些玻璃重叠在一起就成为队列。Video Post 视频合成器的作用就是让用户看到将这些玻璃重叠在一起的最终效果。如图 10.83 所示。

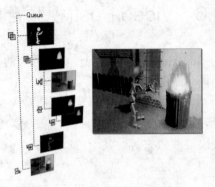

图 10.83　Video Post 合成效果

10.6.2　事件类型简介

　　3ds Max 8 在 Video Post(视频合成器)中提供了多种视频合成事件。添加了多种事件后，各事件以层级列表的方式排列在视频合成事件显示窗口中，可以对场景制作出各种光效和动画等。下面简略介绍 3ds Max 8 提供的事件类型。

1. Scene Event(场景事件)

　　场景事件是当前的场景视图，可以指定一个当前场景中的视图，该视图可以是透视(默认)视图、任意一个摄像机视图或正交(左、右或前)视图。使用场景事件可以把指定内容添加在 Video Post 队列中。在 Video Post 工具栏中，单击 ⧉(添加场景事件)按钮可以添加场景事件。

2. Image Input Event(图像输入事件)

　　图像输入事件是为场景增加静态或动态图像，但与场景事件不同的是，图像是一个预先保存的文件或者由设备产生的图像，可以使用 avi、bmp、jpg、gif、tga 和 tif 等文件格式。在 Video Post 工具栏中，单击 ⧉(添加图像输入事件)按钮以添加图像输入事件。

　　💡 注意：　图像输入事件与场景事件非常相似，但是图像输入事件使用渲染前的图像作为其源图像，而场景事件需要 3ds Max 8 在执行的时候要渲染事件(指定视图)的每一帧。因此，图像输入事件会处理得更快，因为它只是在查找图像时才会花费时间。

3. Image Filter Event(图像滤镜事件)

　　在 Video Post 工具栏中，可单击 ⧉(添加图像滤镜事件)按钮以添加图像滤镜事件。它提供了图像与场景图像的处理方法，比较典型的有：淡入淡出效果、镜头效果高光或光晕等。

4. Image Layer Event(图像层事件)

　　图像层事件始终为带有两个子事件的父事件。子事件可以是场景事件、图像输入事件、包含场景或图像输入事件的图像层事件或滤镜事件，另外子事件自身也可以是带有子事件的父事件。单击 Video Post 工具栏上的 ⧉(添加图像层事件)按钮可以添加图像层事件。

5. Image Output Event(图像输出事件)

　　图像输出事件将视频后期队列的执行结果输出到文件或设备。要保存最终的视频，必须在队列的结尾增加图像输出事件，否则结果只能显示在虚拟帧缓存中。图像输出事件的时间轴必须包含所要输出的所有帧范围，渲染输出可以是下列任一文件格式的静态图像或动画：avi、bmp、jpg、gif、png、tga、mov、rgb、tif 等。

　　用户可以在队列中添加多个图像输出事件，以输出到不同的设备。单击 Video Post 工具栏上的 ⧉(添加图像输出)按钮可以添加图像输出事件。

6. External Event(外部事件)

　　外部事件是执行图像处理的一个批处理文件或程序，可以在队列的指定位置运行，并在两个 Windows 剪切板之间传输图像。通过单击 Video Post 工具栏上的 ![] (添加外部事件)按钮可以添加外部事件。

外部事件始终为子事件。如果在添加外部事件前选择了队列中的事件，那么此外部事件成为选定事件的子事件。

7. Loop Event(循环事件)

单击 Video Post 工具栏上的 ![] (添加循环事件)按钮以添加循环事件。循环事件主要用于在视频输出中重复执行某个事件。该事件控制排序，但是不执行图像处理。循环事件始终是带有单个子事件的父事件(子事件本身也可以是带有子事件的父事件)。循环事件可实现循环嵌套，即任一类型的事件都可以是循环事件的子事件，也包括其他循环事件。

10.7　实　　例

视频合成是一个比较抽象的视频操作，本节主要介绍如何利用 Video Post 完成视频合成输出，以及在制作过程中需要注意的一些事项。

1. 添加事件

(1) 在 3ds Max 8 中打开光盘中的"素材\第 10 章\体积光.max"文件，这是本章实例 5 中完成的三维动画设计，动画效果可观看光盘中的"素材\第 10 章\体积光动画.avi"文件。

(2) 添加场景事件。在菜单栏中选择 Rendering(渲染)| Video Post 命令，打开 Video Post(视频合成)窗口。在 Video Post 工具栏中，单击 Add Scene Event(添加场景事件)按钮 ![]，在打开的 Add Scene Event(添加场景事件)对话框中，单击下拉按钮，在打开的下拉列表中选择 Camera01，单击 OK 按钮后，返回 Video Post 窗口，如图 10.84 所示。

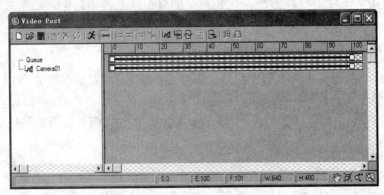

图 10.84　添加场景事件

(3) 添加图像输入事件。在 Video Post 工具栏中，单击 ![] (添加图像输入事件)按钮，在打开的 Add Image Input Event (添加图形输入事件)对话框，单击 Files(文件)按钮，导入光盘中的"素材\第 10 章\blue_night2.jpg"文件，单击"OK"按钮后，返回 Video Post 窗口，如图 10.85 所示。

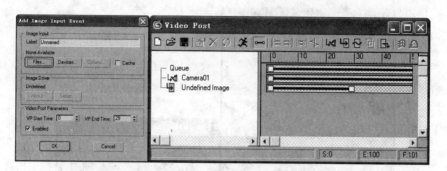

图 10.85　添加图像输入事件

(4) 继续添加图像输入事件。按步骤(3)的操作，继续导入光盘中的"素材\第 10 章\运动蝴蝶.avi"文件，结果如图 10.86 所示。

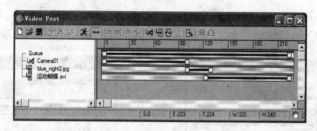

图 10.86　继续添加图像输入事件

(5) 添加图像层事件。按 Ctrl 键，同时选择队列中的"blue_night2.jpg"与"运动蝴蝶.avi"选项，单击 Video Post 工具栏中的 (添加图像层事件)按钮，在打开的 Add Image Layer Event (添加图像层事件)对话框中，选择下拉列表中的 Alpha Compositor(Alpha 合成器)选项，单击 OK 按钮后，返回 Video Post 窗口，如图 10.87 所示。

(6) 添加图像过滤事件。在 Video Post 窗口中选择"运动蝴蝶.avi"选项，单击 Video Post 工具栏中的 (添加图像滤镜事件)按钮，在打开的 Add Image Filter Event (添加图像过滤事件)对话框中，选择下拉列表中的 Fade(淡入淡出)项，并单击 Setup(设置)按钮，在打开的 Fade Image Control(淡入淡出图像控制)对话框中选中 In(淡入)单选按钮，如图 10.88 所示，用以设置动画渐渐出现的效果。

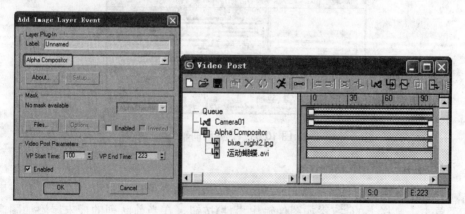

图 10.87　添加图像层事件

281

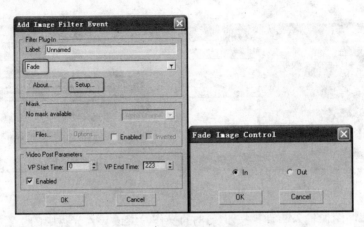

图 10.88　添加图像过滤事件

(7)　单击两次 OK 按钮,返回 Video Post 窗口,如图 10.89 所示。

(8)　使用同样的方法添加 "end.jpg" 文件作为结束片尾,如图 10.90 所示。

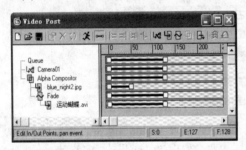

图 10.89　Video Post 窗口

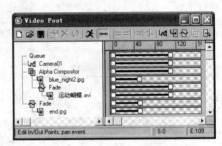

图 10.90　添加文件结束片尾

2. 设置合成范围

在 Video Post 的编辑窗口中,调整每一个事件所占用的时间,并分析整个动画的播放时间。注意使用窗口右下角的 ◻(最大化显示)按钮,以显示所有时间轴的帧,如图 10.91 所示。

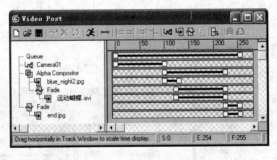

图 10.91　调整时间轴

3. 渲染输出

(1)　添加图像输出事件。在 Video Post 窗口的空白处单击,以取消之前对已有事件的选中,再单击工具栏上的 ◻(添加图像输出事件)按钮,在当前队列的最末尾添加图像输出

高职高专立体化教材　计算机系列

事件，在弹出的 Add Image Output Event(添加图像输出事件)对话框中，单击 File(文件)按钮，在弹出的对话框中输入文件名为"视频合成"，文件格式为 AVI File，单击"保存"按钮。这时视频合成窗口如图 10.92 所示。

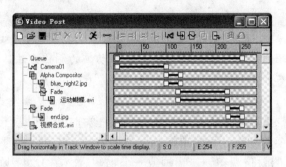

图 10.92　添加图像输出事件

(2)　单击工具栏上的✖(执行序列)按钮，在打开的 Execute Video Post(执行 Video Post)对话框中，完成如图 10.93 所示的相应设置，便可输出合成的动画。这样，一个使用 Video Post 进行视频合成的动画制作完毕。

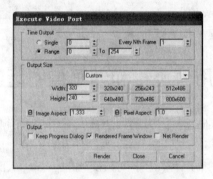

图 10.93　执行 Video Post 对话框

10.8　小　　结

本章介绍了如何在 3ds Max 8 中渲染效果、制作效果以及合成动画等方面的知识，并配合相应实例进行讲解，有助于读者学习和掌握相关知识点。在以后其他章节的知识学习中，如粒子系统、动画制作等，与本章知识结合在一起才能制作出更精美的 3D 效果，因此读者在学习时，应注意相关知识的灵活运用。

10.9　习　　题

1. 利用"体积光"效果，制作发光的球体。
2. 制作篝火燃烧的效果。

第11章 动画制作

【本章要点】

本章通过实例介绍基本动画、路径动画和链接动画的制作方法。通过本章的学习，读者可以了解动画的基本知识和制作动画的一般过程。

动画是基于人的视觉原理来创建运动图像的。在短时间内观看一系列相关联的静止画面时，会将其视为连续的动作，每个单幅画面被称为帧。其基本原理与电影、电视一样，都是视觉原理(即当人的眼睛观察到一幅画或一个物体后，在 1/24 秒内不会消失)。利用这一原理，在一幅画还没有消失前播放下一幅画，就会给人造成一种流畅的视觉变化效果。因此，电影采用了每秒 24 帧画面的速度播放，而电视则采用每秒 25 帧(PAL 制)或 30 帧(NTFS 制)的速度拍摄播放。

在 3ds Max 8 中，制作动画需要经常用到的工具和面板主要有 Track Bar(轨迹栏)、Track View(轨迹视图)、Time Control(时间控件)、Motion Panel(运动面板)和 Hierarchy Panel(层次面板)，它们的使用将在相应章节予以介绍。

11.1 使用轨迹栏和动画控制区创建动画

在 3ds Max 8 中制作动画时，因为动画所需帧数很多，因此手工定义每一帧的位置与形状是很困难的。3ds Max 8 也和其他一些动画制作软件一样，可以在时间轴上的几个关键帧定义对象的位置，由系统自动计算出中间帧变化的位置，从而制作出流畅的动画。这种需要手工定义的帧称为关键帧。

💡 **注意：** 关于关键帧，又称为关键点。在此为便于讲解，统一称为关键帧。

3ds Max 8 的轨迹栏提供了显示帧数(或相应的显示单位)的时间轴，如图 11.1 所示。轨迹栏的使用为移动、复制和删除关键帧，以及更改关键帧属性等操作提供了一种便捷的方式。选择一个对象，便可以在轨迹栏上查看其动画关键帧，也可利用轨迹栏显示多个选定对象的关键帧。

图 11.1 动画的轨迹栏

📖 **提示：** 在 3ds Max 8 的菜单栏中选择 Customize(自定义)| Show UI(显示 UI(界面)| Show Track Bar(显示轨迹栏)命令来设定轨迹栏的显示与否。

在 3ds Max 8 中，涉及对象的任何参数的变化，包括位置、旋转、大小比例与材质特征等均可以设置动画。3ds Max 8 中的关键帧只是在时间的某个特定位置指定了一个特定数值的标记。

通常创建一个物体的关键帧动画，主要经过以下几个操作步骤。

(1) 选择对象，在如图 11.2 所示的动画控制工具区中单击 Auto Key(自动关键帧)或 Set Key(设置关键帧)按钮，进入动画编辑状态。

图 11.2　动画控制工具区

(2) 移动时间滑块到目标位置，确定时间位置。

(3) 在场景中设置动画，设置关键帧。

(4) 渲染输出。

下面将通过创建一个茶壶运动的动画来学习轨迹栏与动画控制工具区的应用。

实例 1：茶壶动画(1)

(1) 在菜单栏中选择 File(文件)| Reset(重置)命令，重置系统。在顶视图中创建一个 Teapot(茶壶)，设置其半径为 30。

(2) 选中茶壶，单击动画控制工具区中的 Auto Key (自动关键帧)按钮，进入动画编辑状态。将时间滑块移动到第 25 帧处，单击主工具栏上的移动工具按钮，将茶壶沿 X 轴移动一定距离。可见轨迹栏上在第 0 帧与第 25 帧处自动生成了关键帧的标志，如图 11.3 所示。

(3) 再次单击动画控制工具区中的 Auto Key (自动关键帧)按钮，退出动画编辑状态。单击动画控制工具区中的 ▶(播放动画)按钮可看到茶壶在 0～25 帧间发生了位移。如果在第 25 帧处，还单击了动画控制工具区上 Auto Key 右下方的按钮组中的 ╲按钮，设置关键帧输入和输出的曲线，物体的运动将按照曲线的函数规律进行变化，则可选择物体运动在关键帧处变化的类型(如加速或减速等)。

💡 **注意：**　在"设置关键帧"状态下，所有的关键帧必须使用 ⚷按钮手动完成设置，而采用"自动关键帧"方式则不需要。另外，关键帧设置完毕后，一定要再次单击动画控制工具区的 Auto Key(自动关键帧)或 Set Key(设置关键帧)按钮，退出动画编辑状态。

(4) 单击动画控制工具区中的 Auto Key (自动关键帧)按钮，进入动画编辑状态。将时间滑块移动到第 50 帧处，使用缩放工具，将茶壶等比例缩小；在第 75 帧处，将其恢复原有大小。单击 ▶(播放动画)按钮可看到茶壶在 25～50 帧间逐渐变小，而在 50～75 帧又恢复的效果，如图 11.4 所示。

图 11.3　设置关键帧　　　　　　　图 11.4　设置关键帧

提示: 在 3ds Max 8 中可在一个关键帧上，同时设置移动、缩放、旋转等几个参数的变化。例如，读者可自行在第 50 帧处再添加旋转操作并观察动画效果。

通过以上实例，读者已经了解了利用轨迹栏、动画控制工具区设置动画的基本原理，除此之外，还有一些有关关键帧控制的常用操作。

1. 调整变换关键帧

打开光盘中的"素材\第 11 章\茶壶动画.max"文件，选择茶壶对象，将时间滑块移动到第 25 帧处，单击动画控制工具区中的 Auto Key(自动关键帧)按钮，进入动画编辑状态(经过实例 1 中第(2)步操作，第 25 帧处已设置了位移动画)。在第 25 帧处右击，在弹出的快捷菜单中的 Key Properties(帧属性)的级联菜单中，选择 X 轴旋转，系统将打开如图 11.5 所示的对话框，将其中的 Value(值)改为 60。再播放动画，观察到茶壶不仅在 0～25 帧间完成位移，同时还完成了沿 X 轴旋转 60° 的设置。

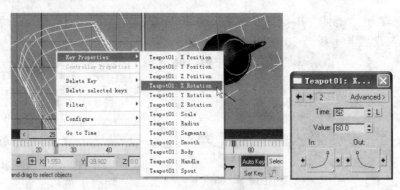

图 11.5 调整变换关键帧

2. 复制关键帧

使用鼠标单击或框选关键帧，可在轨迹栏上移动关键帧，如果按 Shift 键的同时移动关键帧到目标位置，即可完成关键帧的复制。用鼠标右击时间滑块，系统会打开如图 11.6 所示的 Create Key(创建关键帧)对话框，其中 Source Time(源时间)为要复制的关键帧，Destination Time(目标时间)是将其复制的目标位置。设置完成后，就将第 50 帧复制到了第 100 帧，再播放动画，会看到一个新的动画效果。

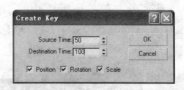

图 11.6 复制关键帧

3. 删除关键帧

使用鼠标右击需删除的关键帧，在弹出的快捷菜单中选择 Delete selected keys(删除选定关键帧)命令则可直接删除关键帧，若是选择 Delete Key (删除关键帧)级联菜单中的命令，则可删除选中的关键帧或关键帧上有关位移、旋转、缩放的设置，如图 11.7 所示。

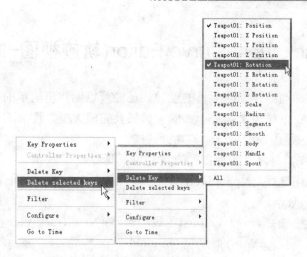

图 11.7　删除关键帧

最后，完成动画设置后，需要将其渲染输出，有关渲染输出的内容请读者参阅 10.2 节。在此，切换到透视图，按 F10 键，打开 Render Scene (渲染场景)对话框，如图 11.8 所示。

在 Time Output(时间输出)选项组中设置为 Active Time Segment(活动时间段)或 Range(范围)，设置输出大小为"640×480"，设置 Render Output(渲染输出)选项组中文件保存的相关信息(如保存位置、文件名及文件类型等，在此注意保存为 AVI 文件格式)，即渲染第 0～100 帧，共 101 帧的动画。完成设置后，单击 Render(渲染)按钮，渲染输出动画。

渲染完成后，其动画效果截图如图 11.9 所示。

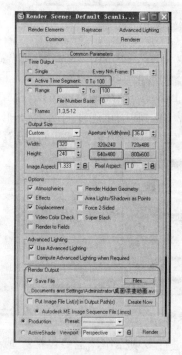

图 11.8　渲染动画输出设置

图 11.9　动画效果截图

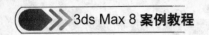

11.2 Track View-Curve Editor(轨迹视图–曲线编辑器)

通过对轨迹栏和动画控制区工具的学习，已经可以制作出简单的关键帧动画了，但是对于复杂的动画，仅创建关键帧是不够的。如果要完成大型、连续的动画过程，就需要通过 Track View(轨迹视图)来调整动画的功能曲线。

在 3ds Max 8 中，打开轨迹视图的方法有以下几种。

- 在菜单栏中选择 Graph Editors(图表编辑器)| Track View-Curve Editor(轨迹视图–曲线编辑器)命令。
- 在菜单栏中选择 Graph Editors(图表编辑器)| New Track View(新建轨迹视图)命令。
- 单击主工具栏上的 ▦(曲线编辑器)按钮。

轨迹视图主要由如图 11.10 所示的功能模块组成。

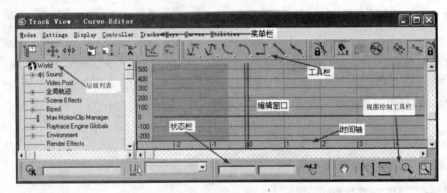

图 11.10　轨迹视图窗口(曲线编辑器模式)

轨迹视图有两种不同的显示模式，除图 11.10 所示的 Curve Editor(曲线编辑器)模式之外，还有一种称为 Dope Sheet(摄影表)的模式，利用菜单栏 Graph Editors(图表编辑器)| Track View- Dope Sheet(轨迹视图–摄影表)命令打开，如图 11.11 所示。曲线编辑器可以将动画显示为功能曲线，而摄影表则将动画显示为关键帧和电子表格，利用轨迹视图编辑动画，可自行切换，以查看不同的显示模式的效果。本节主要对"曲线编辑器"模式进行介绍。

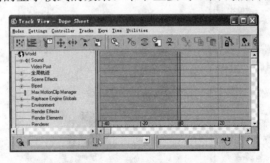

图 11.11　轨迹视图窗口(摄影表模式)

轨迹视图可以执行多种场景管理和动画控制任务，进行多项操作，主要包括：显示场景中对象及其参数的列表；选择对象、顶点和层次；添加/删除关键帧；更改关键帧设置及位置；编辑多个关键帧的范围及关键帧之间的插值；更改动画控制器设置；添加声音；更改关键帧范围外的动画行为等。

11.2.1　编辑曲线工具栏

在轨迹视图(曲线编辑器模式)中，可通过编辑曲线工具栏完成对应操作，编辑曲线工具栏如图 11.12 所示。它又可分为"关键帧工具"工具栏、"关键帧切线"工具栏、"曲线"工具栏等。如果这些工具栏没有显示出来，可在工具栏或菜单空白处右击鼠标，在弹出的快捷菜单中选择"显示工具栏"命令，对应选择所需工具即可。

图 11.12　编辑曲线工具栏

11.2.2　视图控制工具栏及状态栏

视图控制工具栏如图 11.13 所示，一般位于轨迹视图的底部。主要由以下几部分组成。

图 11.13　视图控制工具栏

1. Track Selection(轨迹选择)工具栏

轨迹选择工具栏如图 11.14 所示。它不仅可将当前选定的对象放置到层次清单列表的顶部，也可使用 Zoom Selected Object(缩放所选择的物体)，通过在可编辑字段中输入轨迹名称(包括可选通配符)，可以高亮显示层次窗口中的轨迹。

2. Key Stats(关键帧)状态栏

用于显示当前关键帧状态，并可输入关键帧变换值，如图 11.15 所示。

3. Navigation(导航)工具栏

此工具栏中的工具可用来平移和缩放曲线编辑器窗口，如图 11.16 所示。

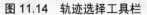

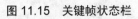

图 11.14　轨迹选择工具栏　　　图 11.15　关键帧状态栏　　　图 11.16　导航工具栏

11.2.3　编辑轨迹曲线

下面通过一个具体的实例来学习如何利用轨迹视图来完成动画制作。

> **实例 2：弹跳的小球**
>
> 本实例将通过制作一个玻璃球，具体介绍轨迹视图的使用。
>
> (1)　在菜单栏中选择 File(文件)| Reset(重置)命令，重置系统。在菜单栏中选择 File(文

件)| Open(打开)命令，打开光盘中的"素材\第 11 章\弹跳的小球 1.max"文件，场景中有一个小球与一块平面。

(2) 选择小球，切换到左视图，单击动画控制工具区 Auto Key(自动关键帧)按钮，进入动画编辑状态。拖动时间滑块到第 15 帧处，单击主工具栏上的移动工具按钮⊕，将小球沿 Z 轴向上移动一定距离。

(3) 单击主工具栏上的圖(曲线编辑器)按钮打开轨迹视图，在窗口左侧的层级清单中，展开 Sphere01 项，选择 Transform(变换)|Position(位置)| Z Position(Z 位置)选项，可见窗口右侧的轨迹曲线，如图 11.17 所示。

(4) 在轨迹窗口右侧的编辑区中，选择第 0 帧，按 Shift 键拖动到第 30 帧处(即将第 0帧复制到第 30 帧处)，如图 11.18 所示。播放动画，可观察到小球重复跳动了一回。

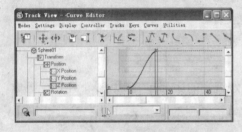
图 11.17　Z 轴轨迹曲线

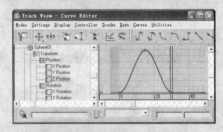
图 11.18　复制关键帧

(5) 单击工具栏上的 Add Keys(添加锚点)按钮 ，分别在第 45、60、75 和 92 帧处添加关键帧，并配合移动工具调整曲线形状，如图 11.19 所示。播放动画，可观察到小球按轨迹曲线产生渐低的跳动效果。

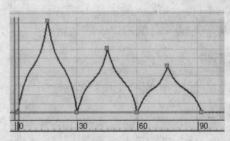
图 11.19　添加关键帧

(6) 调整 Z 轴轨迹曲线形状。在轨迹曲线第 15 帧处右击鼠标，在打开的对话框中，将In(输入)下的按钮改为 ，再单击其后的 按钮，以影响 In(输出)按钮的变化。调整设置及轨迹曲线的变化，如图 11.20 所示。

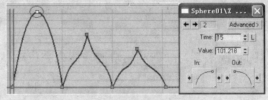
图 11.20　调整曲线形状

(7) 使用同样的方法，分别调整其余关键帧的效果，如图 11.21 所示。

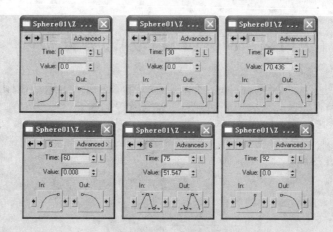

图 11.21 调整关键帧

(8) 最终 Z 轴轨迹曲线形状如图 11.22 所示。播放动画,可观察到小球跳动效果的改善。

(9) 在窗口左侧的层级清单中,选中 Sphere01|Transform(变换)|Position(位置)| X Position(X 位置)选项,调整其轨迹曲线。使用同样的方法,调整 Y 轴轨迹曲线,X 轴和 Y 轴的轨迹曲线效果如图 11.23 所示。

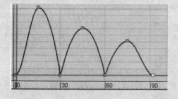

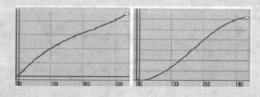

(a)X 轴轨迹曲线形状　(b)Y 轴轨迹曲线形状

图 11.22 Z 轴轨迹曲线调整后的形状　图 11.23 X、Y 轴轨迹曲线形状

(10) 在窗口左侧的层级清单中,按住 Ctrl 键同时选中 Sphere01|Transform(变换)|Position(位置)下的 X、Y、Z 位置,可见调整后的轨迹曲线如图 11.24 所示。

(11) 动画输出。切换到透视图,按 F10 键,打开 Render Scene(渲染场景)对话框。设置 Time Output(时间输出)为 Active Time Segment(活动时间段)或 Range(范围),设置 Size(输出大小)为 "640×480" ;设置 Render Output(渲染输出)中,Files(文件)保存的相关信息(如保存位置、文件名及文件类型等,在此注意保存为 AVI 文件格式),即渲染第 0~100 帧,共 101 帧的动画。完成设置后,单击 Render(渲染)按钮,渲染视图,动画效果截图如图 11.25 所示。

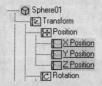

图 11.24 X、Y、Z 轴曲线形状　　　图 11.25 动画效果截图

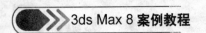

11.3　Motion(运动)命令面板

运动命令面板可以通过单击 3ds Max 8 命令面板中的 (运动)按钮打开，主要分为 Parameters(参数)和 Trajectories(轨迹)两部分，如图 11.26 所示。

图 11.26　运动控制命令面板

11.3.1　Parameters(参数)

在运动命令面板中，单击 Parameters(参数)按钮即可进入参数控制面板，其设置如图 11.27 所示。

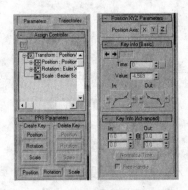

图 11.27　参数控制面板

使用"参数"方式制作动画，一方面可以通过类似于手动设置关键帧的方式创建，另一方面也可以通过为对象添加动画控制器的方法来创建动画。主要参数栏的作用如下。

1. Assign Controller(指定控制器)卷展栏

该卷展栏可为选中的对象添加指定运动控制器。有关指定控制器的应用，请参阅 11.4 节相关内容。

2. PRS Parameters(PRS 参数)卷展栏

PRS 分别是 Position、Rotation 和 Scale(位置、旋转和缩放)的缩写。该卷展栏主要用于创建、编辑或删除三种基本的动画变换控制的关键帧。

3. Key Info(关键帧信息)卷展栏

分为 Basic(基本)和 Advanced(高级)两部分。前者主要用于查看当前关键帧的基本参数；后者则用于查看当前关键帧更详细的信息(例如，通过微调框控制绝对速度；使用 Normalize Time(规格化时间)按钮以指定作用时间内物体的平均运动速度等)。

下面通过一个实例学习如何利用 Parameters(参数)方式制作动画。

实例 3：茶壶动画(2)

(1) 在菜单栏中选择 File(文件)| Reset(重置)命令，重置系统。在场景中创建一个茶壶，设置其半径为 30。

(2) 选择茶壶，将轨迹栏上的时间滑块移至第 0 帧处，单击命令面板中的 ◎(运动)按钮打开运动命令面板，单击 Parameters(参数)按钮打开参数控制面板，在 PRS Parameters (PRS 参数)卷展栏中，单击 Create Key(创建关键帧)选项组中的 Position(位置)按钮，则在第 0 帧处创建一个关键帧，如图 11.28 所示。

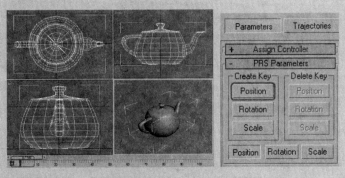

图 11.28　创建关键帧

(3) 再将轨迹栏上的时间滑块移至第 50 帧处，在 PRS 参数卷展栏中，单击 Create Key(创建关键帧)选项组中的 Position(位置)按钮，则在第 50 帧处创建一个关键帧，并将 Key Info(Basic)(关键帧基本信息)卷展栏中的 Value(值)设为 80，如图 11.29 所示。

(4) 单击 ▶(播放动画)按钮，可见茶壶从 0～50 帧处，将沿 X 轴移动 80 个单位的距离。

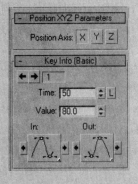

图 11.29　设置关键帧参数

这种方法类似于在 11.1 节中学习的利用轨迹栏和动画控制工具区创建关键帧动画的方法。读者可自行完成设置，如在 PRS 参数卷展栏中的 50 帧处单击 Create Key(创建关键帧)

选项组中的 Rotation(旋转)或 Scale(缩放)按钮，并修改关键帧基本信息卷展栏中的相关参数值，则会得到不同的动画效果。

11.3.2 Trajectories(轨迹)

在运动命令面板中单击 Trajectories(轨迹)按钮即可进入轨迹控制面板，其参数设置如图 11.30 所示。

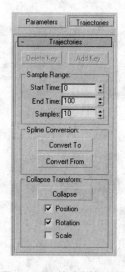

图 11.30 轨迹控制面板

Trajectories(轨迹)卷展栏中，各参数的作用如下。

- Delete Key / Add Key(删除/添加关键帧)按钮：可将轨迹栏上当前关键帧删除或添加关键帧。
- Sample Range(采样范围)选项组：用于设置轨迹与样条曲线进行转换时的范围，与样条曲线转换选项组相对应。
- Spline Conversion(样条曲线转换)选项组：用于进行曲线与轨迹的相互转换。
- Collapse Transform(塌陷变换)选项组：生成基于当前选中对象的变换关键帧。

下面通过实例学习如何利用 Trajectories(轨迹)方式制作动画。

实例 4：茶壶动画(3)

(1) 在菜单栏中选择 File(文件)| Reset(重置)命令，重置系统。在场景中创建一个茶壶，设置其半径为 30；再画出一条曲线，作为茶壶运动的路径，如图 11.31 所示。

(2) 选择茶壶，单击 3ds Max 8 命令面板中的 ⑩(运动)按钮打开运动命令面板，单击 Trajectories(轨迹)按钮，在轨迹面板中，单击 Spline Conversion (样条曲线转换)选项组中的 Convert From(转化自)按钮，将鼠标移动到曲线上，等光标变为 "+" 时单击选择曲线。可见茶壶上出现了红色的轨迹线，并且在视图下方的轨迹栏中也出现了关键帧，如图 11.32 所示。单击 ▶(播放动画)按钮，可见茶壶沿曲线运动。

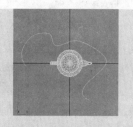

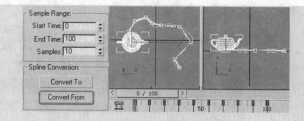

图 11.31 创建对象   图 11.32 曲线转化为轨迹

(3) 选择茶壶，在运动命令面板中单击 Spline Conversion (样条曲线转换)选项组中的 Convert To(转化为)按钮，可见在茶壶的运动轨迹线上新出现一条曲线。可对其进行修改，然后重复第(2)步的操作，选择修改后的新曲线，则茶壶将沿新的曲线轨迹运动，如图 11.33 所示。

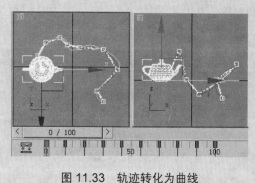

图 11.33 轨迹转化为曲线

11.4 约束动画

除了前面章节介绍的制作动画的方法之外，3ds Max 8 还提供了一种快捷的动画制作方式。即在菜单栏中选择 Animation(动画)| Constraints(约束)命令，就可以利用路径约束、曲面约束、注视约束等方式来制作动画。这些方式可通过设定与其他对象的绑定关系，控制对象的位置、旋转或缩放，帮助动画过程自动化。

实现约束需要一个对象和至少一个目标对象。例如，如果要迅速设置飞机或汽车沿预定路线运行的动画，应该使用路径约束来限制飞机或汽车沿样条曲线路径的运动，与其目标的约束绑定关系可以在一段时间内启用或禁用动画。

约束包括七种类型：Path Constraint(路径约束)、Surface Constraint(曲面约束)、Look At Constraint(注视约束)、Orientation Constraint(方向约束)、Position Constraint(位置约束)、Attachment Constraint(附着约束)和 Link Constraint(链接约束)。

11.4.1　Path Constraint(路径约束)动画

路径约束是将对象的移动约束到指定路径上，因此除了要设置动画的对象之外，还需要一条或多条曲线作为其运动路径。本节将通过实例来学习 Path Constraint(路径约束)动画的制作。

实例 5：飞机动画

(1) 在菜单栏中选择 File(文件)| Reset(重置)命令，重置系统。在菜单栏中选择 File(文件)| Open(打开)命令，打开光盘中的"素材\第 11 章\飞机.max"文件，渲染效果如图 11.34 所示。

(2) 在场景中创建一条曲线并调整其线型，作为飞机飞行的路径，如图 11.35 所示。

 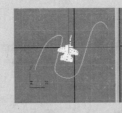 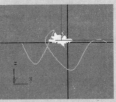

图 11.34　飞机渲染效果　　　　　　　　　　　图 11.35　创建并调整曲线

(3) 选择飞机模型，在菜单栏中选择 Animation(动画)| Constraints(约束)| Path Constraints(路径约束)命令，将在飞机模型上出现一条虚线，用鼠标指向曲线，飞机模型就会被移动到曲线的开始处，轨迹栏上会自动添加关键帧，并且在右侧命令面板中展开运动命令面板，效果如图 11.36 所示。

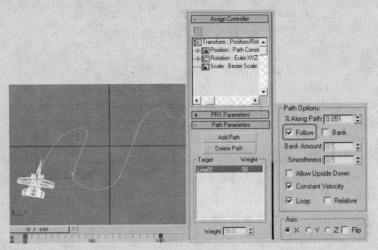

图 11.36　设置路径约束

(4) 单击▶(播放动画)按钮，可见飞机沿曲线运动，但飞行效果需要再调整。在图 11.36 所示的 Path Options(路径选项)卷展栏中，选中 Follow(跟随)复选框，并配合旋转工具调整飞机前进方向，则可观察到飞机就会始终沿切线方向前进了。

(5) 如果想让飞机始终与路径保持一定角度的倾斜，则可选中 Bank(倾斜)复选框并设置其参数值；如果选中 Allow Upside Down(允许翻转)复选框，则飞机将在运动过程中随路径而翻转飞行；如果选中 Constant Velocity(恒定速度)复选框，则飞机将在运动过程中保持匀速状态。

(6) 可以在第(2)步完成后选择飞机，单击◎(运动)按钮打开运动命令面板，再单击 Parameters(参数)按钮，展开 Assign Controller(指定控制器)卷展栏，选择 Position(位置)项，再单击🔲(指定控制器)按钮，打开如图 11.37 所示的 Assign Position Controller(指定路径约束)对话框，在列表中选择 Path Constraint(路径约束)选项。

(7) 返回运动面板，可见到新增的 Path Parameters(路径参数)卷展栏，单击 Add Path(添加路径)按钮，再单击场景中的曲线，如图 11.38 所示，就可得到与第(3)步相同的结果。即飞机被约束到了曲线路径上。

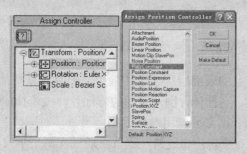
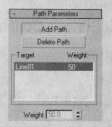

图 11.37　指定路径约束控制器　　　　　图 11.38　添加路径约束

(8) 动画输出。切换到透视图，按 F10 键，打开 Render Scene(渲染场景)对话框。设置 Time Output(时间输出)为 Active Time Segment(活动时间段)或 Range(范围)，设置 Output Size(输出大小)为 "640×480"，设置 Render Output(渲染输出)选项组中 Files(文件)保存的相关信息(如保存位置、文件名及文件类型等，在此注意保存为 AVI 文件格式)，即渲染第 0～100 帧，共 101 帧的动画。完成设置后，单击 Render(渲染)按钮，渲染视图，动画效果截图如图 11.39 所示。

图 11.39　动画效果截图

Path Options(路径选项)卷展栏其他相关参数的含义如下。

- %Along Path(%沿路径)：用于设置飞机沿路径放置的位置，系统默认为曲线起点处。如果要让飞机在第 30 帧处运动到路径的 70%处，则在第 30 帧处设置关键帧，并将%Along Path(%沿路径)的数值调整为 70，就可观察到飞机从 0～30 帧已经飞行了 70%的距离。

- Loop(循环)：选中该复选框，使飞机在到达路径结束时自动循环到起始点处。

提示：　以上飞机飞行的动画是通过 Animation(动画)| Constraints(约束)| Path Constraints(路径约束)命令来设定的，但读者可能已经观察到路径约束的相关参数设置实际上是在运动命令面板中完成的，因此，还可通过运动命令面板下的 Assign Controller(指定控制器)卷展栏完成路径约束。

注意：　以上介绍的设置路径约束的动画包括直接调用菜单命令或是通过运动命令面板方式，实际上都是利用 3ds Max 8 中的动画控制器来完成的。在 3ds Max 8 中的动画控制器，是用以控制物体运动规律的功能模块，能够决定各项动画参数在各动画帧中的数值，以及在整个动画过程中这些参数的变化规律。除以上方式之外，还可通过轨迹视图来设置动画效果，请读者自行参阅相关内容。同理，以下将要介绍的曲面约束、注视约束等动画，也都可以用这些不同的方式设置动画效果，在此以菜单命令为主进行介绍，其他方式请读者自行使用。

11.4.2　Surface Constraint(曲面约束)动画

曲面约束可设置一个对象沿另一个对象的表面进行运动的效果。但是，只有部分几何体才可以作为曲面对象，如球体、圆锥体、圆柱体、圆环、四边形面片(单个四边形面片)、放样对象及 NURBS 对象等，这些对象的表面必须能用参数表示。另外，对球体、锥体等不能设置"切片"，也不能应用修改器将对象转化为网格。本节将通过实例来学习 Surface Constraint(曲面约束)的制作。

> **实例 6：制作曲面约束动画**
>
> (1) 在菜单栏中选择 File(文件)| Reset(重置)命令，重置系统。在场景中分别设置一个圆柱体和一个球体，如图 11.40 所示。
>
> (2) 选择球体，在菜单栏中选择 Animation(动画)| Constraints(约束)| Surface Constraints(曲面约束)命令，再单击圆柱，球体便会移动到圆柱体底端的起始位置，如图 11.41 所示。

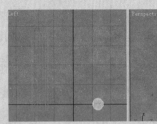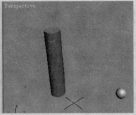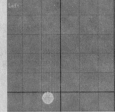

图 11.40　创建对象　　　　　　　　　　图 11.41　添加曲面约束

> (3) 选择球体，单击动画控制工具区中的 Auto Key(自动关键帧)按钮，移动时间滑块到第 100 帧处，在右侧 Surface Controller Parameters(曲面控制器参数)卷展栏中的 Surface Options(曲面选项)选项组中，设置 V Position(V 向位置)的值为 100(可见球体自动移至圆柱体顶端)，并设置 U Position(U 向位置)的值为 300，如图 11.42 所示。单击 ▶(播放动画)按钮，可见球体沿螺旋路径、在圆柱体表面移动、盘旋上升。
>
> (4) 动画输出。切换到透视图，按 F10 键，打开 Render Scene(渲染场景)对话框。设置 Time Output(时间输出)为 Active Time Segment(活动时间段)或 Range(范围)，设置 Output Size(输出大小)为 "640×480"；设置 Render Output(渲染输出)选项组中，Files(文件)保存的相关信息(如保存位置、文件名及文件类型等，在此注意保存为 AVI 文件格式)，即渲染第 0～100 帧，共 101 帧的动画。设置完成后，单击 Render(渲染)按钮，渲染视图，动画效果截图如图 11.43 所示。

高职高专立体化教材　计算机系列

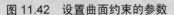
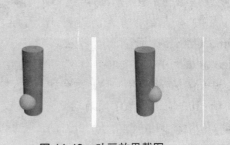

图 11.42 设置曲面约束的参数   图 11.43 动画效果截图

Surface Controller Parameters(曲面控制器参数)卷展栏中，相关参数的含义如下。

- U Position / V Position (U 向位置/V 向位置)：分别调整控制对象在曲面对象 U/V 坐标轴上的位置。
- No Alignment(不对齐)：选中该单选按钮后，无论对象在曲面对象上的任何位置，它都不会重定向。
- Align to U(对齐到 U)：选中该单选按钮将控制对象的局部 Z 轴对齐到曲面对象的曲面法线，将 X 轴对齐到曲面对象的 U 轴。
- Align to V(对齐到 V)：选中该单选按钮将控制对象的局部 Z 轴对齐到曲面对象的曲面法线，将 X 轴对齐到曲面对象的 V 轴。
- Flip(翻转)：控制对象局部 Z 轴的对齐方式。如果 No Alignment(不对齐)处于启用状态，则该项不可用。

11.4.3 Look At Constraint(注视约束)动画

注视约束用于设置一个对象始终注视另一个对象的效果。本节将通过实例来学习 Look At Constraint(注视约束)动画的制作。

实例 7：制作注视约束动画

(1) 在菜单栏中选择 File(文件)| Reset(重置)命令，重置系统。在场景中分别设置茶壶和球体，并绘制一条曲线，如图 11.44 所示。

(2) 选择茶壶，使用实例(5)中设置路径约束的方法，将茶壶约束到曲线路径上，系统自动设置了关键帧动画，如图 11.45 所示。

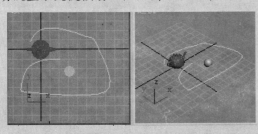
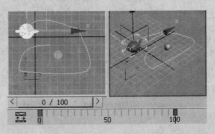

图 11.44 创建对象   图 11.45 添加路径约束

(3) 选择茶壶，在菜单栏中选择 Animation(动画)| Constraints(约束)| Look At Constraints(注视约束)命令，再单击球体，可见茶壶嘴上出现一条蓝色线指向球体，如图 11.46

所示。单击▶(播放动画)按钮，可见茶壶在运动中始终指向球体。

(4) 动画输出。切换到透视图，按 F10 键，打开 Render Scene(渲染场景)对话框。设置 Time Output(时间输出)为 Active Time Segment(活动时间段)或 Range(范围)，设置 Output Size(输出大小)为 "640×480"，设置 Render Output(渲染输出)选项组中，Files(文件)保存的相关信息(如保存位置、文件名及文件类型等，在此注意保存为 AVI 文件格式)，即渲染第 0～100 帧，共 101 帧的动画。完成设置后，单击 Render(渲染)按钮，渲染视图，动画效果截图如图 11.47 所示。

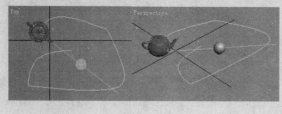

图 11.46　添加注视约束　　　　　图 11.47　动画效果截图

11.4.4　Orientation Constraint(方向约束)动画

方向约束会调整对象的方向以关联到目标对象的方向或若干对象的平均方向。受约束的对象可以是任何可旋转对象，一旦被约束后，便不能手动旋转该对象，只能通过旋转目标对象才能影响受约束对象，但不影响移动和缩放效果。目标对象可以是任意类型的对象。本节将通过实例来学习 Orientation Constraint(方向约束)动画的制作。

实例 8：制作方向约束动画

(1) 在菜单栏中选择 File(文件)| Reset(重置)命令，重置系统。在菜单栏中选择 File(文件)| Open(打开)命令，打开光盘中的"素材\第 11 章\星球运动 1.max"文件。场景中已设计了灯光渲染及一大一小两个球体，其中两个球体已分别赋予材质，渲染效果如图 11.48 所示。

(2) 选择大球，单击动画控制工具栏区中的 Auto Key (自动关键帧)按钮，移动时间滑块到第 100 帧处，设置其从第 0 帧～100 帧处绕 Z 轴旋转的动画，如图 11.49 所示。

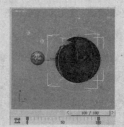

图 11.48　渲染效果　　　　　图 11.49　设置大球绕 Z 轴旋转运动

(3) 选择小球，在菜单栏中选择 Animation(动画)| Constraints(约束)| Orientation Constraint(方向约束)命令，再单击大球，就将小球约束到了大球上了。

(4) 单击▶(播放动画)按钮，可见大球在旋转过程中，也影响小球按相同的方向快慢一起旋转。

💡 **注意：**　小球完成方向约束后，就无法再自行设置旋转，只能通过调整大球的旋转来影响小球，但是如果进行小球的缩放或移动操作则不受影响。

11.4.5　Position Constraint(位置约束)动画

位置约束将会改变对象的位置，将其调整到目标对象的位置或者几个对象的权重平均位置。如果目标对象因位移而设置动画效果，则会引起受约束对象的跟随。本节将通过实例来学习 Position Constraint(位置约束)动画的应用。

实例 9：制作位置约束动画

(1)　在菜单栏中选择 File(文件)| Reset(重置)命令，重置系统。在菜单栏中选择 File(文件)| Open(打开)命令，打开光盘中的"素材\第 11 章\飞机 1.max"文件，场景中已设计了不同材质的两架飞机，渲染效果如图 11.50 所示。

(2)　其中浅色飞机已经采用路径约束的方法，将其约束到曲线路径上，系统自动设置了关键帧动画，如图 11.51 所示。

 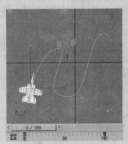

图 11.50　渲染效果　　　　　图 11.51　设置路径约束

(3)　选择深色飞机，在菜单栏中选择 Animation(动画)| Constraints(约束)| Position Constraints(位置约束)命令，再单击浅色飞机，就将浅色飞机约束到了深色飞机上，可见二者叠加在一起(可调整深色飞机的方向，使其与浅色飞机的前进方向保持一致)，如图 11.52 所示。

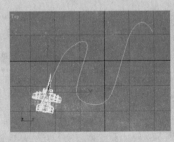 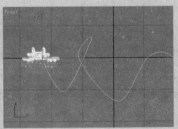

图 11.52　设置位置约束

(4)　单击▶(播放动画)按钮，可见二者均沿路径移动。实际上是浅色飞机在运动，只是因为深色飞机被约束到浅色飞机上，当前者发生位移时，后者因为约束关系也随之产生了位移。

💡 **注意：**　与方向约束不同的是，完成位置约束后就无法再自行设置移动，而旋转或缩放则不受影响。在此，只能通过调整浅色飞机的位移效果来影响深色飞机。另外，读者还应该注意到，本实例中虽然深色飞机随浅色飞机产生位移，但是却没有浅色飞机自动沿切线方向调整的效果，读者可考虑自行调整。

11.4.6　Attachment Constraint(附着约束)动画

附着约束也是一种位置约束，但它是将一个对象的位置附着到另一个对象的面上(目标对象可以不必是网格对象，但必须可以转化为网格对象)。本节通过实例来学习 Attachment Constraint(附着约束)动画的制作。

实例 10：制作附着约束动画

(1)　在菜单栏中选择 File(文件)| Reset(重置)命令，重置系统。在场景中分别添加一个圆柱体和一个球体，如图 11.53 所示。

(2)　为圆柱添加弯曲修改器，单击动画控制工具区中的 Auto Key (自动关键帧)按钮，将时间滑块移至第 0 帧处，设置弯曲角度值为 70；再移动时间滑块至第 100 帧处，设置弯曲角度值为 70，单击▶(播放动画)按钮，可见第 0 帧及第 100 帧处的动画效果如图 11.54 所示。

 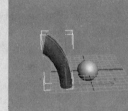 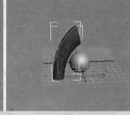

图 11.53　添加对象　　　　　　图 11.54　圆柱弯曲的动画效果

(3)　选择球体，在菜单栏中选择 Animation(动画)| Constraints(约束)| Attachment Constraints(附着约束)命令，再单击圆柱，可见球体已附着在了圆柱上，如图 11.55 所示。但附着位置不对，需要再调整。

(4)　将时间滑块移动到第 0 帧处，调整透视图，让圆柱的顶部可见，如图 11.56 所示。

(5)　选择球体，在运动命令面板中展开 Attachment Parameters(附着参数)卷展栏，在 Position(位置)选项组中单击 Set Position(设置位置)按钮，然后在透视图中移动鼠标单击圆柱的顶部，可见球体位置调整为如图 11.57 所示，并可在 Set Position(设置位置)按钮上方的小窗口中，移动红色 "+" 号以调整附着的效果。

  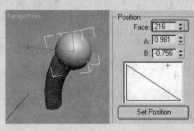

图 11.55　设置附着约束　　　图 11.56　调整视图效果　　　图 11.57　调整附着效果

(6) 单击▶(播放动画)按钮，可见球体随圆柱左右摆动，其动画效果截图如图 11.58 所示。

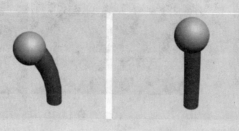

图 11.58 动画效果截图

11.4.7 Link Constraint(链接约束)动画

链接约束可以使对象继承目标对象的位置、旋转度以及比例等参数，可用于创建对象与目标对象之间彼此链接的动画。

链接约束既可通过在菜单栏中选择 Animation(动画)|Constraints(约束)|Link Constraints(链接约束)命令进行设置，也可单击工具栏上的▣(选择并链接)按钮与▣(断开当前选择链接)按钮迅速完成链接约束的设置与取消。本节将完成一个"星球运动"的模型设计来学习 Link Constraint(链接约束)动画的制作。

实例 11：制作链接约束动画

(1) 在菜单栏中选择 File(文件)| Reset(重置)命令，重置系统。在菜单栏中选择File(文件)| Open(打开)命令，打开光盘中的"素材\第 11 章\星球运动 2.max"文件，场景中已设计了灯光渲染及一大一小两个球体(这是在实例 8 中已经运用过的模型，渲染效果如图 11.48 所示)。

(2) 设置大球转动的动画。选择大球，使用旋转工具，单击 Auto Key(自动关键帧)按钮，进入动画编辑状态，将时间滑块移动到第 100 帧处，将其绕 Z 轴旋转一定角度，效果如图 11.59 所示。

(3) 使用同样方法设置小球的转动效果。播放动画，可见大球与小球在 0～100 帧内分别完成自己的转动效果。

(4) 选择小球，在菜单栏中选择 Animation(动画)| Constraints(约束)| Link Constraints(链接约束)命令，或单击工具栏上的▣(选择并链接)按钮，再单击场景中的大球，就完成了链接设置。

(5) 播放动画，可见小球不仅完成自转，还同时绕大球进行公转，而公转的效果就是由大球旋转带动完成的，是因为设置了链接约束的结果。

(6) 动画输出。切换到透视图，按 F10 键，打开 Render Scene(渲染场景)对话框。设置 Time Output(时间输出)为 Active Time Segment(活动时间段)或 Range(范围)，设置 Output Size(输出大小)为"640×480"，设置 Render Output(渲染输出)选项组中，Files(文件)保存的相关信息(如保存位置、文件名及文件类型等，在此注意保存为 AVI 文件格式)，即渲染第 0～100 帧，共 101 帧的动画。完成设置后，单击 Render(渲染)按钮，渲染视图，动画效果截图如图 11.60 所示。

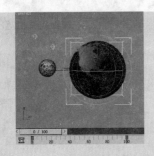

图 11.59　设置大球转动动画

图 11.60　动画效果截图

11.5　修改参数创建动画

11.5.1　修改放样创建窗帘动画

通过前面章节的学习，读者已经掌握了 Loft(放样)操作，通过放样操作建模可使一个二维图形沿指定路径扫描生成复杂的三维对象。本节将结合关键帧的设置，学习如何对放样参数加以修改，以创建动画效果。

实例 12：制作窗帘动画

(1)　在菜单栏中选择 File(文件)| Reset(重置)命令，重置系统。在顶视图中分别创建两条曲线，其中一条曲线的线型要更曲折一些。另外在前视图中创建一条直线，作为放样路径，如图 11.61 所示。

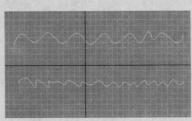
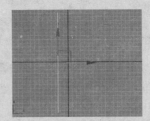

图 11.61　添加线条对象

(2)　选择直线，打开创建命令面板，在创建类型下拉列表中选择 Compound Object(复合对象)选项，单击 Loft(放样)按钮，在放样参数面板中，展开 Creation Method(创建方法)卷展栏，单击 Get Shape(获取图形)按钮，先拾取视图中的更曲折的曲线，则出现了放样的结果，如图 11.62 所示。

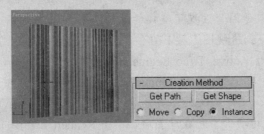

图 11.62　创建放样对象 1

(3) 在放样参数面板中，展开 Path Parameters(路径参数)卷展栏，设置 Path(路径)值为 100，接着拾取另一条曲线，如图 11.63 所示。

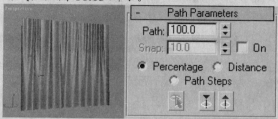

图 11.63 创建放样对象 2

提示： 比较图 11.62 与图 11.63 之间的区别，可明显看到后者出现的褶皱要更自然一些，这是放样应用两条曲线的效果。注意第(3)步的设置，即在第一次获取图形之后一定要修改路径值，再获取第二次图形才有效，并且要注意先后顺序。读者还可自行设置不同的路径值，以观察不同的效果。另外，如果放样后看不到放样效果，可选择放样对象，单击命令面板中的 🔲(显示)按钮切换到显示命令面板中，展开 Display Properties(显示属性)卷展栏，取消选中 Backface Cull(背面消隐)复选框，如图 11.64 所示，就可看到放样对象正确显示了。

图 11.64 修改放样对象的显示属性

(4) 选择放样生成的窗帘，单击 Auto Key(自动关键帧)按钮，将时间滑块移动到第 0 帧处，再进入放样修改的命令面板，展开 Deformations(变形)卷展栏，单击 Scale(缩放)按钮，在打开的 Scale Deformation (缩放变形)对话框中，单击工具栏上的 ⌐(插入贝塞尔点)按钮，在线条上插入一个贝塞尔点，如图 11.65 所示。

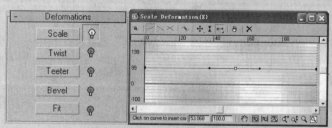

图 11.65 修改放样对象的缩放设置 1

(5) 将时间滑块移动到第 100 帧处，再进入放样修改的命令面板，展开 Deformations(变形)卷展栏，单击 Scale(缩放)按钮，在打开的 Scale Deformation (缩放变形)对话框中，对贝塞尔点进行位移，调整效果如图 11.66 所示。如果单击动画控制工具区中的 ▶(播放动画)按钮，可见窗帘徐徐收起的动画效果。

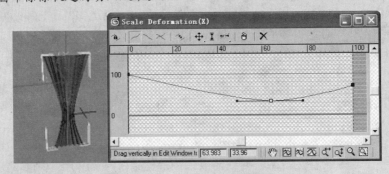

图 11.66　修改放样对象的缩放设置 2

(6) 继续调整放样效果。选择窗帘，切换到前视图，在修改命令面板中，展开 Loft(放样)对象，选择 Shape(图形)次物体，单击主工具栏上的移动工具，在视图中将对象顶部沿 X 轴移动，使其与放样路径的上方顶点相接。使用同样的方法将对象底部也沿 X 轴移动，使其与放样路径的下方顶点相接，效果如图 11.67 所示。

(7) 将放样完成的窗帘对象复制一个，注意复制选项上要选择 Instance(实例)选项。使用同样的方法，制作窗幔。调整位置后，效果如图 11.68 所示。

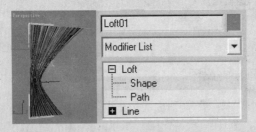

图 11.67　调整放样效果

图 11.68　窗帘效果

(8) 动画渲染输出后，其动画效果截图如图 11.69 所示。

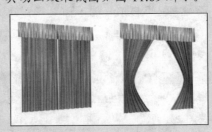

图 11.69　动画效果截图

提示：　读者完成放样操作后，可选择放样路径及放样曲线并右击，在弹出的快捷菜单中选择 Hide Selected(隐藏当前选择)命令即可，但不要删除，因为如果需要对放样结果进行调整时，还要用到这些对象。

11.5.2 修改 NURBS 曲面创建水波浪动画

在水波的生成方式中，可配合使用噪波修改器、涟漪修改器等产生波动的动画效果，读者已经在前面章节中学习了如何创建 NURBS 曲面，下面，将学习如何修改 NURBS 曲面的相关参数值以创建水波浪动画。

实例 13: 制作水波浪动画

(1) 在菜单栏中选择 File(文件)| Reset(重置)命令，重置系统。在创建几何体的面板中的创建几何体类型下拉列表中选择 NURBS Surfaces(NURBS 曲面)选项，创建一个 CV 曲面，如图 11.70 所示。

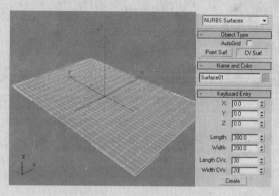

图 11.70 创建 NURBS 曲面

(2) 选择创建好的 NURBS 曲面对象，切换到修改命令面板，展开 NURBS Surface(NURBS 曲面)对象的堆栈，选择 Surface CV (曲面 CV)次物体。展开下方的 CV 卷展栏，单击 ▦ (CV 行和列)按钮。再展开 Soft Selection(软选择)卷展栏，选中 Soft Selection(软选择)和 Affect Neighbors(影响相邻)两个复选框，如图 11.71 所示。这时在场景中选择 NURBS 曲面上的任一点，就会看到行和列上相邻点也会被同时选中，以便于波浪效果的制作。

(3) 在曲面对象上任意选择一点(可见相邻点也被同时选中)，拖动时间滑块到第 100 帧处，单击动画控制工具区中的 Auto Key(自动关键帧)按钮，进入动画编辑状态。在修改命令面板中的 Soft Selection(软选择)卷展栏中，分别设置 Falloff(衰减)、Pinch(收缩)及 Bubble(膨胀)参数，如图 11.72 所示。曲面已产生波动效果，如果单击 ▶(播放动画)按钮，可见曲面波动的变化。

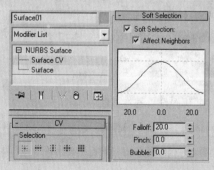

图 11.71 设置 NURBS 曲面参数

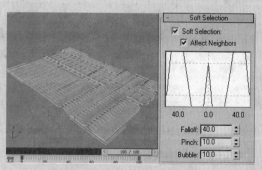

图 11.72 设置 NURBS 曲面波动效果

(4) 使用同样的方法另外选择其他点，再完成第(3)步中的设置。为改善波动效果，读者可针对不同的点对象，在不同的关键帧位置处设置不同的 Falloff(衰减)、Pinch(收缩)及 Bubble(膨胀)值，以得到更真实的波浪效果。

(5) 最后在创建几何体面板中单击创建几何体类型下拉列表，切换回 Standard Primitives(标准几何体)，再创建一个长方体作为背景。对曲面对象和长方体完成材质并渲染后，效果如图 11.73 所示。

(6) 动画渲染输出后，其动画效果截图如图 11.74 所示。

图 11.73　渲染效果　　　　　　　　图 11.74　动画效果截图

11.5.3　修改材质参数创建地球动画

利用材质贴图随时间的不断变化，也是制作动画的一个简便可行的方法。本节以 Mix(混合)贴图为例，来制作动画效果。

实例 14：制作材质变换动画

(1) 在菜单栏中选择 File(文件)| Reset(重置)命令，重置系统。在场景中创建一个球体，设置其半径值为 30，如图 11.75 所示。

(2) 按 M 键，打开材质编辑器，选择一个空白样本球，在 Shader Basic Parameters(明暗器基本参数)卷展栏中的下拉列表中选择 Anisotropic(各异向性)选项后，设置其相关参数，如图 11.76 所示。

 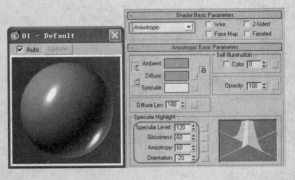

图 11.75　添加球体对象　　　　　　图 11.76　设置基本材质

(3) 展开 Maps(贴图)卷展栏，单击 Reflection(反射)通道右侧的 None 长方形按钮，在打开的 Material/Map Browse(材质/贴图浏览器)中选择 Mix(混合)选项，切换到如图 11.77 所示的 Mix Parameters(混合参数)卷展栏。

(4) 在 Mix Parameters(混合参数)卷展栏中，单击 Color #1(颜色#1)右侧的 None 按钮，在打开的 Material/Map Browse(材质/贴图浏览器)中选择 Smoke(烟雾)选项，材质编辑器面板上显示 Smoke Parameters(烟雾参数)卷展栏中的参数设置，如图 11.78 所示，其中 Color #1(颜色#1)的 RGB 值为(0、8、120)；Color #2(颜色#2)的 RGB 值为(135、234、235)。

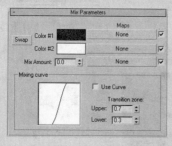

图 11.77　混合参数卷展栏

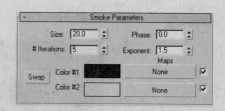

图 11.78　烟雾参数设置

(5) 单击 按钮返回混合参数面板，在 Mix Parameters(混合参数)卷展栏中，单击 Color #2(颜色#2)右侧的 None 按钮，如图 11.79 所示，在打开的 Material/Map Browse(材质/贴图浏览器)中选择 Bitmap(位图)选项后，选择对应的位图文件，单击 按钮返回混合材质面板。

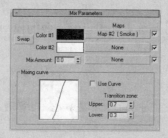

图 11.79　混合参数设置

(6) 单击 按钮返回上级材质面板，在 Maps(贴图)卷展栏中单击 Refraction(折射)通道右侧的长方形按钮，在打开的 Material/Map Browse(材质/贴图浏览器)中，选择 Reflect/Refract(反射/折射)选项即可。最后材质效果如图 11.80 所示，将材质赋予场景中的球体。

(7) 选择球体，单击动画控制工具区中的 Auto Key(自动关键帧)按钮，进入动画编辑状态。按 M 键，打开材质编辑器，选择已设置好材质的样本球，展开 Maps(贴图)卷展栏，单击 Reflection(反射)通道右侧的长方形按钮后，在 Mix Parameters(混合参数)卷展栏中，将时间滑块移动到第 50 帧处，修改 Mix Amount(混合量)为 100；再将时间滑块移动到第 100 帧处，修改 Mix Amount(混合量)为 0。

(8) 单击 Mix Parameters(混合参数)卷展栏中的 Color #1(颜色 #1)右侧的 None 按钮，展开 Smoke Parameters(烟雾参数)卷展栏，移动时间滑块到第 50 帧处，设置 Size(大小)值为 60；再将时间滑块移动到第 100 帧处，设置 Size(大小)值为 20。设置完成后，单击动画控制工具区中的 Auto Key(自动关键帧)按钮，退出动画编辑状态，在第 0 帧、第 50 帧处的材质效果分别如图 11.81 和图 11.82 所示。

图 11.80　材质效果　　　图 11.81　第 0 帧材质效果　　　图 11.82　第 50 帧材质效果

(9)　添加背景，动画渲染输出后，其动画效果截图如图 11.83 所示。

图 11.83　动画效果截图

11.5.4　修改布尔运算创建动画

由于布尔运算可以对两个对象进行差、并、交集的运算，因此运用布尔运算也可以制作动画效果。在本节中，将利用光盘文件中已经完成的模型，对其添加布尔运算后制作动画效果。

实例 15：制作月食动画

(1)　在菜单栏中选择 File(文件)| Reset(重置)命令，重置系统。打开光盘中的"素材\第 11 章\材质变换.max"文件。

(2)　在前视图中创建一个圆柱体，其半径设置为 32，高度为 80，调整位置到球体的左侧，如图 11.84 所示。

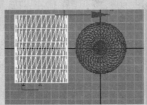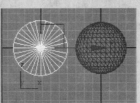

图 11.84　添加圆柱体

(3)　选择圆柱体，单击动画控制工具区中的 Auto Key(自动关键帧)按钮，进行动画编辑状态，移动时间滑块到第 100 帧处，将圆柱体移动到球体的右侧，如图 11.85 所示。单击▶(播放动画)按钮，可见圆柱体从球体左侧穿过球体，并移动到右侧的动画效果。再单击 Auto Key(自动关键帧)按钮，退出动画编辑状态。

(4)　进行布尔运算。选择球体，在创建几何体面板中的创建几何体类型下拉列表中选择 Compound Object(复合对象)选项，单击 Boolean(布尔运算)按钮，在 Pick Boolean(拾取布尔)卷展栏中，单击 Pick Operand B(拾取操作对象 B)按钮，如图 11.86 所示，选择场景中的圆柱体。此时单击▶播放动画按钮，可见球体从盈到亏的动画效果。

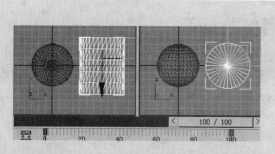

图 11.85　设置圆柱体移动动画效果　　　　图 11.86　设置圆柱体移动动画效果

注意：　在布尔运算的设置面板中，在拾取操作对象时，要注意选择 Move(移动)方式。

(5)　添加背景后，选择球体并右击，在弹出的快捷菜单中选择 Properties(属性)命令，在打开的对话框中将 Object ID(对象 ID)修改为 1。

(6)　在菜单栏中选择 Rendering(渲染)| Video Post(视频合成)命令打开 Video Post(视频合成)窗口，在窗口的工具栏中单击[图标](添加场景事件)按钮以添加场景事件。在打开的 Add Scene Event(添加场景事件)对话框中的视图类型下拉列表中选择 Perspective(透视)选项，单击 OK 按钮后，返回 Video Post 窗口。

(7)　单击 Video Post 窗口工具栏中的[图标](添加图像滤镜)按钮，在打开的 Add Image Filet Event(添加图像过滤事件)对话框的下拉列表中选择 Lens Effect Glow(镜头效果光晕)选项，再单击 Setup(设置)按钮，在打开的 Lens Effect Glow(镜头效果光晕)对话框中，分别完成如图 11.87 所示的设置，得到球体发光的效果。

图 11.87　设置"镜头效果光晕"的参数及产生的效果

(8)　单击 Video Post 窗口工具栏中的[图标](添加图像输出事件)按钮，完成输出设置，Video Post 窗口如图 11.88 所示。

(9)　动画渲染输出，其动画效果截图如图 11.89 所示。

图 11.88　Video Post 窗口

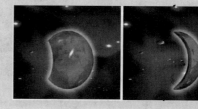

图 11.89　动画效果截图

11.6 摄像机动画

利用摄像机的移动来制作动画，与现实中的拍摄是非常类似的。除此之外，摄像机镜头的推位也可以用来制作动画，因此，可以充分借鉴现实中拍摄的技巧来制作动画效果。下面将通过制作一个迷宫动画来学习如何制作摄像机动画效果。

实例 16：制作迷宫动画

(1) 在顶视图中创建如图 11.90 所示的二维线条对象。

(2) 选择其中一条直线，进入修改命令面板，展开 Geometry(几何体)卷展栏，单击 Attach Multi(附加多个)按钮，在视图中单击其余的线条，将它们合并为一个整体。

(3) 选择已结合在一起的线条，进入修改命令面板，单击对象左侧的"+"号，打开图形堆栈，选择 Spline(样条曲线)次物体，在 Geometry(几何体)卷展栏中，单击 Outline(轮廓)按钮，设置适当的间距值，创建原有线条的轮廓线，得到双线条效果，如图 11.91 所示。退出 Spline(样条曲线)次物体的选择。

(4) 创建墙体及地面。选择第(2)步中完成的二维线型，命名为"墙体"，进入修改命令面板，为其添加 Extrude(挤出)修改器，设置 Amount(挤出量)的参数值后，可在透视图中观察到如图 11.92 所示的效果。

图 11.90 创建线条对象

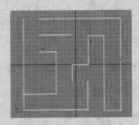

图 11.91 设置轮廓效果

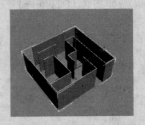

图 11.92 添加挤出修改器

(5) 添加自由摄像机与行进路线。在顶视图中创建如图 11.93 所示的二维曲线和自由摄像机，注意摄像机的 Lens(焦距)可采用系统提供的 15mm 的设置。

(6) 选择自由摄像机，在菜单栏中选择 Animation(动画)| Constraints(约束)| Path Constraints(路径约束)命令，单击视图中的曲线，作为摄像机运动的路径，而摄像机已经自动移动到了曲线的开始处，并注意选中 Follow(跟随)复选框。可将透视图切换为摄像机视图，观察动画效果。如果动画效果太快，可单击动画控制工具区中的 (时间配置)按钮，在打开的时间配置对话框中修改动画长度为 1000 帧，然后返回时间轨迹栏上，将 100 帧处的关键帧移至第 1000 帧处。

(7) 创建迷宫外环境。在顶视图中创建一个球体，命名为"天空"。注意设置其 Hemisphere(半球)值为 0.5，效果如图 11.94 所示。在顶视图中创建与球体半径大小相仿的圆柱体，调整其位置并命名为"地面"。

(8) 分别为"天空"、"墙体"及"地面"对象赋予材质贴图。其材质效果如图 11.95 所示。

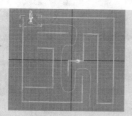

图11.93 添加曲线和自由摄像机

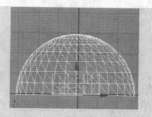

图11.94 添加球体

图11.95 "天空"、"墙体"及"地面"的材质贴图效果

(9) 设置灯光。在球体内部创建五盏泛光灯，分别位于"墙体"四周及顶部，位置如图11.96所示。

(10) 设置灯光阴影效果。选择顶部的泛光灯，在 Shadow(阴影)选项组中选中 On(启用)复选框。其余灯光则不启用 Shadow(阴影)，并降低它们的光强度。渲染效果如图11.97所示。动画输出后，其动画效果截图如图11.98所示。

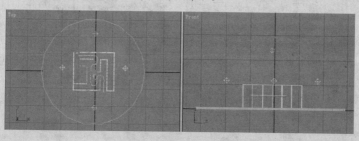

图11.96 添加泛光灯

图11.97 渲染效果

图11.98 动画效果截图

(11) 文件保存命名为"迷宫.max"。

💡 注意： 在摄像机视图中，可同时观察到摄像机行进的曲线影响了动画效果，该曲线不能被删除，不过可将其隐藏。选择曲线，进入显示命令面板或是右击鼠标，在弹出的快捷菜单中选择隐藏选定对象即可。

11.7　综　合　实　例

综合实例分为以下两部分。

实例一：完成蝴蝶模型的建立，以及蝴蝶动画效果的制作。

实例二：利用实例 16 制作的场景文件，完成动画合并，并添加对应的动画效果，完成渲染输出。

1. 实例一

(1) 创建蝴蝶模型。在菜单栏中选择 File(文件)| Reset(重置)命令，重置系统。切换到顶视图中，选择 Views(视图)| Viewport Background(视口背景)命令，打开 Viewport Background(视口背景)对话框，单击 Files(文件)按钮，添加一张蝴蝶图案的位图，并选中 Match Bitmap(匹配位图)单选按钮和 Display Background(显示背景)复选框，即为顶视图加入一个蝴蝶贴图作为视图背景，以便建立蝴蝶模型，效果如图 11.99 所示。

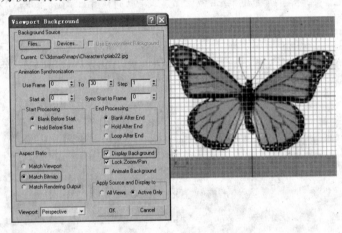

图 11.99　设置顶视图背景

(2) 在顶视图中，用线条工具沿蝴蝶图的轮廓分别勾画出其两翼的外形，然后再打开 Viewport Background(视口背景)对话框，取消选中 Display Background(显示背景)复选框，如图 11.100 所示。

(3) 分别选择两翼的线条，进入修改命令面板添加 Extrude(挤出)修改器，设置 Amount(数量)挤出值为 0，效果如图 11.101 所示。

图 11.100　勾画轮廓

图 11.101　添加挤出修改器

(4) 在顶视图中创建一个球体，缩放变形后移动到两翼之间作为蝴蝶的身体，并利用 Group(组)| Group(成组)菜单命令将这三个部分组合在一起，命名为"蝴蝶"，如图 11.102 所示。

(5) 选择"蝴蝶"组合，按 M 键，打开材质编辑器，选择样本球，在 Shader Basic Parameters(明暗器基本参数)卷展栏中单击 Diffuse(漫反射)右侧的按钮，打开 Material/Map Browse(材质/贴图浏览器)，选择 Bitmap(位图)选项，选择对应贴图文件，赋予"蝴蝶"对象。注意使用 UVW Mapping(UVW 贴图)修改器调整贴图效果。贴图效果如图 11.103 所示。

图 11.102　组合蝴蝶

图 11.103　直接贴图和应用 UVW 贴图修改器效果

(6) 修改轴心位置。使用 Group(组)| Ungroup(打开组)菜单命令，将设置的蝴蝶组合暂时打开。选择蝴蝶右翅，单击　(层级)按钮，进入层级命令面板，单击 Affect Pivot Only(仅影响轴)按钮，调整蝴蝶右翼的轴心点位置，将其移动到靠近身体的位置，如图 11.104 所示。注意完成后要再次单击 Affect Pivot Only(仅影响轴)按钮，关闭设置。

(7) 制作右翼动画效果。选择蝴蝶右翼，切换至前视图，单击动画效果工具区中的 Auto Key(自动关键帧)按钮进入动画编辑状态，将时间滑块移至第 5 帧处，利用旋转工具将其沿 Y 轴旋转，如图 11.105 所示。再将时间滑块移至第 10 帧处，继续利用旋转工具将其沿 Y 轴旋转，以此类推，直到第 20 帧处完成一个右翼向上扇起的动画。将已完成的关键帧进行复制，直到 100 帧处，单击　(播放动画)按钮，可见蝴蝶右翼完成了往复的扇动效果。

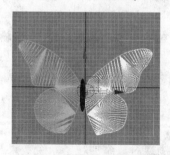
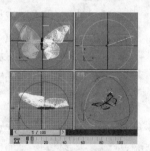

图 11.104　修改蝴蝶右翼轴心

图 11.105　蝴蝶右翼旋转

(8) 使用同样的方法完成蝴蝶左翼的轴心点位置调整与运动设计。

(9) 文件保存，将文件命名为"蝴蝶.max"。其动画效果截图如图 11.106 所示。

图 11.106　动画效果截图

2. 实例二

(1) 在菜单栏中选择 File(文件)| Reset(重置)命令，重置系统。打开本章实例 16 中制作的"迷宫.max"文件，其渲染效果如图 11.97 所示。再使用 File(文件)| Merge(合并)菜单命令，打开 Merge File(合并文件)对话框，在该对话框中打开实例中创建的"蝴蝶.max"文件，单击打开按钮，系统将打开如图 11.107 所示的 Merge(合并)对话框。在该对话框中选择蝴蝶对象，则蝴蝶被合并到当前场景中，调整其大小后，合并效果如图 11.108 所示。

(2) 在迷宫场景中，再绘制一条曲线，作为蝴蝶飞行的路线。在菜单栏中选择 Animation(动画)| Constraints(约束)| Path Constraints(路径约束)命令，将蝴蝶约束到曲线上，并调整飞行效果。单击▶(播放动画)按钮，可见蝴蝶在迷宫飞行的动画效果。

图 11.107　选择合并对象　　　　　　　　　　图 11.108　合并效果

☞ **提示：** 在菜单栏中选择 File(文件)| Merge(合并)命令与 File(文件)| Merge Animation(合并动画)命令的区别如下。

- Merge(合并)：可以将其他场景文件中的对象引入到当前场景中。如果要将整个场景与其他场景组合，也可以使用合并功能。但要注意同名材质的冲突问题，建议在合并对象时使用自动重命名合并材质。

- Merge Animation(合并动画)：将一个对象中的动画数据合并(传输)给另一个对象，不仅可以将动画数据从一个场景传输到另一个场景，也可以在相同场景中的对象之间进行传输，而且来自几个对象的动画数据可以同时进行合并。Merge Animation(合并动画)对话框如图 11.109 所示。

(3) 在创建命令面板的创建类型下拉列表中，选择 Particle System(粒子系统)选项，创建 Spray(喷射)对象，其参数设置如图 11.110 所示。为蝴蝶对象添加粒子系统效果。

(4) 选择 Spray01 喷射对象，对齐蝴蝶，使用工具栏上的 (选择并链接)按钮，将 Spray01 喷射对象链接到蝴蝶上。单击▶(播放动画)按钮，可见粒子随蝴蝶在迷宫飞行的动画效果。

(5) 选择蝴蝶并右击，在弹出的快捷菜单中选择 Properties(属性)命令，在打开的对话框中设置 Object ID(对象 ID)为 1，如图 11.111 所示；设置 Spray01 喷射对象的属性为 2。

(6) 使用 Rendering(渲染)| Video Post(视频合成)菜单命令打开 Video Post(视频合成)窗口，在窗口工具栏中单击 (添加场景事件)按钮以添加场景事件。在打开的 Add Scene Event(添加场景事件)对话框的 Type(视图类型)下拉列表中选择 Camera01(摄像机视图)选

项，单击 OK 按钮，返回 Video Post 窗口。

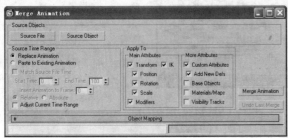

图 11.109　合并动画对话框

图 11.110　喷射参数设置

图 11.111　设置对象属性

(7)　再单击 Video Post 窗口工具栏中的 (添加图像滤镜事件)按钮，在打开的 Add Image Filter(添加图像过滤事件)对话框的下拉列表中选择 Lens Effect Glow(镜头效果光晕)选项，再单击 Setup(设置)按钮，在打开的镜头效果光晕对话框中，完成如图 11.112 所示的设置，得到蝴蝶发光的效果。

(8)　返回 Video Post 窗口，再单击 Video Post 窗口工具栏中的 (添加图像滤镜事件)按钮，在打开的 Add Image Filter(添加图像过滤事件)对话框的下拉列表中选择 Lens Effect Highlight(镜头效果高光)选项，再单击 Setup(设置)按钮，在打开的镜头效果高光对话框中，完成如图 11.113 所示的设置，得到“喷射”粒子发光的效果。

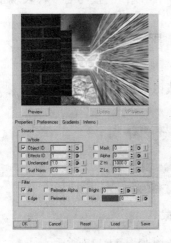

图 11.112　设置“蝴蝶”镜头效果光晕　　　图 11.113　设置“喷射”粒子镜头效果高光

(9)　单击 Video Post 窗口工具栏中的 (添加图像输出事件)按钮，单击 File(文件)按钮，设置保存文件路径，完成输出设置，Video Post 窗口如图 11.114 所示。

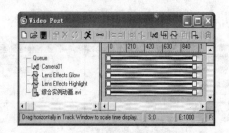

图 11.114　Video Post 窗口

(10) 渲染输出动画，其动画效果截图如图 11.115 所示。

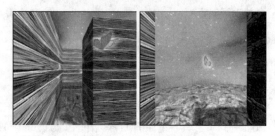

图 11.115　动画效果截图

11.8　小　　结

本章通过对应各知识点的相关实例，详细介绍了动画制作的各种功能和使用技巧，包括动画基础、控制器和轨迹视图的应用、Video Post 的后期合成等。通过本章的学习，读者可以掌握 3ds Max 8 中各种动画的编辑方法，学习动画制作的技巧与多种表现手法。

11.9　习　　题

1. 制作小球沿螺旋线下滑的动画。其场景效果截图如图 11.116 所示。

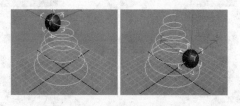

图 11.116　场景效果截图

2. 利用轨迹视图，制作摆球动画，其动画效果截图如图 11.117 所示。

图 11.117　动画效果截图

第12章　粒子系统

【本章要点】

粒子系统是一些粒子的集合，它通过一个发射器发射粒子，所以粒子系统可以说是造型和动画相结合的系统。粒子系统发射的粒子包括多种造型，例如雪景、气泡、成群的动物(如飞鸟)等，并且可设置粒子运动的时间、寿命、数量等。粒子系统经常与多种 Max 工具结合使用，利用光学特效，使粒子产生发光、十字星光、光晕、射线等效果；利用材质编辑器为粒子系统指定材质；用空间扭曲工具改变运动方向，包括重力、爆炸、风力、马力、推进器、路径追随、导向球、导向物体、导向板、漫射平面、漫射球、漫射对象等导向工具，对粒子进行模糊处理。通过这些对粒子系统的操作，可以逼真地模拟出自然界的现象。但粒子系统的参数较多，使用比较复杂。通过本章的学习，读者可以逐步了解粒子系统的强大功能。

12.1　Spray(喷射)

Spray(喷射)是最简单最基本的粒子系统。它经常用于模拟雨水、喷泉等。Spray(喷射)有多种粒子形态，如 Drops(水滴状)、Dots(圆点)和 Ticks(十字叉)，粒子在创建后是连续喷射的，发射表面呈直线运动。

下面就利用 Spray(喷射)粒子系统制作下雪的场景。

实例 1：制作下雪场景

(1) 在命令面板中单击 (创建)按钮，在打开的创建命令面板中单击 (几何体)按钮，在打开的创建几何体面板的创建类型下拉列表中选择 Particle Systems(粒子系统)选项，在创建面板上单击 Spray(喷射)按钮，在顶视图中拖动鼠标创建一个矩形区域，即可创建一个喷射粒子系统。

(2) 在 Parameters(参数)卷展栏中的 Particles(粒子)选项组中设置参数，如图 12.1 所示。

(3) 将时间滑块移动到 80 帧的位置，透视图中粒子发射效果如图 12.2 所示。

(4) 单击主工具栏中的 (材质编辑器)按钮，单击第一个示例球，设置 Self-Illumination(自发光)参数为 100，单击 (将材质指定给选定对象)按钮，将此材质指定给粒子系统。

(5) 在菜单栏中选择 Rendering(渲染) | Environment(环境)命令，在打开的环境与效果对话框中，单击 Environment Map(环境贴图)项目下的 None 按钮，为背景指定一个雪山的图像文件。

(6) 单击 (快速渲染)按钮，渲染动画效果如图 12.3 所示。

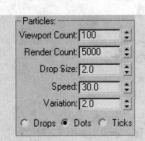  

图 12.1　Particles(粒子)选项组参数设置　　图 12.2　粒子发射效果　　图 12.3　渲染动画效果

Spray(喷射)粒子系统的 Properties(参数)卷展栏中的参数含义如下。

1. Particles(粒子)选项组

粒子选项组如图 12.1 所示，参数含义如下。

- Viewport Count(视口数量)：设置粒子在视图中显示的数量，默认值为 100。
- Render Count(渲染数量)：设置渲染时粒子在帧中的最多数量。视口数量和渲染数量的设置互不影响。
- Drop Size(粒子大小)：设置渲染时每个粒子的尺寸。
- Speed(速度)：设置粒子从发射器发射出来时的速度。速度越大，粒子喷射的越远。
- Variation(变化)：该值会影响粒子大小、运动速度和方向的变化，值越大，粒子喷射得越强烈，并且喷射方向也越紊乱。
- Drops/Dots/Ticks(水滴/圆点/十字叉)：这三个选项是设置粒子在视图中显示的图标，与渲染无关。

2. Render(渲染)选项组

渲染选项组如图 12.4 所示，参数含义如下。

- Tetrahedron(四面体)：以细长四面体渲染输出粒子。
- Facing(面)：以正方形面渲染输出粒子。

3. Timing(定时)选项组

定时选项组如图 12.5 所示，其主要参数决定粒子显示的时间和粒子存活的时间。

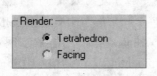 

图 12.4　Render(渲染)选项组　　　图 12.5　Timing(定时)选项组

- Start(开始)：设置粒子开始出现的第一帧，即粒子开始喷射的时间。
- Life(寿命)：粒子从产生到消亡的时间。该值决定粒子可见的帧数，超过粒子寿命的时间，粒子就衰亡了，不再显示。
- Birth Rate(再生速度)：设置每帧出现的新粒子的数量，使用这个设置也可以选中 Constant(恒定)复选框。

- Constant：通过帧数来划分全部粒子的 Birth Rate(再生速度)值。

4. Emitter(发射器)选项组

发射器选项组如图 12.6 所示。用于设置粒子发射器的尺寸。

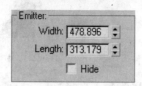

图 12.6　Emitter(发射器)选项组

- Width/Length(宽度/长度)：分别设置粒子发射器的宽度和长度，当粒子数量相同时，面积越大粒子越稀疏。
- Hide(隐藏)：在视图中隐藏发射器。发射器本身并不会被渲染。

12.2　Snow(雪)

Snow(雪)粒子系统与 Spray(喷射)粒子系统类似，也是从平面向外连续发射粒子，但 Snow (雪)在粒子运动过程中，利用附加的 Tumble(翻滚)和 Tumble Rate(翻滚率)控制参数等，可以使粒子产生翻滚。Tumble 值范围从 0～1，值为 1 时一起旋转的粒子最多，Tumble Rate 决定旋转的速度。Snow 可以将粒子渲染为六角形，使粒子的形状和运动状态更像雪花。

> **实例 2：制作一箱苹果**
>
> (1)　在命令面板中单击 (创建)按钮，在打开的创建命令面板中单击 (几何体)按钮，在打开的创建几何体面板的创建类型下拉列表中选择 Particle Systems(粒子系统)，在创建面板上单击 Snow(雪)按钮，在顶视图中拖动鼠标创建一个矩形区域，即可创建一个雪粒子系统。
>
> (2)　在 Parameters(参数)卷展栏中的 Particles(粒子)选项组中设置参数如图 12.7 所示，在视图中得到了雪粒子，如图 12.8 所示。
>
>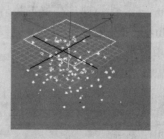
>
> 图 12.7　参数设置　　　　图 12.8　雪粒子
>
> (3)　为了给粒子贴图，先准备一个苹果的位图文件，如图 12.9 所示。并在 Photoshop 中制作出对应的蒙版图形文件，如图 12.10 所示。

图 12.9 位图文件

图 12.10 蒙版图形文件

(4) 单击主工具栏中的 (材质编辑器)按钮，单击第一个示例球，为 Diffuse(漫反射)通道添加苹果贴图，为 Opacity(不透明)通道添加苹果蒙版贴图。

(5) 单击 (将材质指定给选定对象)按钮，将苹果材质指定给粒子系统，效果如图 12.11 所示。

(6) 制作一个箱子，将苹果放置在其中，效果如图 12.12 所示。

图 12.11 将材质指定给粒子

图 12.12 制作箱子

12.3 Blizzard(暴风雪)

Blizzard(暴风雪)也是从一个平面向外发射粒子，粒子形态可以是几何体，并产生旋转、翻滚等动画。它能创建出更接近真实的雪景、雨景等，经常用来模拟烟雾升腾、暴风雪、下雨等动画效果。

实例 3：制作漫天星光

(1) 在命令面板中单击 (创建)按钮，在打开的创建命令面板中单击 (几何体)按钮，在打开的创建几何体面板的创建类型下拉列表中选择 Particle Systems(粒子系统)选项，在创建面板上单击 Blizzard(暴风雪)按钮，在顶视图中拖动鼠标创建一个矩形区域，即可创建一个暴风雪粒子系统。

(2) 在 Particle Generation(粒子产生)参数卷展栏中的 Particle Motion(粒子运动)选项组中，增加了 Tumble(翻滚)和 Tumble Rate(翻滚比率)参数，按图 12.13 所示进行设置，在 Particle Type(粒子类型)卷展栏中，设置粒子为 SixPoint(六角星)造型。渲染透视图，暴风雪粒子系统的效果如图 12.14 所示。

(3) 为暴风雪粒子系统赋予高光特效。在暴风雪粒子系统上右击鼠标，在弹出的快捷菜单中选择 Properties(属性)命令，打开 Object Properties(对象属性)对话框。在 G-Buffer 选项组中将 Object ID(对象通道)指定为 1，为该粒子系统指定材质。

(4) 在菜单栏中选择 Rendering(渲染)| Video Post(视频合成)命令，在打开的 Video

Post(视频合成)窗口中单击 Add Scene Event(添加场景事件)按钮 ，将渲染视图设置为 Perspective(透视)，其他参数保持默认值，如图 12.15 所示。

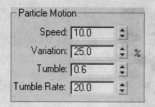

图 12.13　设置粒子运动参数　　　　图 12.14　暴风雪粒子系统

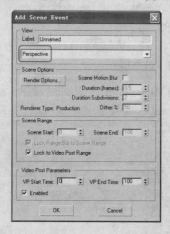

图 12.15　Add Scene Event(添加场景事件)对话框

　　(5)　再单击 Add Image Filter Event(添加图像过滤事件)按钮 ，在打开的 Add Image Filter Event(添加图像过滤事件)对话框中设置图像过滤事件为 Lens Effects Highlight(镜头效果高光)，如图 12.16 所示。

　　(6)　单击 OK 按钮，打开 Lens Effects Highlight(镜头效果高光)对话框，设置 Object ID(对象 ID)为 1，单击 Preview(预览)按钮，可以看到雪花的高亮效果，如图 12.17 所示。

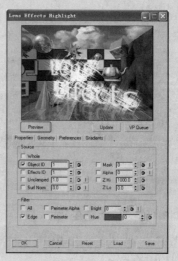

图 12.16　添加镜头效果高光　　　　图 12.17　雪花高亮效果

(7) 在视频合成窗口中单击 ✗(执行序列)按钮，渲染粒子第 20 帧的效果如图 12.18 所示。

图 12.18 渲染效果

Blizzard(暴风雪)粒子系统的创建命令面板如图 12.19 所示，主要参数设置如下。

1. Basic Parameters(基本参数)卷展栏

Basic Parameters(基本参数)卷展栏如图 12.20 所示。

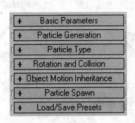

图 12.19 暴风雪粒子系统创建命令面板

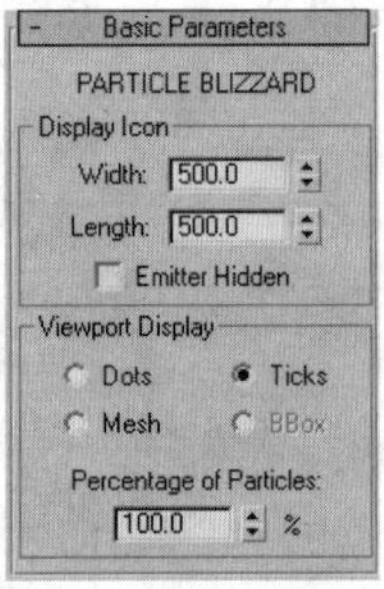

图 12.20 基本参数卷展栏

其中，Percentage of Particles(粒子百分比)用于显示在视图中粒子数占最大粒子数的比值。该参数与渲染输出的粒子数无关。

2. Particle Generation(粒子生成)卷展栏

Particle Generation(粒子生成)卷展栏的主要参数与 Spray(喷射)粒子系统相类似，如图 12.21 所示。

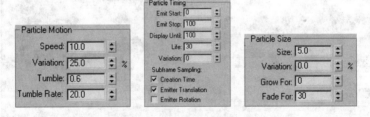

图 12.21 粒子生成卷展栏

3. Particle Type(粒子类型)卷展栏

粒子类型有三种：Standard Particles(标准粒子)、Meta Particles(变形球粒子)和 Instanced Geometry(关联几何体)。

Standard Particles(标准粒子)的形状有 8 种，其形状是不能改变的。如图 12.22(a)所示的粒子类型为 Sphere(球体)，图 12.22(b)所示的粒子类型为 Cube(立方体)，图 12.22(c)所示的粒子类型为 SixPoint(六角星)。

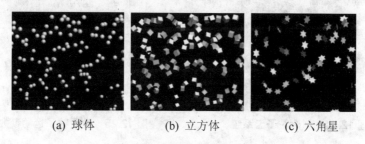

（a）球体　　　　　　（b）立方体　　　　　　（c）六角星

图 12.22　标准粒子的三种不同形状

Meta Particles(变形球粒子)可以选择不同的 Tension(张力)等参数改变其形状。张力大时，显示的粒子较小，张力小时，显示的粒子较大。

Instanced Geometry(关联几何体)可以指定场景中的几何体作为粒子的形状。使用茶壶作为粒子形状时，效果如图 12.23 所示。

图 12.23　指定茶壶作为粒子形状

12.4　PCloud(粒子云)

PCloud(粒子云)系统可以将粒子限制在一个空间内，这个空间通常是球形、柱形或立方体，也可以是任意指定的目标的物体，让指定的空间内充满粒子。粒子云也有多种造型，常用来制作堆积在一起的不规则群体，可以用它制作云团、成堆的石头等；同时也可以让粒子从容器中流出，制作水滴下落的效果；还可以将几何体指定为发射器，制作成堆的物品或成群的动物等运动的效果。

> **实例 4：使用 PCloud(粒子云)制作堆积的圆环**
>
> （1）在命令面板中单击 （创建）按钮，在打开的创建命令面板中单击 （几何体）按钮，在打开的创建几何体面板中单击 Torus(圆环)按钮，在 Top(顶)视图中单击并拖动鼠标，创建一个圆环物体。
>
> （2）在创建类型下拉列表中选择 Particle Systems(粒子系统)选项，在创建命令面板上单击 PCloud(粒子云)按钮，在顶视图中拖动鼠标创建一个长方体区域，即可创建一个粒子云系统，如图 12.24 所示。
>
> （3）单击 （快速渲染）按钮，渲染透视图，看不到粒子云。拖动帧滑块，观察到视图中的粒子是静止的。选择粒子云容器，单击 （修改）按钮，进入粒子云修改面板，在 Particle

Generation(粒子生成)参数卷展栏中，按图 12.25 所示设置粒子运动速度(Speed)和速度的变化(Variation)，拖动帧滑块，视图中的粒子运动起来了。

图 12.24　创建粒子云系统　　　　图 12.25　设置粒子运动参数

(4)　在 Particle Timing(粒子定时)参数卷展栏中，设置 Emit Start(开始发射)参数值为-5，视图中的粒子数量增加了，这是因为设置在-5帧时，系统开始发射粒子，粒子状态如图 12.26 所示。

图 12.26　粒子状态

(5)　在 Particle Size(粒子尺寸)参数栏中，设置 Size(尺寸)参数值为 10，Variation(变化)参数值为 10，变化值是使粒子的大小有一定的变化，不让全部粒子一样大小。单击 ⚲(快速渲染)按钮，渲染透视图，可看到粒子云效果如图 12.27 所示。

(6)　在渲染视图中看到粒子形状是三角形(Triangle)的。在 Particle Type(粒子类型)参数卷展栏中选择 Instanced Geometry(替换几何体)选项，并在下面的 Instancing Parameters(替换几何体参数)卷展栏中，单击 Pick Object(拾取物体)按钮，在视图中单击圆环物体，将它替换为粒子形状。单击 ⚲(快速渲染)按钮，得到的粒子云效果如图 12.28 所示。

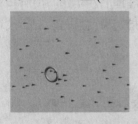

　　　　　　　　　　　　　　　　(a)第 0 帧　　　　　(b)第 75 帧

图 12.27　三角形粒子的粒子云效果　　　图 12.28　圆环粒子的粒子云效果

从实例 4 中可以看出 PCloud(粒子云)系统与 Blizzard(暴风雪)粒子系统的参数栏有很多相同的参数。

1. Basic Parameters(基本参数)卷展栏

PCloud(粒子云)的发射器有：Box Emitter(长方体发射器)、Sphere Emitter(球体发射器)、

Cylinder Emitter(圆柱体发射器)和 Object-based Emitter(基于对象的发射器)。

在 Object-based Emitter(基本对象发射器)选项被选中时，指定一个网格物体作为粒子发射器，这时 PCloud(粒子云)容器图标内显示"Fill"，单击 Pick Object(拾取对象)按钮，在视图中单击所需的网格物体，该物体就成为粒子发射器，渲染视图时，PCloud(粒子云)的发射器不可见，粒子将从此物体中发出。

2. Particle Generation(粒子生成器)卷展栏

- Random Direction(随机方向)：选择该选项，粒子运动方向随机变化。
- Enter Vector(方向向量)：选择该选项，则粒子方向由指定的 X、Y、Z 三个值的大小决定，值越大，对粒子方向的影响力也越大。
- Reference Object(参考对象)：若选择该选项，这时会激活 Pick Object(拾取对象)按钮，单击拾取对象按钮，再单击视图中的一个几何体，这时粒子的运动方向受该几何体局部坐标的 Z 轴方向控制。
- Speed(速度)：用于设置粒子运动的速度，当速度为 0 时，粒子集聚在发射器的框架内。若发射器是一个平面场景对象，则粒子分布在平面的表面。

实例 5：使用 PCloud(粒子云)制作飞机拉烟效果

(1) 在视图中创建一个飞机模型和一个小球体。球体放在飞机尾部，用来冒烟，即作为发射粒子，如图 12.29 所示。

(2) 创建一个圆柱体，使其倾斜一定角度，并使用 FFD(圆柱)修改器将其弯曲，准备用它控制烟的方向。变形后的圆柱体如图 12.30 所示。

 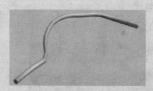

图 12.29　飞机和小球　　　　图 12.30　控制烟方向的圆柱体

(3) 在命令面板中单击 按钮，在打开的创建命令面板中单击 按钮，在打开的创建几何体面板中的创建类型下拉列表中选择 Particle Systems(粒子系统)选项，在创建面板上单击 PCloud(粒子云)按钮，在顶视图中拖动鼠标创建一个长方体区域，在飞机尾部创建一个粒子云系统，如图 12.31 所示。

(4) 选定粒子云对象，选择 Object-Based Emitter(基于对象的发射器)选项，单击 Pick Object(拾取对象)按钮，再单击红色小球，这时小球就成了粒子发射器。在修改命令面板中设置粒子云参数：Viewport Display(视口显示)选择 Dots(圆点)，Speed(粒子运动速度)为 30，Emit Stop(停止发射)为 100，Display Until(显示时间)为 1000，Variation(方向混乱度)选择 50，寿命设置为 100。小球发射的粒子如图 12.32 所示。

(5) 在 Particle Generation(粒子生成器)卷展栏中的 Particle Motion(粒子运动)选项组中，选择 Reference Object(参考对象)选项，这时 Pick Object(拾取对象)按钮被激活，单击拾取对象按钮，再单击圆柱体，这时可以看到粒子的发射方向与圆柱体局部坐标轴的 Z 轴方向保持一致。隐藏球体和圆柱体，渲染透视图，飞机拉烟效果如图 12.33 所示。

图 12.31　创建粒子云系统　　图 12.32　小球发射的粒子　　图 12.33　飞机拉烟效果

12.5　PArray(粒子阵列)

　　PArray(粒子阵列)系统最大的特点是可以指定任意物体作为发射源，并用物体的碎片作为粒子向外发射，适于制造将物体粉碎后抛撒在空中的爆炸效果。

　　实例 6：使用 PArray(粒子阵列)制作爆炸效果

　　(1)　在命令面板中单击　(创建)按钮，在打开的创建命令面板中单击　(几何体)按钮，在创建几何体面板中单击 Sphere(球体)按钮，在 Top(顶)视图中单击并拖动鼠标，创建一个球体。单击主工具栏中的　(材质编辑器)按钮，单击第一个示例球，为 Diffuse(漫反射)通道添加一张星球贴图，单击　(将材质指定给选定对象)按钮，将材质指定给球体，效果如图 12.34 所示。

　　(2)　在创建面板的创建类型下拉列表中选择 Particle Systems(粒子系统)选项。单击 PArray(粒子阵列)按钮，制作爆炸效果。在顶视图中创建粒子阵列符号，在 Basic Parameters (基本参数)卷展栏中单击 Pick Object(拾取对象)按钮，再单击球体，拖动帧滑块，观察到有粒子从球体上发出，如图 12.35 所示。

图 12.34　将土地材质赋予球体　　　　图 12.35　创建粒子阵列

　　(3)　在 Particle Type (粒子类型)卷展栏中，选中 Object Fragments (对象碎片)复选框，观察到出现了很多粒子，显示为小十字形，如图 12.36 所示。在 Viewport Display(视口显示)选项组中选中 Mesh(网格)复选框，球体的每一个面都显示为一个粒子，如图 12.37 所示。

　　(4)　在 Object Fragment Cotrol(对象碎片控制)参数栏中，选中 Number of(碎片数目)复选框，设置最小值为 30，这时球体被分裂成 30 个碎片，增加碎片厚度为 15。拖动帧滑块，观察效果，碎片变厚实了，如图 12.38 所示。

　　(5)　打开 Particle Generation(粒子生成)卷展栏，将 Speed(速度)值增大，设置 Variation(变化)为 50，Emit Start(发射时间)设为 25。观察在第 25 帧时产生爆炸效果，将 Life(寿命)设为 15，Variation(变化)设为 5，这样使每个碎片的存在有所差异，爆炸效果如图 12.39 所示。

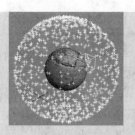

图 12.36　选中对象碎片后的粒子效果

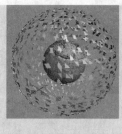

图 12.37　选中网格后的粒子效果

图 12.38　减少碎片数目增加厚度

图 12.39　增加碎片的差异

(6)　设置碎片材质：在 Particle Type(粒子类型)卷展栏中，在 Mat'l Mapping and Source(材质贴图和来源)选项组中选中 Picked Emitter(已拾取的发生器)复选框，再单击 Get Material From(材质来源)按钮，这样碎片的材质就继承了原始球体的材质，如图 12.40 所示。

(7)　在 Rotation and Collision(旋转和碰撞)参数栏中，设置 Spin Time(自旋时间)为 30，可使碎片带有旋转运动，设置 Variation(变化)为 50，使粒子的转动速度产生差异，产生了自旋的效果如图 12.41 所示。这就是制作爆发粒子的方法。

图 12.40　碎片继承球体材质

图 12.41　碎片产生自旋效果

(8)　球体在第 25 帧处爆炸，但原始球体并没有消失，与实际不符。现在在第 25 帧处将原始地球隐藏。选中球体，在第 25 帧外，单击 Auto Key(自动关键帧)按钮，右击球体，在弹出的快捷菜单中选择属性命令，在打开对话框的 Rendering Control(渲染控制)选项组中设置 Visibility(可见性)为 0.0，如图 12.42 所示。拖动帧滑块，观察到球体从 0 帧到 25 帧，逐渐变透明，如图 12.43 所示。

(9)　如果希望球体在第 25 帧处突然变透明。在第 25 帧处右击鼠标，在打开的对话框中设置动画线型为突变，如图 12.44 所示，拖动帧滑块，观察到球体在第 25 帧上爆炸，原始球体消失的效果，如图 12.45 所示。渲染动画，将其保存为 ".avi" 格式的文件。

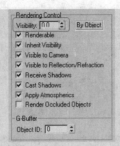

图 12.42　设置球体渲染时的可见性　　　图 12.43　球体透明效果

图 12.44　设置两帧之间突变　　　图 12.45　地球爆炸效果

从实例 6 中可以看出 PArray(粒子阵列)系统许多参数与前面介绍的各粒子系统参数相似，其特有的参数说明如下。

1. Basic Parameters(基本参数)卷展栏

Pick Object(拾取对象)：先在场景中创建一个物体。创建 PArray(粒子阵列)后，单击此按钮，再单击场景中创建的物体，该物体就成了粒子发射器。拖动时间滑块，可观察到粒子从此物体中发出。

其中，Particle Formation(粒子形成)选项组的参数含义如下。

● Over Entire Surface(在整个曲面)：选中该单选按钮，则在拾取对象的整个表面随机发射粒子，如图 12.46 所示。

● Along Visible Edges(沿可见边)：沿拾取对象的所有可见边随机发射粒子，如图 12.47 所示。

图 12.46　沿整个表面随机发射粒子　　　图 12.47　沿可见边随机发射粒子

● At All Vertices(在所有的顶点)：从拾取对象的所有顶点随机发射粒子，如图 12.48 所示。

图 12.48　从所有顶点随机发射粒子

- At Distinct Point(在特殊点上)：若选中该单选按钮，就会激活 Total(总数)微调框，微调框中的值决定了发射的顶点数，设置总数为 2 时，发射效果如图 12.49 所示。
- At Face Centers(在面的中心)：从拾取对象表面的中心发射粒子，如图 12.50 所示。

图 12.49　在特殊点随机发射粒子

图 12.50　从面的中心随机发射粒子

- Use Selected SubObject(使用选定子对象)：若选中该复选框，则从拾取对象表面选定的子层级对象上发射粒子。

2. Particle Generation(粒子生成)卷展栏

- Divergence(分散)：粒子运动方向与发射器法线方向的角度变化量。
- Emitter Translation(发射器平移)：如果发射器设置了平移动画，就要选中该复选框，这样能避免粒子堆积。
- Emitter Rotation(发射器旋转)：如果发射器设置了旋转动画，就要选中该复选框，这样能避免粒子堆积。

3. Particle Type(粒子类型)卷展栏

Object Fragments(对象碎片)：以对象爆炸破裂的碎片作为发射的粒子。碎片只在发射开始帧产生。选中该单选按钮后，会激活 Object Fragment Controls(对象碎片控制)选项组，在该选项组中可设置碎片的 Thickness(厚度)。选中 All Faces(所有面)单选按钮时，对象的所有三角面都会分裂成粒子。选中 Number of Chunks(碎片数量)单选按钮时，可在相应微调框中指定粒子数量。

12.6　Super Spray(超级喷射)

Super Spray(超级喷射)是一种高级的粒子系统，由一个点向外发射，发射方向性很强的粒子流，适合于模拟焰火、飞机发动机和火箭喷射的火焰等。

实例 7：使用 Super Spray(超级喷射)制作烟花效果

(1) 在命令面板中单击 (创建)按钮，在打开的创建命令面板中单击 (几何体)按钮，在创建几何体面板的创建类型下拉列表中选择 Particle Systems(粒子系统)选项，在创建面板上单击 Super Spray(超级喷射)按钮，在顶视图中拖动鼠标创建一个超级喷射系统，如图 12.51 所示。

(2) 在 Particle Generation(粒子生成)参数卷展栏中，设置粒子的 Size(大小)为 2，在 Particle Type(粒子类型)参数卷展栏中，选择粒子类型为 SixPoint(六角形)。

(3) 单击主工具栏中的 (材质编辑器)按钮，打开材质编辑器，选择第一个示例球，在 Shader Basic Parameters(明暗器基本参数)卷展栏中，选中 Face Map(面贴图)复选框。设置 Self Illumination(自发光)值为 100，单击 Diffuses(漫反射)右侧的颜色块，设置颜色为桃色。单击 (将材质指定给选定对象)按钮，将材质赋予每个粒子。

(4) 拖动时间帧滑块，观察 Super Spray(超级喷射)动画，可以看到粒子以单排方式从发射器中飞射出去，渲染第 30 帧，粒子发射效果如图 12.52 所示。

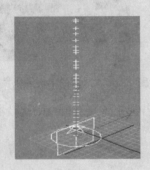

图 12.51 创建超级喷射系统

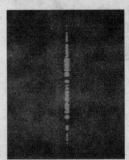

图 12.52 粒子以单排方式飞出

(5) 将此超级喷射粒子复制两个，将这 3 个超级喷射粒子重合放置在一起。在 Basic Parameters(基本参数)卷展栏中，分别设置 3 个超级喷射粒子的 Off Axis(轴偏移)为 0.30 和 -30，并分别设置它们的材质颜色为绿色和淡蓝色，渲染第 30 帧，粒子发射效果如图 12.53 所示。

(6) 在顶视图中创建一个圆柱体作为爆竹，旋转在超级喷射粒子下方。分别修改 3 个超级喷射粒子的参数，Basic Parameters(基本参数)卷展栏在 Particle Formation(粒子构造)项目组中，设置轴向的 Spread (扩散)值和切向的 Spread (扩散)值分别为 60 和 90，观察场景中粒子喷射呈锥形效果，如图 12.54 所示。

图 12.53 粒子发射效果

图 12.54 粒子呈锥形喷射效果

(7) 按照本章实例 3 的方法，为各超级粒子制作高光效果，渲染后效果如图 12.55 所示。

图 12.55　为粒子制作高光效果

Super Spray(超级喷射)具有其他粒子系统的公共参数，它特有的 Basic Parameters(基本参数)卷展栏中的参数含义如下。

- Off Axis(轴偏离)：粒子流与发射器 Z 轴方向偏移的角度。
- Spread(扩散)：粒子在发射器 Z 轴方向偏移扩散的角度。
- Off Plane(面偏移)：粒子流与发射器平面的位移程度。
- Spread(扩散)：粒子在发射器平面切线方向的偏移角度。

12.7　PF Source(粒子流源)

Particle Flow Source(粒子流源)采用事件驱动机制，通过流程图来控制粒子和粒子的运动。

3ds Max 提供了两种不同类型的粒子系统：非事件驱动和事件驱动。

非事件驱动的粒子系统为随时间生成的粒子对象提供了相对简单直接的方法，以便模拟雪、雨、尘埃等效果。前面所讲的 Spray(喷射)、Snow(雪)、Blizzard(暴风雪)、PArray(粒子阵列)、PCloud(粒子云)和 Super Spray(超级喷射)等粒子系统就是 3dx Max 8 提供的内置的非事件驱动的粒子系统。通常对于简单的动画，如下雪或喷泉，使用非事件驱动粒子系统进行设置非常方便快捷。

事件驱动粒子系统，又称为 PF Source(粒子流源)，它测试粒子属性，使用 Particle View(粒子视图)对话框来设置事件驱动模型。对于较复杂的动画，使用粒子流源可以更灵活地控制粒子，如随时间生成不同类型粒子的爆炸，模拟碎片、火焰和烟雾等效果。

实例8：创建粒子流

(1) 在命令面板中单击 (创建)按钮，在创建命令面板中单击 (几何体)按钮，在创建几何体面板的创建类型下拉列表中选择 Particle Systems(粒子系统)选项，在创建面板上单击 PF Source(粒子流源)按钮，在顶视图中拖动鼠标可创建一个粒子流图标，如图 12.56 所示。

(2) 拖动视图下方的时间滑块至 15 帧的位置，此时从图标平面上向下发射粒子，视图中的粒子以十字叉的形式显示，如图 12.57 所示。

(3) 单击界面右下角的所有视图最大化显示按钮，将视图中的全部物体最大化显示。

激活透视图，按住 Shift 键不放，并同时按 Q 键，此时即可渲染透视图，粒子效果如图 12.58 所示。渲染的粒子出现在窗口中。默认的粒子形状为四面体。此类型粒子的形状非常简单，因此，系统可以快速地处理大量粒子。

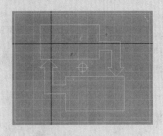 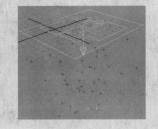 

图 12.56　创建粒子流　　　图 12.57　粒子以十字叉的形式显示　　　图 12.58　渲染粒子

(4)　单击 (修改)按钮，打开修改命令面板，在 Setup(设置)卷展栏中单击 Particle View(粒子视图)按钮，打开 Particle View(粒子视图)对话框。

(5)　在全局事件显示窗口图表 PF Source 01(粒子流源 01)中，单击 Render 01(Geometry)(渲染 01(几何体))，它将高亮显示。此时 Render 01(渲染 01)参数设置栏显示在对话框的右侧，如图 12.59 所示。Render 01(渲染 01)参数栏用于选择粒子渲染类型、需要渲染粒子数量的百分比，以及将粒子分享到各个网格中的方法。

图 12.59　粒子视图

(6)　在 Render 01(渲染 01)参数栏中，单击 Type(类型)下拉列表框右侧的下三角按钮，在打开的下拉列表中选择 Bounding Boxes(跳跃立方体)。单击 (快速渲染)按钮渲染透视图，粒子由原来的三角形实体变为四方体，如图 12.60 所示。

(7)　前面的操作是更改渲染视图中粒子显示的类型，也可以更改粒子在视图中的显示类型。单击 Event 01(事件 01)列表底部的操作符 Display 01(Ticks)(显示 01(十字叉))。粒子视图对话框右侧显示出显示类型设置参数栏,此时 Type(类型)设置的是 Ticks(十字叉),单击 Ticks 名称,在下拉列表中选择 Boxes(立方体),这时粒子在视图中显示为四边形,如图 12.61 所示。

(8) 下面为粒子流添加新事件,并将两个事件关联到一起。在 Particle View(粒子视图)对话框底部的仓库区域中,单击黄色菱形图标项目 Age Test 01(年龄测试),将 Age Test 01(年龄测试 01)从仓库中拖至 "Event 01(事件 01)" 列表中,使其位于此列表底部,如图 12.62 所示。

图 12.60　渲染粒子形状

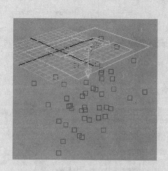

图 12.61　视图中的粒子形状

图 12.62　添加年龄测试事件

(9) 单击 Event 01(事件 01)列表中的 Age Test 01(年龄测试 01)事件,然后在对话框右侧的 Age Test 01(年龄测试 01)参数栏中,将 Test Value(测试值)设置为 15,将 Variation(变化)设置为 5,如图 12.63 所示。(提示:Age Test 01(年龄测试 01)参数栏中,测试类型为 Particle Age(粒子年龄),表示生存了 15 帧以上所有粒子的测试结果都为"真",并传至下一事件。)

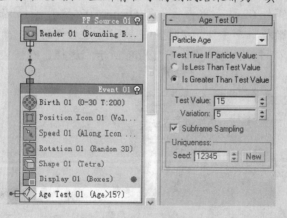

图 12.63　修改年龄测试参数

(10) 新建一个 Event(事件),并将其关联至测试。在仓库中单击操作符 Shape(形状),从仓库中将其拖至事件显示的空白区域,使其位于 Event 01(事件 01)下面,此时创建一个名为 Event 02(事件 02)的新的 Event(事件),操作符 Shape(形状)显示在的新事件中,如图 12.64 所示。

(11) 将事件 01 中的 Age Test 01(年龄测试 01)与新事件进行实际关联。将光标放置在

Age Test 01(年龄测试 01)的测试输出左端的蓝色圆点上。此光标图像更改为具有三个朝内指向圆形连接器的箭头的图标，如图 12.65 所示。

(12) 拖动箭头，将 Event 01（事件 01）中的 Age Test 01(年龄测试 01)上的事件输出拖动到 Event 02(事件 02)输入圆圈上，然后释放鼠标左键，这时会显示连接这两个事件的蓝色关联箭头，如图 12.66 所示。此关联表示满足 Age Test 01(年龄测试 01)条件的粒子将会通过此关联到达受其动作影响的 Event 02(事件 02)。

图 12.64 创建事件 02

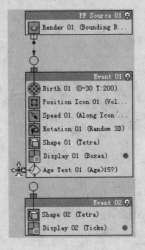
图 12.65 建立两事件之间的关联

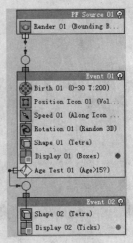
图 12.66 显示连接两个事件

(13) 在 Event 02(事件 02)中，单击操作符 Shape 02(形状 02)，此时粒子视图对话框右侧显示出 Shape 02 参数栏，单击 Shape(形状)下拉列表框右侧的下三角按钮，在打开的下拉列表中选择 Cube(立方体)选项，如图 12.67 所示。

(14) 在 Event 02(事件 02)中，单击操作符 Display 02(显示 02)，在粒子视图对话框右侧显示出 Display 02 参数栏，单击 Type(类型)下拉列表框右侧的下三角按钮，在打开的下拉列表中选择 Geometry(几何体)选项，如图 12.68 所示。这样，在渲染时，粒子将以几何体的形状显示。

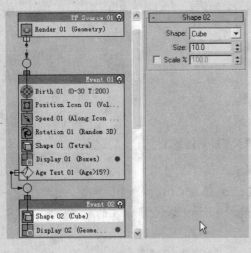

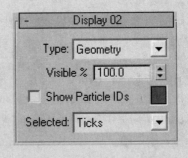

图 12.67 将形状 02 修改为立方体

图 12.68 设置显示类型

(15) 移动视图下方的时间滑块，播放动画，会观察到从 15 帧开始，粒子流中的一些粒子更改为立方体，即粒子已经开始执行事件 02。

(16) 在粒子视图对话框的全局事件显示区域图表 PF Source 01 中，单击操作符 Render 01(Geometry)，它将高亮显示。在对话框的右侧 Render(渲染)参数栏中单击类型右侧的下三角按钮，在下拉列表中选择 Geometry 选项。

(17) 单击 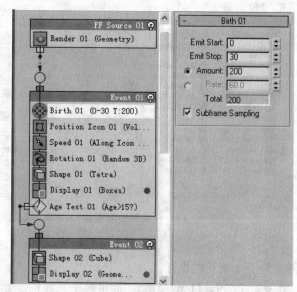(快速渲染)按钮，渲染透视图，如图 12.69 所示，粒子由四面体在喷射过程中变化为立方体。

1. Particle View(粒子视图)对话框

Particle View(粒子视图)对话框用来设置事件驱动模型，是构建和修改 PF Source 01(粒子流源 01)的主要界面。

1) 菜单栏

菜单栏包括 Edit(编辑)、Select(选择)、Display(显示)和 Options(选项)共 4 个项目，可以执行许多重要功能。

2) 事件显示和参数面板

主窗口(即事件显示窗口)显示的是描述粒子系统的粒子图表，并提供修改粒子系统的功能。如图 12.70 所示，左边是事件显示窗口，右边是参数面板，在参数面板中可以修改粒子系统的参数。当选择事件显示中的操作符时，参数面板中才会显示该操作符的参数设置栏，用于查看和编辑任何选定操作符的参数。参数设置栏基本功能与 3ds Max 命令面板上的参数栏功能相同。

图 12.69　粒子随年龄变化的效果

图 12.70　事件显示窗口和参数面板

粒子系统的第一个事件称为全局事件，它包含的任何操作符都能影响整个粒子系统。全局事件与创建的粒子流图标的名称相同，这里为 PS Source 01。跟随其后的是 Birth 01(出生 01)事件，如果系统要生成粒子，它必须包含出生操作符，且一个 Particle Flow Source 只能具有一个 Birth 操作符。在事件显示窗口中可以为粒子系统添加任意数量的后续事件，这些后续事件称为附加事件。出生事件和附加事件统称为局部事件。局部事件的动作通常只影响当前事件中的粒子。

一个粒子系统可以包含一个或多个相互关联的事件图表，每个事件图表是包含一个或多个操作符和测试的列表。操作符和测试统称为动作。

3) 仓库和说明面板

仓库中包含所有粒子流的动作，以及几种默认的粒子系统。要使用某个事件，将其拖动到事件显示窗口中即可。仓库的内容可划分为三个类别：操作符、测试和流。

当在仓库中选择一个事件后，说明面板中将显示该仓库事件的简短说明。通过在对话框中选择不同的事件，可切换说明面板中显示的内容。

仓库和说明面板如图 12.71 所示。

在图 12.71 左边的仓库中，选择 Scale(缩放)事件后，右边的说明面板中显示"Scale controls particle size(缩放控制粒子的尺寸)"。选择不同的事件，将显示相应的说明。

4) 动作

创建粒子系统的粒子流组件统称为动作。这些组件可划分为三种主要类别：操作符、流、测试。它们的名称都在粒子视图对话框的仓库中。

(1) 操作符。操作符是粒子系统的基本元素，将操作符合并到事件中可以设置一定时间内粒子的特性，常用于设置粒子的速度、方向、形状、显示等属性。

所有操作符都列在粒子视图的仓库中，如图 12.72 所示红色区域中的项目都是操作符，每个操作符的图标都有一个蓝色背景，只有 Birth(出生)操作符和 Birth Script(出生脚本)操作符是绿色背景。

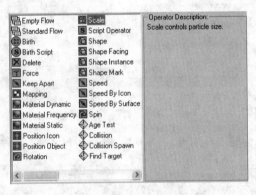

图 12.71　仓库和说明面板

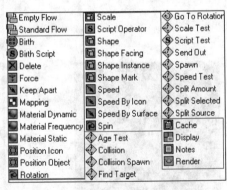

图 12.72　操作符

(2) 流。Flows(流)包含两个操作符：Empty Flow(空流)和 Standard Flow(标准流)，用于创建粒子系统初始设置。

● Empty Flow(空流)：提供粒子系统的起始点。将空流从仓库拖动到事件显示窗口中，即可创建包含单个渲染操作符的全局事件，如图 12.73 所示。

● Standard Flow(标准流)：标准流包含全局事件和出生事件，并相关联。全局事件中包括渲染操作符，出生事件中包含产生、位置、速度、旋转、形状、显示操作符。这些操作符是默认的粒子流创建设置，标准流如图 12.74 所示。

(3) 测试。粒子流源中 Tests(测试)的基本功能是确定粒子是否满足事前设定的一个或多个条件，如果满足，粒子可以发送给另一个事件。粒子通过测试时，称为"测试为真值"。要将有资格的粒子发送给另一个事件，必须将测试与相应事件关联。如实例 8 中的年龄测试，事件 01 中粒子的形状为四面体，条件为年龄超过 15 帧的粒子执行事件 02(形状变换为立方体)，测试到符合条件的粒子就发生事件 02。

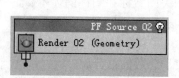

图 12.73　空流　　　　　　　　　　　　　图 12.74　标准流

未通过测试的粒子("测试为假值")保留在原事件中，受原操作符的影响并反复测试。如测试未与另一个事件关联，所有粒子都将保留在原事件中。

通常测试应放在所有事件的结尾，除非因特定原因需要将其放在其他位置。所有测试都列在粒子视图仓库中，以黄色菱形图标显示的项目都是测试事件，如图 12.72 所示。

2. 粒子流修改参数栏

在创建粒子流后，单击 按钮，在打开的修改命令面板中将显示出粒子流的部分动作设置参数栏，主要参数卷展栏说明如下。

1)　Setup(设置)参数卷展栏

此卷展栏可打开和关闭粒子系统，以及打开粒子视图，如图 12.75 所示。

- Enable Particle Emission(启用粒子发射)：打开和关闭粒子系统。默认设置为启用。
- Particle View(粒子视图)：单击该按钮，可打开粒子视图对话框。

2)　Emission(发射)参数卷展栏

用于设置发射器(粒子源)图标的物理特性，以及渲染时视口中生成的粒子的百分比，如图 12.76 所示。

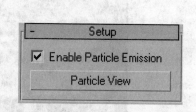

图 12.75　Setup(设置)参数卷展栏　　　图 12.76　Emission(发射)参数卷展栏

其中 Emitter Icon(发射徽标)选项组中的主要参数含义如下。

- Logo Size(大小)：设置显示在源图标中心的粒子流徽标和指示方向箭头的大小。它只影响徽标在视图中的显示，不会影响粒子系统。
- Icon Type(图标类型)：在其下拉列表中选择源图标的基本几何体：矩形、长方形、圆形或球体。当源图标作为粒子发射器时，此选项才起作用。
- Length/Diameter(长度/直径)(图 12.76 中显示为 Length)：设置矩形和长方体图标类型的长度以及圆形和球体图标类型的直径。
- Width(宽度)：设置矩形和长方体图标类型的宽度。
- Height(高度)：设置长方体图标类型的高度。
- Show Logo/Icon(显示徽标/图标)：分别打开和关闭徽标和图标的显示。

Quantity Multiplier(倍增量)参数选项组中的主要参数含义如下。

- Viewport(视口)：设置系统中在视口内生成的粒子总数的百分比。
- Render(渲染)：设置系统中在渲染时生成的粒子总数的百分比。

12.8 实 例

粒子系统不仅能够喷射实体粒子，也能表现出蒸汽升腾或烟雾的效果。每个粒子都和它周围的粒子混合起来，以组成运动的水蒸气。水蒸气可以用任何一种粒子系统来模拟。下面就介绍水蒸气制作的过程，应当注意的是在这个实例中还使用了风力装置，将粒子系统与它相结合，创造特效。

(1) 在命令面板中单击 (创建)按钮,在打开的创建命令面板中单击 (几何体)按钮,在创建几何体面板的创建类型下拉列表中选择 Particle Systems(粒子系统)选项，在创建面板上单击 Super Spray(超级喷射)按钮，在顶视图中拖动鼠标创建一个超级喷射粒子系统。

(2) 单击 (修改)按钮，在 Basic Parameters(基本参数)卷展栏中的 Particle Formation(粒子形成)选项组中，轴向 Spread(扩散)参数和切向 Spread(扩散)参数分别设置为 20 和 90。使粒子以随机的方式散开发射。在 Particle Type(粒子类型)下拉列表框中，选择粒子类型为 Facing，渲染透视图，粒子效果如图 12.77 所示。

(3) 在 Particle Generation(粒子生成)参数卷展栏中，按图 12.78 所示设置参数。

(4) 在参数卷展栏的 Particle Size(粒子大小)微调框中，设置 Size 值为 5，Variation(变化)值为 20。渲染视图，粒子喷射效果如图 12.79 所示。

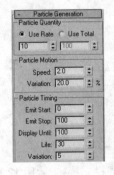

图 12.77 粒子效果　　　图 12.78 粒子生长参数　　　图 12.79 粒子喷射效果

(5) 在主工具栏中单击 按钮，打开材质编辑器，单击第一个示例球，在 Shader Basic Parameters(明暗器基本参数)卷展栏中，选中 Face Map(面贴图)复选框，使贴图应用在每一个粒子上。设置 Self Illumination(自发光)值为 100，将 Diffuse(漫反射)颜色设置为浅灰色。

(6) 在 Maps(贴图)参数卷展栏中，单击 Opacity(不透明度)右边的 None 按钮，从打开的材质/贴图浏览器中选择 Gradient(渐变)。在 Gradient Parameters(渐变参数)卷展栏中将 Gradient Type(梯度贴图类型)改为 Radial(放射状)，如图 12.80 所示，使粒子从中间向边缘逐渐变得透明。

(7) 单击 按钮，将此材质指定给粒子系统，渲染视图，粒子喷射效果如图 12.81 所示。

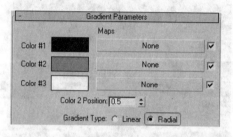

图 12.80　为粒子编辑材质

图 12.81　赋予材质后的粒子喷射效果

(8) 在命令面板中单击 按钮，在打开的创建命令面板中单击 按钮，在创建几何体面板中单击 Teapot(茶壶)按钮，在视图中创建一个茶壶。单击 按钮，在修改命令面板中取消茶壶盖的子物体显示。使用移动工具，将茶壶放置到粒子系统的下方，使粒子从茶壶中发射出来。

(9) 单击 按钮，打开材质编辑器，单击第二个材质示例球，在 Shader Basic Parameters(明暗器基本参数)卷展栏中，选中 2-Sided(双面)复选框，使用双面材质。设置 Diffuse(漫反射)颜色为白色。单击 按钮，将此材质指定给茶壶。渲染视图，粒子喷射效果如图 12.82 所示。

(10) 单击 按钮，在打开的创建命令面板中单击 按钮，在创建几何体面板中单击 Plane(平面)按钮，在顶视图中创建一个平面物体，作为桌面。

(11) 单击 Render Scene(渲染场景)按钮 ![]，打开渲染场景对话框，在 Render Output(渲染输出)选项组中，单击 File(文件)按钮，设置保存文件的名称为"水蒸气.avi"，设置好保存文件的路径，渲染场景的效果如图 12.83 所示，从茶壶向上升腾水汽。

(12) 单击 按钮，在打开的创建命令面板中单击 按钮，在创建空间扭曲面板中单击 Wind(风)按钮，在顶视图中创建一个风力装置，使用旋转按钮，将风力装置旋转一定角度，Front(前)视图如图 12.84 所示。

(13) 单击主工具栏中的 按钮，在前视图中单击重力装置并拖动到粒子系统上再松开鼠标左键，将粒子系统与风力装置相结合。

(14) 选择风力装置，单击 按钮，进入修改命令面板，调整风力的 Strength(强度)为 0.05。单击 按钮，重新渲染动画文件，水蒸气受风力影响，产生向左飘散的效果，如图 12.85 所示。

图 12.82　制作水蒸气效果

图 12.83　渲染场景

图 12.84　添加风力

图 12.85　风吹水蒸气效果

12.9　小　　结

本章讲述了粒子系统的创建方法和功能，以及如何指定物体作为粒子发射器。读者应重点掌握 Super Spray(超级喷射)粒子系统各参数的含义，并利用此工具创建一些特效。

12.10　习　　题

1. 制作如图 12.86 所示的礼花。

图 12.86　礼花

2. 在网上搜索一张北京奥运会的夜景图片，为其制作礼花，参考图如图 12.87 所示。

图 12.87　奥运会的夜景

第 13 章　在 3ds Max 中使用 Poser 造型

【本章要点】

Poser 是以制作角色动画为主的软件，Poser 中提供了大量现成的人物、动物和其他角色。通过本章的学习，读者可以了解 Poser6.0 的工作过程和基本操作，学习如何使用 Poser6.0 软件创建三维角色，学习为 Poser 模型添加材质、灯光和摄像机，以及 Poser 与 3ds Max 的联合使用。

13.1　导入 Poser 模型

13.1.1　Poser6.0 的界面

Poser6.0 的主界面如图 13.1 所示。

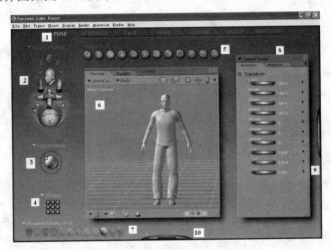

图 13.1　Poser6.0 的主界面

1. 工作室选项卡

Poser6.0 包括了 7 个工作室：POSE(姿态)、 MATERIAL(材质)、FACE(脸型)、HAIR(发型)、CLOTH(服装)、SETUP(设置)、CONTENT(内容)。

2. 照相机控制区

用于选择照相机种类，并对照相机的位置、视角和焦距等进行控制和调节。

3. 光线控制

用于对光源的方向、属性和亮度进行控制。

4. 记忆点

用于保存文档中的当前设置。

5. 编辑工具栏

Poser6.0 提供了 12 种常用工具，用于对姿态、体型和材质等进行编辑。主要包括：⊚Rotate(R)旋转、⊚ Twist(W)扭曲、✛ Translate/Pull (T)移动、✛ Translate In/Out(Z)移动、⊞ Scale(S)缩放、Ⓣ Taper(P)锥化、⊚ Chain Break(L)断开链接、⊚ Color(颜色)、⊡ Grouping Tool 组合工具、⊚View Magnifier 视图放大器、⊚ Morphing Tool 变形工具、⊚ Direct Manipulation 方向处理。

6. 文档窗口

是 Poser 的模型显示窗口，用于显示当前文档的内容。

7. 文档显示模式

Poser6.0 提供了 3 种文档显示模式：Document Display Style(文档显示模式)、 Figure Display Style(角色显示模式)和 Element Display Style(元素显示模式)。

8. 参数面板

用于显示和调节文档中当前对象(角色、元素、道具、灯光或照相机)的参数和属性。

9. 资源库

Poser6.0 提供了 9 种资源库：角色(Figure)、姿态(Pose)、表情(Expressions)、发型(Hair)、手势(Hands)、道具(Props)、灯光(Lights)、照相机(Cameras)和材质(Materials)。单击其右侧的拉出按钮，可打开资源库面板。

10. 动画控制区

用于控制动画的帧数和预览。单击其下方的拉出按钮，可打开时间控制面板。

13.1.2　制作一幅人物图片

实例 1：制作 Poser 人物图片

(1) 进入 Poser6.0 主界面，在菜单栏中选择 File(文件)| New(新建)命令，创建一个新文档。选择场景中的人物，按下 Delete 键，将其删除。

(2) 创建人物。单击主界面右侧的拉出按钮，打开资源库面板。双击 Figure(角色)打开角色资源库，双击 Jessi 选项卡，再双击 Jessi 头像，在视图中出现了女性角色模型，如图 13.2 所示。

(3) 选择发型。在资源库面板中双击 Hair(发型)，在发型资源库中双击 LightEdge Bob 图标，该发型就赋予了 Jessi 01 模型，如图 13.3 所示。调整照相机，放大 Jessi 的头部，单击文档窗口上方的 🔲(渲染)按钮，渲染视图，渲染结果如图 13.4 所示。

图 13.2　女性角色模型

图 13.3　为模型添加发型

图 13.4　渲染的头发效果

(4) 选择服装。在资源库面板中双击 Props(道具)，在服装道具资源库中双击 Dress Red(红色裙)，将服装添加到场景中。选择服装，在菜单栏中选择 Figure(角色)| Confirm to(指定)命令，在打开的对话框中的下拉列表中选择 Jessi 01，该服装就赋予了 Jessi 01 模型。使用同样的方法为 Jessi 01 添加两只凉鞋，渲染视图，穿红裙的 Jessi 如图 13.5 所示。

(5) 观察渲染效果，图像光线较暗。在资源库面板中双击 Lights(灯光)，在灯光资源库中双击 IBL Ambient Occlusion 选项卡，双击 Office 图标，重新渲染视图，效果如图 13.6 所示。

图 13.5　穿红裙的 Jessi

图 13.6　添加灯光

(6) 为场景添加背景。在菜单栏中选择 File(文件)| Import(导入)| Background Picture(背景图片)，命令选择预先准备好的图片文件(*.bmp、*.jpg、*.tgf 等格式的图形文件均可)，渲染视图，一张 Poser 人物图片的制作效果如图 13.7 所示。

图 13.7 添加背景

13.1.3 将 Poser 模型导入到 3ds Max 8 中

实例 2：将 Poser 模型导入到 3ds Max 8 中

(1) 进入 Poser6.0 主界面，在菜单栏中选择 File(文件)| New(新建)命令，创建一个新文档。选择场景中的人物，按下 Delete 键，将其删除。

(2) 创建人物。单击主界面右侧的拉出按钮，打开资源库面板。双击 Figure(角色)打开角色资源库，双击 James 选项卡，再双击 James 头像，在视图中出现了男性角色模型，双击 Props(道具)，在道具选项卡中选择 JamesCloth，选择一条短裤，场景中的模型和渲染效果如图 13.8 所示。

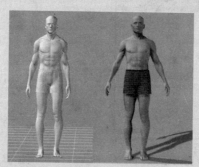

图 13.8 James 和道具

(3) 在菜单栏中选择 File(文件)| Export(输出)| 3D Studio(三维模型)命令，在打开的 Export Range(输出范围)对话框中选中 Single frame(单帧)单选按钮后，单击 OK 按钮进行确认，Export Range(输出范围)对话框如图 13.9 所示。

(4) 在随后打开的 Hierarchy Selection(层级选项)对话框中，保持默认值，单击 OK 按钮进行确认。Hierarchy Selection(层级选项)对话框如图 13.10 所示。

(5) 在打开的 Export as 3D Studio(输出为三维模型)对话框中，将模型命名为 "man01.3ds"，单击"保存"按钮。Export as 3D Studio(输出为三维模型)对话框如图 13.11 所示。

(6) 在打开的对话框中选中 Export object groups for each body part(为身体每个部分输出对象组)复选框，单击 OK 按钮完成文件保存，如图 13.12 所示。

(7) 启动 3ds Max 8 软件，在菜单栏中选择 File(文件)| Import(导入)命令，在打开的 Select File to Import(选择导入文件)对话框中选择文件路径，导入 "man01.3ds" 文件。

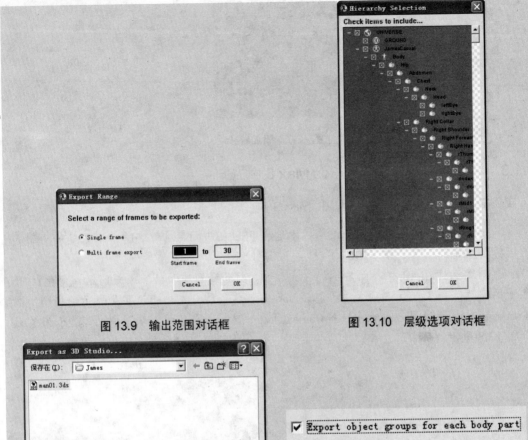

图 13.9　输出范围对话框　　　　　　　图 13.10　层级选项对话框

图 13.11　输出为三维模型对话框 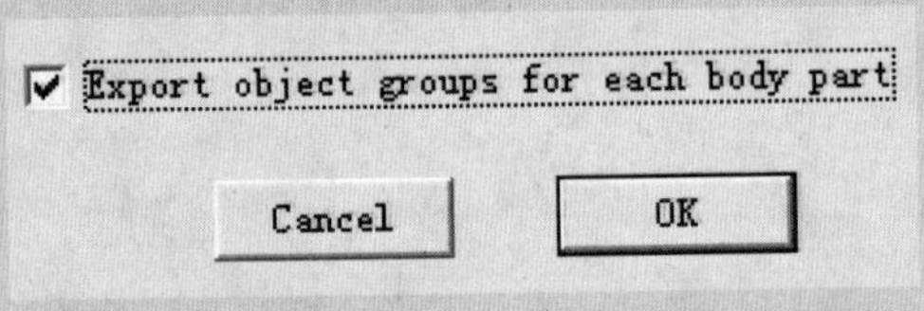　　　　　图 13.12　对话框

（8）在打开的 3DS Import(3DS 导入)对话框中,选中 Merge objects with current scene(将对象与当前场景合并)单选按钮和 Convert units(转化为单位)复选框,如图 13.13 所示,单击 OK 按钮进行确认。

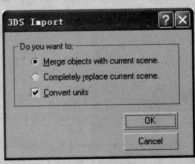

图 13.13　3DS 导入对话框

（9）场景中出现了 Poser 人物模型和地面模型,删除地面模型,人物场景如图 13.14 所示。

高职高专立体化教材　计算机系列

(10) 渲染视图，人物渲染效果如图 13.15 所示，可看到人物上没有材质。

图 13.14 场景

图 13.15 渲染效果

13.2 为 Poser 模型添加材质

13.2.1 身体皮肤

实例 3：创建人物身体皮肤

(1) 启动 3ds Max 8 软件，按实例 2 中的步骤，导入 "man01.3ds" 文件，如图 13.14 所示。

(2) 选择短裤，发现短裤由几个元素组成，选中其中的一块，单击 （修改）按钮，进入修改命令面板，单击 Attach(附加)按钮，分别单击短裤的其他各部分，将短裤合并为一个整体，如图 13.16 所示。

(3) 为短裤设置简单材质。按 M 键，打开材质编辑器，选择第 1 个材质样本球，设置 Diffuse(漫反射)颜色为蓝色，单击 （将材质指定给选定对象)按钮，将材质赋予短裤，效果如图 13.17 所示。

图 13.16 合并短裤

图 13.17 设置短裤材质

(4) 选择头部和短裤以外的其他元素，将它们附加为一个整体，如图 13.18 所示。选择第 2 个材质样本球，单击 Diffuse(漫反射)颜色右侧的按钮，在打开的 Material/Map Browser(材质/贴图浏览器)对话框中选择 Bitmap(位图)，在打开的 Select Bitmap Image(选择位图图像)对话框中，设置贴图路径。这里使用系统自带的贴图，路径为 Program Files\Curious Labs\Poser6\Runtime\Textures\Poser5 Textures\Figure Textures/rdnaP5man 文件夹中的

DonBodyTexLo.jpg 文件。贴图如图 13.19 所示。

(5) 单击🔲(将材质指定给选定对象)按钮，将材质赋予人体，效果如图 13.20 所示。

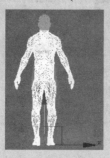

图 13.18　将模型身体合并为整体　　图 13.19　人体贴图　　图 13.20　身体添加贴图后的效果

13.2.2　头部皮肤

实例 4：创建人物头部皮肤

(1) 选择面部，注意将眼睛除外，如图 13.21 所示。

(2) 在材质编辑器中选择第 3 个材质样本球，单击 Diffuse(漫反射)颜色右侧的按钮，在打开的 Material/Map Browser(材质/贴图浏览器)对话框中选择 Bitmap(位图)，在打开的 Select Bitmap Image(选择位图图像)对话框中，设置贴图路径。这里使用系统自带的贴图，路径为 Program Files\Curious Labs\Poser6\Runtime\Textures\Poser5 Textures\Figure Textures\rdnaP5man 文件夹中的 DonHeadTexLo.jpg 文件。贴图如图 13.22 所示。

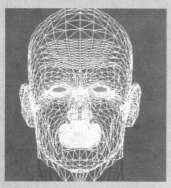

图 13.21　选择面部　　　　　　　　图 13.22　头部贴图

(3) 单击🔲(将材质指定给选定对象)按钮，将材质赋予头部，渲染效果如图 13.23 所示。

(4) 现在头部贴图与面部不匹配。单击🖊(修改)按钮，进入修改命令面板，在 Modifier List(修改器列表)下拉列表中，选择 UVW Maping(UVW 贴图)选项，在 Parameters(参数)卷展栏中的 Maps(贴图)选项组中选中 Cylinder(柱形)复选框，如图 13.24 所示。

(5) 单击 UVW Maping 左侧的 "+" 号，打开修改器堆栈，选择 Gizmo 层级，使用移动和缩放工具调整 Gizmo 的大小和位置，渲染效果如图 13.25 所示。

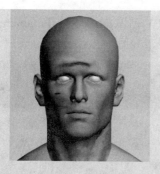

图 13.23 将材质赋予头部

图 13.24 添加柱状 UVW 修改器

图 13.25 调整 Gizmo

13.2.3 眼睛材质

实例 5：创建人物眼睛材质

(1) 选择眼睛，如图 13.26 所示。

(2) 在材质编辑器中选择第 4 个材质样本球，单击 Diffuse(漫反射)颜色右侧的按钮，在打开的 Material/Map Browser(材质/贴图浏览器)对话框中选择 Bitmap(位图)，在打开的 Select Bitmap Image(选择位图图像)对话框中，设置贴图路径。这里使用系统自带的贴图，路径为 Program Files\Curious Labs\Poser6\Runtime\Textures\Poser5 Textures\Figure Textures\rdnaP5man 文件夹中的 DonHazelEyeLo.jpg 文件。贴图如图 13.27 所示。

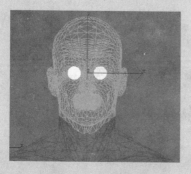

图 13.26 选择眼睛

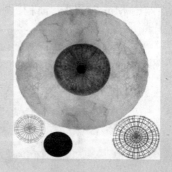

图 13.27 眼睛贴图

(3) 单击 (将材质指定给选定对定)按钮，将材质赋予眼睛，渲染效果如图 13.28 所示。

(4) 现在眼睛的贴图不太自然。单击 (修改)按钮，进入修改命令面板，在 Modifier

List(修改器列表)下拉列表中，选择 UVW Maping(UVW 贴图)选项，在 Parameters(参数)卷展栏中的 Maps(贴图)选项组中选中 Plane(平面)复选框，如图 13.29 所示。

图 13.28　赋予眼睛材质

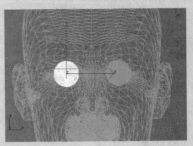
图 13.29　为眼睛添加 UVW 修改器

　　(5)　单击 UVW Maping 左侧的"+"号，打开修改器堆栈，选择 Gizmo 层级，使用移动和缩放工具调整 Gizmo 的大小和位置，同样为另一只眼睛设置贴图，渲染效果如图 13.30 所示。

图 13.30　调整 Gizmo 的大小和位置

13.3　实　　例

1.　创建 Poser 中卡通妹妹的姿态

　　(1)　进入 Poser6 软件，单击主界面右侧的拉开按钮，选择 Figures(角色)|Cartoon(卡通)|Minnie 命令，双击 Minnie 图标，将其调入视窗，如图 13.31 所示。

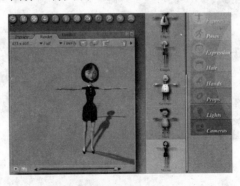
图 13.31　将卡通妹妹调入视窗

　　(2)　单击界面下方的折叠按钮▰▰▰▰▰▰▰，打开时间控制面板，如图 13.32

所示。

图 13.32 时间控制面板

(3) 拖动时间指针，在不同的帧处，调整卡通妹妹的姿态，在第 1 帧、第 8 帧、第 12 帧、第 16 帧、第 20 帧、第 24 帧卡通妹妹的姿态如图 13.33 所示。

图 13.33 卡通妹妹的姿态

(4) 输出动画文件。在菜单栏中选择 File(文件)| Export(导出)|3D Studio(3D 视频)命令，按图 13.34 所示设置输出范围为从第 1 帧到第 30 帧。

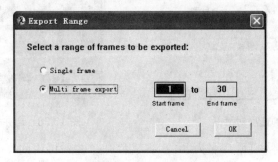

图 13.34 输出范围对话框

(5) 设置保存路径，单击 OK 按钮保存 30 个"卡通妹妹_0.3ds"～"卡通妹妹_29.3ds"文件。

2. 在 3ds Max 中制作卡通妹妹动画

(1) 启动 3ds Max 8，在菜单栏中选择 File(文件)| Import(导入)命令。

(2) 在打开的 3DS Import(3DS 导入)对话框中，选中 Merge objects with current scene(将对象与当前场景合并)单选按钮和 Convert units(转化为单位)复选框，如图 13.35 所示，单击 OK 按钮进行确认。

(3) 将"卡通妹妹_0.3ds"文件导入场景中，如图 13.36 所示。

(4) 从图中可以看到，人物模型是由多个元素组成的。选择人物模型上的一个元素，单击 (修改)按钮，打开 Edit Geometry(编辑几何体)卷展栏，单击 Attach List(附加列表)按钮，单击 All(全部)按钮，再单击 Attach(附加)按钮，在打开的 Attach Options(附加选项)对话框中按图 13.37 所示进行设置。

(5) 单击 OK 按钮, 将全部元素合并为一个整体, 如图 13.38 所示。

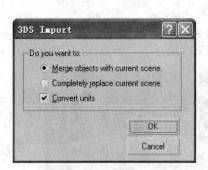

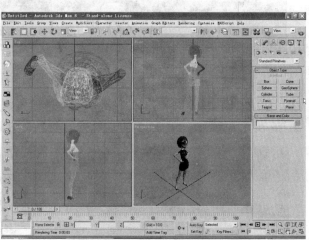

图 13.35　3DS 导入对话框　　　　　图 13.36　将卡通妹妹导入 3ds Max

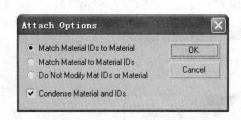

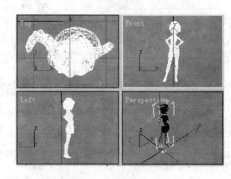

图 13.37　附加选项对话框　　　　　图 13.38　合并模型的元素

(6) 将新合并的人物模型命名为 01, 将其移开一些。再用同样的方法将"卡通妹妹_1.3ds"导入场景中, 将其合并为一个整体后, 命名为 02 并移开; 继续导入"卡通妹妹_2.3ds"。使用同样的方法将 30 个卡通妹妹全部导入场景中, 如图 13.39 所示。

(7) 选择 01 号卡通妹妹, 在 Modifier List(修改器列表)下拉列表中选择 Morpher(变形)修改器。单击 Auto key(自动关键帧)按钮, 将时间指针拖动到第 5 帧处, 在修改器面板上单击通道 01 的 empty(空)按钮, 再单击列表下面的 Load Multiple Targets(加载多个目标)按钮, 在打开的 Load Multiple Targets(加载多个目标)对话框中选择 02 号卡通妹妹。Morpher(变形)修改器通道列表如图 13.40 所示。

(8) 将时间指针拖动到第 10 帧处, 在修改器面板上单击通道 02 的 empty(空)按钮, 再单击列表下面的 Load Multiple Targets(加载多个目标)按钮, 在打开的 Load Multiple Targets(加载多个目标)对话框中选择 03 号卡通妹妹。

(9) 使用同样的方法将所有卡通妹妹加载到各个通道, 再一次单击 Auto key(自动关键帧)按钮, 结束动画设置。拖动时间指针, 可观察到 01 号卡通妹妹运动起来了。

(10) 将其他的卡通妹妹都隐藏起来, 将 01 号卡通妹妹复制几个, 就可以得到一组卡通妹妹跳舞的动画了。如图 13.41 所示为动画中几帧的画面截图。

图 13.39　导入模型

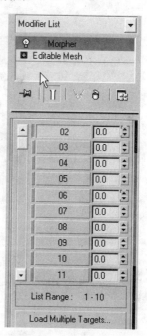

图 13.40　Morpher（变形）修改器通道列表

图 13.41　卡通妹妹跳舞动画

13.4　小　　结

　　本章简单介绍了在 Poser6 中创建三维模型的基本方法，讲解了如何将 Poser6 中创建的三维模型导入 3ds Max 中，并为其赋予皮肤贴图材质，介绍了从 Poser6 中制作动画，调入到 3ds Max 中生成三维动画的操作步骤。Poser6 软件拥有一系列庞大的资源库，包括角色（Figure）、姿态（Pose）、表情（Expressions）、发型（Hair）、手势（Hands）、道具（Props）、灯光（Lights）、照相机（Cameras）和材质（Materials），在一定程度上可以满足各种模型创作的要求。

13.5　习　　题

1．按照本章介绍的制作图片的工作流程制作一幅图片。
2．按照本章介绍的制作动画的工作流程，利用资源库中的卡通博士，制作一个博士演讲的动画。卡通博士如图 13.42 所示。

图 13.42　卡通博士

第 14 章　在 After Effects 中完成
影视广告后期制作

【本章要点】

通过本章的学习，读者可以了解 After Effects 7.0 这一功能强大的影视后期制作软件，学会使用 After Effects 7.0 制作基础动画，制作令人眼花缭乱的光效，学会利用 After Effects 7.0 预设的文字效果和动画效果，高效、精确地创建引人注目的动态图形和视觉效果。

14.1　After Effects 7.0 简介

After Effects 是 Adobe 公司生产的一款用于高端视频特效系统的专业特效合成软件，是实现制作动态图形和视频效果的主流通用软件工具。After Effects 软件被用于电影、电视、DVD、Flash 等产品的后期制作，为其添加动态图形和制作特殊光效。After Effects 提供了与 3ds Max、Photoshop、Adobe Premiere Pro、Adobe Audition 等软件的集成功能，为用户提供了全新的集成方式，以及完成高品质产品所需的速度、准确度、强大的特效和合成功能。

1. After Effects 7.0 的工作界面

After Effects 7.0 的工作界面如图 14.1 所示。

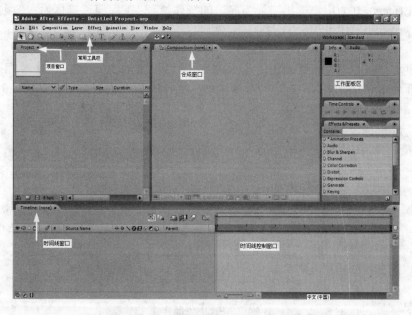

图 14.1　After Effects 7.0 的工作界面

下面简单介绍 After Effects 7.0 工作界面的几个组成部分。

(1) 常用工具栏：该工具栏中包括了经常使用的工具，分为常用工具、绘图工具和轴模式 3 部分。

(2) Project(项目)窗口：在此窗口中显示导入 After Effects 中的所有文件，创建的合成文件、图层等，还可以查看每个文件的类型、尺寸、时间长度和文件存储的路径等信息。

(3) Timeline(时间线)窗口：在此窗口中可以对文件进行时间、动画、效果、尺寸、Mask(遮罩)、不透明度以及各种特效的合成编辑，是 After Effects 中最重要的窗口。

(4) Composition(合成)窗口：在此窗口中可以显示合成图像、动画效果和合成文件输出的最终效果。

(5) 时间线控制窗口：在此窗口中可以显示和编辑素材的时间长度，显示和编辑动画的关键帧。

(6) 工作面板区：After Effects 标准版提供了 11 种预设的工作面板，有助于用户提高工作效率。如图 14.1 所示是标准状态下，系统默认的常用工作面板显示情况。

- Info/Audio(信息/音乐面板)：信息面板中显示了素材、图层和合成图像的颜色和坐标信息。音乐面板显示播放时的音量级别，可以对音频文件进行编辑处理，也可对声音的高低进行监测。
- Time Controls(时间控制面板)：在此面板中可以控制视频文件的播放、暂停、循环播放、前进和倒退等操作。
- Effects & Presets(特效和预设面板)：在此面板中包括了主菜单 Effects(特效)中的所有特效和预设的动画。

2. After Effects 7.0 的制作流程

After Effects 7.0 为用户提供了最为简洁的操作流程，下面通过具体的实例来进行学习。

实例 1：应用 After Effects 7.0 制作一个动画合成文件

(1) 打开 After Effects 7.0 软件。在菜单栏中选择 File(文件)| Import(导入)| File(文件)命令，在打开的 Import File(导入文件)对话框中，选择光盘中的"素材\第 14 章\国画 1.jpg、国画 2.jpg、国画 3.jpg、国画 4jpg"共 4 张图片素材，单击"打开"按钮，将图片素材导入时间线中，Project(项目)窗口如图 14.2 所示。

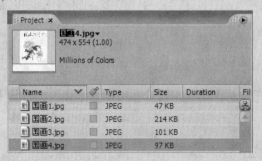

图 14.2　Project(项目)窗口

(2) 在 Project(项目)窗口中右击鼠标，在弹出的快捷菜单中选择 New Composition(新合成文件)命令，创建新的合成文件，在打开的 Composition Settings(合成文件设置)对话框中按图 14.3 所示进行设置。

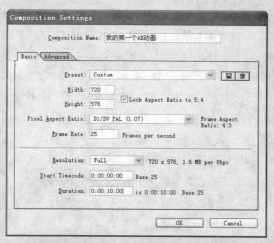

图 14.3　合成文件设置对话框

提示：　合成文件设置对话框中的 Basic(基础)选项卡中设置的内容如下。

①　Composition Name(合成文件名)：在此为合成文件命名。

②　Preset(预设)：After Effects 7.0 提供了从 NTSC、PAL 制式标准电视规格到 HDTV(高清晰度电视)、Film(电影胶片)等多种常用的影片格式，也可选择 Custom(自定义)影片格式。

③　Width/Height(宽度/高度)：设置视频文件显示区域的大小。

④　Pixel Aspect Ratio(像素比)：设置合成图像的像素纵横比，在下拉列表中有很多预制的像素比，例如，电视屏幕的像素比可选择 "D1/DV　PAL(1.07)" 选项。

⑤　Frame　Rate(帧速率)：每秒播放的画面数，我国使用的是 PAL 制式，帧速率为 25 帧/秒。

⑥　Resolution(分辨率)：分辨率是以像素为单位来决定图像的大小，它将影响合成图像的渲染质量。在 After Effects 7.0 中提供了以下 5 种分辨率设置。

●　Full(满分辨率)：渲染合成图像中的每一个像素，渲染质量最好，所需时间最长。

●　Half(半分辨率)：渲染合成图像中 1/4 的像素，即图像横的一半像素和纵的一半像素，所需时间约为 Full 的 1/4。

●　Third(三分之一分辨率)：渲染合成图像中 1/9 的像素，所需时间约为 Full 的 1/9。

●　Quarter(四分之一分辨率)：渲染合成图像中 1/16 的像素，所需时间约为 Full 的 1/16。

●　Custom(用户自定义)：由用户自行设定分辨率。

⑦　Start Timecode(开始时间)：在默认情况下，合成文件从 0 秒开始工作。

⑧　Duration(持续时间)：合成文件所持续的时间长度。

(3)　将 4 张素材图片拖入时间线窗口中，在时间线窗口中产生了 4 个图层，如图 14.4

所示。在界面右侧的时间控制窗口中拖动各图片的时间起点和终点，使1～3层的时间长度为2.5秒，第4层的时间长度为10秒，将它们按图14.5所示的设置进行排列。

(4) 在时间线窗口中，选中第1层，按P键，打开第1张图片的Position(位置)参数设置栏，如图14.6所示。将时间滑标拖动到第0帧处，单击Position(位置)参数前面的插入关键帧图标 ⬚，在该图层的时间控制窗口中产生了一个关键帧，将图片 1 拖动到Composition(合成)窗口的下方；将时间滑标拖动到第 2 秒处，将图片 1 拖动到Composition(合成)窗口的中间，这时在时间控制窗口中又产生了一个关键帧，这样系统就记录了0～2秒时间内，图片1从合成窗口下方滑动到合成窗口中间的位置动画。单击时间控制面板中的播放按钮，可以预览图片1的位置动画。

图 14.4　时间线窗口

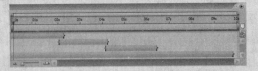

图 14.5　时间控制窗口

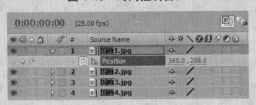

图 14.6　设置位置动画

(5) 在时间线窗口中，选中第2层，按S键，打开第2张图片的Scale(缩放)参数设置栏，如图14.7所示。将时间滑标拖动到第2帧处，单击Scale(缩放)参数前面的插入关键帧图标 ⬚，在该图层的时间控制窗口中产生了一个关键帧，将图片2的X和Y方向的显示比例均设置为70%；将时间滑标拖动到第4秒处，将图片2的X和Y方向的显示比例均设置为110%，这时在时间控制窗口中又产生了一个关键帧，这样系统就记录了2～4秒时间内，图片2从70%放大到110%的缩放动画。单击时间控制面板中的播放按钮，可以预览图片1～2的动画效果。

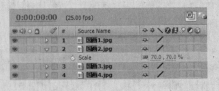

图 14.7　设置缩放动画

（6）　在时间线窗口中，选中第 3 层，按 R 键，打开第 3 张图片的 Rotation(旋转)参数设置栏，如图 14.8 所示。将时间滑标拖动到第 4 帧处，单击 Rotation(旋转)参数前面的插入关键帧图标⏱，在该图层的时间控制窗口中产生了一个关键帧，将图片 3 的旋转角度设置为 0×+0.0°；将时间滑标拖动到第 6 秒处，将图片 3 的旋转角度设置为 2×+0.0°，这时在时间控制窗口中又产生了一个关键帧，这样系统就记录了 4～6 秒时间内，图片 3 从 0 旋转到720°的旋转动画。单击时间控制面板中的播放按钮，可以预览图片 1～3 的动画效果。

图 14.8　设置旋转动画

（7）　在时间线窗口中，选中第 4 层，按 T 键，打开第 4 张图片的 Opacity(不透明度)参数设置栏，如图 14.9 所示。将时间滑标拖动到第 6 帧处，单击 Opacity(不透明度)参数前面的插入关键帧图标⏱，在该图层的时间控制窗口中产生了一个关键帧，将图片 4 的不透明度设置为 30%；将时间滑标拖动到第 9 秒处，将图片 4 的不透明度设置为 100%，这时在时间控制窗口中又产生了一个关键帧，这样系统就记录了 6～9 秒时间内，图片 4 从 70%透明到不透明的动画。单击时间控制面板中的播放按钮，可以预览图片 1～4 的动画效果。

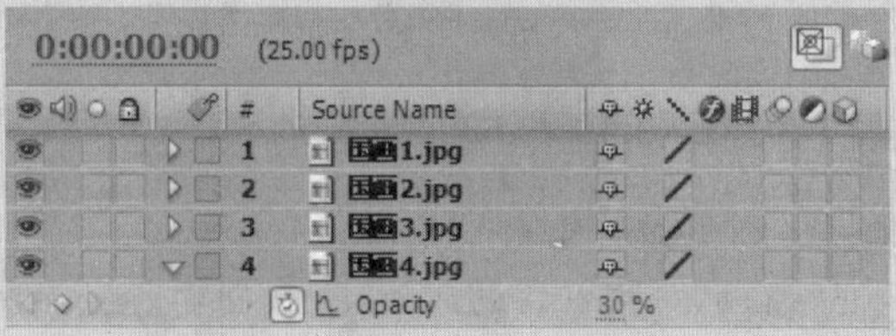

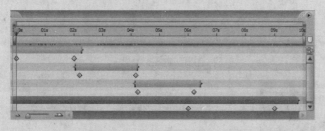

图 14.9　设置不透明度动画

（8）　在时间控制窗口中，各图层的关键帧显示如图 14.10 所示。

图 14.10　各图层的关键帧显示

（9）　在菜单栏中选择 Composition(合成)| Make Movie(合成影片)命令，或按 Ctrl+M 组合键，打开 Render Queue (渲染队列)对话框，单击 Render(渲染)按钮，设置输出文件保存的路径，单击 OK 按钮，即可输出.avi 格式的视频文件。合成文件在 2 秒、4 秒、6 秒和 10秒时的动画画面如图 14.11 所示。

图 14.11　动画画面

从实例 1 中可知，应用 After Effects 7.0 制作动画，基本可以分为以下 4 个步骤。

(1)　导入素材。

(2)　新建合成文件。

(3)　在时间线中对素材进行编辑。

(4)　预览并渲染输出合成文件。

14.2　After Effects　后期制作

3ds Max 8 与 After Effects 7.0 结合可以制作出令人眼花缭乱的影视包装，如台标演绎、节目包装、片头片花等。在 3ds Max 8 中创建场景、物体或人物的动画视频效果，然后使用 After Effects 进行影片采集加工、剪辑制作、音频加工特效、视音频合成、文字特效等后期制作。完成一般商业片、电视节目、 DV 作品的剪辑工作。下面通过一个实例来学习合成与剪辑软件在影视特效与广告后期合成中的实战技巧。

实例 2：3ds Max 8 与 After Effects 7.0 的结合

1)　在 3ds Max 8 中创建线框轮廓构成地球仪

(1)　在命令面板中单击 (创建)按钮，进入 Create(创建)命令面板。单击 (几何体)按钮，在创建类型下拉列表框中选择 Standard Primitives(标准基本体)选项。单击 Sphere(球体)按钮，在顶视图中创建一个球体 Sphere01，设置半径为 80，其他参数保持默认值。

(2)　选择球体，单击 (修改)按钮进入 Modify(修改)命令面板，在修改器类型下拉列表中选择 Lattice(晶格)选项，进入晶格属性面板，得到如图 14.12 所示的晶格效果。展开Parameters(参数)卷展栏，按图 14.13 所示设置修改参数，修改后的效果如图 14.14 所示。

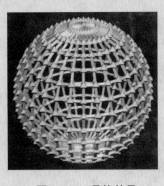  

图 14.12　晶格效果　　　　图 14.13　Parameters 卷展栏　　　　图 14.14　修改后的效果

(3) 单击主工具栏中的 Material Editor(材质编辑器)按钮，打开材质编辑器，选择第 1 个示例球，设置 Diffuse(漫反射)颜色为(RGB: 100、135、108)，Specular Level(高光级别)为 125，Glossiness(光泽度)为 100。单击 Assign Material to Election(将材质指定给选定对象)按钮，将当前所编辑的材质指定给球体 Sphere01，单击 (快速渲染)按钮，预览渲染效果，如图 14.15 所示。

图 14.15 渲染效果

(4) 在顶视图中新建一个球体 Sphere02，参数与 Sphere01 相同，只是将半径修改为 82。

(5) 选择球体 Sphere02，在主工具栏中单击对齐工具按钮，将该球体与球体 Sphere01 的中心对齐。

(6) 单击主工具栏中的 Material Editor(材质编辑器)按钮，打开材质编辑器，选择第 2 个示例球，单击 Diffuse(漫反射)旁边的小方块，在打开的 Material/Map Browser(材质贴图浏览器)中选中 New(新建)单选按钮，然后在右边的列表框中双击 Bitmap(位图)贴图，选择光盘中的"素材\第 14 章\地球 1.jpg"文件，地球图片素材如图 14.16 所示。

(7) 展开 Maps(贴图)卷展栏，单击 Opacity(不透明度)通道右侧的 None(无)按钮，在打开的 Material / Map Browser(材质贴图浏览器)中选中 New(新建)单选按钮，然后在右边的列表框中双击 Bitmap(位图)贴图，选择光盘中的"素材\第 14 章\地球 2.jpg"文件，地球图片蒙版如图 14.17 所示。

图 14.16 地球图片素材

图 14.17 地球图片蒙版

(8) 展开 Output(输出)卷展栏，中选 Inverse(反转)复选框，使第 2 张图片输出黑色区域，即陆地部分。单击 Assign Material to Election(将材质指定给选定对象)按钮，将当前所编辑的材质指定给球体 Sphere02，单击 (快速渲染)按钮，预览渲染效果，如图 14.18 所示。

(9) 单击 Time Configuration(时间配置)按钮，打开时间配置对话框，在 Animation(动画)选项组中设置动画时间 Length(长度)为 200 帧，时间配置对话框如图 14.19 所示。同时选中两个球体，单击 Auto Key(自动关键帧)按钮，将时间滑块分别滑动到第 100 帧处，使用旋转工具，将两个球体同时旋转 720°。

图 14.18　渲染效果

图 14.19　时间配置对话框

(10) 为了便于以后使用此动画文件时抠除背景，在菜单栏中选择 Rendering(渲染) | Environment(环境)命令，在打开的环境和效果对话框中的 Background(背景)选项组中，单击 Color(颜色)右侧的色块，设置背景色为蓝色。单击(渲染场景)按钮，打开 Render Scence(渲染场景)对话框，在 Time Output(时间输出)选项组中，选择 Range(渲染范围)为 0～200；向下移动面板，单击 Files(文件)按钮，在打开的对话框中设置文件保存的路径，并将文件命名为"地球"，在保存文件类型中选择.avi 格式；单击右下角的 Render(渲染)按钮，渲染输出文件名为"地球.avi"的地球旋转视频文件。

2) 文字特效

(1) 启动 After Effect 7.0 软件。在 Project(项目)窗口的空白区右击鼠标，在弹出的快捷菜单中选择 New Composition(新建合成文件)命令，在打开的 Composition Settings(合成文件设置)对话框中，按图 14.20 所示进行设置，将文件命名为"文字"。

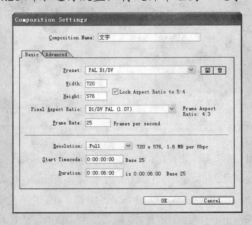

图 14.20　合成文件设置对话框

(2)　在 Timeline(时间线)窗口的空白区域右击鼠标，在弹出的快捷菜单中选择 New(新建) | Text(文字层)命令，新建 Text1(文字层 1)图层。在时间线控制窗口中拖动(出点) ，设置时间长度为 16 帧。

(3)　在工具栏中单击横排文字按钮 T ，使其处于选中状态，在窗口中输入文字"我们只有一个地球"，合成窗口如图 14.21 所示。

图 14.21　输入文字

(4)　选择文字，在菜单栏中选择 Windows (窗口) | Character(文字)命令，打开文本设置面板，按图 14.22 所示设置文字的字体、颜色、描边等属性。关闭文本设置面板，单击移动按钮 ，在合成窗口中调整文字的位置，得到如图 14.23 所示的文字效果。

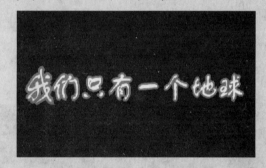

图 14.22　文本设置面板　　　　　　　　　　图 14.23　文字效果

(5)　下面为文字 1 制作动画,在菜单栏中选择 Animation(动画) | Browse Presets (浏览预置)命令，在浏览预置窗口的 Text(文本)文件夹中双击 Light and Optical 文件夹，在其中双击 Bubble Pulse 模板。激活主界面，在时间线中缓慢拖动时间指针滑块，可观察到文字有了动画效果如图 14.24 所示。

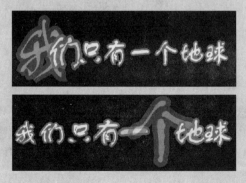

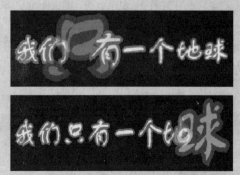

图 14.24　文字动画效果

(6) 在 Timeline(时间线)窗口的空白区域右击鼠标，在弹出的快捷菜单中选择 New(新建) | Text(文字层)命令，新建 Text2(文字层 2)图层。在时间线控制窗口中拖动(出点) ，设置时间长度为 3 秒。在窗口中输入文字"We Only Have One Earth"。选择文字，在菜单栏中选择 Windows (窗口)| Character(文字)命令，打开文本设置面板，按图 14.25 所示设置文字的字体、颜色、描边等属性。关闭文本设置面板，单击移动按钮 ，在合成窗口中调整文字的位置，得到如图 14.26 所示的文字效果。

图 14.25　设置文字的属性　　　　　　图 14.26　文字效果

(7) 下面为文字 2 制作动画，在菜单栏中选择 Animation(动画) | Browse Presets (浏览预置)命令，在浏览预置窗口的 Text(文本)文件夹中双击 Miscellaneous 文件夹，在其中双击 Hop, Skip and A Jump 模板。激活主界面，在时间线中缓慢拖动时间指针滑块，可观察到文字有了动画效果如图 14.27 所示。

图 14.27　文字动画效果

(8) 使用同样的方法，新建 Text3(文字层 3)图层。在时间线控制窗口中拖动(出点) ，设置时间长度为 2 秒 12 帧。在窗口中输入文字"我们只有一个地球"。选择文字，打开 Character 文本设置面板，按图 14.28 所示设置文字的字体、颜色、描边等属性。关闭文本设置面板，单击移动按钮 ，在合成窗口中调整文字的位置，得到如图 14.29 所示的文字效果。

(9) 下面为文字 3 制作动画，在菜单栏中选择 Animation(动画) | Browse Presets (浏览预置)命令，在浏览预置窗口的 Text(文本)文件夹中双击 Animation In 文件夹，在其中双击 Smooth Move In 模板。激活主界面，在时间线中缓慢拖动时间指针滑块，可观察到文字有了动画效果如图 14.30 所示。

(10) 在菜单栏中选择 Composition (合成)| Make movie(生成影片)命令，在界面的下方打

开 Render Queue(渲染队列)浮动面板。双击 Output to(输出到)右侧的文件名,可设置影片文件的输出路径及修改文件名为"文字",单击 Render(渲染)按钮,即可渲染输出"文字.avi"格式的影片。

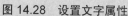

图 14.28　设置文字属性　　　　图 14.29　文字属性设置效果

图 14.30　文字动画效果

3)　在 After Effects 7.0 中合成视频文件

(1)　新建一个合成文件,命名为"地球宣传片",设置时间长度为 6 秒。

(2)　在 Timeline(时间线)窗口的空白处右击鼠标,在弹出的快捷菜单中选择 New(新建)|Solid(固态层),输入名称"背景"。

在菜单栏中选择 Animation(动画)|Browse(浏览预置)命令,将打开许多动画预置模板。双击 Synthetics(人工合成材料)文件夹,双击 Glod Amibiance(金色环境)模板,回到主界面,合成窗口出现了金黄色背景,如图 14.31 所示。

(3)　使用同样的方法制作"背景 2"图层。将 Synthetics(人工合成材料)文件夹中的 Orange Streaks(橙色光线)模板添加到背景 2 的合成面板中,效果如图 14.32 所示。激活主界面,选择背景 2 图层,在菜单栏中选择 Layer(图层)|Blending Mode(混合模式)|screen(滤色)命令,此时背景 2 和背景产生了叠放的效果,如图 14.33 所示。

图 14.31　金黄色背景　　　　图 14.32　添加模板　　　　图 14.33　滤色混合模式

(4)　在菜单栏中选择 File(文件)| Import(导入)| File(文件)命令,将前面制作的"地球.avi"和"文字.avi"视频文件导入到合成文件中。将各素材拖入到时间线中,时间线中的素材排

列如图 14.34 所示，合成窗口如图 14.35 所示。

图 14.34　素材排列　　　　　图 14.35　合成窗口

（5）单击文字层左边的 👁 按钮，只显示"地球.avi"和"背景图层"。选中"地球.avi"图层，为了删除其背景颜色，在菜单栏中选择 Effect(效果)|Keying(键控)|Color Key(颜色键控)。用吸管在背景上吸取蓝色。设置 Color Tolerance (颜色容差)的值为 130，Edge Thin (边缘收缩)为 0，Edge Feather (边缘羽化)为 0，就设置了背景的蓝色，效果如图 14.36 所示。

图 14.36　设置背景蓝色

（6）单击文字层左边的 👁 按钮，显示文字。在数字小键盘上按下 0 数字键进行预览计算，预览计算需要较长的时间，计算途中或计算完成后，可按任意键播放预览动画。

（7）在菜单栏中选择 Composition(合成影像)|Make Movie(生成电影)命令，在界面下方打开 Render Queue(渲染队列)面板，设置输出路径及文件名"地球宣传片"，单击 Render(渲染)按钮即可开始渲染影片，得到.avi 格式的动画文件。动画效果截图如图 14.37 所示。

图 14.37　动画效果截图

14.3　实　　例

　　下面通过制作一个碧螺春茶叶的简短的广告片来进一步学习 After Effects 7.0 影视后期制作的方法。

1. 在 3ds Max 8 中制作碧螺春茶叶罐人物模型

(1)　在顶视图中创建一个 Cylinder(圆柱体)，其中 Radius(半径)为 300，Height(高)为 1000，Height Segments(高度分段)值为 10，得到茶叶罐主体。

(2)　在顶视图中创建一个 ChamferCyl(倒角圆柱体)，参数如图 14.38 所示，得到茶叶罐的盖子。

(3)　调整两个圆柱体的位置，得到如图 14.39 所示的茶叶罐。

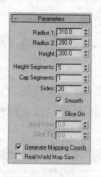

图 14.38　参数

图 14.39　茶叶罐

(4)　单击 ▦(材质编辑器)按钮，打开 Material Editor(材质编辑器)，选择第一个材质球，在 Diffuse(漫反射)通道中添加一张贴图，贴图文件为光盘中的"素材\第 14 章\茶叶包装 1.jpg"文件，贴图如图 14.40 所示，单击 ▦(将材质指定给选定对象)按钮，将材质 1 赋予茶叶筒。选择第二个材质球，在 Diffuse(漫反射)通道中添加一张贴图，贴图文件为光盘中"素材\第 17 章\茶叶包装 2.jpg"文件，贴图如图 14.41 所示，单击 ▦(将材质指定给选定对象)按钮，将材质 2 赋予茶叶筒，赋予贴图后茶叶罐的效果如图 14.42 所示。

图 14.40　素材 1

图 14.41　素材 2

图 14.42　茶叶罐效果

(5)　在左视图中创建一个圆柱体，Height Segments(高度分段)值为 20，作为茶叶罐动画人物的手臂。创建一个球体和五个小圆柱体，制作成手的形状，将手指链接到手掌上，将手掌链接到手臂上，效果如图 14.43 所示。

(6)　镜像复制出另一只手臂。选择右侧的手臂，进入修改命令面板，在 Modifier List(修改器列表)下拉列表中选择 Bend(弯曲)修改器，设置弯曲角度参数为 140，得到如图 14.44 所示的效果。

(7)　在菜单栏中选择 File(文件)|Save(保存)命令，在打开的保存对话框中设置保存文件的路径，将文件命名为"茶叶罐人物.max"，保存文件。

图 14.43　手臂

图 14.44　制作茶叶罐动画人物

2. 在 3ds Max 8 中制作碧螺春茶叶罐人物的"敬礼"动画

(1)　将茶叶罐人物.max 文件另存为茶叶罐(敬礼).max 文件。在视图中复制一个茶叶罐动画人物。

(2)　选择茶叶罐主体，进入修改命令面板，在 Modifier List(修改器列表)下拉列表中选择 Bend(弯曲)修改器，为茶叶罐主体添加 Bend(弯曲)修改器。单击 Auto Key(自动关键帧)按钮，将时间滑块分别滑动到第 25 帧、第 50 帧、第 75 帧和第 95 帧处，分别设置茶叶罐以及两只手臂的弯曲角度参数，设置茶叶罐敬礼的动画。茶叶罐第 0 帧、第 25 帧、第 50帧、第 75 帧和第 95 帧处的效果如图 14.45 所示。

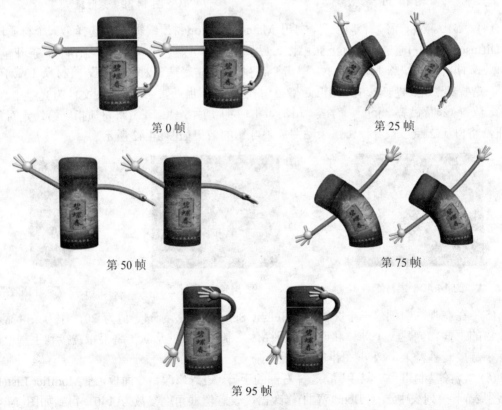

第 0 帧

第 25 帧

第 50 帧

第 75 帧

第 95 帧

图 14.45　茶叶罐人物的"敬礼"动画

(3)　为了便于以后删除背景,在菜单栏中选择 Rendering(渲染)|Environment(环境)命令，打开 Environment and Effect(环境和特效)对话框，在 Background(背景)选项组中，　单击Color(颜色)下面的色块，设置背景为深蓝色，关闭 Environment and Effect(环境和特效)对

话框。

(4) 单击 (渲染设置)按钮，打开 Render Scence(渲染设置)对话框，在 Time Output(时间输出)选项组中，设置 Range(渲染范围)为从 0 到 100；向下移动面板，单击 Files(文件)按钮，设置文件保存的路径，并将文件名命名为"敬礼"，在保存文件类型中选择.avi 格式，单击对话框右下角的 Render(渲染)按钮，渲染输出文件名为"茶叶罐(敬礼).avi"的茶叶罐动画人物敬礼视频文件。

3. 在 3ds Max 8 中制作碧螺春"跳跃"动画

(1) 打开文件"茶叶罐人物.max"，将其另存为"茶叶罐(跳跃).max"文件。

(2) 将茶叶罐动画人物的左侧手臂删除，将右侧手臂镜像复制，得到新的左臂，效果如图 14.46 所示。

(3) 将茶叶罐动画人物复制 3 个，使用旋转工具，调整它们手臂的角度，使 4 个模型手挽手，效果如图 14.47 所示。

图 14.46　动作二

图 14.47　茶叶罐人物组

(4) 单击 Auto Key(自动关键帧)按钮，将时间滑块分别滑动到第 25 帧、第 50 帧、第 75 帧和第 100 帧处，分别设置茶叶罐人物的位置，使它们向右跳跃前进。

(5) 设置渲染背景为深蓝色。

(6) 单击 (渲染设置)按钮，打开 Render Scence(渲染设置)对话框，在 Time Output(时间输出)选项组中，设置 Range(渲染范围)为从 0 到 100；向下移动面板，单击 Files(文件)按钮，设置文件保存的路径，并将文件名命名为"跳跃"，在保存文件类型中选择.avi 格式，单击对话框右下角的 Render(渲染)按钮，渲染输出文件名为"茶叶罐(跳跃).avi"的茶叶罐动画人物跳跃视频文件。

4. 在 3ds Max 8 中制作碧螺春茶叶罐"旋转"和茶壶开盖动画

(1) 打开"茶叶罐.max"文件，将其另存为"茶叶罐和壶.max"文件。

(2) 删除茶叶罐人物的两个手臂，只保留茶叶罐主体。

(3) 在顶视图中创建一个茶壶 01，并复制出另一个茶壶 02。

(4) 选择茶壶 01，进入修改命令面板，去除 Lip(壶盖)的选中，使茶壶 01 没有壶盖。

(5) 选择茶壶 02，进入修改命令面板，去除所有元素的选中，只保留茶壶的 Lip(壶盖)，使茶壶 02 只有壶盖。移动壶盖，使两个茶壶组合成一个有盖的茶壶，适当设置茶壶的材质效果如图 14.48 所示。

(6) 选择茶叶罐，单击 Auto Key(自动关键帧)按钮，将时间滑块滑动到第 30 帧处，单击旋转工具按钮，将茶叶罐旋转一周。选择壶盖，在第 0 帧、第 30 帧、第 40 帧和第 60 帧处，分别设置壶盖的位置，如图 14.49 所示。

图 14.48　制作茶壶

图 14.49　茶壶动画

(7)　单击 (渲染设置)按钮，打开 Render Scence(渲染设置)对话框，在 Time Output(时间输出)选项组中，设置 Range(渲染范围)为从 0 到 100；向下移动面板，单击 Files(文件)按钮，设置文件保存的路径，并将文件命名为"茶叶罐和壶"，在保存文件类型中选择.avi格式，单击对话框右下角的 Render(渲染)按钮，渲染输出文件名为"壶.avi"的茶叶罐和茶壶动画视频文件。

5. 在 After Effects 7.0 中制作"气泡"

(1)　启动 After Effects 7.0 软件，在项目窗口右击，在弹出的快捷菜单中选择 New composition(新建合成文件)命令，新建一个合成文件，命名为"气泡 01"，再在 Timeline(时间线)窗口右击，在弹出的快捷菜单中选择 New(新建)|Solid(固态层)命令，设置层的颜色为黑色。选中固态层，在菜单栏中单击"Effect | Simulation(仿真)|Foam(气泡)"命令，给图层添加气泡特效，调整气泡参数，如图 14.50 所示。

(2)　在屏幕上调整粒子产生点的位置到屏幕下部中间处，气泡如图 14.51 所示。

(3)　按 Ctrl+D 组合键，将图层复制一层。导入一张树叶的图片"叶子.psd"，拖入时间线中，关闭其显示开关，如图 14.52 所示。

图 14.50 气泡参数

图 14.51 气泡

图 14.52 时间线

（4）选中上层气泡，按 F3 键展开其特效控制面板，在 Rendering(渲染)参数栏中，设置 Bubble Texture(气泡纹理)为 Use Defined(用户定义)，设置 Bubble Texture Layer(气泡纹理层) 为叶子.psd 文件，产生纹理为树叶的气泡，如图 14.53 所示。

（5）仔细观察会发现树叶的方向都一致，设置 Bubble Orientation(气泡方向)为 Bubble Velocity(根据气泡的速率控制)，树叶的方向就各不相同了，效果如图 14.54 所示。

图 14.53 纹理为叶子的气泡

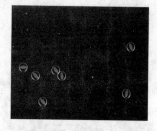

图 14.54 调整叶子的方向

（6）新建一个合成文件，命名为"气泡 02"。将"气泡 01"当中的图层全部复制过来，并修改参数，设置 Bubbles Size(气泡大小)为 1.35，设置 Random Seed(随机种子数)为 16。效果如图 14.55 所示。

（7）新建一个合成文件，命名为"气泡 03"。将"气泡 01"中的所有图层全部复制过来，并修改参数，设置 Bubbles Size(气泡大小)为 1.8，设置 Random Seed(随机种子数)为 6。效果如图 14.56 所示。

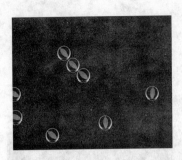 

图 14.55　复制气泡并修改气泡大小为 1.35　　　　图 14.56　复制气泡并修改气泡大小为 1.8

(8) 新建一个合成文件，命名为"气泡合成"。将"气泡 01"、"气泡 02"、"气泡 03"全部拖入到时间线中，导入一张背景图片，预览并输出。气泡最终效果如图 14.57 所示。

图 14.57　气泡最终效果

6. 在 3ds Max 8 中制作"碧螺春"文字动画

(1)　在创建命令面板中单击 (图形)按钮，在创建图形面板中单击 Text(文字)按钮，设置字体为隶书，输入文字"碧"，得到 Text01 物体。为其添加 Bevel(倒角)修改器，按图 14.58 所示设置倒角参数，得到倒角文字效果如图 14.59 所示。

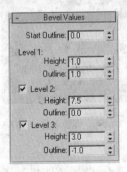 

图 14.58　设置倒角参数　　　　　　　　　　图 14.59　倒角文字效果

(2)　按 Shift 键移动文字，将文字复制 3 个，得到 Text02、Text03 和 Text04 物体。

(3)　为 Text02 物体和 Text03 物体添加 Stretch(拉伸)修改器，按图 14.60 所示分别设置它们的拉伸参数。拉伸后 4 个字的效果如图 14.61 所示。

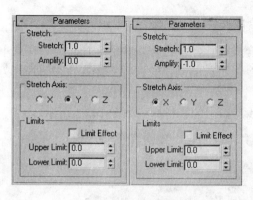

图 14.60　拉伸参数　　　　　　　　　　　图 14.61　拉伸文字效果

(4)　将主窗口底部的时间帧滑块移动到第 0 帧,选择 Text01 物体,在创建命令面板中,单击 ◎ (几何体)按钮,在创建几何体面板的创建几何体类型下拉列表中选择 Compound Objects(复合物体)选项,单击 Morph(变形)按钮,打开参数面板,选中 Move(移动)单选按钮;将时间帧滑块移动到第 10 帧,单击 Pick Target(拾取目标)按钮,然后单击 Text02 物体;将时间帧滑块移动到第 20 帧,单击 Pick Target(拾取目标)按钮,然后单击 Text03 物体;将时间帧滑块移动到第 40 帧,单击 Pick Target(拾取目标)按钮,然后单击 Text04 物体。这时视图中只有 Text04 物体,其他物体都不见了,移动时间帧滑块,可看到文字物体从第 1 个变化到第 4 个的动画效果。

(5)　单击 ◎ (渲染设置)按钮,打开 Render Scence(渲染设置)对话框,在 Time Output(时间输出)选项组中,设置 Range(渲染范围)为从 0 到 100;向下移动面板,单击 Files(文件)按钮,设置文件保存的路径,并将文件名命名为"碧",在保存文件类型中选择.avi 格式,单击对话框右下角的 Render(渲染)按钮,渲染输出文件名为"碧.avi"的文字变形动画视频文件。

(6)　使用同样的方法制作"螺"和"春"两个字的文字变形动画视频文件。需要注意的是"螺"字的关键帧为第 30 秒、第 40 秒、第 50 秒、第 60 秒;"春"字的关键帧为第 60 秒、第 70 秒、第 80 秒、第 90 秒,使各文字的动画错开一段时间。

7. 制作一张茶叶罐的静态图片

(1)　打开"茶叶罐.max"文件,将其另存为"两个茶叶罐.max"文件。

(2)　删除茶叶罐人物的两条手臂,只保留茶叶罐。将茶叶罐复制一个,并使用缩放工具将其中一个缩小一些,渲染视图的第 0 帧画面,效果如图 14.62 所示。将渲染结果保存为两个茶叶罐.jpg 静态图文件。

图 14.62　渲染

8. 在 After Effects 7.0 中制作碧螺春广告合成文件

(1) 打开 After Effects 7.0 软件，新建一个合成文件，命名为"碧螺春 1.aep"，在菜单栏中选择 File(文件)| Import(导入)| File(文件)命令，将前面制作的视频文件和静态图片作为素材都导入到合成文件中。

(2) 将各素材拖入到时间线窗口中，时间线窗口中的素材排列如图 14.63 所示。

图 14.63　时间线窗口

(3) 单击各素材左边的 ⊙ 按钮，隐藏除"茶叶罐(敬礼).avi"和"背景.jpg"以外的所有素材图层，合成窗口中显示的效果如图 14.64 所示。

(4) 选中茶叶罐(敬礼).avi 图层，为了删除其背景颜色，在菜单栏中选择 Effect(效果)| Keying(键控)| Color key(颜色键控)命令。用吸管在背景上吸取蓝色。设置 Color Tolerance(颜色容差)的值为 80，Edge Thin (边缘收缩)为 0，Edge Feather (边缘羽化)为 0，就设置了背景的蓝色，效果如图 14.65 所示。

图 14.64　编辑图层

图 14.65　删除背景

(5) 使用同样的方法，删除"茶叶罐(跳跃).avi"、"壶.avi"和"静态图"等图层的背景。

(6) 在时间线控制窗口中，拖动各素材的时间入点和出点，设置各素材显示的时间段。背景图片从开始到第 15 秒都持续显示。"茶叶罐(敬礼).avi"图层的时间位置为 0～2 秒；"茶叶罐(跳跃).avi"图层的时间位置为 2～4 秒；"碧.avi"、"螺.avi"、"春.avi"三个图层的时间位置相同，为 4～7 秒；"壶.avi"图层的时间位置为 7～10 秒；"气泡合成"图层的时间位置为 8～15 秒；"静态图"图层的时间位置为 10.2～15 秒。

(7) 拖动时间滑块可观察到，在第 2 秒、第 3.6 秒、第 4 秒、第 5 秒、第 6.3 秒、第 10 秒和第 14 秒处的合成项目的画面如图 14.66 所示。

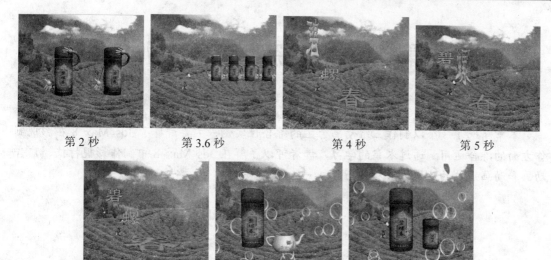

第 2 秒　　　　第 3.6 秒　　　　第 4 秒　　　　第 5 秒

第 6.3 秒　　　　第 10 秒　　　　第 14 秒

图 14.66　动画

(8)　单击 (渲染设置)按钮，打开 Render Scence(渲染设置)对话框，在 Time Output(时间输出)选项组中，设置 Range(渲染范围)从 0 到 100，向下移动面板，单击 Files(文件)按钮，设置文件保存的路径，并将文件名命名为碧螺春合成，在保存文件类型中选择.avi 格式，单击对话框右下角的 Render(渲染)按钮，渲染输出文件名为碧螺春合成.avi 的碧螺春广告动画视频文件。

14.4　小　　结

本章介绍了 After Effects 7.0 的工作界面，在 After Effects 7.0 中制作特效的工作流程，制作位置动画、缩放动画、旋转动画和不透明度动画的基本方法，After Effects 的文字特效，以及利用 3ds Max 8 与 After Effects 7.0 结合制作广告短片的案例。After Effects 是一款用于高端视频特效的专业合成软件，3ds Max 8 强大的建模功能与 After Effects 7.0 令人眼花缭乱的特技系统的完美结合，能够实现用户的一切创意。

14.5　习　　题

1. 在 3ds Max 8 中创建几段动画，在 After Effects 7.0 中将它们连接到一起，并渲染输出为一个视频短片。

2. 使用 3ds Max 8 和 After Effects 7.0 制作一个"黄鹤楼酒"的广告短片。可在网上下载相关的图片进行参考制作，利用 After Effects 7.0 制作文字特效。

第 15 章　综 合 实 例

【本章要点】

　　本章精选了 3 个以制作三维动画为主的综合性实例，主要讲解了 3ds Max 8 在影视制作方面的综合运用。通过本章的学习，读者可以了解在 3ds Max 8 中制作影视特技、广告动画和动画短片的基本方法和技巧。

15.1　实例 1——影视特技

　　本实例制作一个电视台台标的动画。

1. 创建 PF Source(粒子流源)

　　(1)　在菜单栏中选择 Rendering (渲染)| Environment(环境)命令，在打开的 Environment & Effect(环境与特效)对话框中单击 Background(背景)选项组中的 None 长条按钮，打开 Material/Map Browser(材质/贴图浏览器)，在列表中选择 Bitmap(位图)，单击 OK 按钮，在打开的窗口中选择光盘中的 "素材\第 15 章\background.jpg" 文件，为场景加入一个背景，背景图片如图 15.1 所示。

　　(2)　在命令面板中单击 (创建)按钮，在打开的创建命令面板中单击 (几何体)按钮，打开创建几何体面板，单击 Plane(平面)按钮，在前视图中创建一个平面，参数和场景如图 15.2 所示。

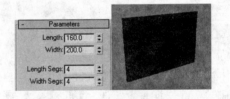

　　图 15.1　背景图片　　　　　　　　　　图 15.2　参数和场景

　　(3)　打开创建类型下拉列表，选择 PF Source(粒子流源)粒子发射器，在前视图中创建一个向前发射的粒子系统，如图 15.3 所示。如果粒子流源的方向不是向前的，可使用旋转工具将其调整到向前的方向。

　　图 15.3　创建粒子系统

(4)　单击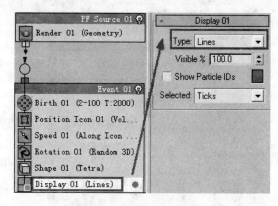(修改)按钮，打开修改命令面板，在 Setup(建立)卷展栏中单击 Particle View(粒子视图)按钮，打开粒子视图面板，选择 Display 01(显示 01)事件，按图 15.4 所示设置它的显示方式为 Lines(线性)。

图 15.4　设置显示方式

(5)　选择 Birth 01(诞生 01)事件，按图 15.5 所示设置发射诞生的起止时间，发射数量等参数。

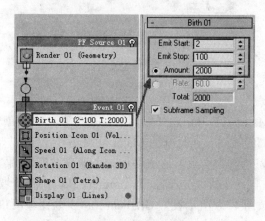

图 15.5　设置诞生事件

(6)　拖动时间滑块，播放粒子发射过程，观察到发射的粒子呈射线状态向前发射，效果如图 15.6 所示。

图 15.6　发射效果

(7)　在 Particle View(粒子视图)窗口的事件库中，把 Position Object(位置物体)事件直接拖动到 Position Icon 01(位置图标)事件上放开，这样"位置物体"事件就取代了"位置图标"

事件。选择 Position Object 01(位置物体 01)事件，在右侧的属性面板中单击 Add(添加)按钮，再到场景中拾取平面物体 Plane 01，将 Plane 01 指定为发射器，如图 15.7 所示。

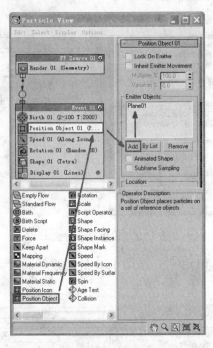

图 15.7　指定发射器

2. 创建动态纹理

(1) 按 M 键，打开 Material Editor(材质编辑器)，激活第 1 个材质球，将其命名为"Grey"，单击 Diffuse(漫反射)右侧的按钮，在打开的 Material/Map Browser(材质/贴图浏览器)中，选择 Gradient Ramp(渐变坡度)，为漫反射通道添加一个渐变坡度贴图。

(2) 单击 Auto Key(自动关键帧)按钮，为 Gradient Ramp(渐变坡度)材质设置动画。在第 0 帧和第 100 帧处，按图 15.8 所示设置 Gradient Ramp(渐变坡度)的参数及纹理。材质球的效果如图 15.9 所示。

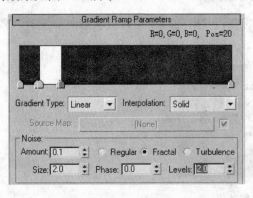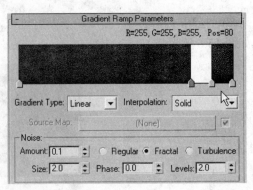

图 15.8　渐变坡度参数

图 15.9 材质样本球渐变坡度纹理

(3) 在场景中选择平面物体 Plane 01，单击 ⧉(将材质指定给选定的对象)按钮，将 grey 材质赋予平面物体 Plane 01。在 Particle View(粒子视图)窗口中，选择 Position Object 01(位置物体 01)在其属性面板中选中 Density By Material(由贴图确定密度)复选框，设置类型为 Grayscale(灰度)，这表示粒子发射数量由材质的贴图/纹理的灰度来控制，白色位置发射密度最大，黑色位置发射为 0，效果如图 15.10 所示。

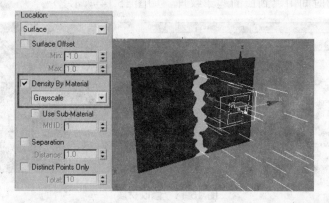

图 15.10 贴图灰度控制粒子发射

(4) 进入修改命令面板，在修改器下拉列表中，选择 UVW Mapping(UVW 贴图)选项，为平面物体 Plane 01 添加 UVW Mapping(UVW 贴图)，注意 Map Channel(贴图通道)值要对应一致，如图 15.11 所示。

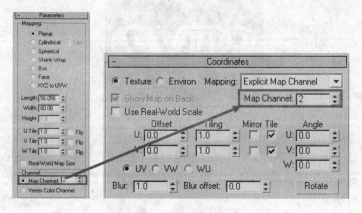

图 15.11 贴图通道对应一致

（5）适当地扩大贴图坐标的 Gizmo，使白色发射带在第 0 帧和第 100 帧时都能在平面物体 Plane 01 边沿，如图 15.12 所示。

（6）播放动画。可以看到粒子沿着白色发射带发射。

（7）将第 1 个材质球拖动到第 2 个材质球上，将它的 Gradient Ramp(渐变坡度)材质复制到第 2 个材质球上，如图 15.13 所示。

图 15.12　调整 Gizmo

图 15.13　复制材质

（8）激活第 2 个材质球，将 Gradient Ramp(渐变坡度)纹理的最左侧控制点设置为白色，这样，就得到了随时间由黑到白的遮罩纹理，如图 15.14 所示。

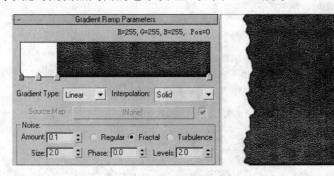

图 15.14　修改材质

（9）选择第 3 个材质球，命名为"cctv2"，单击 Diffuse(漫反射)右侧的按钮，打开 Material/Map Browser(材质/贴图浏览器)，在列表中选择 Bitmap(位图)，选择光盘中的"素材\第 15 章\CCTV2.jpg"台标贴图文件，为漫反射通道指定贴图。贴图图片如图 15.15 所示。

图 15.15　贴图

（10）打开 Maps(贴图)卷展栏，将 Diffuse(漫反射)通道的贴图拖动到 Self-Illumination(自发光)通道上，进行 Instance(关联)复制，并设置自发光效果数值为 35，这时第 3 个材质球效果如图 15.16 所示。

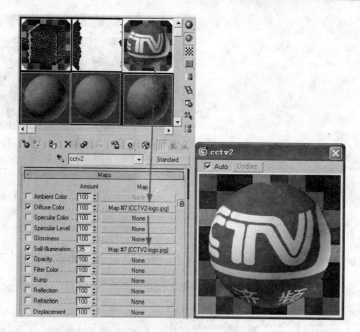

图 15.16 复制并修改材质

(11) 在 Maps(贴图)卷展栏中,将第 2 个材质球的动态遮罩纹理拖动到 CCTV2 材质的透明通道上,进行 Instance(关联)复制,如图 15.17 所示。

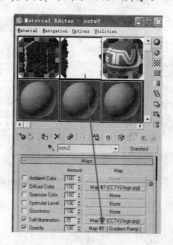

图 15.17 为透明通道复制动态遮罩纹理

(12) 选择一个新的材质球,单击示例窗左下角的 Get Material(获取材质)按钮 ,打开 Material/Map Browser(材质/贴图浏览器),在列表中选择 Multi/Sub-Object(多维/子物体),命名此材质为"all",单击 Set Number(设置数量)命令按钮,设置子材质个数为 2,如图 15.18 所示。

(13) 将 CCTV2 材质拖动到 ID 号为 1 的长条按钮上,将 grey 材质球拖动到 ID 号为 2 的长条按钮上,进行 Instance(关联)复制,如图 15.19 所示。

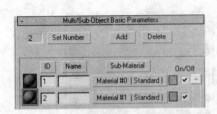

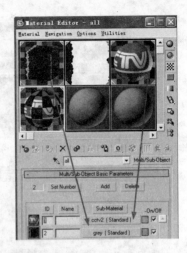

图 15.18 设置多维/子物体材质数量   图 15.19   分别为子对象复制不同的材质

(14) 选择平面物体 Plane 01，将 Multi/Sub-Object(多维/子物体)材质赋予它。如图 15.20 所示。再播放发射粒子，发现粒子沿白色带发射的效果消失了。

(15) 选择粒子系统图标，在修改命令面板中，单击 Particle View(粒子视图)命令按钮，在打开的窗口中选择 Position Object 01(位置物体 01)事件,在右侧的属性窗口中设置粒子灰度控制材质的 ID 号为 2,使之与 Multi/Sub-Object(多维/子物体)材质所分配的灰度材质的 ID 号相对应，如图 15.21 所示。

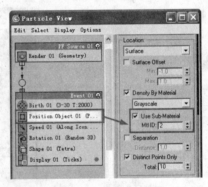

图 15.20   为物体赋材质   图 15.21   对应材质 ID 号

(16) 播放发射粒子，可观察到沿白色发射带发射的效果又出现了，如图 15.22 所示。

图 15.22   子粒子沿白色发射带发射

3. 替代粒子

(1) 在命令面板中单击 (创建)按钮，在打开的创建命令面板中单击 (几何体)按钮，打开创建几何体面板，单击 Plane(平面)按钮在前视图中创建一个 Length(长)和 Width(宽)均为 10 的平面。它将作为发射粒子的替代物，即发射粒子的形状为正方形。

(2) 选择粒子系统，在修改命令面板中，单击 Particle View(粒子视图)命令按钮，在打开的 Particle View(粒子视图)窗口中，把 Shape Instance(形状替换)直接拖动到 Shape 01(形状 01)上，这样就替代了 Shape 01(形状 01)，并删除了它的属性。

(3) 选择 Shape Instance 01(形状替换 01)，在右侧的属性面板中，单击 Particle Geometry Object(粒子几何体)命令下的 None 命令按钮，在场景中拾取方片物体，这样就指定方片物体作为发射粒子的形状。Particle View(粒子视图)如图 15.23 所示。

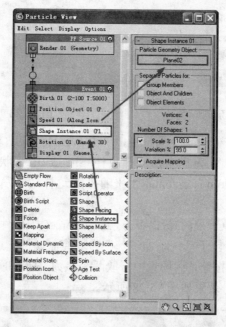

图 15.23　粒子视图

(4) 单击 Display 01(显示 01)事件，在属性窗口中选择粒子的显示形式为 Geometry，场景中的粒子相应刷新为方片状，如图 15.24 所示。

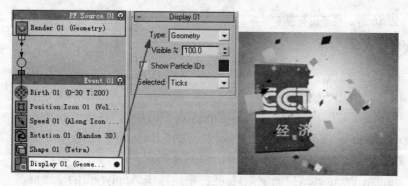

图 15.24　粒子显示形式

4. 建立风力场

(1) 渲染视图，可观察到粒子直接发射，粒子和形态显得比较呆板。单击 按钮，在打开的创建命令面板中单击 Wind(风)按钮，建立一个与粒子发射方向一致的风力场，参数设置如图 15.25 所示。这个风力场主要为粒子提供向前的推动力。

(2) 复制一个风力场，按图 15.26 所示修改其参数，这个风力场主要为粒子提供紊乱扰动力。

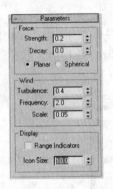 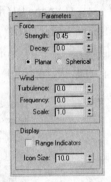

图 15.25　风力场参数　　　　　　　　图 15.26　修改风力场参数

(3) 选择粒子系统，在修改命令面板中，单击 Particle View(粒子视图)命令按钮，在打开的 Particle View(粒子视图)窗口中，选择事件 Shape 01(形状 01)，设置速度为 0.0，Direction(方向)类型为 Random Horizontal(水平随机)，这样粒子发射后由于没有速度而停滞在发射面上，如图 15.27 所示。

(4) 在 Particle View(粒子视图)窗口下方，选择 Force(力)事件，将其拖动到 Speed 01(速度 01)事件下面，这样就为粒子系统添加了一个力场控制属性。选择 Force(力)事件，在其属性面板中单击 Add(添加)按钮，在场景中拾取两个风力，拖动时间滑块，可以看到粒子被风吹散的效果。渲染场景，效果如图 15.28 所示。

图 15.27　粒子没有速度　　　　　　　图 15.28　粒子被风吹散

5. 设置多重材质

(1) 选择一个新材质球，将其命名为"数字"，将 Diffuse(漫反射)和 Self-Illumination(自发光)都取为红色，RGB 值为(255、0、0)。

(2) 打开 Maps(贴图)卷展栏，单击 Opacity(不透明度)右侧的长条按钮，在打开的 Material/Map Browser(材质/贴图浏览器)列表中，选择 Bitmap(位图)，为其指定光盘中的"素材\第15章\数字.jpg"文件，材质球效果如图 15.29 所示。

(3) 在 Bitmap Parameter(位图参数)卷展栏中，选中 Apply(应用)复选框，并单击 View Image(视图图像)按钮，在打开的对话框中划定数字 1 的取材范围，如图 15.30 所示。

图 15.29 贴图效果　　　　　　　　　　图 15.30 划定材质取材范围

(4) 选择一个新材质球,将其命名为"0-9 数字",单击示例窗左下角的 Get Material(获取材质)按钮 ,打开 Material/Map Browser(材质/贴图浏览器),在列表中选择 Multi/Sub-Object(多维/子物体)。

(5) 用鼠标将"数字"材质拖动到 ID 号码从 1 到 10 的各通道右侧的长条按钮上,进行 Copy(复制)操作,如图 15.31 所示。

(6) 修改每个子材质的 Opacity(不透明度)贴图的取材范围,使其与自身的 ID 号相对应,ID 号为 10 的子材质,其 Opacity(不透明度)贴图取值范围为数字 0 的位置。这样 Multi/Sub-Object(多维/子物体)材质为从 0 到 9 的数字组成的 10 个不同透明贴图的混合材质了。

(7) 选择粒子系统,在修改命令面板中,单击 Particle View(粒子视图)命令按钮,在打开的 Particle View(粒子视图)窗口中,在事件库中选择 Material Frequency(材质频率)事件,将其拖动到 Shape Instance 01(形状替换 01)事件的下面,为粒子系统添加一个材质频率控制事件。材质频率事件允许将材质指定给事件,并指定每个子材质在粒子上显示相对的频率。

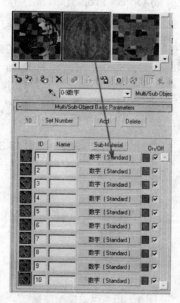

图 15.31 复制材质

(8) 将"0-9 数字"材质球拖动到 Particle View(粒子视图)窗口属性面板上的 Assign Material(指定材质)命令按钮上,并为每个 ID 的子材质都设置数值为 10,即每个数字都赋予 10%的粒子,如图 15.32 所示。

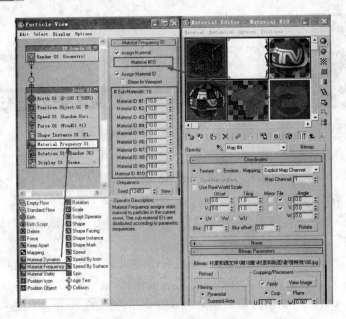

图 15.32　设置粒子材质

(9)　渲染场景，可观察到数字 0～9 都随机地平均分布到发射粒子上了，如图 15.33 所示。

(10) 在 Particle View(粒子视图)中选择 Event 01(事件 01)并右击，在弹出的快捷菜单中选择 Properties(属性)命令，在打开的 Object Properties(属性)对话框中的 Motion Blur(运动模糊)选项组中选中 Enabled(启用)复选框，设置 Multiplier(倍增)值为 0.2，如图 15.34 所示。

图 15.33　材质平均分布到粒子

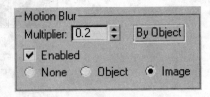

图 15.34　设置运动模糊参数

(11) 渲染视图，可观察到粒子的运动模糊效果，如图 15.35 所示。

图 15.35　运动模糊效果

6. 制作红白两色粒子

(1)　选择一个新的材质球，将"0-9 数字"材质拖动到其上，在打开的窗口中选择 Copy(复制)，为新材质命名为"0-9 数字白"，依次修改每个子材质的 Diffuse(漫反射)和 Self-Illumination(自发光)都为白色，如图 15.36 所示。

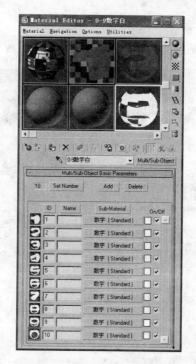

图 15.36 制作白色粒子

(2) 选择粒子系统，在修改命令面板中，单击 Particle View(粒子视图)命令按钮，在打开的 Particle View(粒子视图)窗口中，按 Ctrl+A 组合键，选择所有事件流，按 Ctrl+C 组合键，复制所选中的事件流，按 Ctrl+V 组合键粘贴被复制的事件流，如图 15.37 所示。

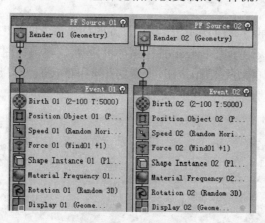

图 15.37 复制事件流

(3) 选择 Event 02(事件 02)中的 Material Frequency 02(材质频率 02)事件，把"0-9 数字白"材质拖动到 Assign Material(指定材质)复选框下方的命令按钮上，如图 15.38 所示。

(4) 在 Event 02(事件 02)列表中，单击 Birth 02(出生 02)事件，在属性面板中，减少白色粒子的发射数目 Amount 为 800，并在事件列表 Event 02(事件 02)进行编辑，在弹出的快捷菜单中选择 Properties(属性)命令，在打开的 Object Properties(物体属性)对话框中的 Motion Blur(运动模糊)选项组中选中 Enabled(启用)复选框，设置 Multiplier(倍增)值为 0.2，如图 15.39 所示。

(5) 渲染场景，可观察到粉碎粒子中已经加入了白色的数字部分，如图 15.40 所示。

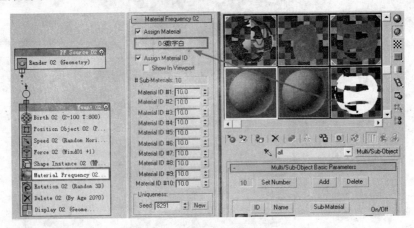

图 15.38　指定材质

图 15.39　设置运动模糊参数

图 15.40　红白粒子

7. 添加摄像机

(1) 在命令面板中单击 (创建)按钮，在打开的创建命令面板中单击 (摄像机)按钮，在打开的创建摄像机面板中单击 Target(目标摄像机)按钮，在顶视图中创建一个摄像机。

(2) 单击 Auto Key(自动关键帧)按钮，设置第 0 帧和第 100 帧时摄像机的位置如图 15.41 所示。

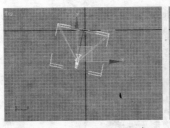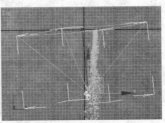

图 15.41　第 0 帧和第 100 帧处摄像机位置

(3) 激活透视图，按 C 键转换到摄像机视图，单击 (渲染场景)按钮，在打开的 Render Scene(渲染场景)对话框中，设置输出文件的长度为从第 0 帧到第 100 帧，格式为*.avi，选中 Save(保存)复选框，单击 Files(文件)按钮，设置保存路径，最后单击 Render(渲染)按钮，渲染影视物特效动画。动画文件的第 10 帧、第 30 帧、第 60 帧、第 90 帧的效果截图如图 15.42 所示。

图 15.42 动画效果截图

15.2 实例2——广告动画

本实例制作一种矿泉水的广告。

1. 创建饮料瓶

(1) 在命令面板中单击 按钮，在打开的创建命令面板中单击 按钮，在打开的创建图形面板中单击 Line(线)按钮，在前视图中绘制出两条曲线，作为饮料瓶的截面，如图 15.43 所示。

(2) 单击 按钮，进入修改命令面板，在 Modifier List(修改器列表)下拉列表中选择 Lathe(车削)选项，给两条曲线添加车削修改器。在修改命令面板中，展开 Parameters(参数)卷展栏，单击 Direction(方向)选项组中的 Y 按钮，指定曲线沿 y 轴旋转。在 Align(对齐)选项组中单击 Min(最小)按钮，指定曲线的旋转轴向前视图中的最左边的顶点对齐，得到的饮料瓶效果如图 15.44 所示。

图 15.43 绘制曲线

图 15.44 车削

(3) 如果瓶子的形态不够圆滑，可在修改命令面板中，增大 Segments(分段数)的值，如图 15.45 所示。

(4) 下面创建饮料瓶盖。单击 按钮，在打开的创建命令面板中单击 按钮，在打开的创建图形面板中单击 Circle(圆)按钮，在顶视图中绘制半径为 8.5 的圆形，如图 15.46 所示。

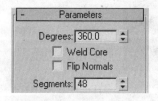

图 15.45 设置分段数量

图 15.46 创建圆

(5) 单击 按钮，在打开的创建命令面板中单击 按钮，在打开的创建图形面板中单击 Rectangle(矩形)按钮，在顶视图中绘制一个 0.4×1.0 的矩形，将其放置在圆形的边缘，如图 15.47 所示。

(6) 选择矩形，单击 按钮，在打开的层级命令面板中的 Adjust Pivot(调整轴)卷展栏中单击 Affect Pivot Only(仅影响轴心)按钮，在主工具栏中单击 按钮，再到视图中单击圆形，使矩形的轴心与圆心对齐，如图 15.48 所示。

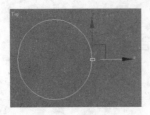

图 15.47　绘制矩形

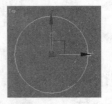

图 15.48　调整轴心

(7) 关闭仅影响轴心按钮，选择矩形，在菜单栏中选择 Tools(工具)| Array(阵列)命令。在打开的 Array(阵列)对话框中，设置参数如图 15.49 所示。

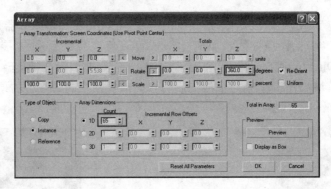

图 15.49　设置阵列参数

(8) 单击 OK 按钮，将矩形阵列复制的效果如图 15.50 所示。

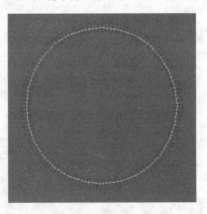

图 15.50　阵列复制矩形

(9) 选择圆形并右击，在弹出的快捷菜单中选择 Convert to(转化为)| Convert to Editable

Spline(转化为可编辑的样条曲线)命令，将圆形转化为可编辑的样条曲线。

(10) 单击 (修改)按钮，打开修改命令面板，在修改器堆栈中选择 Spline(样条曲线)次物体，在 Geometry(几何)参数卷展栏中，单击 Attach Multiple(附加多个)按钮，在打开的 Attach Multiple(附加多个)对话框中，选择所有矩形，Attach Multiple(附加多个)对话框如图 15.51 所示。

图 15.51 附加多个对话框

(11) 单击 Attach(附加)按钮，将所有矩形和圆结合成一个整体，如图 15.52 所示。

(12) 选择圆形，在修改器堆栈中选择 Spline(样条曲线)次物体，向下移动修改命令面板，单击 Substraction(差集)运算按钮，再单击 Boolean(布尔运算)按钮，然后依次单击所有矩形，从圆形中将矩形所包围的区域减去，如图 15.53 所示。

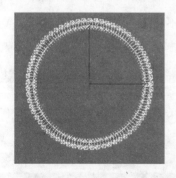

图 15.52 矩形和圆结合成整体

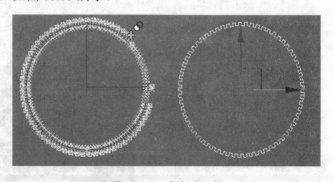

图 15.53 布尔差运算

(13) 单击 (创建)按钮，在打开的创建命令面板中单击 (图形)按钮，在打开的创建图形面板中单击 Line(线)按钮，在前视图中绘制一条直线。选择直线，单击 (创建)按钮，在打开的创建命令面板中单击 (图形)按钮，在创建类型下拉列表中选择 Compound Objects(复合)物体，然后在创建面板中单击 Loft(放样)按钮，在 Create Method(创建方法)卷展栏中，单击 Get Shape(获取图形)按钮，在视图中选取布尔运算产生的图形，放样产生的模型如图 15.54 所示。

(14) 单击 (创建)按钮，在打开的创建命令面板中单击 (图形)按钮，在打开的创建命令面板中单击 Tube(圆管)按钮，圆管的内径与瓶盖的半径相等，移动圆管，将其与瓶盖下端对齐，效果如图 15.55 所示。

图 15.54 放样

图 15.55 制作瓶盖

(15) 选择圆管，单击 (创建)按钮,在打开的创建命令面板中单击 (图形)按钮，在创建类型下拉列表中选择 Compound Objects(复合)物体，然后在创建面板中单击 Boolean(布尔运算)按钮，在 Operation(操作)选项组中，选中 Union(并集)单选按钮，然后单击 Pick Operand B(拾取 B 物体)按钮，在视图中选择放样物体，就将两物体合并为一个整体，制作出饮料瓶盖的效果，如图 15.56 所示。

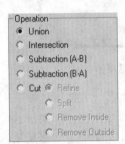

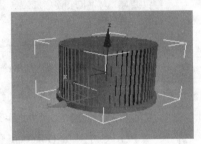

图 15.56 布尔并运算

(16) 将瓶盖移动到饮料瓶上，如果瓶盖的大小与瓶口不相配，可使用缩放工具调整它们的大小，瓶和盖的效果如图 15.57 所示。

图 15.57 饮料瓶

2. 制作饮料广告贴图

(1) 启动 Photoshop CS 软件，新建一个空白文件命名为"饮料瓶贴图"。

(2) 在菜单栏中选择"文件"|"打开"命令，打开光盘中的"素材\第 15 章\001.jpg、002.jpg"两张贴图文件，如图 15.58 所示。

图 15.58　贴图

(3) 利用两张图片制作饮料瓶贴图(自行设计)，例如如图 15.59 所示的广告贴图。

图 15.59　制作饮料广告贴图

(4) 调整图像的色调，满意后，合并可见图层，将文件保存为.jpg 格式待用。

3. 制作饮料瓶材质

(1) 选择一个饮料瓶并右击，在弹出的快捷菜单中选择 Convert to(转化为)| Convert to Editable Mesh(转化为可编辑的网格)命令，将圆形转化为可编辑的网格。

(2) 单击 （修改)按钮，进入修改命令面板，在修改器堆栈中选择 Polygon(多边形)次物体，在饮料瓶上选择多边形的面，在修改命令面板下方的 Material(材质)选项组中，设置其 ID 号为 1，如图 15.60 所示。

(3) 在菜单栏中选择 Edit(编辑)| Select Invert(反向选择)命令，将其余面的 ID 号设置为 2，如图 15.61 所示。

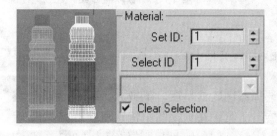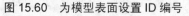

图 15.60　为模型表面设置 ID 编号　　　图 15.61　为模型表面设置 ID 编号

(4) 重复上述步骤，将另一个饮料瓶相对应面的 ID 值也设为 1 和 2。

(5) 按 M 键，打开材质编辑器，选择一个材质样本球，单击材质名称文本框右侧的 Standard(标准)按钮，在打开的 Material/Maps Browser(材质/贴图浏览器)中选择 Multi/Sub-Object(多维/子物体)材质，在打开的 Replace Material(替换材质)对话框中，选择 Keep Old Material as Sub-Material(保留旧材质作为子材质)选项。

(6) 在 Multi/Sub-Object Basic Parameters(多维/子对象基本参数)卷展栏中，单击 Set Number(设置材质数量)按钮，在打开的对话框中设置子对象材质的数目为 2。

(7) 单击材质 ID 1 右侧的 None 按钮，进入 1 号材质的控制面板，单击 Diffuse (漫反射)颜色框右侧的按钮，在打开的 Material/Maps Browser(材质/贴图浏览器)中选择 Bitmap(位图)贴图类型，打开刚才在 Photoshop CS 中制作的"饮料瓶贴图.jpg"文件。

(8) 设置 Specular Level(高光级别)为 60，Glossiness(光泽度)为 45。

(9) 单击 按钮，返回到 Multi/Sub-Object(多维/子物体)材质控制面板，单击材质 ID 2 右侧的 None 按钮，进入 2 号材质的控制面板，在 Blinn Basic Parameters(Blinn 基本参数)卷展栏中，设置 Diffuse (漫反射)颜色为 RGB(10，25，140)，Specular(高光色)为白色并按图 15.62 所示对物体的着色方式和基本参数进行设置。

(10) 在 Maps(贴图)卷展栏中选择 Reflection(反射)通道，设置反射强度为 10，单击其右侧的 None 按钮，在打开的 Material/Maps Browser(材质/贴图浏览器)中选择 Raytrace(光线追踪)贴图类型。

(11) 单击 按钮，返回到 Maps(贴图)卷展栏，拖动 Reflection(反射)右侧的长条按钮到 Refraction(折射)通道右侧的 None 按钮，在打开的 Copy(复制)对话框中选择 Copy(复制)选项，设置 Refraction(折射)通道强度为 60。

(12) 同时选中两个饮料瓶，单击 (将材质指定给所选定的对象)按钮，将材质赋予模型，渲染视图，效果如图 15.63 所示。

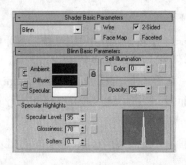 

图 15.62　设置材质的明暗基本参数　　　　图 15.63　饮料瓶效果

4. 制作广告分镜头

(1) 制作镜头一。保存前面制作的饮料瓶文件，文件命名为"饮料瓶.max"。在菜单栏中选择 File(文件)| Save as(另存为)命令，将文件命名为"饮料瓶 3.max"。

(2) 对"饮料瓶 3.max"文件进行操作。选择右侧的饮料瓶，单击 Auto Key(自动关键帧)按钮，将时间指针拖动到第 100 帧，使用旋转工具，在顶视图中将饮料瓶沿 Z 轴旋转 360°。使用同样的方法为左侧的饮料瓶设置动画。渲染输出动画，并保存为"003.avi"文件待用。

(3) 制作镜头二。打开"饮料瓶.max"文件，将其另存为"饮料瓶 1.max"文件，删除右侧的饮料瓶，为左侧的饮料瓶设置动画。单击 （创建)按钮，在打开的创建命令面板中单击 (摄像机)按钮，在创建面板中单击 Target(目标摄像机)按钮，在视图中进行拖动，创建一个目标摄像机，调整摄像机，将摄像机的目标点设置到视图中央位置，如图 15.64 所示。

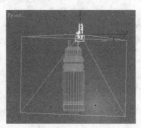

图 15.64 创建摄像机

(4) 激活透视图，按 C 键转换到摄像机视图。单击 Auto Key(自动关键帧)按钮，分别设置第 0 帧和第 100 帧处饮料瓶的位置如图 15.65 所示。

(5) 渲染输出动画，并保存为"001.avi"文件待用。

(6) 制作镜头三。打开"饮料瓶.max"文件，将其另存为"饮料瓶 2.max"文件，删除左侧的饮料瓶，为右侧的饮料瓶设置动画。使用旋转工具将饮料瓶倾斜一定的角度。单击 Auto Key(自动关键帧)按钮，在第 80 帧处设置饮料瓶沿其中心轴旋转 150° 第 0 帧和第 80 帧时饮料瓶的显示效果如图 15.66 示。

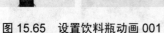

图 15.65 设置饮料瓶动画 001   图 15.66 设置饮料瓶动画 002

(7) 渲染输出动画，并保存为"002.avi"文件待用。

5. 制作背景天空云彩动态素材

(1) 启动 After Effects 7.0 软件。按 Ctrl+N 组合键，新建一个合成文件，命名为"流云"。

(2) 在时间线面板中右击，在弹出的快捷菜单中选择 Solid(固态层)命令，命名为"噪波"，其他参数的设置保持默认值，新建一个黑色固态层。

(3) 选中固态层，在菜单栏中选择 Effect(特效)|Noise & Grain (噪波和颗粒)|Fractal Noise(分形噪波)命令，给图层添加分形噪波特效如图 15.67 所示。

(4) 按图 15.68 所示调整噪波参数。

(5) 为了加强图像明暗对比度，在菜单栏中选择 Effect(特效)|Color Correction(颜色修正)|Levels(色阶)命令，添加"色阶"特效，按图 15.69 所示调整色阶参数。

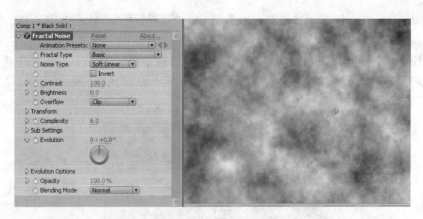

图 15.67　分形噪波特效

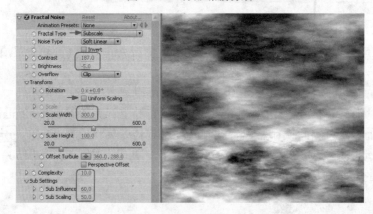

图 15.68　调整噪波参数

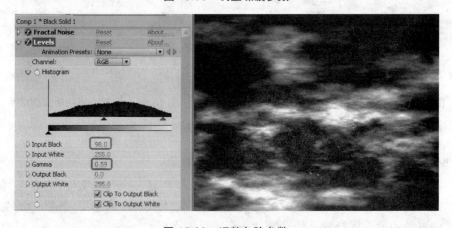

图 15.69　调整色阶参数

　　(6)　下面给"噪波"层添加色彩。按照步骤(2)的操作新建一个黑色固态层，命名为"天空"。在菜单栏中选择 Effect(特效)|Generate(产生)|Ramp(渐变)命令，给图层添加"渐变"特效，参数如图 15.70 所示，产生一个天空的蓝色渐变效果。

图 15.70 渐变特效

(7) 将"天空"层放置在"噪波"层的下面,设置上层的层模式为 Lighten(变亮),效果如图 15.71 所示。

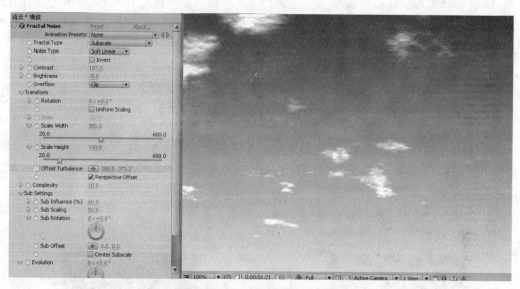

图 15.71 设置 Lighten 层模式

(8) 选中"噪波"层,在 Fractal Noise(分形噪波)特效面板中,选中 Perspective Offset(透视偏移)选项。设置 Offset Turbulence(偏移湍流)关键帧动画,让云彩动起来,在第 0 帧处设置 Offset Turbulence 值为(44,498),在最后一帧处设置 Offset Turbulence 值为(578,300)。预览云彩飘动动画。

(9) 按 Ctrl+M 组合键,将文件命名为"流云.avi",输出动画文件待用。

6. 广告合成

1) 背景素材的处理

(1) 启动 After Effects 7.0 软件,按 Ctrl+N 组合键新建一个合成项目,时间长度为 5 秒,命名为"镜头 01"。导入光盘中的"素材\第 15 章\001.jpg"文件和前面制作的动态素材"流云.avi"。将图片 001.jpg 拖入时间线中,使用钢笔工具沿山峰轮廓描绘遮罩,如图 15.72 所示。选中轮廓线并右击,在弹出的快捷菜单中选择 Mask(遮罩)|Mask Feather(遮罩羽化)命令,设置遮罩羽化值为 10。

(2) 将动态素材"流云.avi"文件拖入时间线底层放置。分别输入文字"雪"、"山"。在菜单栏中选择 Windows(窗口)|Character(文字)命令，在文字面板中设置"雪"的大小为100，"山"的大小为 60，字体为 Fixedsys，加粗，两个字的位置如图 15.73 所示。

图 15.72　绘制遮罩

图 15.73　添加文字

(3) 设置"雪"、"山"两个字的位置动画：将时间指针移动到第 6 帧处，在时间线中单击"雪"图层，按字母"P"键，打开该图层的 Position(位置)属性，单击左侧的时钟按钮，为"雪"字添加关键帧，将时间指针移动到第 2 秒处调整"雪"字的位置即可完成"雪"字的位置动画设置；使用同样的方法为"山"字设置动画。设置两个字的不透明度动画：在第 6 帧处，设置两个字的不透明度为 0%；在第 14 帧处，设置两个字的不透明度为 100%，在第 1 秒 19 帧处，记录两个字的不透明度关键帧(在关键帧导航器中单击 ◇ 图标)，在第 2 秒 02 帧处，设置两个字的不透明度为 0%。

(4) 按 Ctrl+N 组合键新建一个合成项目，设置时间长度为 5 秒，取名"镜头 02"。导入图片 002.jpg。将图片 002.jpg 拖入时间线中，用钢笔工具沿山峰轮廓描绘遮罩，并设置遮罩羽化值为 10，如图 15.74 所示。

(5) 再次将图片 002.jpg 拖入时间线中，用钢笔工具沿湖水边缘轮廓描绘遮罩，并设置遮罩羽化值为 10，如图 15.75 所示。

图 15.74　绘制天空部分遮罩

图 15.75　绘制湖水部分遮罩

(6) 制作湖水波动动画。在菜单栏中选择 Effect(特效)|Distort(扭曲)|Wave Warp(波纹)命令，设置参数建立 Phase(相位)关键帧动画：第 0 帧，Phase 为 25；第 2 秒 06 帧，Phase 为 140。Wave Warp(波纹)特效面板如图 15.76 所示。

(7) 将动态素材"流云.avi"文件拖入时间线底层放置。分别输入文字"天"、"池"。在菜单栏中选择 Windows(窗口)|Character(文字)命令(或按 Ctrl+6 组合键)，在文字面板中设置："天"的大小为 100，"池"的大小为 60，字体为 Fixedsys，加粗，两个字的位置如图 15.77 所示。

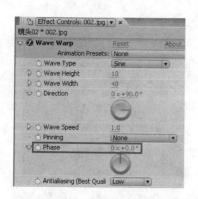

图 15.76 波纹特效面板

图 15.77 文字位置

用与"雪"、"山"两个字同样的方法设置"天"、"池"两个字的位置和不透明度关键帧动画。

2) 层模式调整

(1) 按 Ctrl+N 组合键新建一个合成项目,设置时间长度为 5 秒,取名"镜头 03"。在项目面板中双击左键,在打开的 Import File(导入文件)对话框中设置路径,导入前面为第 1 个饮料瓶制作的动态文件 001.avi 和素材文件夹第 15 章中的动态素材水波 01.avi 文件。

(2) 将动态文件"001.avi"和光盘中的"素材\第 15 章\水波 01.avi"文件全部拖入时间线中,将"001.avi"图层放置在上层,如图 15.78 所示。

(3) 选中动态文件 001.avi 图层,执行 Effect(特效)|Keying(键控)|Color Range(颜色范围)命令,在特效命令面板中单击 ✐(吸管)按钮,在视图中单击饮料瓶的白色背景,白色被删除了,增大 Fuzziness(模糊)的值,这时饮料瓶边缘的白色也被键出了,颜色范围键参数和键控效果如图 15.79 所示。

图 15.78 素材

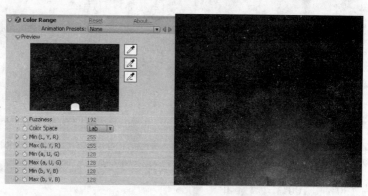

图 15.79 颜色范围键

(4) 选中动态文件 001.avi 图层,调整层模式。选中并右击该层,在弹出的快捷菜单中选择 Blending Mode(混合模式)|Lighten(减淡)命令,采用减淡混合的层模式,拖动时间指针,饮料瓶溶入波浪中的效果如图 15.80 所示。

(5) 按 Ctrl+N 组合键新建一个合成项目,长度为 5 秒,取名"镜头 04"。导入前面制作的动态文件 002.avi 和光盘中"素材\第 15 章\水波 02.avi"文件。

(6) 使用与"镜头 03"同样的步骤进行操作,制作饮料瓶在泉水中的镜头如图 15.81

所示。

图 15.80　镜头 03 效果

图 15.81　镜头 04 效果

3)　文字动画和区域调色

(1)　按 Ctrl+N 组合键新建一个合成项目，时间长度为 5 秒，取名"镜头 05"。导入动态文件 003.avi，将 003.avi 文件和流云.avi 文件拖入时间线。

(2)　选中动态文件 003.avi 图层，选择 Effect(特效)|Keying(键控)|Color Range(颜色范围)命令，在特效命令面板中单击 ✎ (吸管)按钮，在视图中单击饮料瓶的白色背景，白色被删除了，调整 Fuzziness(模糊)的值，使饮料瓶边缘的白色键出，效果如图 15.82 所示。

(3)　按 Ctrl+Y 组合键新建一个固态层，选择 Effect(特效)|Text(文字)|Basic Text(基本文字)命令，在打开的对话框中输入"New Power"，按图 15.83 所示设置参数，在合成窗口中可观察到文字效果。

图 15.82　键控效果

图 15.83　基本文字特效

(4)　按 R 键，将文字旋转 36°。并为文字设置位置和缩放关键帧动画。按 P 键，打开文字位置参数栏，设置第 0 帧和第 6 帧时文字的位置如图 15.84 所示。

(5)　按 S 键打开文字 Scale(缩放)参数栏，设置第 15 帧和第 20 帧时文字的 Scale 分别为 130%和 100%，效果如图 15.85 所示。

4)　影片合成

(1)　按 Ctrl+N 组合键新建一个合成项目，长度为 15 秒，命名为"合成"。将前面制作的 5 个分镜头全部拖入时间线中，并依次排列，如图 15.86 所示。

(2)　最后进行渲染输出。按 Ctrl+M 组合键，打开 Render Queue(渲染队列)卷展栏，单击 Render(渲染)按钮，渲染输出视频影片。各分镜头如图 15.87 所示。

图 15.84　设置文字位置动画

图 15.85　设置文字缩放动画

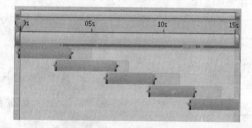

图 15.86　合成分镜头

图 15.87　渲染输出影片

15.3　实例 3——动画短片

本实例制作福克斯电影公司片头短片。

1. 创建主体建筑

(1)　在命令面板中单击 (创建)按钮，在打开的创建命令面板中单击 (图形)按钮，打开二维图形创建面板，单击 Text(文字)按钮，输入文字"20th　CENTURY　FOX"。在前视图中单击，创建文字如图 15.88 所示。

(2)　单击 (修改)按钮，打开修改命令面板，设置字体为 Arial Black，在文字上右击，

在弹出的快捷菜单中选择 Convert to(转换)| Convert to Editable Spline(转换为可编辑样条曲线)命令，将其转化为 Editable Spline(可编辑样条曲线)。

(3) 单击 Editable Spline 左侧的"+"号，打开修改器堆栈，单击进入 Spline 层级，对字体进行单个编辑，编辑后字体的效果如图 15.89 所示。

图 15.88　创建文字 　　　　　　　　　图 15.89　编辑后的文字效果

(4) 选中文字，单击 Modifier List(修改器列表)下拉列表框右侧的下三角按钮，在打开的下拉列表中选择 Bevel(倒角)选项，为文字添加 Bevel(倒角)修改器，按图 15.90 所示设置倒角参数，文字的倒角效果如图 15.91 所示。

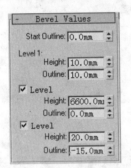

图 15.90　倒角参数 　　　　　　　　　图 15.91　文字倒角效果

(5) 创建多层 Box(长方体)放置于各行文字之间，得到福克斯电影公司片头主建筑模型如图 15.92 所示。

2. 创建前方辅助建筑

(1) 创建立方体和圆柱体布尔运算后得到左侧柱，并复制一个对称的右侧柱，如图 15.93 所示。

图 15.92　主建筑模型 　　　　　　　　　图 15.93　侧柱

(2) 在命令面板中单击 (创建)按钮，在打开的创建命令面板中单击 (图形)按钮，在创建二维图形面板中单击 Line(线)按钮,绘制如图 15.94 所示的曲线。单击 (修改)按钮,打开修改命令面板,单击 Modifier List(修改器列表)下拉列表框的下三角按钮,在打开的下拉列表中选择 Lathe(车削)选项,将曲线旋转成形,制作圆型射灯模型,效果如图 15.95 所示。

(3) 若旋转出的模型方向不对,右击透视图左上角,在弹出的快捷菜单中选择 Configuration(配置)命令,在打开的 Viewport Configuration(视口配置)对话框中 Randering Options(渲染选项)选项组中选中 Force2-sided(双面),模型就显示出来了。若旋转中心没有闭合,需要在修改命令面板中,Parameters(参数)卷展栏中选中 Weld Core(焊接核心)和 Flip Normals(翻转法线)复选框。使用移动工具,将圆型射灯放置到如图 15.96 所示的位置。

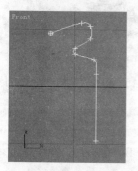

图 15.94 绘制曲线   图 15.95 车削成形   图 15.96 场景

3. 创建左侧辅助建筑

(1) 在命令面板中单击 (创建)按钮,在打开的创建命令面板中单击 (几何体)按钮,在创建几何体面板中,单击 Box(长方体)和 Cylinder(圆柱体)按钮,创建多个 Box(长方体)和 Cylinder(圆柱体),将它们组建为射灯和辅助建筑。辅助建筑的顶视图、前视图和右视图如图 15.97 所示。

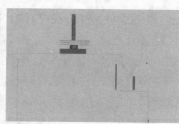
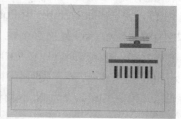

图 15.97 左侧辅助建筑的侧视图

(2) 将制作好的辅助建筑与主体建筑连接到一起,透视图的效果如图 15.98 所示。

(3) 下面制作阶梯形物体。单击 (创建)按钮,在打开的创建命令面板中单击 (几何体)按钮,在创建几何体面板的下拉列表中选择 Extended Primitives(扩展基本体)选项,单击 ChamferCyl(倒角圆柱)按钮,在左视图中创建一个倒角圆柱体。

(4) 单击 (修改)按钮,打开修改命令面板,单击 Modifier List(修改器列表)下拉列表框右侧的下三角按钮,在打开的下拉列表中选择 Edit Mesh(编辑网格)选项,为倒角圆柱体添加 Edit Mesh(编辑网格)修改器。

(5) 单击 Edit Mesh 左侧的 "+" 号,打开修改器堆栈,单击进入 Vertex(顶点)层级,删除倒角圆柱体下半部分的顶点，得到半圆形的倒角圆柱体。将半圆形的倒角圆柱体复制一个，并适当缩小，完成后的模型如图15.99所示。

(6) 在顶视图中创建一个ChamferBox(倒角长方体)，将其复制4个层叠放置，并逐层缩小各倒角长方体的宽度，效果如图15.100所示。

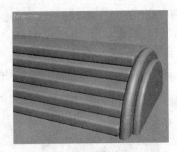

图15.98　左侧辅助建筑的透视图　　图15.99　半圆形倒角圆柱体　　　图15.100　叠放的倒角长方体

(7) 镜像复制右侧的倒角圆柱体，制作模型左侧对称部分。

(8) 在顶视图中创建一个ChamferBox(倒角长方体)，将其复制3个，修改其中两个的形状，使它们的一边倾斜，创建出半圆柱右边模型。再创建一个Box(长方体)作为地面，场景的左侧部分如图15.101所示。

4. 创建右侧辅助建筑

(1) 在Standard Primitives(标准基本体)创建面板中，单击Cylinder(圆柱)按钮，在顶视图中创建一个圆柱体。

(2) 单击 (修改)按钮，打开修改命令面板，单击Modifier List(修改器列表)下拉列表框右侧的下三角按钮，在打开的下拉列表中选择FFD(Cyl)(FFD圆柱)选项，为圆柱体添加FFD(Cyl)修改器。

(3) 单击Set Number of Points(设置点数)按钮，在打开的Set FFD Dimensions(设置FFD大小)对话框中，设置顶点个数为2、10、2。

(4) 单击 FFD(Cyl) 2×10×2 左侧的"+"号，打开修改器堆栈，单击进入 Control Point(控制点)层级，在顶视图中分别选中左、右两侧的控制点，将它们向两边移动相同的距离，使圆柱体修改为椭圆柱体形状，如图15.102所示。

图15.101　场景左前方辅助物体　　　　　　图15.102　椭圆形圆台

(5) 制作椭圆台边缘的凹槽。在标准基本体创建面板中，单击Cylinder(圆柱)按钮，在顶视图中创建一个圆柱体，将其复制7个，放置在椭圆台边缘，顶视图和透视图如图15.103所示。

高职高专立体化教材　计算机系列

(6) 选中一个圆柱体并右击，在弹出的快捷菜单中选择 Convert to(转换)|Convert to Editable Meah(转换为可编辑网格)命令。单击 ▨(修改)按钮，打开修改命令面板，单击 Attach(附加)按钮，然后依次单击另外的 7 个圆柱体，将 8 个圆柱体合并为一个整体。

(7) 选择椭圆台，单击 ▨(创建)按钮，在打开的创建命令面板中单击 ▨(几何体)按钮，在创建几何体面板的下拉列表中选择 Compound Objects(复合对象)选项，单击 Boolean(布尔)按钮，在面板中单击 Pick Operand B(拾取 B 物体)按钮，然后在视图中单击 8 个圆柱体，在椭圆台边缘创建了凹槽，如图 15.104 所示。

(8) 在扩展基本体创建面板中单击 ChamferCyl(倒角圆柱)按钮，在顶视图中创建一个倒角圆柱体，作为椭圆台的台面，椭圆台模型如图 15.105 所示。

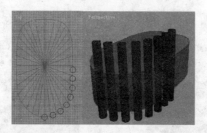

图 15.103　创建圆柱体

图 15.104　椭圆台边缘凹槽

图 15.105　椭圆台模型

(9) 创建两个 Box(长方体)，制作成一个方形台，并用标准基本体制作一盏探照灯，方形台和探照灯如图 15.106 所示。

图 15.106　方形台和探照灯

(10) 将探照灯放置到方形台上，并在场景中创建两个由长方体和圆柱体通过布尔运算而得到的拱形物体，场景右侧的模型如图 15.107 所示。

5. 设置探照灯灯光

(1) 在命令面板中单击 ▨(创建)按钮，在打开的创建命令面板中单击 ▨(灯光)按钮，在创建灯光面板上单击 Target Spot(目标聚光灯)按钮，在场景中添加一盏目标聚光灯。在工具栏中单击 🔗(选择并链接)按钮，将其链接到探照灯的罩杯上，如图 15.108 所示。

(2) 选中目标聚光灯，单击 🖊(修改)按钮，打开修改命令面板，按图 15.109 所示设置灯光参数(注意：这里的参数只是作为参考，实际值需根据不同的模型参数进行调整。光线的近距起点在探照灯处，远距起点根据所需长度决定)，使灯光从探照灯处发出，如图 15.110所示。

(3) 添加体积光效果。在聚光灯修改命令面板中的 Atmosphere & Effects(大气与特效)卷展栏下，单击 Add(添加)按钮，在打开的特效列表中选择 Volume Light(体积光)选项，如图 15.111 所示。

图 15.107 制作拱形物体

图 15.108 添加目标聚光灯

图 15.109 灯光参数

图 15.110 灯光从探照灯发出

图 15.111 大气与特效

(4)　单击 Setup(创建)按钮，打开 Environment & Effects(环境与特效)对话框，在 Volume Light Parameters(体积光参数)卷展栏下，设置 Density(强度)为 20，在 Noise(噪波)选项组中设置 Size(大小)为 10，如图 15.112 所示。

(5)　复制 4 盏探照灯，并添加 4 盏 Omni(泛光灯)。各个灯的位置如图 15.113 所示。

(6)　调节灯光的方向，以免被建筑物挡住，渲染场景，效果如图 15.114 所示。

(7)　继续调节灯光强度的方向，并复制两盏聚光灯，修改它们的参数，制作出垂直向上的射灯和文字前方的圆形射灯，渲染效果如图 15.115 所示。

图 15.112　体积光参数

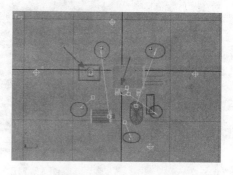

图 15.113　灯光的位置

图 15.114　调节灯光方向

图 15.115　制作垂直向上的射灯和文字前方的圆形射灯

6. 制作灯光动画

(1) 单击时间控制面板右下角的 ⏱ (时间配置)按钮,在打开的 Time Configuration(时间配置)对话框中的 Frame Rate(帧频)选项组中选中 PAL 单选按钮。因为之后要使用的片头音乐时间长度为 524 帧,所以在 Animation(动画)选项组中,设置动画 Length (长度)为 524 帧,如图 15.116 所示。

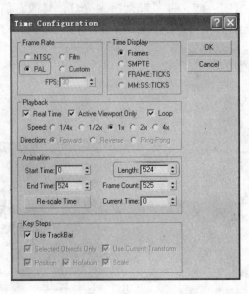

图 15.116　时间配置对话框

(2) 单击 Auto Key(自动关键帧)按钮,在第 100 帧、第 200 帧、第 300 帧、第 400 帧、第 500 帧处旋转各灯座的方向,使灯光向不同的方向照射。

7. 制作摄像机动画

(1) 在创建命令面板中单击 ▶ (创建)按钮,在打开的创建命令面板中单击 📷 (摄像机)按钮,在创建面板上单击 Target(目标摄像机)按钮,在顶视图中拖动鼠标创建一个目标摄像机。激活透视图,按 C 键,显示摄像机视图如图 15.117 所示。

图 15.117　摄像机视图

(2) 在第 0 帧、第 100 帧、第 200 帧、第 300 帧、第 400 帧、第 500 帧处设置摄像机视图,各帧处的视图如图 15.118 所示。

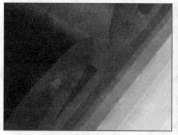
第 0 帧

第 100 帧

第 200 帧

第 300 帧

第 400 帧

第 500 帧

图 15.118 摄像机动画

8. 加入背景及声音，渲染并保存为.avi 文件

(1) 添加背景。在菜单栏中选择 Rendering(渲染)|Environment (环境)命令，打开 Environment and Effects(环境和特效)对话框，在 Background(背景)选项组中，单击 Environment Map(环境贴图)下方的 None 按钮，在打开的 Material/Map Browse(材质/贴图浏览器)中，双击 Bitmap(位图)选项，设置路径，添加如图 15.119 所示的背景图案。

(2) 渲染透视图，效果如图 15.120 所示。

图 15.119 背景贴图

图 15.120 最终效果

(3) 添加声音。在主工具栏中单击 ▦(曲线编辑器)按钮，打开曲线编辑器，单击 Sound 前面的"+"号，在展开的列表中右击 Metronome(节拍器)选项，在弹出的快捷菜单中选择 Properties(属性)命令，打开 Sound Options(声音选项)对话框。单击 Choose Sound(选择声音)按钮，设置路径，添加福克斯公司的片头音乐，单击 OK 按钮完成添加音乐的操作。

(4) 渲染动画。单击 ▧(渲染场景)按钮，打开 Render Scene(渲染场景)对话框，按图 15.121 所示设置 Time Output(时间输出)选项组，设置渲染从 0 到 525 帧的动画。

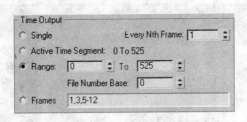

图 15.121　时间输出选项组

(5)　向下移动参数面板，在 Render Output(渲染输出)选项组中，单击 Files(文件)按钮，设置文件保存的路径，为输出文件命名，并设置渲染输出的文件保存为.avi 格式，单击 Render(渲染)按钮，渲染输出动画。

15.4　小　　结

本章针对 3ds Max 8 的应用，提供了 3 个翔实的制作案例，涉及了很多经验和技巧，包含了大量的知识点，其中很多制作方法和效果都是在工作中经常使用的。

读者回执卡

欢迎您立即填妥回函

您好！感谢您购买本书，请您抽出宝贵的时间填写这份回执卡，并将此页剪下寄回我公司读者服务部。我们会在以后的工作中充分考虑您的意见和建议，并将您的信息加入公司的客户档案中，以便向您提供全程的一体化服务。您享有的权益：

★ 免费获得我公司的新书资料；
★ 寻求解答阅读中遇到的问题；

★ 免费参加我公司组织的技术交流会及讲座；
★ 可参加不定期的促销活动，免费获取赠品；

读者基本资料

姓　　名＿＿＿＿＿＿＿　性　　别□男　□女　年　　龄＿＿＿＿＿＿＿
电　　话＿＿＿＿＿＿＿　职　　业＿＿＿＿＿＿　文化程度＿＿＿＿＿＿＿
E-mail＿＿＿＿＿＿＿＿　邮　　编＿＿＿＿＿＿
通讯地址＿＿＿＿＿＿＿＿＿＿＿＿＿＿＿＿＿＿＿＿＿＿

请在您认可处打√（6至10题可多选）

1、您购买的图书名称是什么：＿＿＿＿＿＿＿＿＿＿＿＿＿＿＿
2、您在何处购买的此书：＿＿＿＿＿＿＿＿＿＿＿＿＿
3、您对电脑的掌握程度：　□不懂　　　　□基本掌握　　　□熟练应用　　　□精通某一领域
4、您学习此书的主要目的是：□工作需要　　□个人爱好　　　□获得证书
5、您希望通过学习达到何种程度：□基本掌握　□熟练应用　　　□专业水平
6、您想学习的其他电脑知识有：□电脑入门　　□操作系统　　　□办公软件　　　□多媒体设计
　　　　　　　　　　　　　　□编程知识　　□图像设计　　　□网页设计　　　□互联网知识
7、影响您购买图书的因素：　□书名　　　　□作者　　　　　□出版机构　　　□印刷、装帧质量
　　　　　　　　　　　　　□内容简介　　□网络宣传　　　□图书定价　　　□书店宣传
　　　　　　　　　　　　　□封面、插图及版式　□知名作家（学者）的推荐或书评　　□其他
8、您比较喜欢哪些形式的学习方式：□看图书　　□上网学习　　　□用教学光盘　　□参加培训班
9、您可以接受的图书的价格是：□20元以内　□30元以内　　　□50元以内　　　□100元以内
10、您从何处获知本公司产品信息：□报纸、杂志　□广播、电视　□同事或朋友推荐　□网站
11、您对本书的满意度：　□很满意　　　□较满意　　　　□一般　　　　　□不满意
12、您对我们的建议：＿＿＿＿＿＿＿＿＿＿＿＿＿＿＿＿＿＿＿＿＿＿＿＿

一 请剪下本页填写清楚，放入信封寄回，谢谢！

| 1 | 0 | 0 | 0 | 8 | 4 |

贴　邮
票　处

北京100084—157信箱

读者服务部　　　　　　收

邮政编码：□□□□□□

技术支持与课件下载：http://www.tup.com.cn   http://www.wenyuan.com.cn

读 者 服 务 邮 箱：service@wenyuan.com.cn

邮 购 电 话：62791864   62791865   62792097-220

组 稿 编 辑：刘建龙

投 稿 电 话：13651311791

投 稿 邮 箱：ltf0311@tom.com